Gustav Tschermak

Lehrbuch der Mineralogie

Dritte Auflage

Gustav Tschermak

Lehrbuch der Mineralogie
Dritte Auflage

ISBN/EAN: 9783744673181

Hergestellt in Europa, USA, Kanada, Australien, Japan

Cover: Foto ©berggeist007 / pixelio.de

Weitere Bücher finden Sie auf **www.hansebooks.com**

LEHRBUCH
DER
MINERALOGIE

VON *Manchester*

D^R· GUSTAV TSCHERMAK,

K. K. HOFRATH, O. Ö. PROFESSOR DER MINERALOGIE UND PETROGRAPHIE AN DER WIENER UNIVERSITÄT.

Plurima cum nobeant audita aut cognita nobis
Pauca super refero.

DRITTE VERBESSERTE UND VERMEHRTE AUFLAGE.

MIT 780 ORIGINAL-ABBILDUNGEN UND 2 FARBENDRUCKTAFELN.

WIEN, 1888.
ALFRED HÖLDER
K. K. HOF- UND UNIVERSITÄTS-BUCHHÄNDLER
ROTHENTHURMSTRASSE 15.

Vorwort zur ersten Auflage.

Jeder, der in einem wissenschaftlichen Fache als Lehrer zu wirken in der Lage ist, wird in Beziehung auf die Auswahl und die Anordnung sowie auf die Behandlung des Stoffes im Laufe der Jahre zu einem festen Plane gelangen, welcher seinen eigenen Anschauungen und den Bedürfnissen seiner Zuhörer am besten entspricht. Demnach wird ein Lehrbuch, welches diesen Plan zur Darstellung bringt, einen individuellen Charakter zeigen und auch bei vollkommener Richtigkeit des Thatsächlichen den Einfluss des subjectiven Momentes erkennen lassen. Hieraus werden sich auch die Eigenthümlichkeiten des vorliegenden Werkes erklären, welches in erster Linie für meine Zuhörer bestimmt ist.

Was die Materien betrifft, welche hier zusammengefasst sind, wird sich vor Allem darin eine Abweichung von dem Herkommen ergeben, dass im allgemeinen Theile auch die Lehren von dem Auftreten und Zusammenvorkommen, sowie jene von der Bildung und Veränderung der Minerale kurz behandelt sind, Lehren, die sonst in die Geologie verwiesen wurden. Diese Neuerung wird aber von allen denen gebilligt werden, welche die Mineralogie nicht blos für eine Anwendung der Krystallographie, Optik und Stöchiometrie halten, sondern in dieser Wissenschaft die Naturgeschichte der Minerale erblicken. Diese umfasst aber nicht blos das Sein, sondern auch das Werden, nicht blos den augenblicklichen Zustand, sondern alle Zustände der Minerale von ihrer Bildung bis zum Untergange, sie betrachtet die Minerale nicht blos als Objecte der Sammlung, sondern als Bestandtheile der Erdrinde, welche in örtlichem, stofflichem und zeitlichem Zusammenhange stehen. Es war übrigens eine blosse Inconsequenz, die genannten Lehren dem allgemeinen Theile vorzuenthalten, da man doch nicht umhin konnte, bei den Beschreibungen im speciellen Theile das Vorkommen und die Veränderungen bei den einzelnen Arten zu erwähnen.

Die übrigen Abschnitte folgen der bisherigen Ordnung. Im allgemeinen Theile sind jene Lehren, welche das Verständnis des Folgenden ermöglichen, in der Ausdehnung behandelt, dass einerseits keine besonderen Kenntnisse vorausgesetzt, andererseits Erläuterungen vermieden werden, welche zweckmässigerweise dem Vortrage und der praktischen Anleitung zuzuweisen sind. Dies bezieht sich auf die Projection der Krystalle, Auflösung der Combinationen, Bestimmung der Minerale u. s. w.

Im speciellen Theile wird man bemerken, dass ich nur jene Gattungen und Arten bespreche, welche in mehrfacher Beziehung wichtig sind, und mir nur dann eine Ausnahme gestatte, wenn es der Zusammenhang erfordert. Am Schlusse ist eine besondere Anführung der Gemengtheile der Meteoriten beigefügt aus dem Grunde, um die Aufmerksamkeit des Anfängers auf dieses Capitel zu lenken, das immer mehr an Wichtigkeit gewinnt.

Bei der Aufnahme der Thatsachen liess ich es nicht an Vorsicht fehlen, daher manche Angaben übergangen, andere erst nach genauer Prüfung benutzt wurden, so dass ein Theil des Angeführten durch eigene Beobachtungen oder Rechnungen controlirt, bisweilen auch ergänzt ist.

In Bezug auf die Anordnung wird man in den äusseren Umrissen eine Aehnlichkeit mit Naumann's Elementen wahrnehmen, da ich es für geboten halte, die logische Durchbildung, welche die grossen Meister unserem Wissensschatze verliehen haben, zu bewahren und nur dort zu reformiren, wo es der wahre Fortschritt des Unterrichtes erfordert. In der Darstellung wähle ich häufig, um die Anschaulichkeit zu erhöhen, die genetische Folge, betrachte also die Erscheinung im Werden, anstatt nur das Ergebnis zu analysiren, und suche überhaupt der inductiven Methode möglichst treu zu bleiben. Dieser gemäss werden überall, wo es thunlich, die Thatsachen zuerst für sich behandelt und erst später unter dem Gesichtspunkte der Theorie vereinigt. Das Fortschreiten vom Einfachen zum Zusammengesetzten erfordert in der Krystallographie eine Anordnung, deren ich mich seit Jahren bediene, die aber Manchem auffallen wird, weil die Reihe der Krystallsysteme mit den triklinen Formen anhebt. Die Macht der Gewohnheit ist vielleicht zu gross, als dass ich schon jetzt auf Nachahmung rechnen dürfte, doch ist es mir nicht zweifelhaft, ob diese Methode sich später Geltung verschaffen werde. In dem Abschnitte über Mineralchemie folgt die Anordnung dem gleichen Principe, die Darstellung ist aber möglichst knapp gehalten, wie dies den Umständen entspricht. In dem systematischen Theile ist gegenüber der früher üblichen Eintheilung nach dem chemischen Principe die Abänderung darin gelegen, dass auf die moderne Classification der Grundstoffe Rücksicht genommen wird. Im optischen Theile wurde auch das gegenwärtig viel umstrittene Capitel der Mimesie kurz besprochen. Das Erscheinen des Werkes in Lieferungen verursachte bezüglich der Beispiele einige unwesentliche Incongruenzen, welche mir der Einsichtige nicht allzuhoch anrechnen wird.

Am Schlusse der Abschnitte und, wo es unausweichlich ist, im Texte sind Angaben der Literatur beigefügt. Diese haben den Zweck, denjenigen, welche tiefer in das Studium des Faches einzudringen beabsichtigen, die Auffindung aller wichtigen Arbeiten zu ermöglichen, sie verfolgen jedoch ihr Ziel in einer Weise, welche durch die Rücksicht auf die einem Lehrbuche gesteckten Grenzen geboten erscheint. Demnach werden für jene Gebiete, über welche Sammelwerke mit Quellenangaben vorhanden sind, gewöhnlich blos diese bezeichnet, ferner bei der Aufführung der Abhandlungen solche bevorzugt, welche ein Verzeichnis der Literatur enthalten.

Bei der Ausstattung des Werkes hat der Herr Verleger nichts gespart, was dem Buche zum Vortheil gereichen könnte. Die Zeichnungen für die Illustrationen wurden von den Herren Prof. Dr. F. Becke in Czernowitz, Dr. M. Schuster und Dr. H. Wichmann in Wien mit der grössten Sorgfalt ausgeführt, auch wurden von den Herren Bergrath Prof. Pošepny in Přibram und Prof. Rumpf in Graz wichtige Beiträge geliefert. Die Farbentafeln sind von Herrn Dr. M. Schuster in einer bisher unerreichten Vollkommenheit entworfen worden. Bei der Correctur, welche in der ersten Auflage eines solchen Werkes eine schwierige Aufgabe ist, wurde ich von den Herren Prof. Becke und Dr. Schuster auf das eifrigste unterstützt. Den genannten Herren sage ich hier den gebührenden Dank, ebenso jenen werthen Herren Collegen, welche durch die günstige Aufnahme, die sie den beiden ersteren Lieferungen zu Theil werden liessen, die Vollendung des Buches wesentlich gefördert haben.

Wien, im October 1883.

Vorwort zur zweiten Auflage.

In dieser zweiten Auflage sind die Mängel, welche sich in der ersten herausgestellt hatten, verbessert worden. Für die bezüglichen Mittheilungen und Bemerkungen bin ich vielen verehrten Fachgenossen, besonders aber den Herren F. Becke, A. Frenzel, C. Klein, G. vom Rath, V. v. Zepharovich und F. Zirkel zu vielem Danke verpflichtet, ebenso Herrn M. Schuster für die eifrige Mithilfe, welche mir derselbe bei der Correctur des Textes und der Farbentafeln, ferner bei der Herstellung der neuen Figuren zu Theil werden liess.

Wien, im Jänner 1885.

Vorwort zur dritten Auflage.

Die beifällige Aufnahme, welche dieses Lehrbuch in den Fachkreisen fand, hatte eine grosse Verbreitung desselben zur Folge und in verhältnismässig kurzer Zeit machte sich das Bedürfnis einer neuerlichen Herausgabe geltend. Sowohl über den thatsächlichen als den theoretischen Theil des Werkes wurden mir viele zustimmende Urtheile bekannt, mehrere meiner Neuerungen, wie das Voranschicken einer allgemeinen Einleitung in die Krystallographie, die Aufnahme der als Lagerungslehre und als Entwickelungslehre bezeichneten Abschnitte haben in Lehrbüchern, welche mittlerweile erschienen, erfreuliche Nachahmung gefunden. Aus alledem glaube ich schliessen zu dürfen, dass die Auswahl und die Behandlung des Stoffes den heutigen Anforderungen wenigstens annähernd entsprechen und dass eine wesentliche Umgestaltung des Buches nicht erforderlich sei. Die von einer Seite gewünschte Ausdehnung des speciellen Theiles glaubte ich nicht vornehmen zu sollen, weil eine solche den Charakter des Werkes verändern würde.

Bei der Bearbeitung dieser Auflage wurde der Text des allgemeinen Theiles an manchen Stellen verbessert, die Zahl der Figuren wurde vermehrt und der optische Theil durch einige neue farbige Illustrationen vervollkommnet. In beiden Theilen ist, soweit es dem Zwecke des Buches entspricht, auf die neuen Forschungsresultate Rücksicht genommen, wodurch eine geringe Vermehrung des Textes entstand. Auf einige Stellen, welche zu berichtigen waren, machte mich Herr Professor F. Becke in Czernowitz aufmerksam. Ihm verdanke ich ausserdem die sorgfältigen Zeichnungen für neue Krystallfiguren, Herrn J. Pfund ebenfalls mehrere neue Bilder, Herrn J. Gränzer die Correctur des Textes und der Farbentafeln.

Wien, im Juli 1888.

Der Verfasser.

Inhalt.

                                                                    Seite

Einleitung 1
Mineralogie 1. Entwicklung der Wissenschaft 2. Eintheilung 6. Studium der Mineralogie 7. Literatur 8.

Allgemeiner Theil 11

    I. Morphologie 11

Krystallisirt, krystallinisch 11. Amorph 11. Grösse der Individuen 12. Krystall 12. Bildung der Krystalle 13. Das Wachsen 15.

Constanz der Winkel 17. Krystallmessung 18. Flächenlage 21. Symmetrie 23. Hemiëdrie 27. Tetartoëdrie 28. Hemimorphie 28. Krystallsysteme 29. Axen 29. Parameter 31. Flächentypen 32. Parametergesetz 33. Erklärung 34. Bezeichnungsweise 40. Projection 42. Zonenverband 46.

Triklines System 47. Monoklines S. 49. Rhombisches S. 52. Tetragonales S. 55. Hexagonales S. 59. Tesserales S. 68.

Parallele Verwachsung 76. Zwillingskrystalle 78. Zwillinge höheren Grades 89. Mimetische Krystalle 89. Erklärung 93. Verwachsung ungleichartiger Krystalle 95.

Ausbildungsweise der Krystalle 96. Mikrolithe 100. Mikroskopische Untersuchung 101. Oberfläche der Krystalle 102. Inneres der Krystalle und Individuen überhaupt 105. Einschlüsse 107.

Krystallgruppe 114. Krystalldruse 114. Formen krystallinischer Minerale 115. Formen der amorphen M, 119. Pseudomorphosen 120. Versteinerungen 124.

    II. Mineralphysik 125

Elasticität, Cohärenz 125. Spaltbarkeit 127. Druckzwillinge 131. Schlagfiguren 131. Bruch 133. Härte 134. Aetzung 140. Vorstäubung 144.

Lichtreflexion 145. Glanz 148. Durchsichtigkeit 149. Lichtbrechung 150. Farbenzerstreuung 155. Absorption 155. Farben 156. Strich 158.

Interferenz 159. Polarisation 162. Orthoskop 168. Erkennung der Doppelbrechung 170. Auslöschungsrichtungen 171. Erscheinungen dünner Platten 172. Interferenzfiguren 173. Dispersion der optischen Axen 178. Axenwinkelapparat 180. Staurskop 184. Bestimmung des Charakters der Doppelbrechung 184. Optische Orientirung 186. Theoretische Erläuterung 187.

Rotationspolarisation 191. Pleochroismus 192. Verhalten der einzelnen Krystallsysteme 196. Erscheinungen an Zwillingen und mimetischen Krystallen 200. Doppelbrechung durch Druck und Spannung 202. Anomale Krystalle 203. Durch Textur bedingtes Verhalten 204. Fluorescenz und Phosphorescenz 204.

Wärmestrahlung 205. Wärmeleitung 206. Wirkungen der Wärme in Krystallen 207. Schmelzen und Verdampfen 209.
Elektricität 211. Galvanismus 214. Magnetismus 214. Bestimmungen des specifischen Gewichtes 216.

III. Mineralchemie 219

Analyse und Synthese 219. Einfache Stoffe 220. Prüfung auf trockenem Wege 221. Auf nassem Wege 224. Erkennung der Bestandtheile in einfachen Fällen 225. Mikrochemische Analyse 228. Gewichtsbestimmung 229. Gesetz der Mischungsgewichte 231. Erklärung 233.
Moleculargewicht, Atomgewicht 235. Formeln 237. Reaction 238. Wasserstoffverbindungen 239. Chlorverbindungen 240. Sauerstoffverbindungen 241. Schwefelverbindungen 244.
Salze 244. Chemische Constitution 247. Krystallwasser 248. Molekelverbindungen 249. Berechnung der Formel 250.
Polymorphie 251. Isomorphie 253. Isomorphe Mischung. 257. Darstellung der Verbindungen 262.

IV. Lagerungslehre 264

Auftreten der Minerale 264. Verbreitung 265. Paragenesis 266. Succession 266. Vorkommen 267. Gesteine und Lagerstätten 268. Gemengtheile 269.
Lagerungsformen 270. Spalten und Absonderungen 271. Krusten und Füllungen 272. Imprägnationen 276. Contactbildungen 277. Massengesteine 278. Schichtgesteine 278. Das Wasser 279.

V. Entwicklungslehre 282

Methoden 282. Werden und Vergehen 283. Zunahme der Mannigfaltigkeit 283. Bildungsweise 284.
Erstarrungsproducte 285. Bildungen durch Dämpfe 288. Lösung 288. Niederschlagsbildung 291. Absätze der Quellen 292. Bildungen der Tiefe 293. Producte der Bodenwässer 295. Mineralbildung in Seen 296. Mineralbildungen, veranlasst durch Organismen 298.
Veränderung der Minerale 300. Zersetzung 300. Aufnahme und Abgabe von Stoffen 301. Austausch 302. Fällung 303.
Bedeutung der Pseudomorphosen 303. Eintheilung derselben 304. Bildung der Versteinerungen 306. Umwandlung des Gefüges 307. Umwandlung der Substanz 308. Verwitterung 309. Verdrängung 309. Kreislauf der Stoffe 310.

VI. Classification 311

Vergleichung, Unterscheidung 311. Künstliche Systeme 312. Natürliches System 313. Genetische Anordnung 314.
Wesentliche Eigenschaften 315. Gattung und Art 315. Classification der Mischungen 317. Gruppirung der Gattungen 317. Ordnungen und Classen 318. Chemische Classification 319. Anordnung im speciellen Theile 320. Charakteristik 322. Nomenclatur 323.

Specieller Theil 325

I. Elemente 327

Metalloide 327. Sprödmetalle 331. Schwermetalle 333.

II. Lamprite 338

Kiese 338. Glanze 352. (Schwefelglanze 352. Selenglanze 358. Tellurglanze 358. Anhang 358.) Fahle 359. (Eisenspiessglanze 359. Bleispiessglanze 359. Fahlerzartige 360. Giltigerze 365.) Blenden 369.

Inhalt. IX

	Seite
III. Oxyde	375

Hydroite 375. Leukoxyde 377. (Quarzgruppe 380.) Stilboxyde 391. Ocher 398. Erze 399.

IV. Spinellide	416

Aluminate 416. Borate 419. (Wasserfreie Borate 419. Wasserhaltige Borate 420.)

V. Silicoide	421

Carbonate 421. (Wasserhaltige und basische Carbonate 421. Normale wasserfreie Carbonate 424.) Silicide 443. (Olivingruppe 443. Pyroxen-Amphibolgruppe 446. Leucitgruppe 458. Werneritgruppe 461. Feldspathgruppe 463. Andalusitgruppe 477. Granatgruppe 480. Epidotgruppe 489.) Hydrosilicate 495. (Zeolithe 495. Galmeigruppe 504. Nontronitgruppe 506. Serpentingruppe 506. Chlorite 511. Glimmer 515. Thone 522.) Titanolithe 525.

VI. Nitroide	527

Tantaline 527. Pharmakonite 528. (Antimonate 528. Wasserhaltige Arsenate 528. Wasserfreie Arsenate 530. Arsenite 530. Vanadate 530.) Phosphate 531. (Wasserfreie Phosphate 531. Wasserhaltige Phosphate 536.) Nitrate 538.

VII. Gypsoide	539

Sulfate 540. (Wasserfreie Sulfate 540. Wasserhaltige Salinarsulfate 547. Alumosulfate 553. Ferrisulfate 555. Vitriole 555. Basische Kupfer- und Bleisulfate 556.) Chromate 557. Tungsteine 557.

VIII. Halite	560

Kerate 560. Halate 561. Fluoride 566.

IX. Anthracide	568

Carbonsalze 569. Harze 569. Kohlen 570. Bitume 574.

Anhang	579

Die Gemengtheile der Meteoriten 579.

Einleitung.

1. Mineralogie. Die Rinde unseres Planeten besteht aus starren und aus flüssigen Massen, welche von einer luftigen Hülle umgeben sind. Jene Massen erscheinen gleichartig wie der Kalkstein oder aus verschiedenen Theilen zusammengesetzt wie der Granit. Alle die unterscheidbaren Bestandtheile, welche in grösserem oder in kleinerem Massstabe die Erdrinde zusammensetzen, werden Minerale genannt[1]). Man pflegt sie oft zu den belebten Wesen, den Organismen in Gegensatz zu stellen und als anorganische Naturkörper zu bezeichnen, doch werden nicht alle anorganischen Körper als Minerale betrachtet, sondern blos diejenigen, welche ihrer Entstehung nach der Erdrinde zugehören.

Die Wissenschaft von den Mineralen wird Mineralogie genannt. Sie ist ein Theil der Naturgeschichte, welche die Aufgabe hat, eine vollständige Kenntnis der unmittelbaren Naturproducte oder Naturkörper, und zwar sowohl nach ihrem gegenwärtigen Zustande als nach ihrer Enstehung und ihren Veränderungen zu sammeln und in geordneter Weise darzustellen.

Die Mineralogie will demnach in erster Linie die Beschaffenheit der Minerale, also alle an denselben wahrnehmbaren wesentlichen Eigenschaften und Erscheinungen sowie deren Beziehungen, ferner das Auftreten und die Verbreitung der Minerale in geordneter systematischer Form beschreiben, zweitens aber auch die Geschichte derselben, also die Bildung und Veränderung, das Werden und Vergehen dieser Naturkörper zur Darstellung bringen. Ihr Ziel ist die Kenntnis der Minerale im Einzelnen und im Zusammenhange, und zwar sowohl im Zustande der Beharrung als der Veränderung, also die Kenntnis des Seins und Werdens der unterscheidbaren Bestandtheile der Erdrinde. Sie geht so wie die

---

[1]) Mineralis, e, von mina, gegrabener Gang, Stollen, das wieder mit minari zusammenhängt, welches gehen machen, in Bewegung setzen, führen, aber auch gehen bedeutet, und mit dem ital. menare und dem franz. mener übereinkommt (Mitth. von Prof. K. Schenkl). Ich ziehe die Pluralform Minerale der früher gebräuchlichen Mineralien vor.

übrigen Zweige der Naturgeschichte der Geologie voraus, welche den Bestand und die Geschichte der Erdrinde im Ganzen erforscht.

In neuerer Zeit ist der Vorschlag gemacht worden, das Gebiet der Mineralogie zu erweitern und in der neuen Doctrin, welche als Anorganographie zu bezeichnen wäre, nicht blos die Minerale, sondern auch alle übrigen leblosen Naturproducte abzuhandeln. Die vielen im Gebiete der Chemie neu entdeckten Verbindungen sind in der That auch Naturproducte und ihre Kenntnis ist in krystallographischer und in chemischer Beziehung so wichtig wie die der Minerale. Ihre Entstehungsweise ist aber eine ganz andere als die der Minerale und es erscheint daher dem Ziele der Naturgeschichte nicht entsprechend, in dieselbe ein so heterogenes Gebiet, welches in der systematischen Chemie seinen Platz findet, aufzunehmen.

2. Entwickelung der Wissenschaft. Schon in den frühesten Epochen der Cultur ist die Bildung und die Veränderung der Erde Gegenstand des Nachdenkens gewesen, und geologische Speculationen machten sich in mannigfacher Form geltend. Die Kenntnis der einzelnen in der Erdrinde auftretenden Körper war hingegen zu jener Zeit noch eine sehr geringe. Nur das Gold und die Minerale, welche als Edelsteine im Verkehr der Menschen eine Rolle spielten, werden schon in den älteren Schriften genannt. Von Aristoteles und seinem Schüler Theophrast wissen wir, dass dieselben auch über andere Minerale Nachrichten einzogen und niederschrieben. Plinius der Aeltere, welcher i. J. 79 n. Chr. starb, sammelte alle ihm zugänglichen Berichte über Steine und gab unvollkommene Beschreibungen, die meistens nicht zu bestimmen erlauben, welche Minerale unter den angegebenen Namen zu verstehen seien. Nach der Zerstörung der griechischen und römischen Cultur waren es die Araber, welche die Naturwissenschaften pflegten. Der arabische Arzt Avicenna (980—1036) unterschied bereits Steine, brennbare Minerale, Salze und Metalle.

Als nach langem Schlummer der Sinn für Wissenschaft sich in Europa wieder zu regen begann, war es der Bergbau in Deutschland, welcher den Anstoss zur Betrachtung des Mineralreiches gab. Georg Agricola, Arzt zu Joachimsthal und Chemnitz (1490—1555), schrieb in seinem Werke: De natura fossilium 1546 nieder, was er aus den Schriften der Alten und von den Bergleuten der Umgebung gelernt und was er selbst beobachtet hatte. Die hier gebrauchten Namen Quarz, Kies, Spath u. s. w. sind echt bergmännische, die Beschreibungen haben aber schon einen wissenschaftlichen Charakter, da die Merkmale, welche die Härte, Spaltbarkeit, die Form, der Glanz der Minerale darbieten, bereits angewendet werden. Das Aufblühen der Künste und die Wiedererweckung der Wissenschaften im sechzehnten Jahrhundert treffen aber keineswegs mit grossen Leistungen auf unserem Gebiete zusammen, da sich der Sinn für Naturbetrachtung begreiflicherweise zuerst den Bewegungen am Sternenhimmel zuwandte, aber das folgende Jahrhundert zählt schon wichtige Entdeckungen, wie jene der doppelten Strahlenbrechung im Kalkspath durch Erasmus Bartholin 1670, ferner die fast zur selben Zeit erfolgte Wahrnehmung der Beständigkeit der

Kantenwinkel an Krystallen durch Steno, und die vielen Entdeckungen Boyle's in dem Bereiche der Mineralchemie, welche alle in der Gründung einer Wissenschaft der Steinwelt zusammenwirkten. Doch gelang es erst dem 18. Jahrhundert einen Einblick in das Wesen dieses Gebietes zu eröffnen.

Der berühmte schwedische Naturforscher Linné (1707—1778) war zwar bei seinem Versuche, die Minerale ähnlich wie die Organismen nach ihrer äusseren Form zu classificiren, nicht glücklich, aber unter seinen Landsleuten erstanden eifrige Mineralogen wie Cronstedt (1722—1765) welche, durch die Erfahrungen bei den Hüttenprocessen und durch eigene Versuche geleitet, auf das chemische Verhalten der Minerale ihr Augenmerk richteten und die Minerale nach den Hauptbestandtheilen anordneten. Die Regelmässigkeit, welche durch die Gestalt der Krystalle dargeboten wird und welche früher nur nebenher beachtet wurde, veranlasste Romé de l'Isle i. J. 1783 die Beschreibung und Abbildung der von ihm wahrgenommenen Formen herauszugeben. Das Gesetz aber zu erkennen, welches die mannigfachen Krystallgestalten desselben Minerals beherrscht, war dem Abbé Hauy (1743—1822) in Paris vorbehalten. Vor diesem hatte zwar schon der Chemiker Torbern Bergman gezeigt, dass man die Formen des vielgestaltigen Kalkspathes durch Aufschichtung von Rhomboëdern erhalten könne. Hauy kam aber unabhängig von Bergman zu der gleichen Vorstellung und fand nicht nur beim Kalkspath, sondern ganz allgemein bei den Mineralen das Gesetz ausgesprochen, dass die Krystalle desselben Minerals nur solche Gestalten zeigen, welche sich aus gleichgrossen und gleichgeformten Theilchen aufbauen lassen. Die Gestalt der letzteren wurde die Grundform genannt. Mittels dieses Gesetzes konnten von jetzt an die Winkel der Krystalle vorausberechnet werden. Hauy zeigte aber auch die praktische Seite seiner Entdeckung. Durch Bestimmung der Grundform vermochte er viele Minerale zu unterscheiden, welche bisher zusammengeworfen worden waren. Die gleichzeitigen Analysen eines Klaproth, Vauquelin u. A. bestätigten die Verschiedenheit der durch die Form getrennten Minerale. Die Abhängigkeit der Krystallgestalt von der chemischen Zusammensetzung trat jetzt allmälig hervor, das Mineralsystem erhielt eine neue Gestalt. Auch die Kenntnis der physikalischen Verhältnisse der Minerale wurde durch Hauy's Forschungen eröffnet.

Zu gleicher Zeit wirkte in Deutschland A. S. Werner (1750—1817) auf der Bergschule zu Freiberg in einer anderen Richtung, indem er die Unterscheidung der Minerale durch einfache äussere Kennzeichen lehrte und durch seine anziehende Vortragsweise, welche Schüler aus allen Erdtheilen versammelte, das Interesse für diese Wissenschaft in weite Kreise verbreitete. Sein System, welches die Arbeiten der schwedischen Mineralogen wahrnimmt, ist auf chemischer Grundlage basirt. Christian Samuel Weiss in Berlin (1780—1856) gewann der krystallographischen Richtung in Deutschland viele Anhänger, indem er die Methode Hauy's durch Einführung der Krystallaxen verbesserte, ferner die Zonenlehre begründete und viele Anwendungen derselben entdeckte. F. Mohs (1773—1839, anfangs in Freiberg, zuletzt in Wien) theilt mit dem Vorigen den Ruhm, die Krystallographie im geometrischen Sinne umgestaltet zu haben. Er

1*

zeigte sich im Uebrigen als eifriger Schüler Werner's durch den Versuch, eine Eintheilung der Minerale ausschliesslich auf die äusseren Kennzeichen derselben zu gründen. Seine Methode, welche von ihm die naturhistorische genannt wurde, weicht aber von jener durch Hauy und Werner eingeführten darin ab, dass sie die Bedeutung der chemischen Zusammensetzung der Minerale nicht anerkennt. Sie wurde von dem ausgezeichneten schwedischen Chemiker Berzelius nachdrücklich bekämpft, jedoch verfiel dieser in den entgegengesetzten Fehler, indem er die Mineralogie als einen Theil der Chemie erklärte.

Nun trennen sich die Richtungen in der Mineralogie mehr und mehr, da von den Forschern die einen auf dem Wege der Geometrie und der Physik in das Gebiet eintreten, die anderen durch die Chemie dahin geleitet werden, und da bei der Zunahme des Forschungsgebietes eine Theilung der Arbeit nöthig wird. Die chemische Richtung, von Berzelius, der eine grosse Anzahl der Mineralkörper nach neuen und genaueren Methoden analysirte, in ausserordentlicher Weise ausgebildet, führte zur Entdeckung der Isomorphie, als Mitscherlich zeigte, dass häufig Körper von verschiedener chemischer Zusammensetzung die gleiche oder eine ähnliche Krystallform darbieten. Die Methoden der Analyse erlangten durch Chemiker, wie Heinrich Rose und R. Bunsen, eine ungeahnte Schärfe. Zahlreiche Untersuchungen von Stromeyer, Plattner, Damour, v. Kobell, Scheerer, Rammelsberg und vielen Anderen führten zur genauen Kenntnis der Zusammensetzung sowohl der bekannten als zahlreicher neuer Minerale. Die Resultate zeigten, dass viele Minerale einfache chemische Verbindungen sind, während andere und zwar oft sehr verbreitete Minerale, wie z. B. Feldspathe, Augite, durch Zusammenkrystallisiren mehrerer chemischer Verbindungen gebildet werden. Diese Mischung bei Erhaltung einer bestimmten Krystallform wurde später als die wichtigste Erscheinung erkannt, welche über den Aufbau der Krystalle aus den kleinsten Theilchen Aufschluss geben kann. Die neuere Atomistik, welche sich in der Chemie Geltung verschaffte, wirkte auch auf die mineralogische Forschung, indem sie sowohl die chemische Beschaffenheit als auch die physikalischen Eigenschaften und die Form der Minerale als Wirkungen derselben Ursache betrachten lehrte.

Jene von Hauy begründete Anschauung, welche den Aufbau der Krystalle zugleich als einen mechanischen Vorgang betrachtet, wurde von Bravais in Paris und von Frankenheim in Breslau wieder aufgenommen, welche aus der Form und der Spaltbarkeit auf die Regelmässigkeit des inneren Gefüges der Krystalle schlossen, die aber jetzt aus schwebenden Theilchen aufgebaut gedacht werden. Sohncke und Mallard bildeten die Theorie des Krystallbaues weiter, Knop machte den Versuch, die Wachsthumserscheinungen der Krystalle unter diesen Gesichtspunkt zu bringen.

Die Krystallographie als Lehre von der äusseren Gestalt verfolgte inzwischen den geometrischen Weg, welcher ihr durch die Arbeiten eines Naumann, Miller u. A. gebahnt wurde. Der erstere gab der krystallographischen Methode durch Anwendung der analytischen Geometrie eine grosse Eleganz und vermochte durch seine einfache Darstellungsweise das Verständnis der schwierigen Disciplin allgemein zu verbreiten, während Quenstedt die Methode von S. C. Weiss weiter ausbildete, später V. v. Lang durch Formulirung der Symmetriegesetze die Betrachtung der Formen wieder auf einen natürlicheren Weg leitete und in letzter Zeit Liebisch eine consequente Darstellung der krystallographischen Lehren gab. Die Anwendung der rechnenden Krystallographie, wie sie von G. Rose, G. vom Rath erfolgreich gehandhabt wurde, führte zur genauen Kenntnis der Formen sehr vieler Minerale. Die abstracte geometrische Wissenschaft erhielt aber erst wieder, man möchte sagen, Fleisch und Blut, als der Zusammenhang zwischen der Form und den physikalischen Eigenschaften klargestellt, als namentlich die Gesetze der Lichterscheinungen in den Krystallen vollkommen erkannt waren. Dieselben wurden von Brewster, Biot, Senarmont an den einzelnen Mineralen verfolgt, und es wurde die Handhabung der optischen Untersuchung durch Haidinger, Kobell, Grailich weiter ausgebildet, endlich von Descloizeaux die consequente optische Prüfung der durchsichtigen Minerale ausgeführt. Nach solchen Vorarbeiten unternahm es P. Groth, die Methoden der Untersuchung allgemein zugänglich zu machen, ferner eine einheitliche Darstellung der Form und der physikalischen Eigenschaften der krystallisirten Körper zu geben. Bald wurden die optischen Methoden Gemeingut der Mineralogen, welche nun im Stande waren, dieselben für die Unterscheidung aller durchsichtigen Minerale zu benützen und durch genauere Prüfung der Krystalle den feineren Bau derselben zu erkennen, welcher sich öfters fast ebenso zart und verwickelt erwies, wie jener der Organismen.

In gleicher Zeit war die mikroskopische Untersuchung durch D. Brewster, Gustav Rose, Sorby, Zirkel in Aufnahme gekommen und erwarb sich diese Richtung bald viele Freunde. Durch den Eifer des letzteren Forschers wurde die Mineralogie um ein bedeutendes Gebiet vergrössert. Das Gefüge der krystallisirten Minerale, ihre Verbindung und ihr gegenseitiges Verhalten wurde genauer bekannt, besonders aber wurde die Kenntnis von der Verbreitung der einzelnen Minerale völlig umgestaltet, als nunmehr auch solche Minerale, die früher nur an einzelnen Punkten gefunden waren, als häufige Bestandtheile der Erdrinde erkannt wurden. Es ist begreiflich, dass diese Richtung, welche eine feinere Anatomie der Minerale und ihrer Gemenge begründet, in fortwährender Erweiterung ihrer Methode begriffen ist, welche durch Prüfung und kritische Sichtung, wie sie von Rosenbusch u. A. gepflegt wird, immer mehr an Sicherheit gewinnt.

Die Gesteinlehre, welche durch Werner begründet worden, erhielt in solcher Weise einen grösseren Umfang, aber auch die Kenntnis von dem Auftreten und dem Zusammenvorkommen der Minerale im Allgemeinen und insbesondere auf den Erzlagerstätten wurde durch die Arbeiten von Breithaupt, B. Cotta, F. Sandberger und vieler Anderer bedeutend erweitert.

Die Systematik verlor in der neueren Zeit einigermassen an Interesse, da weder die einseitige physikalische noch die extreme chemische Richtung zu einem befriedigenden Resultate geführt hatte. Breithaupt folgte den Spuren von Werner und Mohs. G. Rose unternahm eine Gruppirung nach krystallographischem und chemischem Princip zugleich. Naumann versuchte eine Eintheilung, welche beiden

Forderungen in consequenter Weise gerecht werden wollte. J. Dana gab eine Classification auf Grundlage der chemischen Zusammensetzung allein. Die Mehrzahl der Mineralogen sah jedoch ihre Hauptaufgabe nicht in der Aufstellung von Systemen, sondern war bemüht, die Summe der exacten Beobachtungen zu vermehren und das Wesen der Mineralkörper durch allseitige Prüfung aufzuklären. Viele emsige Forscher, von welchen ausser den früher angeführten nur Beudant, Brooke, Phillips, Hausmann, Zippe, Kenngott, v. Kokscharow, Scacchi, Sella, Hessenberg, Websky, v. Zepharovich, Streng, Schrauf, Klein, Bauer genannt werden mögen, vor allen aber der unermüdliche Gerhard vom Rath, haben durch ihre zahlreichen Entdeckungen den Schatz des Wissens in diesem Gebiete ungemein bereichert, so dass die Gattungen in ihrem Zusammenhange immer deutlicher hervortraten und die Grundlagen eines natürlichen Systems geschaffen wurden.

Die Naturgeschichte der Minerale im engeren Sinne oder die Lehre von der Bildung und Veränderung dieser Naturkörper als Bestandtheile der Erdrinde konnte zufolge der Schwierigkeiten, welche der Beobachtung und dem Experimente entgegenstehen, mit den Fortschritten auf den Nachbargebieten nicht immer gleichen Schritt halten. G. Bischof (1792—1870) war der Erste, welcher die Entwicklungsgeschichte der Minerale als einen wichtigen Zweig der Naturkenntnis hervorhob, und der durch eigene Arbeiten, sowie durch Vergleichung fremder Beobachtungen das beständige Werden und Vergehen im Bereiche der Erdrinde beleuchtete. Haidinger unternahm es, einige dieser Vorgänge auf einfache Principien zurückzuführen, Volger und Scheerer beschrieben viele der veränderten Minerale und suchten ihren Zusammenhang zu deuten. Bunsen gab durch seine chemischen Arbeiten das Beispiel exacter Untersuchung. J. R. Blum und J. Roth förderten die Einsicht durch Zusammenstellung der Beobachtungen. Senarmont, Daubrée betraten mit Erfolg den synthetischen Weg, indem sie die künstliche Darstellung von Mineralen unter Verhältnissen, welche den in der Natur herrschenden ähnlich sind, ausführten. Lemberg verband letztere Methode mit der früher befolgten analytischen, um Veränderungen der Minerale nachzunahmen. In der letzten Zeit verfolgt die Forschung einerseits die zuletzt bezeichneten Wege, anderseits aber sammelt sie durch die mikroskopische Beobachtung der in den Gesteinen erkennbaren Zersetzungen und Umwandlungen ein reiches Material, das in Verbindung mit den geologischen Thatsachen jene Erscheinungen aufzuklären bestimmt ist, welche man als das Leben des Erdkörpers bezeichnen könnte.

3. Eintheilung. Die Mineralogie als Doctrin wird in zwei Theilen abgehandelt, in einem allgemeinen und einem speciellen. Die allgemeine Mineralogie umfasst die Lehre von jenen Erscheinungen, welche an allen oder an einer grösseren Zahl von Mineralen auftreten, ferner die Darlegung der Beziehungen, welche sich im Ganzen herausstellen. Die specielle Mineralogie behandelt die einzelnen Mineralgattungen im Besonderen und in systematischer Folge.

In der allgemeinen Mineralogie bezieht sich ein Theil auf die Form der Minerale, ist also Morphologie, welche in Krystallographie oder Lehre von den regelmässigen Formen und in Structurlehre zerfällt, die sich mit den Aggregationsformen der Mineralindividuen beschäftigt. Ein zweiter Theil ist die Mineralphysik, welche die physikalischen Erscheinungen behandelt, ein dritter die Mineralchemie, welche die stoffliche Zusammensetzung der Minerale zum Gegenstande hat, der vierte die Lagerungslehre, welche das Auftreten und die Vergesellschaftung der Minerale betrachtet, der fernere, die Entwicklungsgeschichte, welche die Bildung und die Veränderung der Minerale erörtert, und der sechste die Classification der Minerale, welcher die Principien der systematischen Eintheilung entwickelt.

In allen diesen Abtheilungen werden Eigenschaften, Beziehungen und Veränderungen der Minerale abgehandelt und insoferne ist der allgemeine Theil eine Physiologie der Minerale. Zugleich aber werden für die einzelnen Eigenschaften, welche zur Unterscheidung der Minerale dienen, die üblichen Bezeichnungen oder Kunstausdrücke (Termini) angeführt und insofern ist hier auch die Terminologie enthalten. In früherer Zeit, da man die Aufgabe der Naturgeschichte darauf beschränkt glaubte, dass sie blos die Begriffe der Naturkörper zu entwickeln und zu ordnen, also blos die Naturdinge kunstgerecht zu beschreiben habe, war der allgemeine Theil blos Terminologie, wogegen die Physiologie eine untergeordnete Rolle spielte. Gegenwärtig ist das Verhältnis umgekehrt.

In der speciellen Mineralogie werden die Begriffe der einzelnen Mineralgattungen in systematischer Folge entwickelt. Dieser Theil, die Physiographie, gibt also die Beschreibungen der Mineralgattungen und ordnet dieselben nach bestimmten Principien, ausserdem aber erörtert er im Besonderen die Beziehungen, die Bildungsweise und die Veränderungen, sowie das Vorkommen und die Verbreitung der Minerale. Von der technischen Verwendung, welche Gegenstand der Lithurgik ist, sowie von der commerciellen Bedeutung einzelner Minerale wird in wissenschaftlichen Darstellungen gewöhnlich nur das Wichtigste angeführt.

4. Studium der Mineralogie. Das Studium unserer Wissenschaft setzt heutzutage einige elementare Kenntnisse voraus. Eine Einsicht in die Formverhältnisse wird nur derjenige gewinnen, welcher sich die elementaren Lehren der Geometrie eigen gemacht hat. Selbstständige Beobachtungen und Berechnungen auf dem Gebiete der Krystallographie beruhen auf der Anwendung der einfachsten Sätze der analytischen Geometrie und der sphärischen Trigonometrie. Die richtige Beurtheilung der physikalischen Erscheinungen, der Substanzverhältnisse, der Bildung und Veränderung der Minerale setzt die Kenntnis der Anfangsgründe aus der Physik und Chemie voraus, namentlich solche aus der Optik und der Mineralchemie. Ein eingehendes Studium der Mineralogie erfordert aber eine länger dauernde praktische Handhabung der chemischen Mineralanalyse, ein Umstand, der öfters übersehen wird und welcher deshalb an dieser Stelle besonders hervorgehoben werden muss. Dass neben den Studien in der Sammlung und im Laboratorium die Beobachtung in der Natur eifrig gepflegt werden muss, bedarf wohl keiner besonderen Ausführung.

Wegen der nothwendigen Vorbereitung in den Hilfswissenschaften könnte die Erwerbung eines gründlichen mineralogischen Wissens ziemlich schwierig erscheinen, doch wirken heutzutage zwei Umstände zusammen, um das Studium zu erleichtern und den Weg der Forschung zu ebnen. Erstens vereinfacht sich die Methode des Unterrichtes, welcher stets den Zusammenhang der Erscheinungen betont, fortwährend, und zweitens führen die mineralogischen Institute und Laboratorien, deren Gründung den letzten Jahren angehört, den Anfänger auf bedeutend abgekürztem Wege zur selbstständigen Beobachtung und zur geeigneten Anstellung der Versuche. Die günstigen Folgen sind schon jetzt erkennbar. Die Theilnahme an der mineralogischen Wissenschaft ist merklich gestiegen und der Kreis der eifrigen Forscher in erfreulicher Zunahme begriffen.

5. Literatur. Von den Sammelwerken und Zeitschriften, welche für die Mineralogie von Wichtigkeit sind, mögen hier einige besonders angeführt werden.

Lehrbücher:

Handbuch der Mineralogie von C. A. S. Hoffmann, fortgesetzt von A. Breithaupt. 4 Bände. Freiberg 1811—1817.
Hauy. Traité de Minéralogie, sec. edit. 4 vol. nebst Atlas. Paris 1822.
Beudant. Traité de Minéralogie, sec. edit. Paris 1830—1832.
Mohs. Leichtfassliche Anfangsgründe der Naturgeschichte des Mineralreichs. 2. Aufl. Wien 1836—1839.
Breithaupt. Vollständiges Handbuch der Mineralogie. Dresden 1836—1847.
Hausmann. Handbuch der Mineralogie. 3 Thle. Göttingen 1828—1847.
Haidinger. Handbuch der bestimmenden Mineralogie. 2. Ausgabe. Wien 1851.
Phillips. Elementary introduction in Mineralogy. New edition by Brooke and Miller. London 1852.
Dufrénoy. Traité de Minéralogie. 2. ed. Paris 1856—1859.
Naumann. Elemente der Mineralogie. 12. Aufl. bearb. von Zirkel. Leipzig 1885.
Quenstedt. Handbuch der Mineralogie. 3. Aufl. Tübingen 1877.
Descloizeaux. Manuel de Minéralogie. Tome I. Paris 1862. Tome II, 1. 1874.
Dana, J. System of Mineralogy. 5 ed. New-York 1868 mit drei Nachträgen bis z. J. 1882.
— E. Textbook of Mineralogy. 2. Aufl. New-York 1883.
Bauer, M. Lehrbuch der Mineralogie. Berlin 1886.

Werke über Krystallographie und Krystallphysik:

Naumann. Lehrbuch der reinen und angewandten Krystallographie. 2 Bde. Leipzig 1829 bis 1830.
Kupffer. Handbuch der rechnenden Krystallonomie. Petersburg 1831.
Miller, Treatise on Crystallography. Cambridge 1839.
Rammelsberg. Lehrbuch der Krystallkunde. Berlin 1852.
Naumann. Elemente der theoretischen Krystallographie. Leipzig 1856.
Miller. Lehrbuch der Krystallographie, übersetzt und erweitert von J. Grailich. Wien 1856.
Karsten, H. Lehrbuch der Krystallographie. Leipzig 1861.
Kopp. Einleitung in die Krystallographie. 2. Aufl. Braunschweig 1862.
v. Lang. Lehrbuch der Krystallographie. Wien 1866.
Schrauf. Lehrbuch der physikalischen Mineralogie. 2 Bde. Wien 1866 u. 1868.
Bravais. Études cristallographiques, Paris 1866.
Quenstedt. Grundriss der bestimmenden und rechnenden Krystallographie. Tübingen 1873.
Rose, G. Elemente der Krystallographie. 3. Aufl. Berlin 1873. Zweiter Band von Sadebeck 1876. Dritter Band von Websky 1887.
Groth. Physikalische Krystallographie. 2. Aufl. Leipzig 1885.
Klein, C. Einleitung in die Krystallberechnung. Stuttgart 1876.

Mallard. Traité de Cristallographie. Bd. I. Paris 1879. Bd. II. 1884.
Sohncke. Entwicklung einer Theorie der Krystallstructur. Leipzig 1879.
Liebisch. Geometrische Krystallographie. Leipzig 1881.

Ueber die mikroskopische Beschaffenheit der Minerale handeln:

Rosenbusch. Mikroskopische Physiographie der petrographisch wichtigsten Mineralien. 2. Aufl. Stuttgart 1885.
Zirkel. Die mikroskopische Beschaffenheit der Mineralien und Gesteine. Leipzig 1873.
Fouqué et Michel Lévy. Minéralogie micrographique. Paris 1879.
Cohen. Sammlung von Mikrophotographien zur Veranschaulichung der mikroskopischen Structur von Mineralien und Gesteinen. 80 Tafeln. 2. Aufl. Stuttgart 1884.

Die chemische Zusammensetzung und chemische Prüfung der Minerale wird in folgenden Werken erörtert:

Rose, H. Handbuch der analytischen Chemie. Herausgegeben von R. Finkener. 2 Bde. 1867 bis 1871.
Wöhler. Die Mineralanalyse. Göttingen 1862.
Plattner. Die Probirkunst mit dem Löthrohre. 5. Aufl. von Th. Richter. Leipzig 1877.
Fresenius. Anleitung zur qualitativen Analyse. 14. Aufl. 1874.
— Anleitung zur quantitativen Analyse. 6. Aufl. Braunschweig 1875—1884.
Rammelsberg. Handbuch der Mineralchemie. 2. Aufl. Leipzig 1875. Nachtrag 1886.

Zur Bestimmung der Minerale sind zu empfehlen:

v. Kobell. Tafeln zur Bestimmung der Mineralien. 12. Aufl. von Oebbeke. München 1884.
Fuchs. Anleitung zum Bestimmen der Mineralien, 2. Aufl. Giessen 1875.
Hirschwald. Löthrohrtabellen. Leipzig u. Heidelberg 1875.
Brush. Manual of determinative Mineralogy. New-York 1875.

Die Bildung, Umwandlung und künstliche Darstellung der Minerale haben folgende Werke zum Gegenstande:

Bischof, G. Lehrbuch der chemischen und physikalischen Geologie. 2. Aufl. Bonn 1863—1866.
Volger. Studien zur Entwicklungsgeschichte der Mineralien. Zürich 1854.
Blum. Die Pseudomorphosen des Mineralreiches. Stuttgart 1843 und die Nachträge 1847, 1852, 1863, 1879.
Roth. Allgemeine chemische Geologie. Bd. I. u. II. Berlin 1879 u. 1883. (Wird fortgesetzt.)
Fuchs. Ueber die künstlich dargestellten Mineralien. Harlem 1872.
Daubrée. Synthetische Studien zur Experimentalgeologie. Deutsch von Gurlt. Braunschweig 1880.
Fouqué und Lévy. Synthèse des minéraux et des roches. Paris 1882.

Das Zusammenvorkommen der Minerale behandeln ausser den Lehrbüchern der Petrographie die Werke:

Breithaupt. Die Paragenesis der Mineralien. Freiberg 1849.
v. Cotta. Die Lehre von den Erzlagerstätten. Freiberg 1859—1861.
v. Groddeck. Die Lehre von den Lagerstätten der Erze. Leipzig 1879.

Zusammenstellungen, Berichte etc. finden sich in:

Groth. Tabellarische Uebersicht der einfachen Mineralien, nach ihren krystallographisch-chemischen Beziehungen geordnet. 2. Aufl. Braunschweig 1882.
— Die Mineraliensammlung der Universität Strassburg. Strassburg 1878.
Hessenberg. Mineralogische Notizen. 11 Hefte. 1856—1873.
v. Kokscharow. Materialien zur Mineralogie Russlands. Bd. 1—8. (Wird fortgesetzt.)
Kenngott. Uebersicht der Resultate mineralogischer Forschungen. 13 Bde. 1844—1865.
Jahresberichte der Chemie und verwandter Wissenschaften. 1849—1886.

Zeitschriften, welche häufig oder vorzugsweise mineralogische Abhandlungen enthalten, sind:

Annalen der Physik und Chemie, herausgegeben von Poggendorff. Leipzig von 1824 bis 1877, seither von Wiedemann.

Neues Jahrbuch für Mineralogie, Geologie und Petrefactenkunde, von Leonhard u. Geinitz. Stuttgart seit 1833. Seit 1879 von Benecke, Klein u. Rosenbusch, gegenwärtig von Bauer, Dames u. Liebisch.

Zeitschrift der deutschen geologischen Gesellschaft. Berlin seit 1849.

Sitzungsberichte der mathem.-naturw. Classe der k. k. Akademie der Wissenschaften. Wien seit 1848.

Mineralogische Mittheilungen, gesammelt von G. Tschermak. Wien 1871—1877. Neue Serie als Mineralog. und petrographische Mittheilungen seit 1878.

The mineralogical Magazine and Journal of the Mineralogical Society. London seit 1876.

Zeitschrift für Krystallographie und Mineralogie, herausg. von P. Groth. Leipzig seit 1877.

Bulletin de la société minéralogique de France. Paris seit 1878.

Ueber Geschichte der Mineralogie handeln:

Whewell. Geschichte der inductiven Wissenschaften. Deutsch v. J. Littrow. Stuttgart 1839.

Marx. Geschichte der Krystallkunde. Karlsruhe und Baden 1825.

Lenz. Mineralogie der alten Griechen und Römer. Gotha 1861.

v. Kobell. Geschichte der Mineralogie von 1650—1865. München 1865.

Allgemeiner Theil.

I. Morphologie.

6. Krystallisirt und krystallinisch. Die meisten Minerale sind starr und bestehen aus einem oder aus mehreren Individuen. Diese sind gleichartige (homogene) Körper, indem alle Theile derselben von gleicher Beschaffenheit befunden werden und Unterbrechungen der Gleichartigkeit nur dort eintreten, wo zufällig fremde Körper eingelagert vorkommen. Die Individuen haben entweder einen bestimmten inneren Bau, sowie eine damit zusammenhängende bestimmte ebenflächige Gestalt und heissen Krystalle oder sie besitzen zwar den bestimmten inneren Bau, zeigen aber äusserlich blos zufällige, unregelmässige Formen und werden krystallinische Individuen genannt. Die meisten Minerale sind also entweder krystallisirt, sie zeigen ausgebildete Krystalle, oder sie sind krystallinisch. Die oft vorkommenden Krystalle von Quarz, Calcit, Pyrit sind Beispiele frei ausgebildeter Individuen, der körnige Kalkstein, der faserige Gyps zeigen dagegen Individuen mit den zufälligen Formen von Körnern und Fasern, welche durch gegenseitige Behinderung zu solcher Gestalt gelangt sind. Der Unterschied zwischen einem Krystall und einem krystallinischen Individuum desselben Minerals ist demnach ein blos äusserlicher, der innere Bau ist aber bei beiden derselbe.

Die Gesteinsmassen, welche die Erdrinde zusammensetzen, sind grossentheils krystallinisch oder sie bestehen aus krystallinischen Fragmenten. Manche enthalten zahllose kleine oder auch grössere Krystalle, von welchen die ersteren häufiger sind, aber erst bei der mikroskopischen Betrachtung wahrgenommen werden. In Hohlräumen und in Spalten der Gesteine finden sich zuweilen deutliche und schöne Krystalle, welche an den Wänden haften. Solange man also mit freiem Auge in der Natur beobachtet, wird man selten Krystalle, dagegen häufig krystallinische Minerale wahrnehmen.

7. Amorph. Es gibt auch einige starre Minerale, welche nicht individualisirt erscheinen, und welche nach allen ihren Eigenschaften keinen regelmässigen Bau erkennen lassen. Sie kommen darin mit den flüssigen Mineralen überein und werden wie diese als amorph oder gestaltlos bezeichnet. Ein Beispiel eines starren amorphen Körpers ist der Opal, der flüssige Zustand wird vor allem durch das Wasser repräsentirt. Manche Minerale werden im zähflüssigen Zustande angetroffen, wie die im Bergtheer enthaltenen Körper, und aus derlei zähflüssigen Massen gehen oft allmälig harzartige hervor, andere Minerale zeigen sich ursprünglich als milchähnliche oder breiartige Massen, die beim Trocknen amorphe Körper liefern, wie z. B. der amorphe Magnesit; andere finden sich als schleimige oder gallertartige Massen, welche beim Eintrocknen zu amorphen Mineralen gestehen, wovon der Opal ein Beispiel. Derlei starre, amorphe Minerale, die aus einem gallertartigen Zustande hervorgegangen sind, werden nach Breithaupt porodine Körper genannt. Andere bilden sich durch Erstarrung aus einem heissen Schmelzfluss, wie das Glas, und werden hyaline Minerale genannt. Ein Beispiel ist der Obsidian.

8. Grösse der Individuen. Die Grösse der Individuen schwankt ungemein, und zwar oft bei demselben Mineral. Ein Quarzindividuum, ob nun krystallisirt oder als Körnchen, kann von solcher Kleinheit gefunden werden, dass es nur bei starker Vergrösserung durch das Mikroskop wahrnehmbar wird. Anderseits gibt es Quarzkrystalle von Meterlänge und darüber. Feldspathindividuen sind gar häufig von mikroskopischer Kleinheit, doch kommen zuweilen solche von vielen Metern im Durchmesser vor. In der Grösse liegt sonach kein Merkmal, doch lässt sich im Allgemeinen sagen, dass nur bei den häufig vorkommenden Mineralen Individuen von bedeutenden Dimensionen vorkommen, und dass bei den übrigen erfahrungsmässig manche stets nur sehr kleine Krystalle oder überhaupt Individuen bilden.

9. Krystall. Die Krystalle sind von ebenen Flächen begrenzte starre Körper, welche durch ein gleichartig fortdauerndes Wachsthum entstehen. Ihre äussere Form ist daher das unmittelbare Ergebnis des regelmässigen Baues, und beide stehen im nothwendigen Zusammenhange. An den fertigen Krystallen erkennt man diesen Zusammenhang am leichtesten durch die Spaltbarkeit, welche vielen Krystallen eigen ist. Diese haben die Eigenschaft, sich beim Spalten in bestimmten Richtungen nach ebenen Flächen zertheilen zu lassen, welche dieselbe Lage haben wie die Krystallflächen. Die äussere ebenflächige Begrenzung des Krystalls erscheint daher nur als eine Wiederholung des inneren Gefüges.

Krystalle kommen aber nicht blos im Bereiche der Minerale, sondern auch unter allen anderen Gebilden vor, welche nicht organisirt sind. Die Krystalle des Zuckers, des Weinsteins liefern Beispiele dafür. Die Lehre von den Krystallen ist daher nicht blos der Mineralogie eigen, sondern sie bezieht sich auf alle krystallisirten Naturköper, mögen diese in der Erdrinde vorkommen oder Producte der Laboratorien, der Industrie darbieten oder zufällig im Bereiche menschlicher Wirksamkeit oder auch in Organismen entstanden sein.

Der Inbegriff aller Kenntnisse von den Krystallen lässt sich als Krystallkunde bezeichnen, während man gewohnt ist, die Lehre von der Form dieser

Bildungen als Krystallographie zu bezeichnen und jenen Theil, welcher sich mit den Gesetzen der Krystallbildung beschäftigt, als Krystallonomie hervorzuheben. Die Krystallkunde würde ausser der Krystallographie auch die Lehre von den physikalischen Eigenschaften und deren Beziehungen zu der chemischen Zusammensetzung der Krystalle umfassen.

Die Krystalle zeigen auf den Flächen fast immer eine gröbere oder feinere Zeichnung, welche gleichfalls mit dem inneren Baue übereinstimmt und ein wesentliches Merkmal der Aechtheit der Flächen darbietet. Durch Spaltung erhält man aus Krystallen oder Individuen leicht ebenflächliche Stücke, welche alle übrigen Eigenschaften der Krystalle mit Ausnahme der natürlichen d. i. ursprünglichen Begrenzung haben. So kann man aus den Individuen von Calcit oder von Steinsalz leicht Spaltungskörper erhalten, welche Krystallen derselben Minerale täuschend ähnlich sind. Der Geübte vermag aber an dem Charakter der Flächen solche Körper leicht von Krystallen zu unterscheiden. Noch leichter gelingt dies bei Nachahmungen von Krystallen, z. B. aus Glas, ebenso bei Mineralen, an welchen ebene Flächen künstlich angeschliffen wurden.

Oft beobachtet man wahre Krystallformen, welche aber nicht das unmittelbare Ergebnis des Wachsthums sind. Dieser Fall tritt ein, wenn der ursprünglich gebildete Krystall nachträglich eine Veränderung erfährt, welche entweder blos seinen inneren Bau umgestaltet oder welche zugleich seine Substanz betrifft. Derlei veränderte Körper, an welchen die Substanz oder der innere Bau oder beides nicht mehr im Einklang mit der äusseren Form stehen, werden Pseudomorphosen genannt und werden begreiflicherweise nicht zu den Krystallen gerechnet.

10. Bildung der Krystalle. Die Krystalle bilden sich beim Uebergange der entsprechenden Substanzen aus einem beweglichen in den starren Zustand. Die beweglichen Zustände sind der gas- oder dampfförmige und der flüssige Zustand. Aus dem Wasserdampf entsteht bei der Abkühlung Schnee, welcher letztere aus kleinen Eiskrystallen zusammengesetzt ist. Geschmolzenes Wismut gibt beim Erstarren Wismutkrystalle. In den meisten Fällen bilden sich die Krystalle aus Lösungen, worin ein flüssiger Körper, das Lösungsmittel, einen oder mehrere andere Körper unter bestimmten Umständen in Lösung erhält. Jedes Lösungsmittel vermag bei einer bestimmten Temperatur blos eine bestimmte Menge einer Substanz in Lösung zu erhalten. Die Lösung heisst sodann bezüglich dieser Substanz gesättigt. Die meisten Lösungsmittel vermögen bei höherer Temperatur mehr von einem Körper aufzulösen als bei niederer Temperatur, die Krystallbildung erfolgt sodann bei der Abnahme der Temperatur. Eine Lösung von Salpeter in Wasser, welche bei 30^0 C. gesättigt ist, wird beim Abkühlen auf 20^0 Krystalle absetzen. Auch durch Verminderung des Lösungsmittels müssen sich Krystalle bilden. Eine gesättigte Lösung von Alaun in Wasser liefert beim Verdampfen des Wassers Alaunkrystalle. Oft entstehen Krystalle in Lösungen durch das Zusamentreffen von Stoffen, deren jeder für sich unter den gleichen Umständen keine Krystalle absetzt. Eine ungesättigte Lösung von Bittersalz, welche mit einer ungesättigten Lösung von Chlorcalcium zusammentrifft, gibt Krystalle von Gyps. In diesem Falle ist aber eine chemische Veränderung die Ursache der Krystallbildung, indem ein neuer Körper entsteht, welchen die Flüssigkeit nicht in solcher Menge aufgelöst zu erhalten vermag. Durch die letzte Art der Bildung lassen sich viele Krystalle darstellen, welche sonst nur als Minerale in den Spalten und Hohlräumen zu finden sind, wie z. B. Krystalle von Baryt, von Weissbleierz.

Die Krystalle bilden sich in der Natur entweder schwebend, wenn sie während ihrer Entstehung von einem beweglichen Medium getragen werden, welches ihnen zugleich den Zufluss von Stoff beim Wachsen gestattet, oder sie bilden sich sitzend, wofern sie einerseits auf einer starren Unterlage ruhen, auf der anderen Seite aber sich nach dem Raum hin ausbilden, welcher mit dem beweglichen Medium erfüllt ist.

Beispiele schwebend gebildeter Krystalle sind der Schnee, welcher in der Luft krystallisirt, die Krystalle von Pyrit, welche sich im Thon bilden. Beim Fortwachsen kommen derlei Krystalle öfter zur gegenseitigen Berührung oder sie sinken zu Boden, worauf sie ihre frühere Ausbildung meistens wieder verlieren. Beispiele sitzend gebildeter Krystalle sind die Bergkrystalle und Adularkrystalle auf Spalten im Gneiss, die Calcitkrystalle auf Klüften im Kalkstein oder Sandstein. Die sitzenden Krystalle (aufgewachsenen Krystalle) sind also in den Spalträumen der Gesteine zu Hause, die schwebend gebildeten sind mitten im Stein eingeschlossen anzutreffen. Viele eruptive Gesteine, wie Basalt, Melaphyr, Trachyt, Porphyr, sind voll von schwebenden gebildeten Krystallen. Die Krystalle dieser Art sind rundum ausgebildet und erscheinen als vollständige Krystalle mit allseitiger regelmässiger Begrenzung. Von solchen Krystallen soll im Folgenden zuerst die Rede sein. Die aufgewachsenen sind meistens nur nach einer Seite ausgebildet und man ist genöthigt, jene Seite, nach welcher das Wachsthum durch die starre Unterlage gehemmt war, in der Vorstellung zu ergänzen, um das Bild des vollständigen Krystalls zu erhalten.

Aufgewachsene Krystalle erhält man leicht, wofern eine Lösung in einer Schale dem Verdunsten ausgesetzt wird. Um schwebende gebildete zu erhalten, kann man die Lösung mit einem gelatinösen Körper wie Leim in solcher Menge versetzen, dass er die Krystalle schwebend erhält. Einzelne Krystalle werden sich natürlich rundum ausbilden, wenn man sie an einem Haar oder feinen Draht befestigt in die Löung hängt. Man vermag nach erlangter Uebung auf solche Weise ungemein schöne und vollkommene Krystalle darzustellen und Krystallsammlungen anzulegen, welche oft dasjenige weit überholen, was uns die Natur bietet. Freilich gelingt es nur bei jenen Körpern leicht, welche sich in grösseren Mengen in Wasser lösen, so dass man mit gesättigten wässerigen Lösungen operirt. Dagegen ist es bei vielen anderen Substanzen, die als Minerale vorkommen, ungemein schwierig, sie als Krystalle künstlich zu erhalten, in vielen Fällen ist es überhaupt nicht geglückt. Wir sehen hier einen ähnlichen Fall wie bei dem Gärtner, welcher im Freien blos eine bestimmte Zahl von Gewächsen zu ziehen vermag, deren Fortkommen das Klima gestattet, und welcher auch im geschützten Raume wieder nur eine beschränkte Zahl zur Entwicklung zu bringen im Stande ist. Innerhalb dieser Grenzen aber bringt er oft Erscheinungen hervor, welche über das durch die freie Natur gebotene hinausgehen.

11. Das Wachsen. Die Krystalle sind häufig schon im ersten Augenblicke, da wir sie wahrnehmen, so beschaffen wie später, da sie an Umfang schon bedeutend zugenommen haben. Das Wachsen besteht hier blos in einer gleichförmigen Anlagerung des Stoffes, welcher aus dem beweglichen Zustande in den starren übergeht. Diese Gleichförmigkeit ist der Aufbau ganz gleichartiger Schichten, denn der grosse Krystall hat seine Flächen parallel jenen, welche der kleine junge Krystall zeigte, und hat ebenso scharfe Kanten und Ecken wie dieser, Fig. 1. Man darf sich aber nicht vorstellen, dass zwischen der ersten Anlage des Krystalls und den später gebildeten Schichten ein wesentlicher Unterschied bestehe, man darf nicht glauben, das nur der Keim, nur das zuerst gebildete Krystallkörnchen, welches noch so klein ist, dass wir es auch durch das Mikroskop nicht wahrzunehmen vermögen, die Eigenschaft besitze, die Form zu erregen, und dass die ferneren Schichten wie gewöhnliche Ueberzüge, blos die einmal gebildete Form wiederholen. Nimmt man aus der oberen Schichte eines grossen Krystalls ein Theilchen heraus und lässt dasselbe wachsen, so wächst es zu einem vollständigen Krystall heran und jener Splitter liegt darin ebenso orientirt, wie er im alten Krystall orientirt war, Fig. 2.

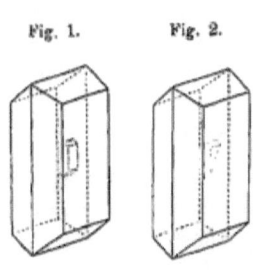

Fig. 1.   Fig. 2.

Demnach hat jedes Theilchen des Krystalls die Eigenschaft, andere Theilchen anzuziehen und in regelmässiger Weise anzulagern. Jedes Theilchen oder Partikelchen ist ebenso formbildend wie das andere, alle Theilchen eines Krystalls sind in Bezug auf Formbildung gleich. Sie müssen also, wofern ihnen schon für sich eine Form zukommt, alle die gleiche Form haben. Sie müssen aber auch gleiche Grösse besitzen, denn wären sie an Grösse ungleich, so könnten sie nicht Schichten von gleichförmiger Dicke bilden. Ausserdem aber müssen sie im Krystall alle einander parallel angeordnet sein, sonst könnte ein Fragment eines Krystalls beim Fortwachsen blos eine zufällige Gestalt erlangen, nicht aber die Form des ursprünglichen Krystalls wieder herstellen.

Beim Wachsen ereignen sich oft Umgestaltungen der früheren Krystallform. Die erste Art der Veränderung beruht darauf, dass die Krystalle auf einer Fläche die Schichten rascher auflagern als auf einer anderen. Lässt man Alaunkrystalle von der Form in Fig. 3 fortwachsen, so ereignet es sich öfter, dass dieselbe die Gestalt in Fig. 4 darbietet. An diesen grösseren Krystallen erscheinen demnach die Flächen in gleicher Lage und Anzahl wieder, aber sie sind durch den Ansatz der Schichten parallel zu ihrer früheren Lage nach aussen verschoben, und zwar im ungleichen Maasse.

Eine zweite Art der Veränderung, die beim Wachsen öfter eintritt, besteht darin, dass entweder Flächen auftreten, die früher in dieser Lage nicht vorhanden waren, oder dass umgekehrt früher vorhandene Flächen allmälig verschwinden. Dadurch geschehen öfters Formveränderungen, die zu einer ganz neuen Gestalt führen. So bemerkt man unter Umständen an Alaunkrystallen, welche die Form eines regelmässigen Oktaëders haben, wie in Fig. 3, beim Fortwachsen die allmälige Abstumpfung der Ecken und Kanten durch neue Flächen, Fig. 5.

Barytkrystalle haben öfters in der ersten Zeit die Form von rhombischen Tafeln, Fig. 6, wachsen aber später zu säulenartigen Krystallen aus. An

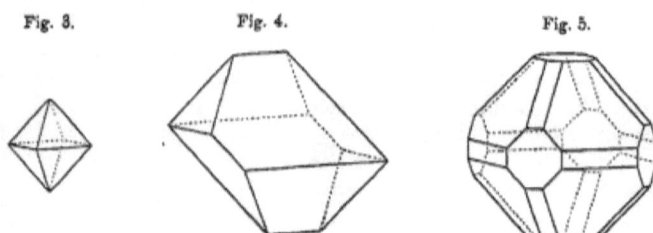

Fig. 3.   Fig. 4.   Fig. 5.

grösseren Barytkrystallen sieht man zuweilen die Form des ersteren Krystalls im Innern ganz deutlich, Fig. 7. Zwei Flächen des kleinen Krystalls zeigen sich in paralleler Wiederholung an dem grösser gewordenen Krystall, im übrigen aber sind neue Flächen hinzugekommen.

Wenn beim Wachsen der Krystalle neue Flächen auftreten, so geschieht dieses, von zufälligen Unregelmässigkeiten abgesehen, immer in der Weise, dass

Fig. 6.   Fig. 7.

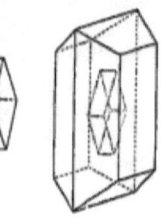

die ursprünglich vorhandenen Kanten oder Ecken, welche ihrer Lage und Beschaffenheit nach einander gleich sind, durch die hinzukommenden Flächen auch in gleicher Weise verändert werden, ferner wird beim Verschwinden der Flächen stets die Regel befolgt, dass von den früher vorhandenen Flächen diejenigen, welche unter einander gleich sind, auch zugleich verschwinden. Diese Erscheinung wird die Erhaltung der Symmetrie genannt. An dem Alaunkrystall, Fig. 3, haben sich beim Fortwachsen an der Stelle aller 6 Ecken, welche gleich sind, 6 Flächen in gleicher Lage gebildet, ebenso sind an Stelle der 12 Kanten, die unter einander gleich waren, 12 neue unter einander gleiche Flächen getreten, Fig. 5. Der Barytkrystall in Fig. 6 hat beim Wachsen seine Form dadurch verändert, dass die vier schmalen Flächen, welche unter einander gleich waren, verschwanden, während neue Flächen auftraten, welche gegen die gleichen Ecken auch gleich gelagert sind, Fig. 7.

Man erkennt also durch die Betrachtung der Wachsthumserscheinungen, dass bei dem Wachsen der Krystalle bald eine parallele Verschiebung der

Flächen gegen aussen stattfindet, bald eine Vermehrung oder Verminderung der Flächenzahl, aber unter Beibehaltung der früheren Regelmässigkeit der Form eintritt, und man wird ausserdem zu dem Schlusse geführt, dass die Lage der früheren und der neuen Flächen einen gesetzmässigen Zusammenhang darbietet.

Lit. Frankenheim, Pogg. Ann. Bd. 111, pag. 1. C. v. Hauer, Verhandl. d. geol. Reichsanstalt 1877, pag. 45, 57, 75, 90, 162, 269. 1878, p. 185, 315. 1880, p. 20, 181. Scacchi, Pogg. Ann. Bd. 109, p. 365. Knop, Molecularconst. u. Wachsthum d. Krystalle 1867. O. Lehmann, Zeitschr. f. Kryst. Bd. 1, pag. 453.

12. Constanz der Winkel. Die Wahrnehmungen bei der Bildung und dem Wachsen der Krystalle zeigen, dass die einmal gebildeten Flächen bei der Vergrösserung zwar verschiedene Gestalt annehmen können, dass aber ihre gegenseitige Lage dieselbe bleibt. Demgemäss sind auch die Krystalle desselben Minerales oft verschieden gestaltet, aber es gelingt sehr häufig an den Formen,

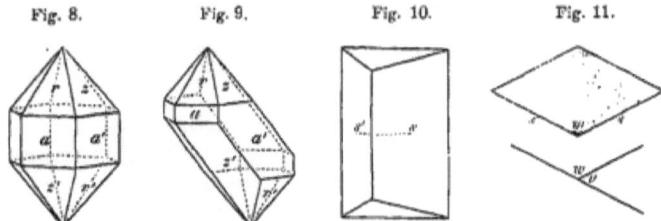

Fig. 8.   Fig. 9.   Fig. 10.   Fig. 11.

welche im ersten Augenblicke sehr ungleich aussehen, Flächen und Kanten zu finden, welche die gleiche Lage haben. In den Figuren 8 und 9 sind die Flächen gleicher Lage mit denselben Buchstaben bezeichnet.

Die gegenseitige Lage zweier Flächen, welche in einer Kante zusammentreffen, bestimmt sich dadurch, dass in einem Punkte der Kante zwei Senkrechte s und s' errichtet werden, deren jede in einer der Flächen liegt, Fig. 10 u. 11. Diese beiden Linien bilden gegen das Innere des Krystalls den Winkel w. Durch Verlängerung einer der beiden Linien ergibt sich der Aussenwinkel v. Dieser zum Vorigen addirt gibt $180°$, die beiden Winkel v und w sind supplementär. Der Aussenwinkel v ist für die Abweichung zweier Flächen charakteristisch, da er klein ist, wenn die beiden Flächen am Krystall wenig abweichen, also die Kante stumpf ist und da er Null wird, wofern beide Flächen in dieselbe Ebene fallen.

An den Krystallen desselben Minerales geben die gleichliegenden Flächen immer denselben Winkel. So ist an allen Quarzkrystallen der Flächenwinkel $r : z = 46° 16'$ und $r : a = 38° 13'$. Inwiefern kleine Abweichungen von solcher Constanz stattfinden können, wird sich im Späteren ergeben.

Die Lehre von der Beständigkeit der Flächenwinkel, von welcher hier die Rede ist, wurde, wie schon erwähnt, bereits von Steno aus Beobachtungen über das Wachsen von Krystallen verschiedener Salze und durch die Wahrnehmungen am Bergkrystall (Quarz) abgeleitet.

Krystallformen, deren Flächen so entwickelt sind, dass sie ungefähr gleich weit von dem Mittelpunkte des Krystalls abstehen, heissen ebenmässig ausgebildete. An diesen sind oft mehrere Flächen von gleicher Form und gleicher Grösse, wodurch die Regelmässigkeit der ganzen Gestalt augenfällig wird. Wenn hingegen die Flächen der Krystalle von dem Mittelpunkte sehr ungleich entfernt sind, so verschwindet jene Gleichheit und Regelmässigkeit und man hat verzogene oder verzerrte Formen vor sich. Fig. 8 stellt eine ebenmässig ausgebildete, Fig. eine verzerrte Form des Quarzes dar. Um die Gesetzmässigkeit der Gestaltung auch bei verzerrten Formen leichter zu erkennen, denkt man sich die Flächen bei denen dies erforderlich, parallel zu ihrer ursprünglichen Lage verschoben, bis die Forderung der Ebenmässigkeit erfüllt ist. Die in der Natur vorkommenden Krystallformen werden in solcher Weise idealisirt. Bei dem Unterricht geht man immer von derlei idealen Formen aus. Die Zeichnungen, welche Krystalle darstellen, sowie die Krystallmodelle stellen daher in der Regel idealisirte Formen dar.

13. Krystallmessung. Die Neigung zweier Krystallflächen gegen einander wird durch Anwendung von Instrumenten bestimmt, welche Goniometer genannt werden. Für beiläufige Messungen an grossen Krystallen dient das Anlege-Goniometer oder Contact-Goniometer, auch Hand-Goniometer genannt, Fig. 12, welches aus zwei scheerenartig in einem Punkte verbundenen Linealen oder Schienen, ferner aus einem getheilten Halbkreis besteht. Bei der Anwendung hat man darauf zu achten, dass die Ebene der Schienen auf der Kante senkrecht stehen müsse. Der Halbkreis ist entweder von den Schienen getrennt oder mit denselben fest verbunden. Die Genauigkeit, welche bei solchen Messungen erreicht werden kann, geht nicht über einen halben Grad.

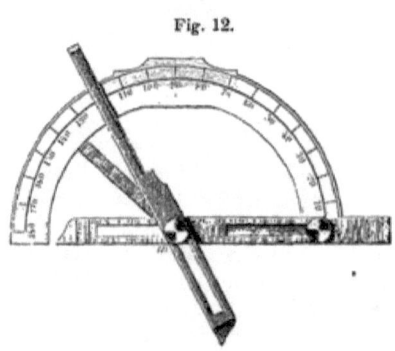

Fig. 12.

Genauere Messungen erlauben die Reflexions-Goniometer, deren einfachste

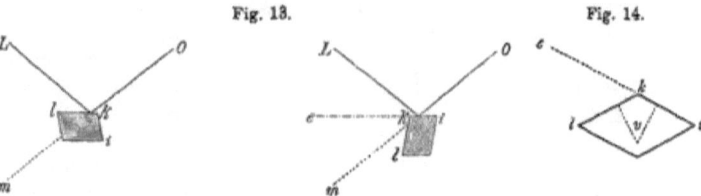

Fig. 13.   Fig. 14.

Form zuerst 1809 von Wollaston angegeben wurde. Bei Anwendung derselben wird die Spiegelung der Krystallflächen benützt, indem zuerst auf der einen, dann auf der anderen Fläche dieselbe Reflexion eingeleitet und nachher die hiezu nöthig gewesene Drehung des Krystalls an einem getheilten Vollkreis abgelesen wird. Wenn der Krystall Fig. 13 zuerst mit der einen Fläche kl spiegelt, so wird der von L kommende Lichtstrahl von dieser Fläche nach dem Auge O reflectirt. Wird hierauf der Krystall um die Kante k so weit gedreht, bis der Lichtstrahl von der Fläche ik reflectirt wird und denselben Weg nach O nimmt, wie vorher, so ist der Krystall um den Winkel ekl gedreht worden, und dieser Winkel wird an dem Instrumente abgelesen.

Während nun ikl der innere Winkel ist, wie er allenfalls durch das Hand-Goniometer bestimmt würde, ist der hier gemessene Winkel ekl der äussere Winkel. Mittels des Reflexions-Goniometers erhält man demnach immer den Aussenwinkel.

Fig. 15.

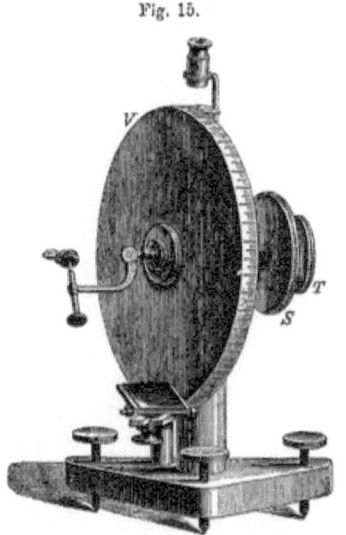

Wenn man von dem Inneren des Krystalles her senkrechte Linien auf die beiden Flächen lk und ik fällt, so schliessen diese beiden Linien einen Winkel v ein, welcher dem Winkel ekl gleich ist, Fig. 14. Der durch Reflexion erhaltene Winkel ist daher zugleich der **Normalenwinkel** der gemessenen Kante.

Damit der Lichtstrahl beide Male denselben Weg nehme, wird nicht nur der gespiegelte Gegenstand oder die gespiegelte Lichtflamme L unverändert bleiben, sondern auch das Auge bei O am selben Orte verharren müssen. Um letzteres zu erreichen, wird man von vornherein in der Richtung des reflectirten Strahles bei m eine Marke anbringen, so dass das Auge bei der ersten und bei der zweiten Beobachtung sowohl die Marke m als auch den reflectirten Strahl in derselben Richtung sieht, also beide Bilder sich deckend erblickt. Anstatt der Lichtflamme kann man auch einen passenden Gegenstand zur Reflexion benutzen. Anstatt also im Dunkeln zu arbeiten, kann man auch im vollen Tageslichte messen. In jedem Falle muss darauf geachtet werden, dass die Entfernung des benutzten Objectes nicht zu gering sei, weil sonst die Richtung des auf die Krystallfläche einfallenden Strahles bei der ersten und zweiten Beobachtung nicht die gleiche ist, woraus ein merklicher Fehler entsteht. Hat der Krystall sehr glatte Flächen, so kann man ein fernes Object, wie z. B. eine Thurmspitze als Signal verwenden, bei minder guten Flächen begnügt man sich damit, auf die Grenzen der Fensterbalken etc. einzustellen.

An dem Wollaston'schen Goniometer, Fig. 15, hat man eine sehr einfache mit freier Hand stellbare Vorrichtung, um den daran geklebten Krystall so zu drehen und zu verschieben, dass die zu messende Kante möglichst genau in die Verlängerung der Drehungsaxe des Instrumentes fällt. Häufig dient ein kleiner Spiegel mit eingerissenen Linien als Marke und zugleich als Visur, um die Einstellung des Krystalles zu erleichtern. In den gegenwärtig gebrauchten verbesserten Instrumenten Fig. 16 u. 17 geht das einfallende Licht durch ein Fernrohr (Einlass-F.), in welchem ein Fadenkreuz oder Spalt angebracht ist, und auch das reflectirte Licht bewegt sich durch ein mit Fadenkreuz versehenes Fernrohr (Ocularfernrohr), so dass diese Fernrohre den Gang des Lichtes vorschreiben, also die Marke wegfällt. Instrumente mit Fernrohren wurden zuerst von Mitscherlich und von Babinet angegeben.

Fig. 16.

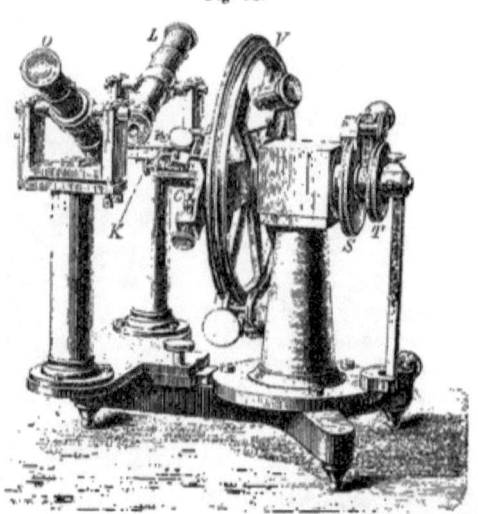

An diesen ist der Vollkreis oder Limbus V etwas grösser und mit einer feinen Theilung versehen, ferner mit einer Handhabe S verbunden, mittels welcher er gedreht werden kann. Bei der Drehung nimmt er auch die durch ihn gesteckte Axe mit, so dass sich die Axe mit ihm gleichzeitig dreht. Letztere ist aber auch mittels der Handhabe oder Scheibe T für sich und unabhängig vom Limbus drehbar.

Wie schon aus dem früheren ersichtlich ist, muss die Ebene, in welcher sich der einfallende und reflectirte Lichtstrahl bewegt, dem Limbus parallel sein, demnach ist die durch die Fernrohre L und O gedachte Ebene parallel mit der Limbusebene. Die zu messende Kante des Krystalls muss zur Limbusebene senkrecht sein. Dies zu erreichen, benutzt man den Apparat bei J, welcher dazu dient, den bei K aufgeklebten Krystall zu justiren. Die Kante muss ferner in der Verlängerung der Axe liegen. Die hiezu nöthige Schiebung erlaubt der Schlitten-Apparat bei C, welcher dazu dient, den Krystall zu centriren.

Gegenwärtig sind zweierlei Reflexions-Goniometer im Gebrauche, nämlich solche mit verticalem Limbus, wie in Fig. 16, und solche mit horizontalem Limbus, Fig. 17. Die Genauigkeit, welche bei der Messung erreicht werden kann, geht bis in die Secunden, wofern das Instrument vorher sorgfältig geprüft worden. Die Reflexion der Krystallflächen ist aber selten eine so vollkommene, dass die Erreichung jener Grenze möglich wäre, und man begnügt sich daher gerne mit einer Genauigkeit, die bis auf eine Minute geht. Zur Messung nimmt man kleine Krystalle, weil diese im Allgemeinen glattere Flächen haben, als die grossen, und leichter zu behandeln sind. Die Messungen werden wiederholt und wird das arithmetische Mittel mehrerer gleich sorgfältiger Messungen als Endresultat be-

Fig. 17.

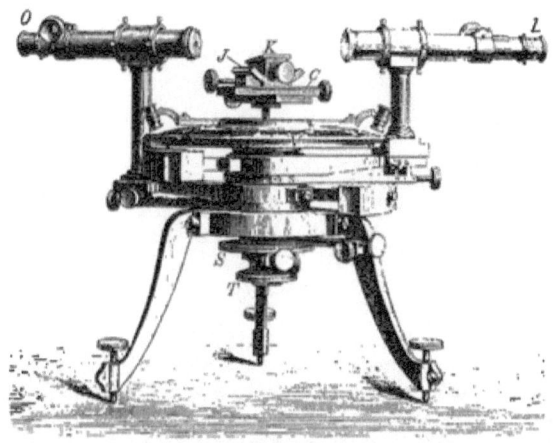

nutzt. Um die Theorie des Instrumentes vollständig kennen zu lernen, hat man in den Lehrbüchern der Krystallographie und in den anfangs citirten Werken von Kupffer und Naumann nachzusehen und bezüglich der gegenwärtig zumeist angewandten Goniometer den Aufsatz Websky's i. d. Zeitsch. f. Kryst. Bd. IV. pag. 545 nachzulesen.

Anstatt die Flächenwinkel zu messen, kann man auch die ebenen Winkel der Kanten bestimmen. Dies wird bei Krystallen, welche blos unter dem Mikroskope wahrgenommen werden, besonders zu empfehlen sein, obgleich die erhaltenen Resultate immer nur einen geringeren Grad von Genauigkeit haben können. Auch aus der Länge der Kanten lässt sich die Neigung der Flächen ableiten, doch ist nur selten hievon Gebrauch gemacht worden.

14. Flächenlage. Die Flächen der Krystalle treffen in Kanten und Ecken zusammen, die Kanten sind zweiflächig, die Ecken können drei- oder mehrflächig sein. An einem vollständig ausgebildeten Krystall steht die Anzahl der

Flächen F, der Ecken E und der Kanten K in einem Zusammenhange, welcher aus der Stereometrie bekannt ist und durch die Gleichung $F + E = K + 2$ ausgedrückt wird.

Der Inbegriff jener Flächen einer Krystallform, welche parallele Kanten bilden, heisst eine Zone. Die Flächen derselben Zone, die tautozonalen Flächen sind alle einer Linie parallel, welche innerhalb des Krystalls gedacht wird und Zonenaxe heisst. Man kann eine Zone durch den Parallelismus der Kanten unmittelbar erkennen oder mittels des Reflexions-Goniometers nachweisen, weil, nachdem zwei Flächen richtig eingestellt sind, alle übrigen Flächen der Zone beim Drehen der Axe Spiegelbilder geben.

Da zwei Flächen, welche sich schneiden, die Lage einer Kante angeben, so ist eine Zone ihrer Lage nach bestimmt, sobald zwei Flächen derselben angegeben werden, die nicht parallel sind. In Fig. 18 bilden die Flächen a, a', a'' eine Zone, ferner die Flächen a, p, c eine andere Zone. Man sagt, p liegt in der Zone $a\,c$ oder a liege in der Zone $p\,c$ oder c liege in der Zone $a\,p$.

Fig. 18.   Fig. 19.   Fig. 20.

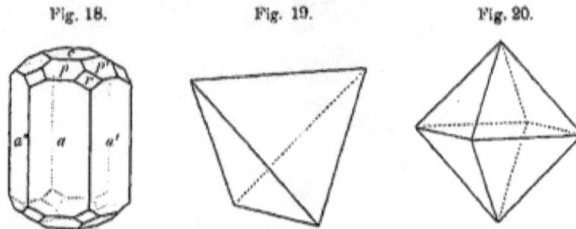

Wenn eine Fläche gleichzeitig in zwei bekannten Zonen liegt, also dort liegt, wo zwei bekannte Zonen einander durchschneiden, so ist dadurch die Lage jener Fläche mit Sicherheit bestimmt. In Fig. 18 liegt die Fläche r gleichzeitig in der Zone $p\,a'$ und in der Zone $p'\,a$. In dieser Lage kann nur eine einzige Fläche vorkommen. Sind demnach die Flächen a, a' ferner p, p' bezüglich ihrer Lage bekannt, so ist nunmehr die Lage von r unzweifelhaft bestimmt.

Eine wichtige Eigenschaft, wodurch sich die Krystalle vor allem aus der Reihe der beliebig gedachten stereometrischen Körper hervorheben, ist der Flächenparallelismus. An der Mehrzahl der Krystallformen beobachtet man das Auftreten paralleler Flächen, indem zu jeder Fläche auf der entgegengesetzten Seite des Krystalles eine zur vorigen parallele Fläche vorhanden ist. Fläche und Gegenfläche bilden ein Flächenpaar. Demnach bestehen die meisten Krystallformen aus Flächenpaaren. Fig. 18 und alle bisher angeführten Krystallfiguren sind Beispiele dafür.

Es gibt auch Krystallformen mit unpaaren Flächen, wie jene in Fig. 19, aber auch diese stehen mit den parallelflächigen im Zusammenhange. Denkt man sich an einer solchen Form zu jeder vorhandenen Fläche auf der entgegengesetzten Seite eine parallele, so entsteht eine neue Form, welche nicht nur möglich ist, sondern in der Natur wirklich vorkommt. Denkt man sich an der Form in Fig. 19 die parallelen Flächen hinzu, so erhält man die Form in Fig. 20, welche in der Natur häufiger ist als die vorige.

An den ebenmässigen Krystallformen beobachtet man Flächen, die untereinander gleich sind, d. h. gleiche Gestalt und gleiche Grösse haben. An den parallelflächigen Formen sind Fläche und Gegenfläche stets einander gleich. Oft kommt es vor, dass zwei oder mehrere Flächen für die beiläufige Beobachtung völlig gleich erscheinen, und dass ihre Unterschiede sich erst bei genauer Prüfung ergeben. Man begnügt sich daher in zweifelhaften Fällen nicht mit der Betrachtung der Gestalt der Flächen, sondern erforscht ihre Neigung durch genaue Bestimmung der Winkel, und geht in dem Falle, als dies nicht ausreicht, zur physikalischen Untersuchung der Flächen über.

Krystallformen, welche blos aus gleichen Flächen bestehen, werden einfache Formen genannt, jene aber, die ungleiche Flächen darbieten, heissen Combinationen. Fig. 19 und 20 sind einfache Formen, Fig. 8 und 18 Combinationen.

15. Symmetrie. Die Formen der Krystalle sind entweder unsymmetrische, oder sie gehorchen den Regeln der Symmetrie, indem sie einen der denkbaren Grade von Symmetrie darbieten.

Unter Symmetrie versteht man die Gleichheit der Lage zu beiden Seiten einer Ebene, welche Symmetrieebene und bei den Krystallen auch Hauptschnitt genannt wird. Der Hauptschnitt theilt den symmetrischen Körper in zwei gleiche Theile, welche sich zu einander verhalten, wie der Gegenstand zum Spiegelbilde, den Hauptschnitt als Spiegel gedacht. Da es bei einem Krystall nicht auf die

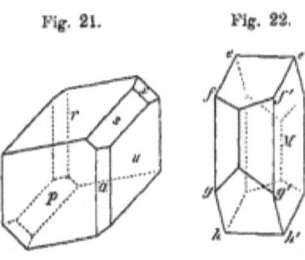

Fig. 21.   Fig. 22.

Entfernung der Flächen von seinem Mittelpunkte, sondern blos auf die gegenseitige Lage der Flächen ankommt, so beruht die Symmetrie des Krystalles nicht auf der gleichen Entfernung der Flächen vom Hauptschnitte, sondern sie beruht auf der Gleichheit der Lage der Flächen gegen die Symmetrieebene. Zu beiden Seiten der letzteren sind also die Kanten und Ecken von gleicher Grösse, die Flächen von gleicher Lage und alle Stücke von gleicher Reihenfolge.

1. Es gibt demnach Krystalle, an denen die Erscheinung der Symmetrie nicht beobachtet wird und der Flächenparallelismus die einzige sichtbare Regelmässigkeit ist, sie sind unsymmetrisch. Fig. 21 Axinit.

2. Andere zeigen den ersten Grad der Symmetrie, indem sie eine einzige Symmetrieebene erkennen lassen. Der Ortkoklaskrystall in Fig. 22 ist ein Beispiel dafür, denn man kann parallel zu der Fläche M eine Ebene hineingelegt denken, welche die Eigenschaften eines Hauptschnittes hat. Wird diese Ebene gegen den Beobachter zugewendet, so entspricht von oben herab gezählt dem Eck e zur Linken ein ganz gleiches Eck e' zur Rechten, ferner dem Eck f das gleiche f', der Kante fg die gleiche $f'g'$ u. s. w. Eine zur Symmetrieebene senk-

rechte Gerade heisst Symmetrieaxe. Denkt man sich um den Mittelpunkt des Krystalls eine Kugelfläche gelegt, so wird der innere Raum derselben durch die Symmetrieebene in zwei gleiche Krystallräume geschieden.

3. Andere Krystalle sind so gebaut, dass man in dieselben drei Hauptschnitte gelegt denken kann, welche auf einander senkrecht stehen. Der Schwefelkrystall in Fig. 23 gestattet durch die Punkte $n\,a\,n'$ eine horizontale Ebene zu legen, welche ein Hauptschnitt ist, ferner durch $o\,a\,o'$ eine zweite Symmetrieebene. Wenn man schliesslich den Krystall wendet, bis er die Ansicht in Fig. 24 gibt,

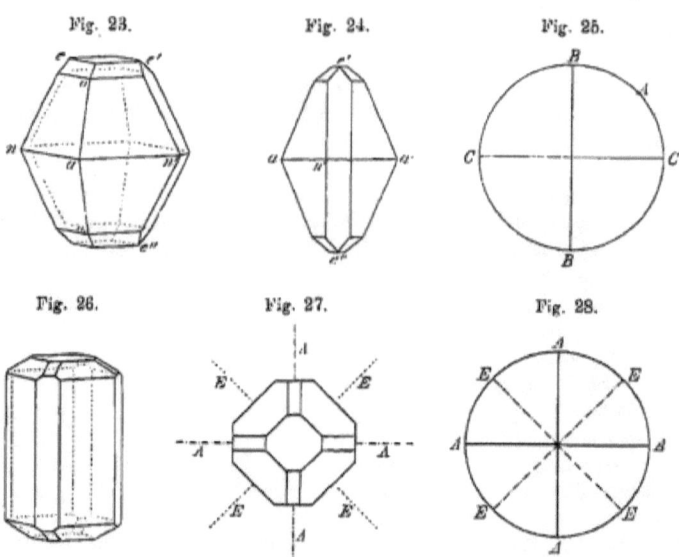

so erkennt man, dass noch eine dritte Symmetrieebene gelegt werden kann, welche durch die Punkte $ee'e''$ geht. Denkt man sich um den Mittelpunkt des Krystalles eine Kugelfläche gelegt, so wird deren Innenraum durch die drei Hauptschnitte A, B, C in acht geometrisch gleiche Theile, in acht Krystallräume geschieden, Fig. 25.

4. Eine fernere Abtheilung von Krystallen lässt fünf Symmetrieebenen erkennen, von welchen vier auf einer fünften senkrecht sind. Der Vesuviankrystall, Fig. 26, verhält sich zuvörderst wie der früher betrachtete Schwefelkrystall. Ein Hauptschnitt, die Hauptebene, liegt beiläufig horizontal, ein zweiter richtet sich gegen den Beobachter und ein dritter liegt quer vor demselben. Wenn man aber den Krystall von oben betrachtet, so erhält man ein Bild, wie in Fig. 27, worin die Hauptebene in die Ebene des Papiers zu liegen kommt. Nun wird man wahrnehmen, dass ausser den beiden früher genannten Hauptschnitten, welche in der Figur zu den Linien AA verkürzt erscheinen, noch zwei andere EE durch den Krystall gelegt werden können, welche die von den

vorigen gebildeten rechten Winkel halbiren. Durch die Hauptebene und die Schnitte A und E werden 16 gleiche Krystallräume gebildet, Fig. 28.

5. Einen noch höheren Grad der Symmetrie beobachtet man an den regulären Krystallen, welche neun Symmetrieebenen aufweisen, und für welche die Bleiglanzkrystalle in Fig. 29 und 30 als Beispiele dienen sollen. Zuerst findet man leicht drei gleiche Hauptschnitte, welche dieselbe Lage haben, wie jene im Schwefelkrystall, und welche auf einander senkrecht sind. Die anderen Hauptschnitte sind von derselben Art, wie die beim Vesuvian mit E bezeichneten,

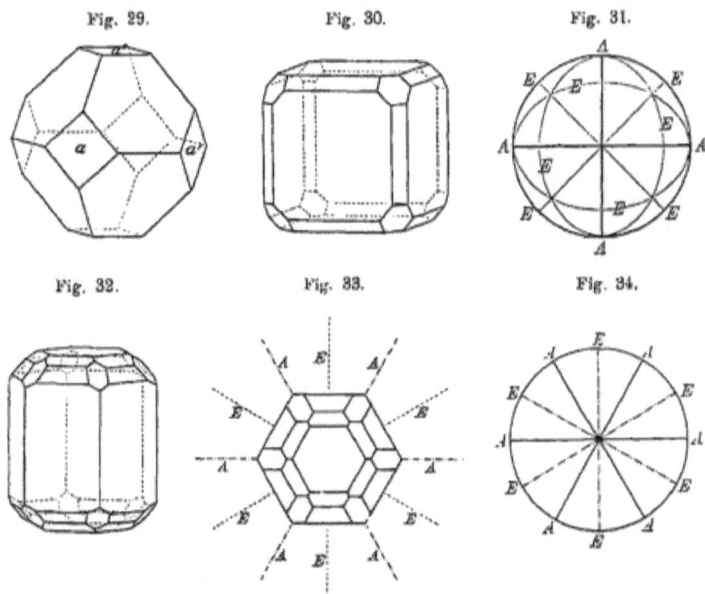

Fig. 29. Fig. 30. Fig. 31.

Fig. 32. Fig. 33. Fig. 34.

indem sie die Winkel der vorigen halbiren. Da sich durch jede der drei Flächen $aa'a''$ je zwei solcher Hauptschnitte legen lassen, so hat man sechs Hauptschnitte dieser zweiten Art. Die Hauptschnitte A theilen den um den Krystall gedachten Kugelraum in acht Krystallräume, durch die Hauptschnitte E wird aber jeder der letzteren wiederum in sechs getheilt, so dass 48 Krystallräume gebildet werden, Fig. 31.

6. Schliesslich kommen noch jene Krystalle in Betracht, welche sieben Symmetrieebenen darbieten. Der Beryllkrystall in Fig. 32 lässt zuvörderst einen horizontalen Hauptschnitt, eine Hauptebene erkennen, hierauf aber, wenn man ihn von oben betrachtet, Fig. 33, noch sechs andere, indem drei so gelegt werden können, dass sie den Seiten des Bildes parallel sind: AA u. s. w. und drei andere senkrecht gegen die Seiten, und zugleich die Winkel der vorigen Haupt-

schnitte halbirend: EE u. s. w. Durch die Hauptebene und die Schnitte A entstehen 12 Krystallräume, jedoch wird jeder derselben durch einen Schnitt E halbirt, so dass im Ganzen 24 Krystallräume gebildet werden, Fig. 34.

Somit lassen sich die bis jetzt betrachteten Krystalle nach ihrer Symmetrie in bestimmte Abtheilungen bringen:

a) Keine Symmetrieebene: **Trikline Krystalle**. Beispiele: Albit, Oligoklas, Kupfervitriol.

b) Eine S.: **Monokline Krystalle**. Beispiele: Augit, Gyps, Orthoklas.

c) Drei S. $= 1 + 1 + 1$, d. h. drei ungleiche Symmetrieebenen, die auf einander senkrecht sind. **Rhombische Krystalle**. Beispiele: Aragonit, Baryt, Kalisalpeter, Schwefel.

d) Fünf S. $= 1 + 2 + 2$, d. h. dreierlei Symmetrieebenen. Eine einzelne, die Hauptebene, auf dieser senkrecht zwei andere, die sich unter $90°$ schneiden, und wieder zwei andere, welche die vorigen unter $45°$ schneiden. **Tetragonale Krystalle**. Beispiele: Anatas, Zinnstein, Vesuvian.

e) Sieben S. $= 1 + 3 + 3$, d. h. dreierlei Symmetrieebenen. Eine einzelne, die Hauptebene, auf dieser senkrecht drei andere, die sich unter $60°$ schneiden, und wieder drei andere, welche die Winkel der vorigen halbiren. **Hexagonale Krystalle**. Beispiele: Beryll, Schnee.

f) Neun S. $= III + 6$, d. h. zweierlei Symmetrieebenen. Drei gleiche, die auf einander senkrecht sind und sechs andere, welche die Winkel der vorigen halbiren. **Tesserale Krystalle**. Beispiele: Bleiglanz, Gold, Steinsalz.

16. Bei der Betrachtung der Krystalle ist öfters auch auf die Symmetrie der einzelnen Flächen Rücksicht zu nehmen, welche auf der gleichen Lage der Kanten zu beiden Seiten einer Linie beruht. Dieselbe ist aber nicht blos nach der Figur der Fläche zu beurtheilen, sondern es ist darauf zu achten, dass die Symmetrie jeder Fläche von der Lage derselben gegen die Hauptschnitte des Krystalles abhängt. Es ist leicht zu erkennen, dass eine Fläche, welche gegen keine Symmetrieebene des Krystalles senkrecht liegt, asymmetrisch (unsymmetrisch) sein muss, während eine Fläche, die gegen einen Hauptschnitt senkrecht ist, einen monosymmetrischen (einfach-symmetrischen) Charakter besitzt und im ferneren jede Krystallfläche einen desto höheren Grad von Symmetrie zeigt, von je mehr Hauptschnitten dieselbe senkrecht getroffen wird.

1. Die triklinen Krystalle sind demnach durchaus von asymmetrischen Flächen eingeschlossen. Die Krystallflächen sind Rhomboide, ungleichseitige Dreiecke u. s. w. Auch wenn zufällig eine Fläche als Rhombus erscheint, so zeigt sich die Ungleichheit der gegenüberliegenden Seiten darin, dass an der einen ein grösserer, an der anderen ein kleinerer Flächenwinkel liegt. Asymmetrische Flächen kommen aber auch in allen übrigen Krystallsystemen vor.

2. An monoklinen Krystallen kommen schon Flächen vor, welche von einem einzigen Hauptschnitte senkrecht getroffen werden, folglich monosymmetrisch sind. In Fig. 22 sind es die Flächen $ee'f'f$, ferner $gg'h'h$ und die dazu parallelen auf der Rückseite.

3. Rhombische Krystalle zeigen ausser den asymmetrischen und monosymmetrischen Flächen häufig auch disymmetrische. Bei ebenmässiger Ausbildung des Krystalles sind es Rhomben, deren Seiten sämmtlich an gleichen Kanten liegen, wie an dem Krystall in Fig. 23 die oberste und die unterste Fläche — oder sie sind Rechtecke, deren parallele Seiten an gleichen Kanten liegen, wie an dem Krystall in Fig. 7 die Fläche, welche dem inneren Rhombus parallel ist u. s. w.

4. An tetragonalen Krystallen kommen ausser den bisher genannten auch tetrasymmetrische Flächen vor. Das Achteck in Fig. 27 ist ein Beispiel dafür.

5. Tesserale Krystalle haben ausser den Flächen, die bis jetzt genannt wurden, auch trisymmetrische, wie z. B. die Sechsecke der Fig. 29 und 30, die Dreiecke der Fig. 20.

6. An hexagonalen Krystallen werden ausser asymmetrischen, mono-, di- und trisymmetrischen Flächen auch hexasymmetrische beobachtet, wie z. B. das mittlere Sechseck in Fig. 33.

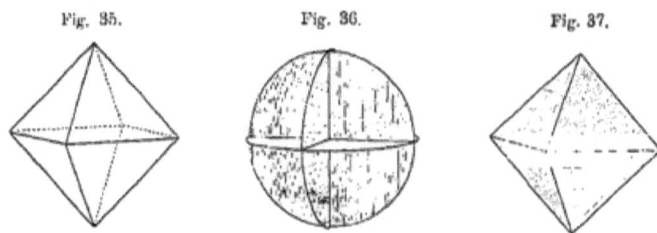

Fig. 35.   Fig. 36.   Fig. 37.

17. Hemiëdrie. An den bisher behandelten Krystallen entsprechen den geometrisch gleichen Krystallräumen auch gleiche Flächen und diese sind vollzählig vorhanden, daher solche Krystalle holoëdrische genannt werden. Es gibt aber auch Krystalle, an welchen den geometrisch gleichen Krystallräumen in physikalischer Beziehung blos in abwechselnder Folge Gleichheit zukommt, also auch die Flächen blos abwechselnd gleich sind. Solche Krystalle werden hemiëdrische genannt. Die Fig. 35 stellt einen tesseralen Krystall, und zwar ein Oktaëder vor, wie es am Magneteisenerz vorkommt. Die Flächen sind sämmtlich gleich und demnach die acht Krystallräume, welche von den drei Hauptschnitten erster Art gebildet werden, physikalisch gleich. Der Krystall von Blende in Fig. 37 zeigt zwar dieselbe Form wie der vorige, jedoch sind vier Flächen daran glänzend und die abwechselnden vier matt. Hier verhalten sich die acht geometrisch gleichen Krystallräume in physikalischer Beziehung blos abwechselnd gleich. Die Ungleichheit verräth sich öfter auch durch die verschiedene Grösse der Flächen, wie an dem Fahlerzkrystall Fig. 39, an welchem jene vier Flächen, welche die vorige Figur glänzend angibt, viel kleiner sind als die vier anderen. Die Ungleichheit kann aber auch so weit gehen, dass nur die einen Flächen ausgebildet sind, die vier anderen fehlen, wie an dem Fahlerzkrystall in Fig. 38.

Aus vielen Formen holoëdrischer Krystalle können durch das Weglassen der abwechselnden Flächen andere, und zwar neue Formen abgeleitet werden, welche hemiëdrische Formen heissen. Aus dem Oktaëder, Fig. 35, leitet sich durch Hemiëdrie das Tetraëder, Fig. 38, ab. Geht man aber nochmals auf die Fig. 37 zurück und denkt sich die glatt angegebenen Flächen vergrössert, während die matten fehlen, so entsteht die Form in Fig. 40, welche gleichfalls ein Tetraëder ist. Durch Hemiëdrie können demnach aus einer holoëdrischen Form zwei hemiëdrische abgeleitet werden, welche sich wie der Gegenstand zum Spiegelbilde verhalten und welche man correlate Formen nennt.

Bei der Classification der Krystallgestalten werden die holoëdrischen und die daraus abgeleiteten hemiëdrischen Formen in dieselbe Formenreihe gebracht oder, wie man sagt, zu demselben Krystallsystem gerechnet. Zu den tesseralen

Fig. 38. Fig. 39. Fig. 40.

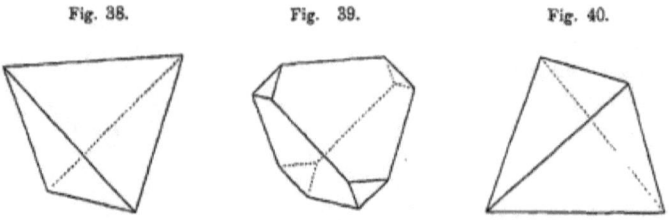

Gestalten, von welchen das Oktaëder ein Beispiel ist, werden auch die hemiëdrischen, wie das Tetraëder gezählt. Da ein Krystall nicht zugleich holoëdrisch und auch hemiëdrisch sein kann, so bilden die hemiëdrischen Krystalle selbständige Abtheilungen der Krystallsysteme.

18. Tetartoëdrie. Nicht selten werden auch solche Krystallformen beobachtet, welche sich aus holoëdrischen Formen durch Annahme einer wiederholten Hemiëdrie ableiten lassen. In diesem Falle sind auch jene Krystallräume, welche in den hemiëdrischen Krystallen unter einander gleich erscheinen, blos abwechselnd gleich, so dass also von allen Krystallräumen des holoëdrischen Krystalles blos der

Fig. 41. Fig. 42.

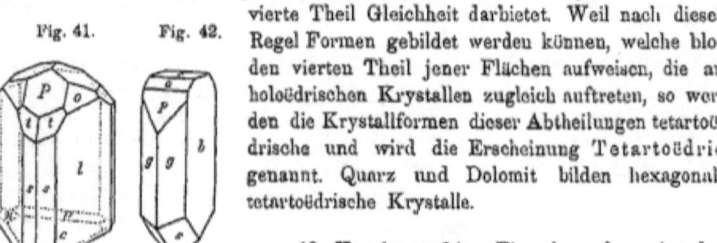

vierte Theil Gleichheit darbietet. Weil nach dieser Regel Formen gebildet werden können, welche blos den vierten Theil jener Flächen aufweisen, die an holoëdrischen Krystallen zugleich auftreten, so werden die Krystallformen dieser Abtheilungen tetartoëdrische und wird die Erscheinung Tetartoëdrie genannt. Quarz und Dolomit bilden hexagonaltetartoëdrische Krystalle.

19. Hemimorphie. Eine besondere Art der Hemiëdrie bieten die hemimorphen Krystalle dar, welche an zwei entgegengesetzten Enden eine verschiedene Beschaffenheit der Flächen und häufig auch eine verschiedene Flächenausbildung zeigen. Beispiele sind der Turmalinkrystall in Fig. 41 und der Krystall des Kieselzinkes in Fig. 42.

Die hemimorphen Formen werden von den holoëdrischen abgeleitet, und zwar von solchen, in denen es einen Hauptschnitt gibt, welcher von allen übrigen verschieden ist. Diese sind die monoklinen, rhombischen, tetragonalen und die hexagonalen. Jener Hauptschnitt erzeugt zwei geometrisch gleiche Krystallräume. Im Falle der Hemimorphie sind dieselben jedoch physikalisch verschieden: Die Linie, welche auf dem gleichsam unwirksamen Hauptschnitt senkrecht steht, ist an beiden Enden verschieden, ist polar. Hemimorphe Krystalle zeigen dementsprechend bei elektrischer Erregung polare Eigenschaften.

20. Krystallsysteme. Jede der früher genannten Abtheilungen holoëdrischer Krystallformen sammt den etwa daraus ableitbaren hemiëdrischen, tetartoëdrischen und hemimorphen Formen bilden ein Krystallsystem und es gibt demnach sechs Krystallsysteme, die nach dem inneren Baue der Krystalle, welcher aus der Form und den physikalischen Eigenschaften erschlossen wird, in drei Hauptabtheilungen gebracht werden:

A. Krystalle von einfacherem Baue:
  I. Triklines Krystallsystem. Nur holoëdrische Krystalle.
  II. Monoklines Krystallsystem. Holoëdrische und hemimorphe Krystalle.
  III. Rhombisches Krystallsystem. Holoëdrische, hemiëdrische und hemimorphe Krystalle.

B. Krystalle von wirteligem Baue:
  IV. Tetragonales Krystallsystem. Holoëdrische, hemiëdrische, tetartoëdrische und hemimorphe Krystalle.
  V. Hexagonales Krystallsystem. Holoëdrische, hemiëdrische, tetartoëdrische und hemimorphe Krystalle.

C. Krystalle von regulärem Baue:
  VI. Tesserales Krystallsystem. Holoëdrische, hemiëdrische und tetartoëdrische Krystalle.

Die sechs Krystallsysteme mit ihren Unterabtheilungen erschöpfen alle denkbaren Grade der Symmetrie und es gibt kein ferneres Krystallsystem. Hierüber Ausführlicheres in den Lehrbüchern von v. Lang und Liebisch, ferner in der Abh. von Aaron. Ann. Chem. Phys. Bd. 20, pag. 272.

21. Axen. Die gegenseitige Lage der Flächen an einem Krystall kann parallelen die einfachste Weise geschildert werden, wenn man auf den Krystall ein anwendet, welche der analytischen Geometrie entnommen ist. wählt man drei Krystallflächen aus, welche so liegen, dass sie entacht werden können, nach ihrer Vergrösserung ein Eck bilden, und bezieht auf darf demnach jedes übrigen in folgender Weise: Parallel zu jenen ihl multiplicirt oder dividirt werden. des Krystalls hindurch drei Ebenen gedacht,

Axen schneiden. Letztere gehen alle durch einen gemeinschaftlichen Durchschnittspunkt. Man gibt nun bei jeder Fläche an, welche Abschnitte dieselbe nach gehöriger Vergrösserung an den Axen hervorbringt. Diese Abschnitte werden Parameter genannt.

An dem Augitkrystall, Fig. 43, werden die Flächenpaare r, l, t ausgewählt, um die Axen zu erhalten. Wären diese drei Flächenpaare allein vorhanden, so hätte der Körper die Form in Fig. 44.

Denkt man sich nun in den ersteren Krystall parallel zu den genannten drei Flächen Ebenen gelegt, welche alle durch einen im Inneren liegenden Punkt gehen, so ergeben sich drei Durchschnittslinien dieser Ebene, nämlich XX', YY' und ZZ', welche die Axen sind. Wenn die drei Axen, so wie in Fig. 45, besonders gedacht werden und die Fläche u vergrössert wird, so schneidet dieselbe die drei Axen in den Punkten A, B, C. Demnach sind die Stücke OA, OB und OC die Parameter der Fläche u.

Es ist ersichtlich, dass die Kanten der Form in Fig. 44 den Axen parallel sind. Man kann daher auch sagen, die Axen werden erhalten, wenn man die

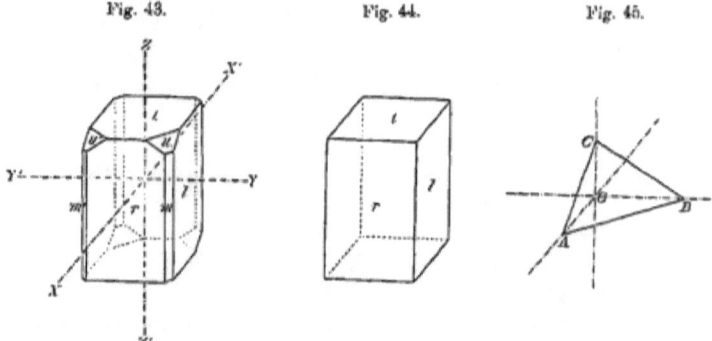

Fig. 43. Fig. 44. Fig. 45.

drei Kanten, welche von den ausgewählten Flächen gebildet werden, parallel in den Krystall versetzt. Man kann also, anstatt von Ebenen auszugehen und deren Durchschnitte als Axen zu nehmen, auch kürzer verfahren, und drei Kanten des Krystalls, welche einander nicht parallel sind, für die Bestimmung der Axenrichtungen wählen. Im vorliegenden Beispiele, Fig. 43, kann man also beiwegs damit beginnen, die Richtung der Kante zwischen t und l als Richtung anzunehmen, und die Kante zwischen t und r für die Y-Axe, die zwischen r und l für die Z-Axe zu benützen.

, welche in das Innere des Krystalls gelegt werden, um die werden Axenebenen genannt. Sie liegen, wie gesagt, Krystall welche an zwei entgegengesetzten ist nicht nothwendig, dass diese Flächen an dem Flächen und häufig auch eine vertbar sind, aber sie müssen mögliche Flächen sein. Was hierunter zu verstehen sei, ergibt sich aus den früher genannten Beobachtungen, welche gezeigt haben, dass beim Fortwachsen der Krystalle neue Flächen auftreten können, die früher nicht vorhanden waren, und dass früher vorhandene verschwinden. An jedem Krystall sind demnach viele Flächen möglich, welche an ihm nicht ausgebildet erscheinen. Das Beispiel am Alaun hat gezeigt, dass an demselben nicht blos die Oktaëderflächen in Fig. 3, sondern auch Flächen möglich sind, welche die Ecken jener Form abstumpfen, Fig. 5. Diese abstumpfenden Flächen für sich gedacht, geben aber einen Würfel. Demnach können für die Formen des Alauns die Flächen des Würfels zur Ableitung der Axen dienen.

Bei den triklinen Krystallformen wird man drei beliebige Flächenpaare für die Angabe der Axen wählen dürfen, bei allen übrigen Formen aber ist man darauf angewiesen, die Axenebenen in Hauptschnitte zu legen, damit die erkannte Symmetrie nicht durch eine willkürliche Annahme der Axenebenen einen Widerspruch erfahre.

22. Parameter. Die Parameter werden in den Richtungen OX, OY und OZ positiv, in den Richtungen OX', OY' und OZ' hingegen negativ gezählt. Werden die Parameter OA, OB und OC abkürzungsweise mit a, b, c bezeichnet, so wird die Lage der Fläche u in Fig. 43 durch die Parameter a, b, c die Lage der Fläche u' hingegen durch die Parameter a, $-b$, c ausgedrückt, weil die letztere Fläche wohl dieselben Abschnitte an den Axen hervorbringt, wie u, jedoch der Abschnitt auf der Axe YY' auf dem negativen Aste derselben liegt.

Werden die Parameter einer Fläche mit derselben Zahl multiplicirt, so erhält man die Parameter einer Fläche, welche mit der vorigen parallel ist. Entsprechen einer Fläche ABC die drei Parameter a, b, c, so sind die Parameter einer dazu parallelen Fläche $A'B'C'$ in Fig. 46 ra, rb, rc. Hier ist r grösser als 1 angenommen, die Fläche erscheint herausgeschoben; würde r kleiner als 1, also z. B. $\frac{1}{2}$ angenommen, so erschiene die Fläche ebenfalls parallel verschoben, aber dem Durchschnittspunkt o näher gerückt, wäre r negativ, so läge die Fläche statt vorn, auf der Rückseite des Krystalls.

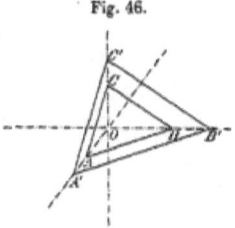

Fig. 46.

Vergleicht man das Verhältnis, in welchem die Parameter der Fläche ABC stehen mit jenem, welches einer dazu parallelen Fläche zukommt, so zeigt sich, dass beide gleich sind, weil

$$a:b:c = ra:rb:rc.$$

So gut wie die Krystallflächen parallel verschoben gedacht werden können, ohne dass ihre gegenseitige Lage sich verändert, ebenso darf demnach jedes Parameterverhältnis beliebig durch dieselbe Zahl multiplicirt oder dividirt werden.

Eine zu ABC nicht parallele Fläche wird nicht $a:b:c$, sondern ein anderes Parameterverhältnis ergeben. Ein völlig anderes Verhältnis würde aber entstehen, wenn man jeden der drei Parameter mit einer anderen Zahl multiplicirte: z. B. $\mathrm{m}\, a : \mathrm{n}\, b : \mathrm{p}\, c$.

23. Flächentypen. Jede Krystallfläche ist entweder einer Axe parallel oder sie ist gegen dieselbe geneigt. Hieraus ergibt sich die erste Classification der Flächen, welcher gemäss drei Typen unterschieden werden.

1. Pyramidenflächen heissen diejenigen, welche alle Axen schneiden, also keiner derselben parallel sind, und demnach drei angebbare Parameter haben. Ihr Parameterverhältnis lautet demnach allgemein: $\mathrm{m}\, a : \mathrm{n}\, b : \mathrm{p}\, c$. In Fig. 43 ist u eine Pyramidenfläche.

2. Prismenflächen werden jene genannt, welche einer Axe parallel sind, die übrigen Axen aber schneiden. Ein Beispiel ist m in Fig. 43. Jede Prismenfläche hat nur zwei Parameter. Den dritten pflegt man als unendlich gross zu bezeichnen, somit würden alle Prismenflächen, welche so wie m der aufrechten Axe parallel sind, durch $\mathrm{m}\, a : \mathrm{n}\, b : \infty\, c$ angedeutet. Sie werden aufrechte Prismen genannt, während jene der Y-Axe parallel sind, gewöhnlich als Querprismen und die der X-Axe parallelen als Längsprismen bezeichnet werden.

Fig. 47.

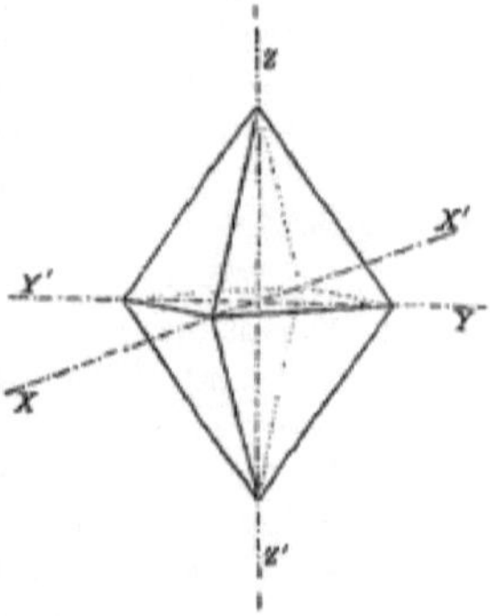

3. Endflächen pflegt man jene zu nennen, welche zugleich zwei Axen parallel sind, denen also stets zwei Parameter von der Grösse ∞ zukommen. In Fig. 43 sind r, l, t Endflächen, und zwar heisst r die Querfläche, l die Längsfläche, t die eigentliche Endfläche.

Der Zusammenhang zwischen allen Flächentypen wird anschaulich, wenn man sich klar macht, dass in dem allgemeinen Zeichen einer Pyramidenfläche, nämlich: $\mathrm{m}\, a : \mathrm{n}\, b : \mathrm{p}\, c$ alle diese Flächen enthalten sind. Dieses Zeichen bedeutet vorläufig zwar nur eine einzige Fläche, wenn aber alle die positiven und die negativen Parameter von der angegebenen Länge combinirt werden, so erhält man die Zeichen von 8 Flächen, welche mit einander eine Doppelpyramide, ähnlich wie Fig. 47 geben würden. Man kann sonach, wenn diese 8 Flächen gleich sind, unter ($\mathrm{m}\, a : \mathrm{n}\, b : \mathrm{p}\, c$) eine solche pyramidale Form verstehen. Wird nun in diesem Zeichen der Werth p grösser und grösser gedacht, so entstehen Pyramiden von immer längerer und längerer Z-Axe, also immer spitzere Pyramiden und schliesslich, wenn p den Werth ∞ erreicht, entsteht ein aufrechtes Prisma ($\mathrm{m}\, a : \mathrm{n}\, b : \infty\, c$).

Wenn hingegen in dem ursprünglichen Zeichen ($\mathrm{m}\, a : \mathrm{n}\, b : \mathrm{p}\, c$) der Werth n immer grösser und grösser gedacht wird, so entstehen Pyramiden, welche mehr und mehr nach der Y-Axe gestreckt sind und zuletzt entsteht ein Querprisma ($\mathrm{m}\, a : \infty\, b : \mathrm{p}\, c$). Wird endlich in dem ursprünglichen Zeichen der Werth m beständig zunehmend gedacht, so gibt dieses Zeichen Pyramiden an, welche nach der X-Axe gestreckt erscheinen und das Endglied ist in diesem Falle das Längsprisma ($\infty a : \text{n} b : \text{p} c$).

Kehrt man jetzt zu dem allgemeinen Zeichen des aufrechten Prisma (m $a : \text{n} b : \infty c$) zurück und denkt sich hier den Werth n beständig zunehmend, so bedeutet dies ein aufrechtes Prisma, dessen Flächen sich immer mehr nach der Y-Axe strecken, dessen vorderer Winkel also beständig geringer wird. Dieser Winkel verschwindet, sobald n die Grösse ∞ erreicht, und es entsteht das Querflächenpaar (m $a : \infty b : \infty c$), was ebensoviel ist als ($a : \infty b : \infty c$). In entsprechender Weise gelangt man von den Prismen zu dem Längs- und Endflächenpaar.

24. Parametergesetz. Das Grundgesetz, welches, abgesehen von jenem der Symmetrie, die Krystallformen beherrscht und welches schon von Hauy in einer anderen Form ausgesprochen wurde, lautet:

Die Flächen, welche am selben Krystall auftreten oder an demselben möglich sind, haben immer nur solche Parameterverhältnisse, in welchen die Coëfficienten m, n, p als ganze Zahlen erscheinen und zwar sind diese gewöhnlich einfache Zahlen wie 1, 2, 3, 4, 5, 6. Man drückt dieses Gesetz auch in der Weise aus, dass man sagt, das Verhältnis der Coëfficienten m : n : p ist ein rationales. Wenn einer Fläche des Krystalls das Parameterverhältnis:

$a : b : c$ zukömmt, so hat z. B.

eine andere Fläche das Verhältnis $a : b : 2c$
» dritte » » » $a : 2b : c$
» vierte » » » $6a : 4b : 3c$
wieder eine andere » » $a : b : \infty c$
» » » » » $2a : 3b : \infty c$
» » » » » $a : \infty b : 2c$ u. s. w.

Hier wird auch die Grösse ∞ zu den ganzen Zahlen gerechnet.

Wenn demnach an einem Krystall eine Fläche das Parameterverhältnis $a : b : c$ hat, so ist an demselben Krystall keine Fläche möglich, welcher ein Parameterverhältnis ua : vb : wc zukäme, worin u, v, w irrationale Werthe, wie $\sqrt{2}$ oder wie $\sin 20^0$ wären, sondern die an dem Krystall möglichen oder wirklich auftretenden Flächen zeigen immer nur solche Parameterverhältnisse, welche ein rationales Verhältnis der Coëfficienten m, n, p darbieten.

Die Parameter OA, OB etc. sind Längen, welche in irgend einem Maasse, z. B. in Millimetern ausgedrückt werden könnten. Das Parameterverhältnis hingegen ist das Verhältnis dieser Längen, also nur ein Zahlenverhältnis. Das Parameterverhältnis jener Fläche, von der man bei der Betrachtung des Krystalles ausgeht, also das Verhältnis $a : b : c$ wird gewöhnlich das **Axenverhältnis** genannt. Man schreibt selbes in der Regel so, dass wenigstens eine der drei Zahlen = 1 gesetzt wird. Für den Augit, Fig. 43 und 48, ist das Verhältnis $a : b : c$, welches von der Fläche u hergenommen wurde: 1704 : 1563 : 921. Wenn man dieses Verhältnis aber durch die für b angesetzte Zahl dividirt, so folgt 1·0902 : 1 : 0·5893, worin also der eine Werth = 1 erscheint.

An dem Augitkrystall, Fig. 48, ergäbe die Fläche u das Parameterverhältnis $a:b:c$. Die Fläche v würde sodann ein ganz verschiedenes Verhältnis liefern, sobald sie aber parallel verschoben wird, so kommt ein Augenblick, in welchem sie an den Axen XX' und YY' dieselben Abschnitte erzeugt, wie die vorige Fläche, Fig. 49. Dann aber trifft sie die Axe ZZ' in D, also in einer doppelt so grossen Entfernung vom Punkte O, als die vorige. Folglich ergibt sich für die Fläche v das Verhältnis $a:b:2c$.

Die Fläche s hat die Parameter OA, OB, OC', also das Verhältnis $a:b:-c$.

Wird die Fläche ζ parallel verschoben, bis sie die Axe XX' in demselben Punkte trifft, wie die Fläche u, dann würde sie die beiden anderen Axen in den Entfernungen $OE = \frac{1}{2}b$ und $OF = -\frac{1}{6}c$ treffen, Fig. 50, woraus das Parameterverhältnis $a:\frac{1}{2}b:-\frac{1}{6}c$ folgt, welches nach der Multiplication mit 6 gleich ist dem Verhältnisse $6a:3b:-8c$.

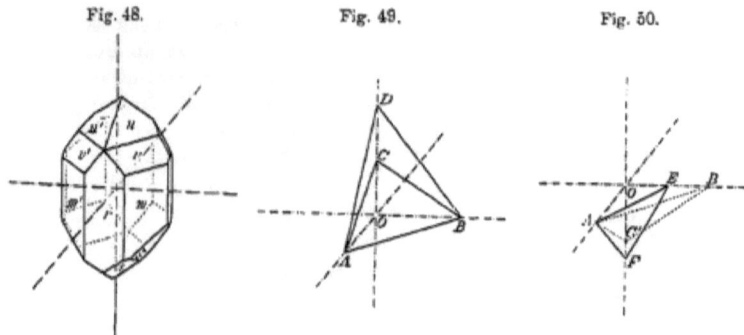

Fig. 48.   Fig. 49.   Fig. 50.

Die Fläche m wird die beiden Axen XX' und YY' in demselben Verhältnisse schneiden, wie u, woraus das Parameterverhältnis dieser Fläche des zweiten Typus nämlich $a:b:\infty c$ folgt. In diesem Beispiele haben sich für die Coëfficienten die Werthe 1, 2, 3, 6, 8 und ∞, also durchwegs rationale Verhältnisse der Parameter ergeben.

25. Erklärung. Das Parametergesetz ist aus vielen Beobachtungen abgeleitet und gilt vorerst nur für die beobachteten Fälle. Es ist ein empirisches Gesetz, doch wird es allgemein giltig, wird zum Naturgesetz, wenn wir zeigen, dass es die nothwendige Folge einer unanfechtbaren anschaulichen Vorstellung sei, also dass es von einem natürlichen Principe abgeleitet werden könne. Diese Ableitung wäre die Erklärung der unter das Gesetz fallenden Erscheinungen.

Hauy hat sogleich bei der Aufstellung des Parametergesetzes eine Erklärung versucht, welche jenes Gesetz mit einer einfachen Vorstellung verbindet. Nach dieser bestehen die Krystalle aus geformten, unter einander gleichen Partikelchen, die sich wie Ziegel eines Mauerwerkes regelmässig zusammenfügen. Denkt man sich die Krystalle in der angegebenen Weise aus vielen ungemein kleinen gleichen Körperchen schichtenartig gebaut, so erklärt sich daraus, dass die Krystalle mit ebenen Flächen und bestimmten Winkeln entstehen und dass die Lage der Flächen durchwegs dem Parametergesetze folgt.

Ein einfaches Beispiel gibt der Bleiglanz. Dieses Mineral krystallisirt häufig in Würfeln. Nach dem erwähnten Gesetze sind aber auch Oktaëder und Rhombendodekaëder möglich und in der That kommen die Flächen dieser Formen an manchen Bleiglanzkrystallen vor. Da nun der Bleiglanz nach den Würfelflächen spaltbar ist, folglich jeder Bleiglanzwürfel in ungemein viele würfelförmige Partikel zertheilt werden kann, so nahm Hauy an, dass alle Bleiglanzkrystalle aus ungemein kleinen Würfeln aufgebaut seien, also die Formen des Würfels, des Oktaëders und Rhombendodekaëders in der Weise, wie in Fig. 51, 52, 53.

Da die würfelförmigen Partikelchen von einer unangebbar geringen Grösse sind, so werden die Flächen, welche in dieser Zeichnung rauh oder treppenartig dargestellt sind, in der That doch glatt und eben erscheinen.

Fig. 51.   Fig. 52.   Fig. 53.

Wenn man in dem vorliegenden Falle annimmt, dass zuerst aus den gleichen Partikelchen ein Würfel, wie in Fig. 51, gebildet wird, und dass an denselben sich fernere solche Partikelchen anlegen, um das Rhombendodekaëder Fig. 53 zu bilden, so ist leicht zu erkennen, dass beim Wachsen des Krystalls sich zunächst auf jeder Würfelfläche eine Schichte absetzen muss, welche an allen vier Seiten der Fläche um ein Partikelchen weniger enthält als diese. Die nächste Schichte enthält wieder jederseits ein Partikelchen weniger als die vorige u. s. f., wonach sich auf der früheren Würfelfläche von den Kanten her eine vierflächige Pyramide aufbaut, deren Höhe halb so gross ist als die Höhe des früher gedachten Würfels.

Die Abnahme der Schichten in Breite und Länge, die bei der Bildung jener Formen platzgreift, welche andere Flächen als die Grundform haben, nannte Hauy die Decrescenz. Bei der Bildung des Oktaëders erfolgt die Decrescenz an den Ecken, indem jede Schichte daselbst um eine Reihe von Partikelchen weniger ansetzt als die vorige. Die Decrescenz kann sowohl an den Kanten als an den Ecken eine, zwei, drei, vier etc. Reihen von Partikelchen betragen oder abwechselnd zwei und drei, zwei und fünf u. s. w. betragen. Diese Zahlen sind geradeso wie die Coëfficienten m, n, p immer rationale Zahlen.

26. Die Vorstellung von der Bildung der Krystalle aus geformten Partikeln, welche sich ohne Zwischenraum berühren und den Krystall wie ein Mauerwerk erscheinen lassen, wurde wiederum aufgegeben, als es sich zeigte, dass sie nicht consequent durchführbar sei, und dass sie mit anderen Erscheinungen sich nicht gut vereinigen lasse. Die Lehren der Physik erfordern für jedes Körpertheilchen einen Raum, in welchem es jene Schwingungen ausführt, die uns als Licht, Wärme u. s. w. erscheinen, das Verschlucken von Gasen durch Krystalle setzt gleichfalls Zwischenräume voraus, die Erscheinungen der Elasticität gleichfalls u. s. f. Demnach ist es nothwendig, die Krystalltheilchen ohne gegenseitige Berührung zu denken.

Demgemäss betrachtet man jeden Krystall zusammengefügt aus Körperchen, welche einander nicht berühren, sondern frei schweben, welche aber im übrigen so angeordnet sind, wie die vorhin gedachten geformten Partikelchen. Die schwebenden Körperchen sind demnach so gegen einander gestellt, dass in derselben Richtung im Krystall jedes Körperchen von dem folgenden so weit entfernt ist, wie dieses von dem dritten, wie das dritte von dem vierten u. s. f. Solche Körperchen werden **Krystallmolekel**[1]) genannt.

Es erscheint anfangs befremdlich, dass man sich die Theilchen eines starren Körpers schwebend zu denken habe, denn man kömmt sogleich zu dem Schlusse, dass man durch den freien Raum zwischen den Molekeln hindurchsehen müsste, während doch sehr viele starre Körper undurchsichtig sind. Weil aber die Distanz zwischen unserem Auge und jenen Molekeln unter allen Umständen im Vergleiche zu der gegenseitigen Distanz der Molekeln ungemein gross ist, so ergeht es hier wie beim Anblick eines Waldes aus grosser Entfernung, der wie eine compacte Masse erscheint, obgleich die einzelnen Bäume von einander entfernt stehen. Die Molekel und ihre Distanzen sind so klein, dass ihre Vereinigung dem freien Auge als eine zusammenhängende Masse erscheint, und dass auch bei der mikroskopischen Betrachtung, welche gleichsam eine ausserordentliche Annäherung des Auges an das Object ist, noch immer keine Unterbrechung dieses Zusammenhanges erkennbar wird.

Den Krystallmolekeln hat man keine bestimmte Gestalt zuzuschreiben, denn ihre Form hat jetzt keine Bedeutung. Wenn sie daher später in der Zeichnung als Kügelchen oder Punkte dargestellt sind, so soll dieses nur dazu dienen, den Ort jeder Molekel anzugeben, ohne aber die Beschaffenheit derselben auszudrücken.

Die Vorstellung von dem Aufbau der Krystalle aus Molekeln ist namentlich von Bravais und von Frankenheim ausgebildet worden, welche beide die Gesetzmässigkeiten, welche daraus folgen, entdeckt und in ein System gebracht haben.

---

[1]) Molecula, kleine Masse, Massentheilchen. Ich stimme mit L. Meyer überein, welcher vorzieht, das Wort aus der Ursprache zu nehmen und Molekel zu schreiben, anstatt, wie es öfter geschieht, das französirte Wort Molekül zu gebrauchen. (L. Meyer. Die modernen Theorien der Chemie.) Jene Hypothesen, welche nach Hauy aufgestellt wurden und welche sphärische oder ellipsoidische Krystallmolekel annehmen, sind hier übergangen worden, um sogleich die heutige Anschauung zu entwickeln.

Um von der früheren Hauy'schen Vorstellung auf die neuere überzugehen, denkt man sich in den Mittelpunkt jeder geformten Partikel eine Molekel und lässt alle Begrenzungen der Partikel weg. Man hat sodann einen regelmässigen Bau, der aus schwebenden Molekeln besteht. Jede derselben hat die Eigenschaft, benachbarte Theilchen anzuziehen und in bestimmten Richtungen und bestimmten Entfernungen zu erhalten. Diese Entfernungen müssen sich auf derselben Linie von Molekel zu Molekel wiederholen. Ein Beispiel wäre Fig. 54, welche ein Bild von der Anordnung der Molekel in einem sehr kleinen Barytkrystall geben soll.

An einem solchen Bau erscheinen die vorhandenen Krystallflächen als Ebenen, welche eine ganze Schaar von Molekeln berühren, sie erscheinen als Tangentialebenen eines regelmässig angeordneten Systems von Molekeln. Die Spaltebenen und alle möglichen Krystallflächen sind Ebenen, welche durch eine grössere Anzahl von Molekeln gelegt gedacht werden können: sie sind Molekularebenen. Die Geraden, welche durch mehrere Molekel hindurch gelegt werden können, heissen Molekularlinien. Die Kanten des Krystalles sind ersichtlicher Weise Molekularlinien und demzufolge auch die Axen.

Fig. 54.

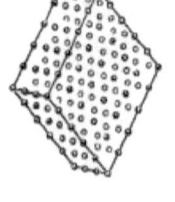

. Die Molekel, welche in einer Ebene liegen, bilden eine netzförmige Vereinigung. Jede Schichte des Krystalls, welche so dünn gedacht wird, dass in der Dicke nur eine einzige Molekel vorhanden ist, stellt also ein Molekularnetz vor.

Die regelmässige Anordnung der Molekel im Krystall erklärt nun 1. die Erscheinungen beim Wachsen der Krystalle, 2. das Statthaben des Parametergesetzes, 3. die Spaltbarkeit. Ausserdem ist sie mit der Symmetrie und mit allen ferner zu besprechenden Eigenschaften der Krystalle im Einklange.

27. Unter dem Wachsen des Krystalls hat man sich die regelmässige parallele Aneinanderfügung der Molekel, welche in den starren Zustand übergehen, zu denken. Um die Sache anschaulich zu machen, darf man sich einen Platz vorstellen, welcher dicht mit Soldaten angefüllt ist, welche aber alle in beständiger Bewegung begriffen sind, indem sie unregelmässig durcheinandertreiben. Dies wäre das Bild eines Körpers im beweglichen Zustande, die Soldaten wären die einzelnen Molekel. Nun würde aber plötzlich ein Soldat stehen bleiben, die nächsten würden sich an denselben anstellen und es würden immer die nächsten diesem Beispiele folgen, und sich an die vorigen seitlich und parallel anreihen. In kurzer Zeit würde ein kleines Rechteck oder Quadrat fertig sein, nach etwas längerer Zeit ein grösseres. Dieses Rechteck ist das Bild des Krystalles, dessen Molekel eine parallele und äquidistante Anordnung haben, und deren Complex gleichförmig anwächst. Das Bild ist aber unvollkommen, denn der Krystall wächst nicht blos nach zwei Richtungen, nicht blos nach einer Fläche, sondern er wächst auch in die Dicke, also nach drei Richtungen. Dieses Wachsen nach allen Richtungen des Raumes wird man sich weniger leicht vor-

stellen, noch schwieriger ist es zu zeichen. Man muss in diesem Fall bei den ersten Anfängen des Wachsens stehen bleiben. Dann genügen wenige Beispiele.

Stellt man sich vor, dass eine Molekel vorhanden sei, welche nach oben und nach unten dieselbe Anziehung ausübt, eine andere Anziehung links und rechts, und wieder eine andere vorn und rückwärts, und denkt man sich an diese Molekel nach jeder der sechs genannten Richtungen eine fernere ihr gleiche Molekel angesetzt, so ergibt sich im ersten Augenblick des Wachsens ein kleines System von Molekeln, wie es die Fig. 55 darstellt.

Dauert das Wachsen nach derselben Regel fort, setzt also jede der in Fig. 55 bezeichneten Molekel wieder andere an, und zwar nach jeder der genannten sechs Richtungen, wofern sie noch nicht besetzt sind, so erhält man einen Krystall von der Gestalt einer Doppelpyramide, welche dieselbe Form hat als jene ist, welche man erhält, wofern die Molekel in Fig. 55 durch Linien verbunden werden. Man kann sagen, durch das gleichförmige Fortwachsen entstehe eine

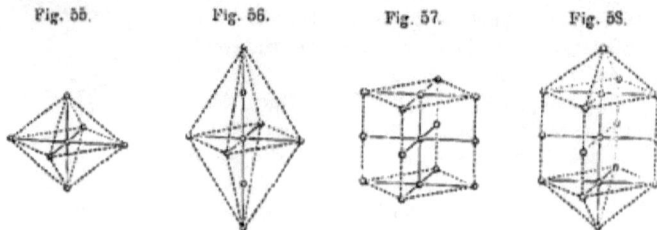

Fig. 55.   Fig. 56.   Fig. 57.   Fig. 58.

vergrösserte Form desselben Systems, weil an dieses immer gleiche Schichten angesetzt werden.

Es ist nicht nothwendig, dass das Wachsen nach verschiedenen Richtungen in gleicher Weise erfolgt, vielmehr kann dasselbe nach ungleichen Richtungen in ungleicher Weise erfolgen. Ein Beispiel gibt Fig. 56. Wenn sich in der Linie, welche hier die aufrechte ist, an die ursprüngliche Molekel nach aufwärts zwei Molekel ansetzen, so wird ein gleiches nach abwärts erfolgen, weil diese Richtungen gleich sind. Dagegen würden im selben Zeitraum links und rechts nur eine Molekel, endlich vorn und rückwärts auch nur eine Molekel angesetzt werden. So entstünde im ersten Moment ein kleines System von der Gestalt Fig. 56, und wenn das Wachsen in gleicher Weise fortschreitet, so würde sich die vergrösserte Form davon, also wieder eine Doppelpyramide, bilden, welche aber die doppelte Höhe der vorigen hat.

Das Wachsen geht in vielen Fällen nicht blos nach den früher genannten Richtungen von statten, sondern auch nach Zwischenrichtungen, wofern sie Molekularlinien sind. Fig. 57 gibt einen Fall an, in welchem ein gleichförmiges Wachsen sowohl nach den sechs ersten Richtungen, als auch nach acht zwischen denselben gelegenen Hauptrichtungen stattfindet. Bei gleichförmigem Fortschreiten des Wachsthums nach der gleichen Regel wird sich die vergrösserte Form von Fig. 57 bilden.

Die Fig. 58 zeigt endlich ein Wachsthum, welches die beiden letzteren Fälle vereinigt.

28. Werden auf der Molekularlinie, welche gegen den Beschauer zuläuft, die gleichen Distanzen zwischen jeder Molekel und der folgenden mit a bezeichnet, ferner die gleichen Distanzen auf der querliegenden Molekularlinie mit b und die gleichen Distanzen an der aufrechten Linie mit c, so wären dies drei Längen, welche, auch in Millimetern ausgedrückt, von einer Kleinheit wären, die man sich nicht vorzustellen vermag. Das Verhältnis aber, in welchem diese drei Grössen zu einander stehen, kann durch Zahlen ausgedrückt werden und diese mögen mit a, b, c bezeichnet werden, so dass

$$\mathfrak{a} : \mathfrak{b} : \mathfrak{c} = a : b : c.$$

Ist nun die Lage der drei genannten Molekularlinien bekannt, so lässt sich die Lage jeder Fläche an den Krystallen, welche vergrösserte Formen der vorher besprochenen Systeme sind, einfach darstellen. Für Flächen in

Fig. 55 hat man $a : b : c$, für jene in
» 56 » » $a : b : 2c$, für die Form in
» 57 » » $a : b : \infty c$ und $\infty a : \infty b : c$, endlich für
» 58 » » $a : b : \infty c$ und $a : b : c$.

Diese Beispiele zeigen zur Genüge, wie sich das Parametergesetz erklären lässt, sie zeigen, dass dieses Gesetz eine Folge der regelmässigen Anordnung der Molekel ist, und es lässt sich die Erklärung in folgender Weise kurz aussprechen: da die Molekel beim Wachsen des Krystalls in den verschiedenen Richtungen nur zu einer, zu zweien, zu dreien... überhaupt nur nach ganzen Zahlen angesetzt werden können, so werden auch die Krystallflächen nur solche Parameterverhältnisse darbieten können, deren Verhältnis durch ganze Zahlen ausgedrückt werden kann.

Für den Fall, als dieses Verhältnis kein so einfaches ist, wie die zuvor betrachteten, lässt sich der Bau nicht gut bildlich darstellen. Es mag daher genügen, für einen Krystall, an welchem eine Fläche mit dem Verhältnis $3b : 5c$ auftritt, die Anordnung anzugeben, welche in der Molekularebene zwischen den positiven Seiten der aufrechten und der querliegenden Axe stattfindet. Fig. 59. Hier haben sich an die erste Molekel nach aufwärts 10 Molekel angesetzt, während nach rechts blos 6 Molekel angereiht wurden. Mittlerweile sind aber in den Raum zwischen diesen beiden Richtungen an jede Molekel so viele andere angesetzt worden, als die Regel vorschreibt, nach welcher aufwärts immer 5 angelagert werden, während nach rechts 3 sich ansetzen.

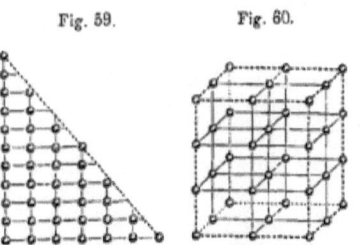

Fig. 59.   Fig. 60.

Der fertige Bau eines Krystalles ist gleichsam ein regelmässiges Netzwerk, welches aus ungemein vielen Molekeln besteht. Die Fäden des Netzes sind nichts Körperliches, sondern sind die Maxima der Anziehung der Molekel, die Knoten des Netzes aber sind körperlich, sind die Molekel. Ein sehr kleiner Theil eines solchen Netzes ist in Fig. 60 dargestellt. Man kann durch ein Molekularnetz viele Ebenen legen, deren jede mindestens durch drei Molekel hindurch geht. Jede solche Ebene ist eine mögliche Fläche des Krystalls. Unter diesen werden sich die Spaltungsebenen dadurch auszeichnen, dass in ihnen die Molekel am dichtesten gedrängt erscheinen. In Fig. 60, sowie in Fig. 54 werden es die Ebenen sein, welche der äusseren Begrenzung parallel sind. Man erkennt daraus, dass die Spaltungsebenen häufig den Endflächen und Prismenflächen parallel sein werden.

Die Anordnung der Molekel ist in den tesseralen Krystallen eine reguläre. Denkt man sich im Innern des Krystalls um irgend eine Molekel eine Kugelfläche, welche durch andere Molekel geht, so trifft diese Fläche zugleich eine ganze Anzahl von Molekeln, welche alle auf der Kugelfläche gleichmässig vertheilt erscheinen.

In den Krystallen von wirteligem Baue ist nur die Anordnung parallel der Hauptebene eine reguläre. Legt man innerhalb dieser Ebene durch irgend eine Molekel einen Kreis, der durch eine andere Molekel geht, so trifft dieser Kreis zugleich mehrere Molekel in gleichen Zwischenräumen. Senkrecht zur Hauptebene herrscht aber eine nicht reguläre Anordnung.

In den Krystallen von einfacherem Baue zeigt sich in keiner Ebene eine reguläre Anordnung.

Die Ursache, welche bewirkt, dass die Molekel zu einander solche Stellungen einnehmen, welche diese oder jene Art der Symmetrie hervorbringen, muss in den Molekeln selbst liegen. Den Molekeln muss daher eine bestimmte innere Structur zugeschrieben werden, der zufolge die anziehenden und abstossenden Kräfte nach bestimmten Richtungen stärker als nach anderen wirken. Ueber diesen inneren Bau der Molekel wird erst in der Folge die Rede sein.

Ausser den Schriften von Bravais (s. vorn) und Frankenheim (Pogg. Ann. Bd. 97, pag. 337) handeln über die angedeutete Theorie: Sohncke, Entwicklung einer Theorie der Krystallstruktur 1879 und Zeitsch. f. Kryst., Bd. 13, p. 214; Wulff ebendas. p. 503.

29. Bezeichnungsweise. Die beiden früher bezeichneten Gesetze, nämlich das Gesetz der Symmetrie und das Parametergesetz erlauben jeden Krystall mittels kurzer Ausdrücke zu beschreiben. Zu diesem Zwecke wird vor allem angegeben, welche Art der Symmetrie an dem Krystalle ausgesprochen ist, es wird das Krystallsystem genannt. Zweitens wird in dem Falle, als nicht schon die Symmetrie darüber Aufschluss gibt, angeführt, welche Winkel die Axen bilden. Drittens wird in dem Falle, als es nicht selbstverständlich ist, das Parameterverhältnis $a:b:c$ angeschrieben. Nunmehr lässt sich jede Fläche, die an dem Krystall auftritt, kurz bezeichnen, indem die Coëfficienten m, n, p namhaft gemacht werden.

Ein Beispiel ist der Augitkrystall Fig. 61, welcher schon früher betrachtet wurde. Derselbe ist monoklin. Die Axen XX' und ZZ', welche in der Symmetrieebene liegen, bilden vorn den Winkel von 105° 50′ und aus der Symmetrie folgt, dass die Axe YY' mit den beiden vorigen Winkel von 90° einschliesst. Die Fläche u gibt das Parameterverhältnis

$a : b : c =$ 1·0902 : 1 : 0·5893.

Nunmehr können die einzelnen Flächen des Krystalls bezeichnet werden, indem ihre Coëfficienten angegeben, und dabei die Buchstaben, welche das Axen-

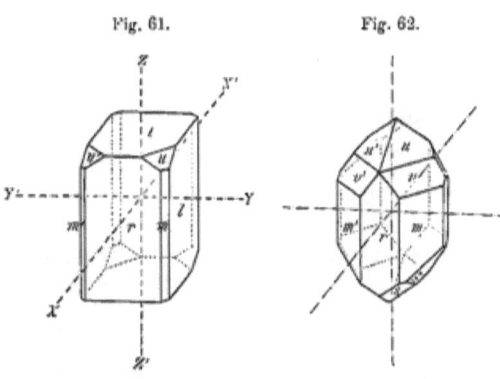

Fig. 61. Fig. 62.

verhältnis andeuten, wiederholt werden, also:

$u = a : b : c$ $u' = a : -b : c$ $t = \infty a : \infty b : c$
$m = a : b : \infty c$ $m' = a : -b : \infty c$ $l = \infty a : b : \infty c$
$r = a : \infty b : \infty c$.

An dem zweiten Augitkrystall hat man ausser diesen Flächen noch:
$v = a : b : 2c,$ $v' = a - b : 2c,$ $s = a : b : -c,$ $\zeta = 6a : 3b : -8c.$

Will man nicht jede einzelne Fläche für sich, sondern alle gleichen Flächen mit einem Male bezeichnen, so setzt man das Zeichen der einzelnen Fläche in die Klammer. Also bedeutet $(a : b : c)$ die Fläche u, u', und noch die beiden rückwärts liegenden u-Flächen.

$(\infty a : \infty b : c)$ bedeutet die Fläche t sammt der dazu parallelen Fläche auf der Unterseite u. s. f. Statt des Minuszeichens schreibt man rechts neben den Parameter einen Strich, z. B.:

$a : -b : 2c = a : b' : 2c$ oder $a : b : -\frac{1}{3}c = a : b : \frac{1}{3}c'.$

Diese Art der Bezeichnung, welche die Flächen durch Symbole angibt, in denen die Buchstaben vorkommen, welche das Axenverhältnis andeuten und ausserdem die Coëfficienten, rührt von Weiss her. Im Folgenden werden Symbole dieser Art als Parametersymbole oft angeführt.

Eine zweite Art der Bezeichnung ist die von Naumann. Nach dieser werden auch die Coëfficienten geschrieben, jedoch in Verbindung mit einem einzigen Buchstaben, z. B. P, welcher die ganze Form, deren Coëfficienten durchwegs 1 sind, symbolisch ausdrückt; so ist im rhombischen System beispielsweise:

$(a : b : c)$ Weiss $= P$ nach Naumann
$(a : b : 3c)$ » $= 3P$ »   »   u. s. w.

Eine dritte Art der Bezeichnung rührt von Grassmann her, sie wird aber gewöhnlich die Miller'sche genannt. Nach derselben wird das Axenverhältnis nicht wiederholt und es werden anstatt der Coëfficienten deren reciproke Werthe geschrieben. Letztere werden allgemein mit h, k, l etc. bezeichnet und Indices genannt. Da nämlich jede Zahl auf die Form $\frac{1}{x}$ gebracht werden kann, so ist auch

$$m : n : p = \frac{1}{h} : \frac{1}{k} : \frac{1}{l}, \text{ und}$$

$$h : k : l = \frac{1}{m} : \frac{1}{n} : \frac{1}{p}.$$

Um die Indices zu erhalten, wird man entweder die Coëfficienten auf die Form $\frac{1}{x}$ bringen und die so erhaltenen drei Nenner als Indices anschreiben, oder man wird statt der Coëfficienten deren reciproke Werthe nehmen, und das entstehende Verhältnis auf ganze Zahlen bringen, welche die Indices darstellen. Das Parameterzeichen $2a : 2b : 3c$ wird also entweder durch Division mit 6 auf die Form $\frac{1}{3}a : \frac{1}{3}b : \frac{1}{2}c$ gebracht, woraus die Indices 332 erhalten werden, oder es werden statt der Coëfficienten 2, 2, 3 deren reciproke Werthe $\frac{1}{2} : \frac{1}{2} : \frac{1}{3}$ genommen, welche nach der Multiplication mit 6 die Indices 332 liefern. Aus $a : b : c$ erhält man die Indices 111, aus $a : b : \infty c$ aber nach der zweiten Methode das Verhältnis $\frac{1}{1} : \frac{1}{1} : \frac{1}{\infty}$, wonach die Indices 110 sind. Aus $a : b - c$ ergeben sich dem früher Gesagten entsprechend die Indices $11\bar{1}$, indem das Minuszeichen über den bezüglichen Index gesetzt wird. Sollen nicht die einzelnen Flächen bezeichnet, sondern alle gleichen Flächen, d. i. soll die vollständige einfache Form durch ein einziges Symbol dargestellt werden, so setzt man die Indices in die Parenthese, also ist $(a : b : c) = (111)$. Flächen, deren Indices blos aus den Zeichen 1 und 0 bestehen, werden weiterhin als primäre Flächen bezeichnet.

Alle drei Bezeichnungsarten sind in deutschen Werken gebräuchlich. Die Weiss'sche weniger als die Naumann'sche. Letztere hat manche Bequemlichkeit für sich, gestattet jedoch nicht die Angabe einer einzelnen von den gleichen Flächen, und complicirt sich durch verschiedene Anhängsel, deren später gedacht wird. Die Miller'sche ist für den Anfänger weniger bequem als die vorigen, aber sie gibt für die Rechnung den unmittelbaren Behelf, da man in diesem Fall nicht die Coëfficienten, sondern die Indices anwendet, ferner ist sie durch Kürze und Einfachheit den anderen überlegen und ist für die Schilderung des Zusammenhanges zwischen der Form und den physikalischen Eigenschaften besonders geeignet.

30. Projection. Die Eigenschaften der Krystallformen lassen sich am besten an Modellen studiren, welche die Lage der Flächen mit hinlänglicher Genauigkeit wiederholen. Der Anfänger wird am raschesten in das Verständnis der Gestalten eindringen, wenn er seine Anschauung zuerst an Modellen übt. Gut geschnittene Holzmodelle werden ihm besonders dienlich sein. Es ist aber für den Beginn der Studien auch sehr zu empfehlen, sich in der Herstellung von Krystallformen zu üben und sich dadurch nicht beirren zu lassen, dass die Gestalten anfänglich missrathen. Durch Eingiessen von Gypsteig in eine leicht herstellbare Form werden beiläufig würfelförmige Stücke bereitet und nach dem Erhärten werden daraus mit einem flachen Messer zuerst einfachere, dann flächenreichere Krystallgestalten geschnitten. Auf solche Art wird der eifrige Anfänger sich mit Leichtigkeit über die Zusammengehörigkeit der Formen, über die Symmetrie und Hemiëdrie, über die Zonenverhältnisse u. s. w. klar werden und bald dazu vorbereitet sein, von der körperlichen Darstellung zur Zeichnung überzugehen.

Der Geübtere wird sich an gute Zeichnungen halten. In diesen sind die Krystalle möglichst ebenmässig, ohne alle Verzerrungen dargestellt und es wird von allen die Form ändernden nebensächlichen Vorkommnissen abgesehen. Häufig ist die Form ausserdem so gezeichnet, dass auch die Kanten der Rückseite ausgezogen sind. Es ist also eigentlich ein Netz gezeichnet, welches von den Kanten gebildet wird.

Die Krystallbilder, welche in wissenschaftlichen Werken vorkommen, sind aber nicht so dargestellt, wie die Krystalle wirklich gesehen werden. Sie sind nicht nach den Regeln der gewöhnlichen Perspective entworfen, denn sonst müssten parallele Linien, z. B. die Kanten eines Würfels, welche auf den Beobachter zulaufen, nach der vom Beobachter abgewendeten Richtung convergiren. Auf solche Weise würde der Parallelismus der Kanten, welcher namentlich für die Beurtheilung der Zonenverhältnisse wichtig ist, aufgehoben. Deshalb sind die Krystallbilder nach der Methode der Parallelperspective entworfen. Dieser entsprechend denkt man sich den Krystall vor eine Ebene gestellt, und denkt sich von jedem Eckpunkte des Krystalls auf die letzteren senkrechte Linien gefällt. Werden die Fusspunkte derselben durch Linien, welche den Kanten des Krystalls entsprechen, verbunden, so entsteht eine parallel-perspectivische Projection, oder wie man es auch nennt, ein Bild, welches den Krystall aus unendlicher Entfernung gesehen darstellt. Unsere Krystallfiguren sind also parallel-perspectivische Projectionen.

Diese Art der Projection reicht aber nicht aus, um eine vollständige Uebersicht der Zonen eines Krystalls zu liefern oder die Winkelverhältnisse klar zu machen. Zu solchen Zwecken dienen die schematischen Projectionen, deren gegenwärtig zwei in Uebung sind.

Nach der einen werden die Flächen als Linien projicirt. Man denkt sich den Krystall so gestellt, dass eine seiner vorhandenen oder möglichen Flächen, welche man in voraus dazu erwählt hat, der Projectionsebene, d. i. der Papierfläche parallel wird. Hierauf denkt man sich alle Flächen des Krystalls parallel verschoben, bis sie sämmtlich durch einen, ausserhalb der Projectionsebene liegenden Punkt gehen. Jedes Flächenpaar wird dadurch zu einer einzigen Fläche, und diese Flächen schneiden sodann die Papierfläche in Linien, die ausgezogen werden. Die Fläche, welche der Projectionsebene parallel gestellt wurde, erscheint gar nicht in dieser Zeichnung.

Denkt man sich einen Würfel auf eine Ebene projicirt, welche einem seiner Flächenpaare parallel ist, so besteht die Projection aus zwei gegeneinander senkrechten Linien, die Oktaëderflächen o liefern vier ein Quadrat umschliessende Linien. Vergl. Fig. 63 und 63a. Wird der Barytkrystall, dessen Bild in Fig. 64 gegeben ist, in dieser Weise auf eine Ebene parallel zu k projicirt, so wird das

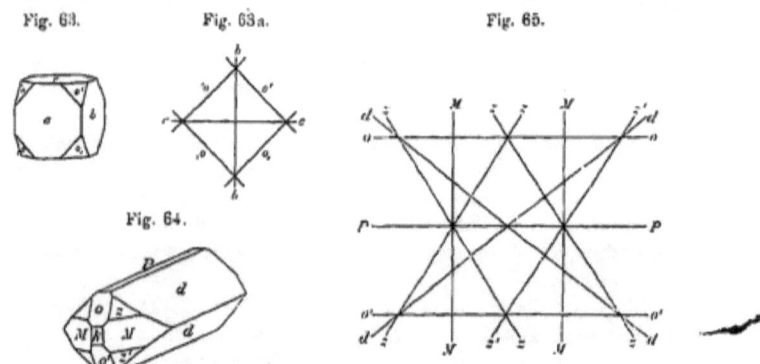

Fig. 63.   Fig. 63a.   Fig. 65.

Fig. 64.

Flächenpaar P eine horizontale Linie geben, während die Flächen d zwei Linien liefern, die sich im Mittelpunkte der Zeichnung kreuzen. Fig. 65. Die Pyramidenflächen z geben vier Linien, die vier Durchschnitte liefern. Weil die Fläche M in der Zone zz' liegt, so geht ihre Projectionslinie durch einen jener Durchschnitte. Das Entsprechende ereignet sich bei den Linien für o und o'. Man findet bald die Regel heraus, dass bei dieser Art der Projection die Zonen als Durchschnitte von zwei oder mehreren Linien erscheinen.

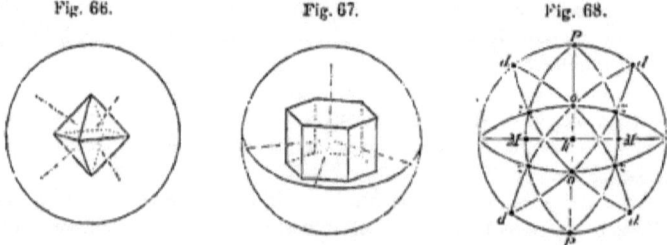

Fig. 66.   Fig. 67.   Fig. 68.

Nach der zweiten Methode, welche eine sphärische Projection ist, werden die Flächen des Krystalls als Punkte projicirt. Der Krystall wird in Mitte einer Kugel gedacht, so dass das Centrum der Kugel innerhalb des Krystalles liegt. Werden hierauf aus dem Centrum gegen die Krystallflächen senkrechte Linien gezogen und diese verlängert, so treffen sie die Kugeloberfläche in Punkten, deren jede die Lage einer Fläche angibt. Die Fig. 66 gibt das Bild einer Projections-Sphäre, innerhalb welcher ein Oktaëder gedacht ist. Die Bögen zwischen den Projectionspunkten entsprechen den Normalenwinkeln der Flächen (13).

In der Projectionsfigur wird der Krystall selbst nicht gezeichnet, sondern es werden blos die Punkte angegeben, welche nach jener Operation auf der Kugelfläche erscheinen würden. Ist eine Zone vorhanden, wie in Fig. 67, so wird sie deutlich gemacht, indem die bezüglichen Projectionspunkte durch eine Linie verbunden werden, die öfters gekrümmt sein wird. Beim Ausziehen solcher Zonenlinien hat man sich an Folgendes zu erinnern: Die Senkrechten, welche vom Centrum auf die Flächen einer Zone gefällt werden, liegen alle in einer Ebene, die durch das Centrum geht. Eine solche Ebene schneidet aber die Kugel in einem grössten Kreise, folglich ist jede Zonenlinie ein grösster Kreis auf der Kugel der Projection. Für die Anfertigung der Zeichnungen ist es wichtig zu wissen, dass nach der üblichen Methode die gekrümmten Zonenlinien als Kreisstücke erscheinen, folglich mit dem Zirkel dargestellt werden [1]).

Ein Beispiel von dieser Art sphärischer Projectionen ist Fig. 68, welche ebenfalls die Flächen des Krystalles in Fig. 64 zum Gegenstande hat. Diese Form denkt man sich so gewendet, dass die Flächen P, d, d zu Linien verkürzt erscheinen und k in der Mitte des Bildes zu liegen kommt. Jetzt werden die Punkte für P und d in den Rand des Bildes, also in den Grundkreis fallen, die Zonen $P o k$ und $M k M$ werden sich als Gerade, die anderen Zonen aber als Kreisstücke projiciren. Die Symmetrie der Form tritt klar hervor.

Da diese Projectionsmethode für das Studium sehr bequem und übersichtlich und da sie für die Darstellung der Zonenverhältnisse und des Zusammenhanges der Form und der physikalischen Eigenschaften der Krystalle ungemein brauchbar ist, wird dieselbe weiterhin mehrfach angewendet werden.

---

[1]) Dies rührt daher, weil die Projection nicht etwa das Bild der Kugel aus einer grösseren Entfernung gesehen darstellt, sondern weil sie gleichsam die Innenansicht der Kugel ist, welche sich einem in der Kugelfläche befindlichen Auge darbietet. Die Construction ist nämlich folgende: Auf der Kugelfläche, welche die Flächenpunkte trägt, wird ein Punkt z ausgewählt, welcher den Mittelpunkt der Zeichnung angeben soll. Eine Linie, welche von z durch das Kugelcentrum gezogen wird, trifft die andere Seite der Kugel in a, welches der Augenpunkt der Projection ist. Fig. 69. Denkt man sich nun von a aus Strahlen zu den Flächenpunkten P auf der Kugel gezogen, so wird eine Ebene EE, welche im Kugelcentrum auf az senkrecht steht, von diesen Strahlen in ebenso vielen Punkten durchschnitten werden. Das auf der Ebene EE entstehende Bild ist nun unsere Projection, die man gewöhnlich in den Kreis einschliesst, welcher sich aus dem Durchschnitte der Kugel mit jener Ebene EE ergibt und Grundkreis heisst.

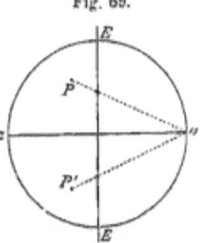

Fig. 69.

Den Beweis, dass bei dieser Projection die Zonenlinien als Kreisstücke erscheinen, findet man in Grailich-Miller, Krystallographie, pag. 188; Lang, Krystallographie, pag. 291.

Obgleich für die genaue Ausführung der Zeichnung die angeführte Construction in Betracht kommt, so kann doch der Anfänger davon absehen und so verfahren, als ob die Kugel von aussen gesehen zu zeichnen wäre, wobei die Darstellung der Zonenlinien als Kreisstücke wie eine Erleichterung der Arbeit hingenommen wird.

31. Zonenverband. In allen Krystallsystemen mit drei Axen sind die Flächen, welche die einfachsten Parameter haben, und welche hier Primärflächen

Fig. 70. Fig. 71. Fig. 72.

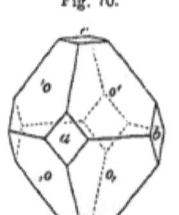 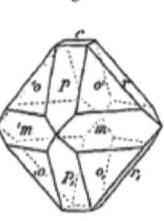 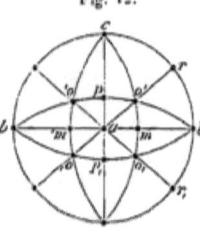

genannt werden, durch Zonen verbunden, die sogleich in die Augen fallen.

Wenn in den beiden Fig. 70 und 71 die mit o signirten Flächen die drei Axen in dem Verhältnisse $a:b:c$ schneiden, wenn also

$$o' = a:b:c = 111 \qquad 'o = a:b':c = 1\bar{1}1$$
$$o_{,} = a:b:c' = 11\bar{1} \qquad ,o = a:b':c' = 1\bar{1}\bar{1}$$

so haben die anderen Flächen die folgenden Parameter:

$$m = a:b:\infty c = 110 \quad p = a:\infty b:c = 101 \quad r = \infty a:b:c = 011$$
$$'m = a:b':\infty c = 1\bar{1}0 \quad p_{,} = a:\infty b:c' = 10\bar{1} \quad r_{,} = \infty a:b:c' = 01\bar{1}$$
$$c = \infty a:\infty b:c = 001 \quad b = \infty a:b:\infty c = 010 \quad a = a:\infty b:\infty c = 100$$

und es ergeben sich folgende Zonen, Fig. 72:

Zone $c\ r\ b\ r_{,}$ Zone $r\ o'\ a\ ,o$ Zone $b\ o,\ p,\ ,o$
» $c\ p\ a\ p_{,}$ » $r_{,}\ o_{,}\ a\ 'o$ » $c\ o'\ m\ o_{,}$
» $b\ m\ a\ 'm$ » $b\ o'\ p\ 'o$ » $c\ 'o\ 'm\ ,o$

Man sieht, dass jede der angeführten Flächen zugleich in zwei oder mehreren Zonen liegt. Die Lage einer Fläche ist aber vollkommen bestimmt, wenn angegeben wird, dass sie in der Durchkreuzung zweier bekannter Zonen liege **(14)**. Also ist

durch die Zonen $a\ r$ und $c\ m$ bestimmt o'
»   »   » $b\ p$ » $c\ m$ » o'
»   »   » $a\ b$ » $c\ o'$ » m
»   »   » $a\ c$ » $b\ o'$ » p
»   »   » $b\ c$ » $a\ o'$ » r
»   »   » $o'\ ,o$ » $'o\ o_{,}$ » a
»   »   » $o'\ 'o$ » $o_{,}\ ,o$ » b u. s. w.

Ist also die Lage der Endflächen und der Prismenflächen bekannt, so folgt daraus die Lage der zugehörigen Pyramidenflächen, sind aber die zusammengehörigen Pyramidenflächen bekannt, so ist dadurch schon die Lage der zugehörigen Prismenflächen und der Endflächen gegeben u. s. w.

Mittels der sphärischen oder der linearen Projection kann man sich auch den Zonenverband anderer als der angeführten Flächen klar machen.

Sind die Indices zweier Flächen bekannt, z. B. 111 und 123, so erhält man das Zeichen der Zone, in welcher sie liegen, auf eine einfache Weise, indem man jene Indices mit Wiederholung der beiden ersten untereinander schreibt: $\begin{smallmatrix}1&1&1\\1&2&3\end{smallmatrix}\times\begin{smallmatrix}1\\2\end{smallmatrix}\times\begin{smallmatrix}1\\1\end{smallmatrix}\times\begin{smallmatrix}1\\2\end{smallmatrix}$.

Hierauf beginnt man beim zweiten oberen Index und multiplicirt mit dem dritten unteren. Dann bildet man ebenso aus dem dritten oberen und dem zweiten unteren ein Product oder wie man sich kurz ausdrückt, man multiplicirt kreuzweise. Hierauf wird die Differenz beider Producte gewonnen, welche den ersten Index des Zonenzeichens liefert. Dieses Verfahren fortgesetzt, ergibt auch die beiden anderen Indices. Im obigen Beispiele hat man $1\cdot3 - 1\cdot2 = 1$, $1\cdot1 - 1\cdot3 = -2, 1\cdot2 - 1\cdot1 = 1$, wonach das Zonenzeichen [1$\bar{2}$1]. Aus dem Zeichen der beiden Flächen 201 und 110 würde man das Zonenzeichen [$\bar{1}$12] erhalten. Die Zonenzeichen erlauben nun die Anwendung der folgenden Regeln:

1. Regel. Eine Fläche hkl, welche in der Zone [uvw] liegt, erfüllt die Bedingung $hu + kv + lw = 0$. Um also zu erkennen, ob die Fläche 432 in der Zone [1$\bar{2}$1] liege, bildet man die Summe der drei Producte, nämlich $4\cdot1 - 3\cdot2 + 2\cdot1$, welche 0 gibt, also die Frage bejaht, während die Frage verneint wird, wenn man prüft, ob die Fläche 112 in jener Zone liege, da man nicht 0, sondern 1 erhält.

Eine andere Anwendung derselben Regel ergibt sich dann, sobald von einer Fläche sicher ist, dass sie in einer bestimmten Zone liege, jedoch die Indices dieser Fläche nicht vollständig bekannt sind. So z. B. würde man eine Fläche, die in der Zone [1$\bar{2}$1] liegt und von der man ausserdem weiss, dass sie der X-Axe parallel sei, die Indices $0kl$ schreiben, und jener Bedingung zufolge $0 - 2k + l = 0$ entwickeln, woraus man $l = 2k$, also die Indices 0, k, 2k oder kurz 012 erhalten würde.

2. Regel. Diese besagt, dass man die Indices des Durchschnittspunktes zweier Zonen auf dieselbe Weise erhält, nach der man das Zonenzeichen aus den Flächenindices entwickelt. Wenn man also weiss, dass eine Fläche sowohl in der Zone [1$\bar{2}$1] als auch in der Zone [$\bar{1}$12] liege, so erhält man nach dem obigen Verfahren der kreuzweise ausgeführten Multiplication und Subtraction der Producte aus diesen beiden die Indices 531 als Zeichen jener Fläche. Da man sonach für eine in zwei Zonen liegende Fläche stets rationale Indices erhält, so ist eine solche Fläche stets eine mögliche Fläche des Krystalls.

3. Regel. Werden die Indices zweier Flächen bezüglich jeder Axe addirt, so erhält man die Indices einer Fläche, welche die Kante der beiden vorigen abstumpft. Sind die beiden erstgenannten Flächen gleichartig, so hat man die Indices der geraden Abstumpfung, d. i. jener Fläche erhalten, welche gegen die beiden vorigen gleich geneigt ist. Demnach hat die Fläche, welche die Kante der beiden gleichartigen Flächen 211 und 121 gerade abstumpft, die Indices 332.

Die theoretische Ableitung der Zonenregeln und des hier angegebenen Verfahrens findet sich in den Lehrbüchern der Krystallographie von Karsten, von Lang, Groth, Liebisch; die Berechnung der Indices aus den Krystallwinkeln in C. Klein's Einl. i. d. Krystallberechnung.

32. Triklines System[1]). Die Krystalle dieser Abtheilung zeigen keinerlei Symmetrie. Demzufolge ist mit jeder beobachteten Fläche blos diejenige gleich, welche mit ihr parallel ist, aber keine fernere. Der Krystall ist also nur von Flächenpaaren begrenzt, welche in ihrem Auftreten von einander unabhängig sind. Zu jeder vorhandenen Fläche gehört somit blos eine zweite, nämlich die Gegenfläche.

Werden von den vorhandenen oder möglichen Flächen eines triklinen Krystalles drei als Endflächen genommen, so liefern ihre Durchschnittslinien die Richtungen der drei Axen, welche mit einander durchwegs schiefe Winkel bilden. Man pflegt den Winkel zwischen der aufrechten und der querliegenden

---

[1]) Ein- und eingliedriges System nach Weiss, anorthotypes System nach Mohs, anortisches System nach Haidinger, triklinoëdrisches oder triklinisches System nach Naumann, asymmetrisches System nach Groth.

Axe mit α, jenen zwischen der aufrechten und der längsliegenden mit β, endlich den zwischen der querliegenden und längsliegenden mit γ zu bezeichnen.

Die Axen sind ungleich. Das Axenverhältnis $a:b:c$ wird gewöhnlich so angegeben, dass $b = 1$ gesetzt wird.

An dem Albitkrystall, Fig. 73, kann man die Flächen P und M als Endflächen annehmen, ebenso eine dritte Fläche k, welche in der Zone Px und zugleich in der Zone TlM liegt, also eine mögliche Fläche ist. Fig. 74 gibt die Combination dieser drei Flächen und damit die Axenrichtungen an. In Fig. 75 sind die Axen für sich gezeichnet. Anstatt von der Annahme der Endflächen auszugehen, hätte man auch geradezu die Kanten zwischen P und M, welche als $P:M$ bezeichnet werden soll, für die Richtung der ersten Axe, die Kante $P:x$ für die Richtung der zweiten und $l:M$ für die der dritten Axe benützen können. Bei der Aufstellung ist es praktisch, dem Vorschlage Naumann's zu folgen und alle Krystalle dieses Systems so zu stellen, dass für die Quer-Axe der längere Parameter fällt, also $b > a$ wird.

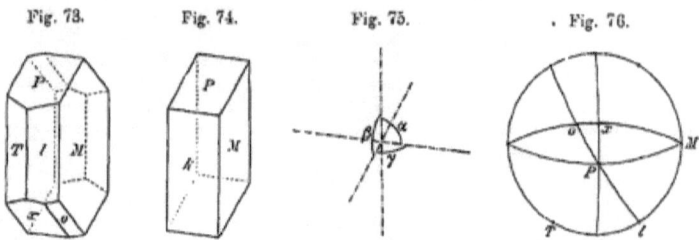

Fig. 73. Fig. 74. Fig. 75. Fig. 76.

Die Flächen bedürfen ausser der allgemeinen Nomenclatur (22) keiner besonderen Namen, da ihre Bezeichnung durch die Parameter oder Indices vollständig genügt. Naumann hat jedoch eine complicirte Nomenclatur angegeben, indem er, dem historischen Entwicklungsgange der Krystallographie entsprechend, bei den Krystallen der geringeren Symmetriegrade die rhombischen als den Typus hinstellte und die monoklinen und die triklinen Formen so benannte, als ob sie eine Hemiëdrie und eine Tetartoëdrie der rhombischen Formen darstellten.

Demgemäss nannte er die Flächenpaare, welche als Pyramidenflächen erscheinen, Viertelpyramiden und machte ihre Lage dadurch erkenntlich, dass er in seinem Symbol dem Buchstaben P Striche anhing. Dabei wurden solche Pyramidenflächen, welche einer nach der a-Axe gestreckten Pyramide entsprechen, Brachypyramiden genannt und ihre Symbole durch ein Kürzezeichen $\smile$ kenntlich gemacht, welches andeutet, dass der hinter P stehende Coëfficient sich auf die a-Axe bezieht. Jene Pyramidenflächen hingegen, welche einer zur b-Axe gestreckten Pyramide entsprechen, wurden Makropyramiden genannt und ihr Symbol wurde entsprechend mit einem Längezeichen — versehen. Die Flächenpaare, welche zu den Prismenflächen gehören, wurden Hemiprismen und Hemidomen genannt und in ihren Symbolen wurde durch ‿ oder — angedeutet, dass der Coëfficient ∞ nach dem P sich auf die a-Axe, respective auf die b-Axe beziehe. Das entsprechende Verfahren wurde bei den Endflächen beobachtet.

Die folgenden Beispiele werden diese Bezeichnungsweise klarstellen, wobei sich die Flächenbuchstaben auf die Figuren 70 und 71 beziehen, unter welchen man sich im Augenblicke trikline Krystalle vorzustellen hat. Die Miller'sche Bezeichnung geht der Naumann'schen voran.

Rechte obere Viertelpyramide	$o' = (111)$	$= P'$
» untere »	$o, = (11\bar{1})$	$= P,$
Linke obere »	$'o = (1\bar{1}1)$	$= 'P$
» untere »	$,o = (1\bar{1}\bar{1})$	$= ,P$
Eine Brachypyramide rechts oben	(133)	$= P'3$
» Makropyramide links oben	$(2\bar{1}2)$	$= '\bar{P}2$
Rechtes Hemiprisma	$m = (110)$	$= \infty P'$
Linkes »	$'m = (1\bar{1}0)$	$= \infty'P$
Oberes Makrodoma	$p = (101)$	$= '\bar{P}\infty$
Unteres »	$p, = (10\bar{1})$	$= ,\bar{P},\infty$
Rechtes Brachydoma	$r = (011)$	$= ,\breve{P}'\infty$
Linkes »	$r, = (01\bar{1})$	$= 'P,\infty$
Makropinakoid	$a = (100)$	$= \infty\bar{P}\infty$
Brachypinakoid	$b = (010)$	$= \infty\breve{P}\infty$
Basisches Pinakoid	$c = (001)$	$= 0P$

An dem Albit, Fig. 73, pflegt man, wie dies vorhin geschah, die Flächen P und M, nach welchen der Krystall spaltbar ist, als Endflächen zu nehmen, ferner l und T als primäre Prismenflächen. Nimmt man überdies x als eine primäre Prismenfläche, so ergibt sich aus den Zonen Mox und Plo, dass o die zugehörige Pyramidenfläche, also:

$P = \infty a : \infty b : c = 001$, $M = \infty a : b : \infty c = 010$, $l = a : b : \infty c = 110$, $T = a : b' : \infty c = 1\bar{1}0$, $o = a : b : c' = 11\bar{1}$, $x = a : \infty b : c' = 10\bar{1}$.

Die Figur 76 gibt die sphärische Projection dieses Albitkrystalls, wenn derselbe von oben betrachtet wird, wonach die Flächen T, l, M, in die Randzone fallen.

Fig. 77.

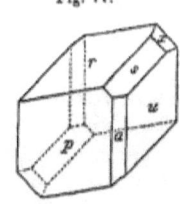

An dem Axinitkrystall in Fig. 77 kann man $p = a : b' : \infty c = 1\bar{1}0$, $u = a : b : \infty c = 110$, also beide Flächen als die primären aufrechten Prismenflächen nehmen, ferner $r = a : b' : c = 1\bar{1}1$ und $x = a : b : c = 111$; und es ergibt sich $s = a : \infty b : 2c = 201$ und $a = a : \infty b : \infty c = 100$.

33. Monoklines System[1]). Die Krystalle dieses Systemes gehorchen dem Gesetze der einfachen Symmetrie. Man kann sich in jedem derselben eine

---

[1]) Zwei- und eingliedriges System nach Weiss, hemiorthotypes System nach Mohs, augitisches System nach Haidinger, monoklinoëdrisches oder monoklinisches System nach Naumann, monosymmetrisches System nach Groth.

Ebene denken, zu welcher die Flächen der einen Seite ebenso gelagert sind wie die Flächen der anderen Seite. Es gibt aber keine weitere solche Ebene Demzufolge kommen an diesen Krystallen sowohl Flächenpaare, als auch vier zählige Flächencomplexe vor.

A) Endflächenpaare. Eine Fläche, welche zur Symmetrieebene parallel ist sammt ihrer Gegenfläche erfüllen bereits die Forderung der Symmetrie. Sie bilden das Längsflächenpaar [1]).

Jede Fläche, welche zur Symmetrieebene senkrecht ist, bildet mit ihr zu beiden Seiten gleiche Winkel und befriedigt die Symmetrie. Eine solche Fläche bringt blos ihre Gegenfläche mit sich, tritt also auch nur als Flächenpaar auf Hierher gehören: die Querfläche und die Endfläche.

B) Prismenflächen. Die Flächen der querliegenden Prismen sind senkrecht zur Symmetrieebene, daher treten sie auch nur als einzelne Flächenpaare auf

Das aufrechte Prisma und das Längsprisma sind vierflächig, denn jede Fläche, welche gegen die Symmetrieebene schief liegt, muss von einer zweiten begleitet sein, welche auf der anderen Seite der Symmetrieebene die entsprechende Lage einnimmt. Jede dieser beiden Flächen führt aber auch ihre Gegenfläche mit sich.

C) Pyramidenflächen. Jede Pyramidenfläche tritt viermal auf, weil sie ebenfalls zur Symmetrieebene schief liegt.

Die drei Endflächenpaare geben wiederum die Lage der Axen an. Werden diese Flächen in Combination gedacht, so geben sie eine Form wie in

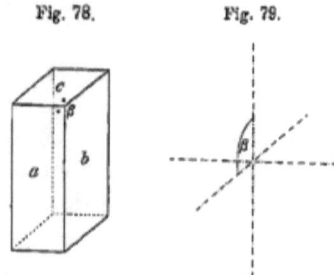

Fig. 78. Fig. 79.

Fig. 78. Die Symmetrieebene ist parallel hineinzudenken. Die ebenen Winkel welche durch hineingesetzte Punkte bezeichnet sind, müssen rechte sein, weil die zwischen ihnen liegende Kante zur Symmetrieebene senkrecht ist. Dagegen bleibt der Winkel β wie im vorigen Krystallsystem ein schiefer. Sonach bildet von den drei Axen Fig. 79 die aufrechte mit der auf den Beobachter zulaufenden einen schiefen Winkel β, während die übrigen Winkel, nämlich α und γ rechte sind. Man pflegt die Krystalle so zu stellen, dass die auf den Beobachter zulaufende Axe gegen diesen geneigt ist also der in der Figur oben liegende Winkel β ein stumpfer ist. Die querliegende Axe wird auch Symmetrieaxe oder Orthodiagonale, die geneigte Klinodiagonale genannt. Die drei Axen sind von ungleicher Länge, ihr Verhältnis $a : b : c$ wird gewöhnlich so dargestellt, dass $b = 1$.

---

[1]) Während die zur Symmetrieebene senkrechten Flächen monosymmetrisch, die anderen asymmetrisch sind, besitzt die Längsfläche eine Regelmässigkeit des Umrisses, welche man Antimetrie nennen kann. Werden nämlich in dieser Fläche durch ihren Mittelpunkt Linien in beliebiger Richtung gelegt, so trifft jede derselben zu beiden Seiten jenes Punktes gleiche Stücke (Kanten, Ecken) in gleicher Weise.

An dem Gypskrystall in Fig. 80 ist b die Längsfläche, die, wie gesagt, parallel der Symmetrieebene. Nimmt man die Flächen m als aufrechtes Prisma und die Flächen o als primäre Pyramidenflächen, so ergibt sich aus der Zone $o\,m\,u$, dass man die Flächen u als primäre Pyramidenflächen wählen darf, wonach $b = (\infty a : b : \infty c) = (010)$, $m = (a : b : \infty c) = (110)$, $o = (a : b : c) = (111)$, $u = (a : b : c') = (11\bar{1})$.

Um die Richtungen der Axen zu erhalten, geht man von der Fläche b, ferner von der möglichen Fläche a aus, welche die Kante $m : m$ gleichförmig abstumpfen würde, endlich von der möglichen Fläche c, die den Kanten $m : o$ und $m : u$ parallel ist. Vergl. Fig. 71.

Der Gypskrystall, Fig. 81, zeigt blos die oberen Pyramidenflächen o und sonst keine Pyramidenflächen.

Fig. 80. Fig. 81. Fig. 82. Fig. 83.

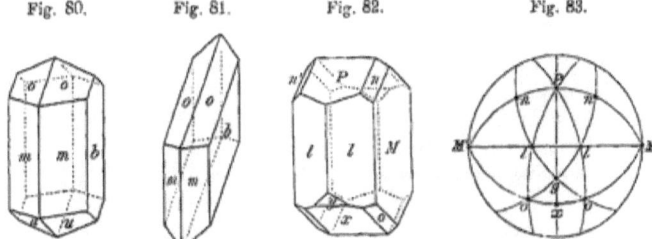

Der Orthoklaskrystall, Fig. 82, hat die Fläche M parallel zur Symmetrieebene, ferner die Flächen P, y und x senkrecht zur Symmetrieebene. Unter diesen pflegt man P als Endfläche zu nehmen, weil zu dieser parallel eine vollkommene Spaltbarkeit beobachtet wird. Wird nun l als aufrechtes Prisma betrachtet, so ergibt sich aus der Zone $P\,l\,o$, dass man o als primäre Pyramide nehmen darf. Zu dieser gehört x als querliegende Prismenfläche, während y eine andere querliegende Prismenfläche und n ein Längsprisma sind, deren Bezeichnung durch Zonen ermittelt werden kann, wonach:
$M = (010)$, $l = (110)$, $o = (11\bar{1})$, $x = (10\bar{1})$, $y = (20\bar{1})$, $n = (021)$.

Die Fig. 83 zeigt die sphärische Projection der Flächen desselben Krystalls. Die Symmetrieebene erscheint gegen den Beobachter gerichtet und schneidet die Sphäre in der Linie $P\,x$, welche zugleich die Zone darstellt, in welcher die Endfläche und die querliegenden Prismenflächen ihre Normalen haben. Zu beiden Seiten dieser Linie herrscht also auch in der Projection Symmetrie. Werden jene erkennbaren Zonen, in welchen mehr als zwei Flächenpaare liegen, ausgezogen, so hat man die Zonen $M\,n\,P$, ferner $M\,l$ und $M\,o\,x$, welche alle auf der Symmetrieebene senkrecht sind, ferner die Zonen $P\,l\,o$, welche einander gleich sind, endlich $n\,l\,y$ u. s. f.

Nach Naumann werden die vierflächigen Complexe, welche aus Pyramidenflächen bestehen, Hemipyramiden genannt, und zwar heissen die vier Flächen, welche im stumpfen Winkel der schiefen Axe liegen, nämlich $(a : b : c) = (111)$, die negative, die Flächen $(a:b:c') = (11\bar{1})$, welche im spitzen Winkel liegen die positive Hemipyramide. An dem Gypskrystall, Fig. 80, ist demnach u die positive, o die negative Hemipyramide. Das Längsprisma wird Klinoprisma oder Klinodoma genannt, während die querliegenden Prismen-Flächenpaare als Orthoprisma oder Orthodoma bezeichnet und als negatives Hemidoma, z. B. (101), und als positives Hemidoma, z. B. (10$\bar{1}$), unterschieden werden. Die Querfläche heisst Orthopinakoid, die Längsfläche Klinopinakoid, die Endfläche basisches Pinakoid. Ausserdem werden noch die nach der querliegenden Axe gestreckten Pyramiden als Orthopyramiden von denen unterschieden, welche nach der geneigten Axe gestreckt sind und Klinopyramiden heissen. Bei der Bezeichnung wird, falls die Zahl hinter dem P sich auf die Queraxe bezieht, durch das P ein horizontaler Strich gezogen, falls sie sich auf die Längsaxe bezieht, ein geneigter Strich.

Beispiele sind:

Positive Hemipyramide	$(a:b:c') = (11\bar{1})$	$= P$
Negative Hemipyramide	$(a:b:c) = (111)$	$= -P$
Positive Hemipyramide	$(a:b:3c') = (33\bar{1})$	$= 3P$
Positive Orthopyramide	$(a:2b:c') = (21\bar{2})$	$= P2$
Negative Klinopyramide	$(2a:b:c) = (122)$	$= -P2$
Prisma	$(a:b:\infty c) = (110)$	$= \smile P$
Klinodoma	$(\infty a:b:c) = (011)$	$= \bar{P}\infty$
Positives Orthodoma	$(a:\infty b:c') = (10\bar{1})$	$= P\smile$
Negatives Orthodoma	$(a:\infty b:c) = (101)$	$= -P\infty$
Negatives Orthodoma	$(a:\infty b:2c) = (201)$	$= -2P\smile$
Orthopinakoid	$(a:\infty b:\infty c) = (100)$	$= \infty \bar{P}\smile$
Klinopinakoid	$(\infty a:b:\infty c) = (010)$	$= \infty \bar{P}\infty$
Basisches Pinakoid	$(\infty a:\infty b:c) = (001)$	$= 0\,P$

34. Rhombisches System[1]). Holoëdrische Krystalle. Die hierher gehörigen Formen entsprechen der Existenz dreier Symmetrieebenen, welche von einander verschieden und gegeneinander senkrecht sind. Diese theilen den Raum in acht gleiche Theile, Octanten, welche von einander blos durch die Lage verschieden sind. Die Fig. 84 stellt die drei Hauptschnitte in der Gestalt von Scheiben dar. Der genannten Symmetrie entsprechend, gibt es in diesem Systeme sowohl achtflächige, als auch vierflächige Complexe, endlich Flächenpaare.

A) Endflächenpaare. Eine Fläche, die einem der drei Hauptschnitte parallel ist, liegt zugleich senkrecht gegen die beiden anderen Hauptschnitte, bildet also zu beiden Seiten der letzteren gleiche Winkel. Sie erfüllt also im Vereine mit ihrer Gegenfläche die Forderung der Symmetrie. Da die Hauptschnitte von verschiedenem Charakter sind, so gibt es auch drei verschiedene Flächenpaare dieser Art, welche wiederum als Quer-, Längs- und Endflächenpaar bezeichnet werden.

---

[1]) Ein- und einaxiges System nach Weiss, orthotypes oder prismatisches System nach Mohs, anisometrisches System nach Hausmann.

B) Prismenflächen. Jede Fläche, welche zu einem Hauptschnitt senkrecht, gegen die beiden anderen Hauptschnitte aber geneigt ist, erfüllt zwar die Symmetrie bezüglich der ersteren Ebene, die zwei anderen Ebenen aber erfordern ein viermaliges Auftreten einer solchen Fläche. Hierher gehört das aufrechte Prisma, sowie das Längsprisma und Querprisma.

C) Pyramidenflächen. Die drei Symmetrieebenen, welche auf einander senkrecht sind, theilen den Raum um ihren gemeinschaftlichen Schnittpunkt in acht gleiche Theile, welche sich nur durch die Stellung von einander unter-

Fig. 84. Fig. 85. 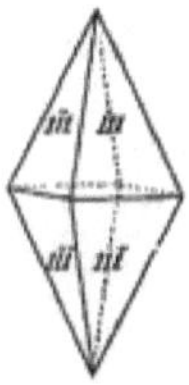 Fig. 86. 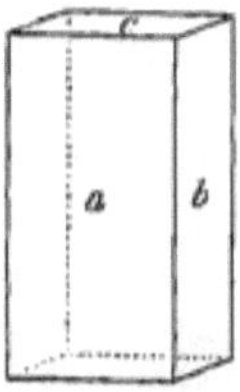 Fig. 87.

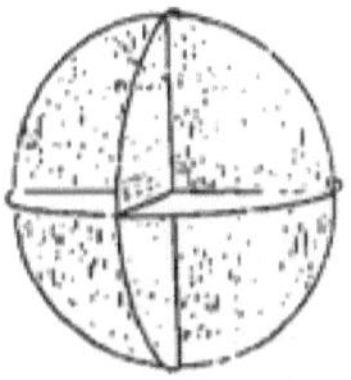

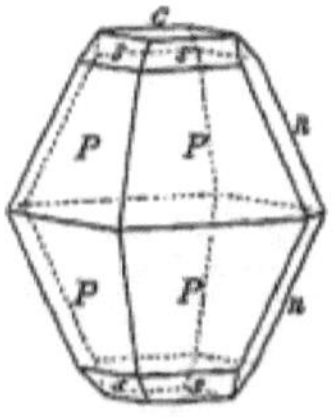

scheiden. Eine Fläche, die gegen die drei Symmetrieebenen geneigt ist, fällt in einen dieser Octanten, oder richtiger gesagt, ihre Normale fällt in einen dieser Octanten. Die Fläche muss sich daher in jedem der Octanten wiederholen, wird also achtmal auftreten. Diese achtflächige Form, welche Pyramide genannt wird, ist die erste Gestalt, welche, aus gleichen Flächen bestehend, einen Raum vollkommen umschliesst. Sie ist eine geschlossene Form, wie man sich ausdrückt. Fig. 85.

Die drei Endflächenpaare geben die Lage der Axen an. Werden sie in Combination gedacht, so entsteht eine Form wie in Fig. 86. Die Symmetrie fordert, dass die Winkel zwischen den Kanten dieser Form einander alle gleich, dass sie also rechte Winkel seien. Die drei Axen sind also rechtwinkelig, es ist $\alpha = \beta = \gamma = 90°$. Die Axenlängen sind ungleich, ihr Verhältnis $a:b:c$ wird gewöhnlich so berechnet, dass $b = 1$.

Fig. 88. Fig. 89.

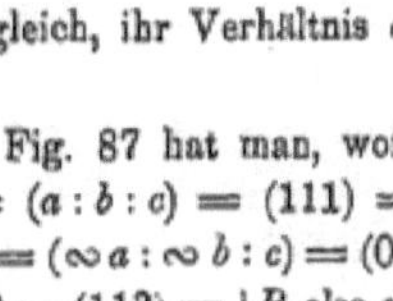

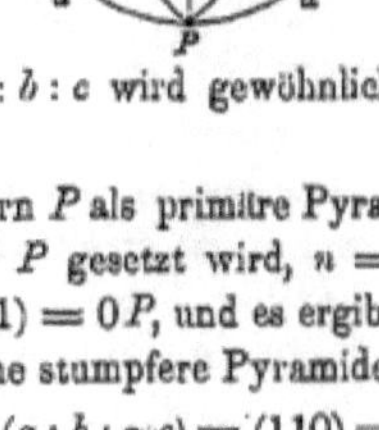

An dem Schwefelkrystall in Fig. 87 hat man, wofern P als primitive Pyramidenflächen genommen, also $P = (a:b:c) = (111) = P$ gesetzt wird, $n = (\infty a : b : c) = (011) = P\infty$ und $c = (\infty a : \infty b : c) = (001) = 0P$, und es ergibt sich aus der Messung $s = (a:b:\frac{1}{3}c) = (113) = \frac{1}{3}P$, also eine stumpfere Pyramide.

An dem Barytkrystall in Fig. 88 kann man $M = (a:b:\infty c) = (110) = \infty P$, ferner $o = (a:\infty b:c) = (101) = \bar{P}\infty$ annehmen, woraus folgt, dass k die

Querfläche, P die Endfläche, z die primäre Pyramide, also $z = (a:b:c) = (111) = P$ sei, und es ergibt sich aus Zonen $d = (\infty a : 2b : c) = (012) = \frac{1}{2} P \smile$. Die Projection dieser Formen gibt Fig. 89.

Bei der Aufstellung der Krystalle verfährt man nach Naumann in der Art, dass von den beiden horizontalen Axen die mit dem längeren Grundparameter (oder die längere Axe, wie man kurz zu sagen pflegt) quergestellt wird. In der Nomenclatur stimmt sodann alles mit der hier gebrauchten überein, doch werden ausserdem die Bezeichnungen Makrodoma und Brachydoma, Makropyramide, Brachypyramide gebraucht. Dies zeigen folgende Beispiele:

Pyramide	$(a:b:c) = (111)$	$= P$
Pyramide	$(a:b:\tfrac{1}{2}c) = (112)$	$= \tfrac{1}{2}P$
Brachypyramide	$(2a:b:c) = (122)$	$= \breve{P}2$
Makropyramide	$(a:2b:2c) = (211)$	$= 2\bar{P}2$
Brachydoma	$(\infty a:b:2c) = (021)$	$= 2\breve{P}\smile$
Makrodoma	$(a:\infty b:c) = (101)$	$= \bar{P}\smile$
Prisma	$(a:b:\infty c) = (110)$	$= \infty P$
Brachypinakoid	$(\infty a:b:\infty c) = (010)$	$= \infty \breve{P} \smile$
Makropinakoid	$(a:\infty b:\infty c) = (100)$	$= \infty \bar{P} \smile$
Basisches Pinakoid	$(\infty a:\infty b:c) = (001)$	$= 0\,P$

35. Hemiëdrische und hemimorphe Krystalle. In unserer Reihenfolge ist das rhombische System das erste, welches eine hemiëdrische Abtheilung besitzt. In den Krystallen, welche dahin gehören, verhalten sich die acht Octanten blos abwechselnd gleich. Um zu erfahren, welche Formen daraus entstehen, hat man blos die Lage der Flächennormalen zu berücksichtigen. Liegt eine Normale in einem Hauptschnitt (Fig. 84), so liegt sie zugleich in dem

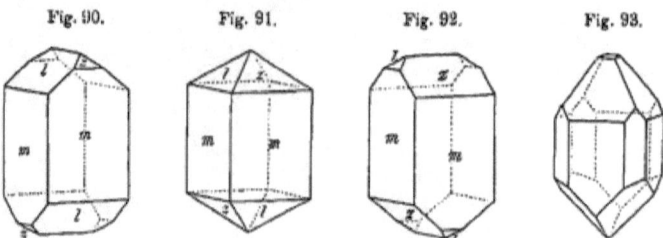

Fig. 90.   Fig. 91.   Fig. 92.   Fig. 93.

einen und in dem benachbarten Octanten; eine Verschiedenheit dieser beiden Octanten hat daher auf sie keinen Einfluss und das Auftreten der Fläche, welche zu dieser Normalen gehört, folgt demselben Gesetze, wie in der holoëdrischen Abtheilung. Demgemäss kommen in der hemiëdrischen Abtheilung alle Endflächen und alle Prismenflächen in gleicher Zahl vor, wie an den holoëdrischen Krystallen. Liegt aber die Normale nicht in einem Hauptschnitt, sondern im Octantenraume, so wird die Normale im benachbarten Octanten, welche im holoëdrischen Krystall mit ihr gleichartig wäre, jetzt von ihr verschieden sein.

Demgemäss werden in der hemiëdrischen Abtheilung von den Pyramidenflächen stets nur die abwechselnden vier einander gleich oder zugleich vorhanden sein.

Ein Beispiel liefern die Krystalle des Bittersalzes, Fig. 90, 91, 92, welche ausser dem aufrechten Prisma noch die Pyramidenflächen l und z tragen.

An manchen sind die vier Flächen z klein, wie in der ersten Figur, oder sie fehlen auch ganz. An vielen sind wiederum die vier Flächen l nur klein, wie in der dritten Figur, oder sie fehlen. Es kommen aber auch scheinbar holoëdrische Krystalle vor, wie ein solcher in der zweiten Figur. Die erste Krystallform verhält sich zu der dritten wie die linke Hand zur rechten, die beiden Formen sind, wie man mit Naumann sagt, enantiomorph.

An einzelnen rhombischen Mineralen zeigt sich eine hemimorphe Ausbildung, indem die Krystalle an dem einen Ende andere Flächen zeigen, als an dem entgegengesetzten. Demnach verhält sich hier eine der drei Symmetrieebenen gleichsam einseitig, und die dazu senkrechte Axe polar. Ein Beispiel ist der Krystall von Kieselgalmei in Fig. 93, welcher oben von der Endfläche von Quer- und Längsdoma begrenzt ist, während er unten die Flächen einer Pyramide darbietet.

36. Tetragonales System[1]). Holoëdrische Krystalle. Die Regelmässigkeit des Baues dieser Krystalle wird durch fünf Symmetrieebenen beherrscht, von welchen vier paarweise gleich sind, während die fünfte, die Haupt-Symmetrieebene, von jenen verschieden ist. Setzt man die letztere in die Ebene des Papieres und begrenzt sie durch einen Kreis wie in Fig. 94, so erscheinen jene vier Ebenen zu Linien verkürzt. Die Ebene AA ist gleich der dazu senkrechten $A'A'$ und ebenso ist die Ebene EE gleich der dazu senkrechten $E'E'$. Gegenüber dem vorigen System besteht also der Unterschied, dass erstens zwei Hauptschnitte gleich sind, und dass zweitens in diagonaler Stellung zu diesen noch zwei gleiche Hauptschnitte hinzukommen. So wird der Raum in sechzehn gleiche Theile getheilt.

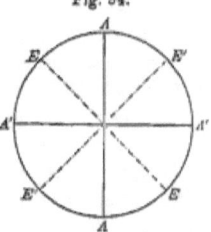

Fig. 94.

Die vier Ebenen, welche paarweise gleich sind, schneiden sich in einer Linie, welche auf der Haupt-Symmetrieebene senkrecht ist und Hauptaxe genannt wird. Die Krystalle werden gewöhnlich so gestellt, dass diese aufrecht zu stehen kommt. Die beiden anderen Axen ergeben sich aus den Durchschnitten zweier von den anderen Ebenen, nämlich AA und $A'A'$ mit der Haupt-Symmetrieebene. Die Axen sind demnach senkrecht aufeinander, wie im rhombischen System, aber die beiden horizontalen Axen sind einander gleich. Das Axenverhältnis ist $a : a : c$, was man auch $1 : 1 : \dfrac{c}{a}$ schreibt.

---

[1]) **Viergliedriges System**, oder zwei- und einaxiges System nach Weiss, pyramidales System nach Mohs, monodimetrisches System nach Hausmann, tetragonales System nach Naumann, quadratisches System nach anderen Autoren.

Die Flächencomplexe, welche hier vorkommen, sind entweder ein Flächenpaar oder sie bestehen aus vier, acht oder aus sechzehn Flächen.

A) Endflächen. Eine Fläche, die zur Hauptebene parallel ist, genügt in Vereine mit ihrer Gegenfläche den Forderungen der Symmetrie. Somit ergibt sich das Endflächenpaar $(\infty a : \infty a : c) = (001) = 0P$, welches zur Hauptaxe senkrecht ist. Dasselbe wird auch Pinakoid oder Basis genannt.

Die Querfläche und Längsfläche sind den Hauptschnitten AA und $A'A'$ parallel, welche untereinander gleich sind. Daher treten jene Flächen gleichzeitig

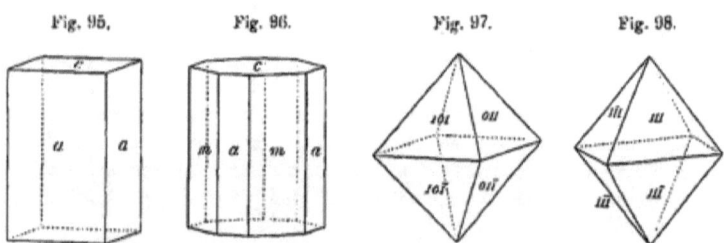

Fig. 95.   Fig. 96.   Fig. 97.   Fig. 98.

auf und geben ein vierflächiges Prisma, welches gewöhnlich das verwendete Prisma heisst und dessen Bezeichnung $(a : \infty a : \infty c) = (100) = \infty P\infty$ ist.

Die Combination dieses Prisma mit den Endflächen erscheint in Fig. 95.

B) Prismenflächen. Die Flächen des aufrechten Prisma können so liegen, dass sie einem Hauptschnitt E parallel sind, dann entsteht ein vierflächiger Complex, das Prisma schlechtweg genannt, dessen Flächen die horizontalen Axen in gleichen Entfernungen schneiden, wonach die Bezeichnung $(a : a : \infty c) = (110) = \infty P$ wird. Fig. 96 zeigt die Combination des Prisma m mit dem verwendeten Prisma a und der Basis c.

Der Querschnitt des Prisma und der des verwendeten Prisma verhalten sich wie das Quadrat zu dem umschriebenen Quadrate, welches gegen das vorige um 45° verwendet erscheint.

Wenn die Fläche des aufrechten Prisma nicht parallel zu E ist, so muss sich dieselbe achtmal wiederholen, weil jeder der acht gleichen Räume zwischen den Hauptschnitten A und E eine solche Fläche fordert. Dies gibt ein achtseitiges Prisma, dessen Flächen die horizontalen Axen in ungleichen Entfernungen treffen: $(a : na : \infty c) = (hk0) = \infty Pn$.

Die Flächen des Querprisma und jene des Längsprisma sind senkrecht zu den gleichen Hauptschnitten AA und $A'A'$, daher werden alle diese Flächen zugleich auftreten und eine achtflächige geschlossene Form geben, welche die verwendete Pyramide genannt wird. Ein Beispiel ist in Fig. 97 dargestellt. Die Bezeichnung ist $(a : \infty a : c) = (101) = P\infty$ für die primitive Form, doch können auch andere verwendete Pyramiden auftreten, deren Flächen die eine horizontale Axe und die verticale Axe in einem anderen Verhältnisse als $a : c$ schneiden, so dass die allgemeine Bezeichnung für alle verwendeten Pyramiden $(a : \infty a : mc)$ $(h = 0l) = mP\infty$ sein wird.

c) **Pyramidenflächen.** Eine Pyramidenfläche, welche gegen die Hauptschnitte AA und $A'A'$ gleich geneigt ist, wird in jedem Octanten blos einmal auftreten, weil sie zu dem Hauptschnitte E senkrecht ist. Jede solche Fläche schneidet die beiden horizontalen Axen in gleichen Entfernungen. Die aus acht solchen Flächen bestehende geschlossene Form heisst Pyramide schlechtweg und die Bezeichnung ist $(a:a:c) = (111) = P$ für die primäre, hingegen $(a:a:mc) = (hhl) = mP$ für alle stumpferen und spitzeren Pyramiden. In Fig. 98 ist eine Pyramide dargestellt, während Fig. 99 die am Zinnerz vorkommende Combination der Pyramide $s = (111)$ mit der verwendeten Pyramide $e = (101)$, dem Prisma $m = (110)$ und dem verwendeten Prisma $a = (100)$ darstellt.

Fig. 99.   Fig. 100.   Fig. 101.   Fig. 102.

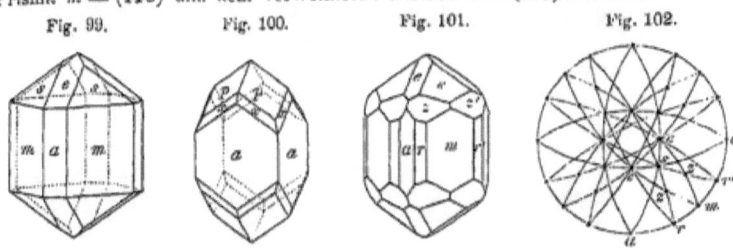

Pyramidenflächen, welche gegen die Hauptschnitte AA und $A'A'$ ungleich geneigt sind, erscheinen auch gegen die zwei anderen Hauptschnitte E ungleich geneigt, folglich wird eine jede solche Fläche in jedem Octanten zweimal, im Ganzen also sechzehnmal auftreten, was auf die geschlossene Form einer achtseitigen Pyramide führt, deren allgemeine Bezeichnung $(a:na:mc) = (hkl) = mP'n$ ist, weil ihre Flächen die horizontalen Axen in ungleichen Entfernungen schneiden.

In Fig. 100 ist eine Combination des Zirkons abgebildet, in welcher die Pyramide $p = (111)$, das verwendete Prisma $a = (100)$, ferner die achtseitige Pyramide $x = (a:3a:3c) = (311) = 3P3$.

Die Combination am Zinnerz, Fig. 101, zeigt ausser dem Prisma $m = (110)$, der Pyramide $s = (111)$ und der verwendeten Pyramide $e = (101)$ noch die achtseitige Pyramide $z = (a:\frac{3}{2}a:3c) = (321) = 3P\frac{3}{2}$ und das achtseitige Prisma $r = (a:2a:\infty c) = (210) = \infty P2$. Die Fig. 102 gibt die sphärische Projection.

Die Naumann'sche Nomenclatur der Krystallformen wird aus den folgenden Beispielen genügend klar werden:

Achtseitige oder ditetragonale Pyramide	$(a:\frac{3}{2}a:3c) = (321) = 3P\frac{3}{2}$
Achtseitiges oder ditetragonales Prisma	$(a:\frac{3}{2}a:\infty c) = (320) = \infty P\frac{3}{2}$
Pyramide erster Art oder Protopyramide	$(a:a:\frac{1}{2}c) = (112) = \frac{1}{2}P$
Pyramide erster Art	$(a:a:c) = (111) = P$
Prisma erster Art oder Protoprisma	$(a:a:\infty c) = (110) = \infty P$
Pyramide zweiter Art, verwendete Pyramide oder Deuteropyramide	$(a:\infty a:c) = (101) = P\infty$
Prisma zweiter Art, verwendetes Prisma oder Deuteroprisma	$(a:\infty a:\infty c) = (100) = \infty P\infty$
Pinakoid oder Basis	$(\infty a:\infty a:c) = (001) = 0P$

37. Hemiëdrie. Zu dem tetragonalen Systeme zählen auch zwei hemiëdrische Abtheilungen, deren eine die sphenoidische, die andere die pyramidale Hemiëdrie genannt wird.

Die **sphenoidische Hemiëdrie** entspricht vollkommen der beim rhombischen System erwähnten hemiëdrischen Abtheilung, indem auch hier die Octanten blos abwechselnd gleich erscheinen. Die acht Räume, welche durch die beiden Ebenen A und durch die Hauptebene gebildet werden, Fig. 94, sind also blos zu vieren einander gleich, deren Lage zu den anderen vier eine abwechselnde ist. Werden die ersten vier als positiv bezeichnet, so sind die anderen vier als negativ zu bezeichnen. Um zu erfahren, welche Formen in dieser Abtheilung auftreten, denkt man wiederum an die Lage der Flächennormalen. Liegt die Normale einer Fläche in einem der drei genannten Hauptschnitte (nämlich zwei Haupt-

Fig. 103.   Fig. 104.

schnitte A und die Hauptebene), so gehört sie sowohl dem positiven als auch dem benachbarten negativen Octanten an, und die Verschiedenheit dieser Octanten hebt sich auf. Die Formen, welche zu einer solchen Normalen gehören, treten daher mit derselben Flächenzahl auf, wie in der holoëdrischen Abtheilung. Daher gehören in den Bereich der sphenoidischen Formen: das Pinakoid, das Prisma, das verwendete Prisma, das ditetragonale Prisma und die verwendete Pyramide.

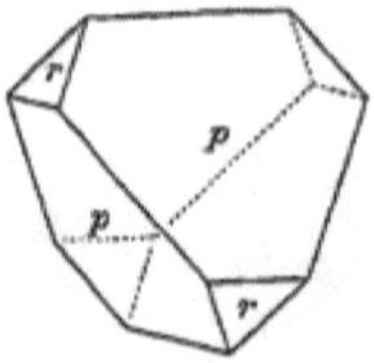

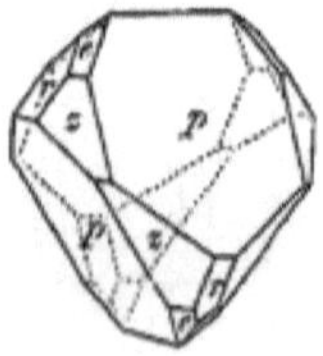

Liegt die Normale nicht in einem der drei genannten Hauptschnitte, sondern im Octantenraume, so wird die Wirkung der Verschiedenheit der abwechselnden Octanten eintreten. Von den Flächen der Pyramide erster Art sind daher jetzt blos vier einander gleich und bilden das positive Sphenoid, die vier anderen das negative. Von den Flächen der ditetragonalen Pyramide sind diejenigen unter einander gleich, welche in den positiven Octanten liegen. Sie bilden das positive tetragonale Skalenoëder. Die anderen acht geben das negative tetragonale Skalenoëder.

Miller bezeichnet die hemiëdrischen Formen dieser Abtheilung durch Vorsetzung eines $\varkappa$ vor das Symbol der entsprechenden holoëdrischen Form. $\varkappa$ (111) ist also ein positives Sphenoid, $\varkappa$ (1$\bar{1}$3) ein negatives Sphenoid etc. Naumann schreibt $-\dfrac{P}{2}$ und $-\dfrac{\frac{1}{2}P}{2}$ etc. Dieses $\varkappa$ sollte aber in allen Zeichen der hemiëdrischen Formen wiederkehren, obwohl dies nach Miller nicht geschieht. Sonach würde $\varkappa$ (110) das hemiëdrische Prisma bezeichnen, welches wohl geometrisch, aber nicht physikalisch dem Prisma (110) gleich ist.

An dem Kupferkieskrystall, Fig. 103, hat man die Combination $\varkappa$ (111) und $\varkappa$ (1$\bar{1}$1), also die beiden primären Sphenoide p und r, wogegen an dem in Fig. 104 abgebildeten Krystall desselben Minerals ausserdem noch die verwendete Pyramide $e = \varkappa$ (101) und eine andere verwendete Pyramide $s = \varkappa$ (201) auftreten

38. Die pyramidale Hemiëdrie umfasst solche Krystalle, in welchen die acht Räume zwischen den Hauptschnitten A und E blos abwechselnd gleich sind (s. Fig. 94). Wenn auch hier wiederum die Lage der Flächennormalen berücksichtigt wird, so ergibt sich, dass an allen Formen, deren Normalen in die Hauptschnitte A und E fallen, keine abwechselnde Verschiedenheit der Flächen eintreten wird. Daher werden in dieser Abtheilung auftreten: das Pinakoid, die Pyramide erster, jene zweiter Art, ebenso das Prisma erster und jenes zweiter Art.

Die Normalen der Flächen jeder ditetragonalen Pyramide fallen in den Raum zwischen den Hauptschnitten A und E, ebenso jene der Flächen des ditetragonalen Prisma; daher zeigt sich hier die Wirkung der Hemiëdrie, und es ergibt sich eine positive und eine negative Tritopyramide, ebenso ein positives und ein negatives Tritoprisma. Die Bezeichnung geschieht nach Miller durch ein vorgesetztes π.

Fig. 105.

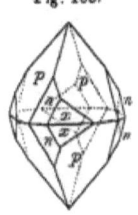

In diese Abtheilung gehören die Krystalle des Scheelits, deren einer in Fig. 105 dargestellt ist. Die Flächen x gehören einer Tritopyramide π (421) an. Sie treten blos an einer Seite der Flächen n auf, welche der verwendeten Pyramide π (201) entsprechen, wofern p die Pyramide π (111) ist.

39. Hexagonales System[1]). Holoëdrische Krystalle. Die Formen dieser Abtheilung sind durch sieben Symmetrieebenen beherrscht, von welchen jedoch sechs Ebenen zu dreien einander gleich sind, während die siebente, die Hauptsymmetrieebene, von jenen verschieden ist. Legt man die letztere in die Ebene des Papieres und begrenzt sie durch einen Kreis, so werden die anderen als Linien erscheinen, von welchen die einen A sich unter 60^0 schneiden, und die anderen E bei gleicher gegenseitiger Stellung die Winkel der vorigen halbiren. Fig. 106. Gegenüber dem früheren Systeme zeigt sich eine Gleichheit darin, dass

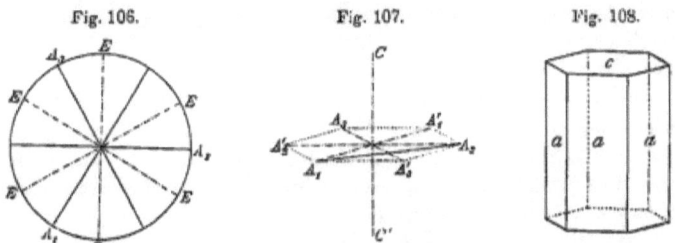

Fig. 106.   Fig. 107.   Fig. 108.

auch hier ein Hauptschnitt auf alle übrigen senkrecht ist, es zeigt sich aber ein Unterschied, indem die anderen Hauptschnitte sich nicht rechtwinkelig, sondern unter Winkeln von 30^0, 60^0 u. s. w. treffen. Die Hauptschnitte theilen den Raum in 24 gleiche Theile.

---

[1]) Sechsgliederiges oder drei- und einaxiges System nach Weiss; rhomboëdrisches System nach Mohs, monotrimetrisches System nach Hausmann, hexagonales System nach Naumann.

Die zu dreien einander gleichen Symmetrieebenen schneiden sich in einer einzigen Linie, der Hauptaxe, die wiederum auf der Hauptebene senkrecht ist. Auch hier wird die Hauptaxe aufrecht gestellt. Die übrigen Axen ergeben sich aus den Durchschnitten der drei Ebenen mit der Hauptebene. Die Symmetrie dieser Abtheilung kommt also am besten zum Ausdrucke, wenn man sich nicht wie Miller mit drei Axen begnügt, sondern nach dem Vorgange von Weiss und Bravais deren vier annimmt. Die Hauptaxe ist senkrecht zu drei horizontalen Axen, welche einander gleich sind. Damit die Symmetrie auch in der Flächenbezeichnung hervortrete, werden an den drei horizontalen Axen jene Aeste, welche um 120° von einander abstehen, als positiv genommen, die anderen negativ. Ist also in Fig. 107 der eine Ast A_1 positiv, so ist der folgende A'_3 der negative Ast der dritten Axe, dann folgt A_2, der positive Ast der zweiten Axe u. s. w.

Das Axenverhältnis ist $a:a:a:c$, wofür man $1:1:1:\dfrac{c}{a}$ schreibt.

Die Flächencomplexe, welche hier vorkommen, sind entweder ein Flächenpaar, oder sie bestehen aus sechs oder zwölf oder vierundzwanzig Flächen. Sie ergeben sich aus der Symmetrie in derselben Weise wie im tetragonalen System. Nur bei der Bezeichnung ist darauf zu achten; dass eine Fläche, welche zwei Axen in gleicher Entfernung a trifft, den zwischenliegenden Ast der dritten Axe in der Entfernung $\frac{1}{2}a$ schneidet, wie dies leicht aus Fig. 107 zu ersehen.

A) **Endflächen.** Das der Hauptebene parallele Flächenpaar entspricht für sich allein der Symmetrie dieses Systems. Bezeichnung $(\infty a:\infty a:\infty a:c) = (0001) = 0P$. Das Pinakoid oder die Basis.

Die Flächenpaare, welche zu den drei gleichen Hauptschnitten A parallel sind, müssen gleichzeitig auftreten. Sie geben ein sechsseitiges Prisma, welches schlechtweg Prisma genannt wird. Die Flächen desselben sind sowohl der aufrechten als auch einer horizontalen Axe parallel und demzufolge gegen die beiden anderen Axen gleich geneigt, bilden also an diesen gleiche Abschnitte, daher die Bezeichnung $(a:\infty a:a':\infty c) = (10\bar{1}0) = \infty P$. Die Fig. 108 gibt die Combination dieser Form mit dem Pinakoid.

B) **Prismenflächen**[1]. Flächenpaare, welche der Hauptaxe parallel sind, können ausserdem auch zu den drei gleichen Hauptschnitten E parallel sein. Diese drei Flächenpaare werden gleichzeitig auftreten und für sich gedacht auch ein sechsseitiges Prisma geben, welches aber in der Stellung von dem vorigen verschieden ist und verwendetes Prisma heisst. Jede Fläche desselben wird zwei der horizontalen Axen in gleicher Entfernung a, die dritte aber in der halben Entfernung $\frac{1}{2}a$ schneiden, daher die Bezeichnung $(a:a:\frac{1}{2}a':\infty c)$. Diese auf ganze Zahlen gebracht gibt $2a:2a:a':\infty c = (11\bar{2}0) = \infty P2$. Bei dem Naumann'schen Symbol muss man sich daran erinnern, dass $a:a:\frac{1}{2}a':\infty c = 2a:2a:a':\infty c$.

---

[1] Die Classification der Flächen erfolgt hier nach Analogie des tetragonalen Systems. Diese Analogie ist bei der früheren rein geometrischen Behandlung der Krystallographie nicht in Betracht gezogen worden, weshalb die Nomenclatur der Formen beider Systeme nicht übereinstimmt.

Fig. 109 stellt die Comb. des Prisma mit dem verwendeten Prisma und dem Pinakoid dar. Der Querschnitt des einen Prisma verhält sich zu dem des anderen wie ein reguläres Sechseck zu dem umschriebenen regulären Sechseck.

Eine aufrechte Prismenfläche, welche weder zu einem Hauptschnitte A, noch zu einem Hauptschnitte E parallel ist, wird sich zwölfmal wiederholen, da jeder der zwölf gleichen Räume zwischen den erwähnten Hauptschnitten eine solche Fläche fordert. Dies gibt ein zwölfseitiges Prisma, dessen Flächen die drei horizontalen Axen in ungleichen Entfernungen schneiden. Die Bezeichnung ist allgemein $(na : pa : a^t : \infty c) = (h\,i\,k\,0) = \infty Pn$.

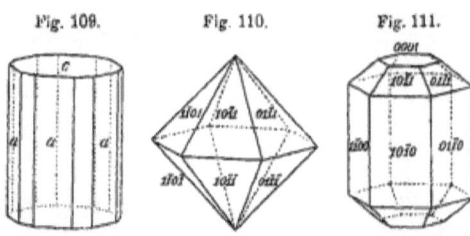

Eine Fläche, welche zu einer horizontalen Axe parallel ist und die übrigen Axen schneidet, hat eine den horizontalen Prismen der früheren Systeme entsprechende Lage. Sie wird zwei der horizontalen Axen in gleicher, die aufrechte Axe in einer anderen Entfernung schneiden und wird oberhalb der Hauptebene sechsmal und unterhalb derselben auch sechsmal auftreten, was eine sechsseitige Doppelpyramide ergibt. Fig. 110. Diese aus zwölf Flächen bestehende geschlossene Form wird kurzweg die Pyramide genannt und mit $(a : \infty a : a^t : c) = (10\bar{1}1) = P$ bezeichnet, wofern die primäre Pyramide gemeint ist, während alle stumpferen und alle spitzeren Pyramiden unter die allgemeine Bezeichnung $(a : \infty a : a^t : mc) = (h\,0\,\bar{h}\,l) = mP$ fallen. Die Pyramide hat dieselbe Stellung wie das Prisma, ihre Flächen bilden mit jener des Prisma drei verticale Zonen. Fig. 111 zeigt die Combination der Pyramide mit dem Prisma und dem Pinakoid, welche am Grünbleierz beobachtet wird.

C) **Pyramidenflächen.** Eine Pyramidenfläche kann so gelagert sein, dass sie zwei der horizontalen Axen in gleicher Entfernung schneidet. Sie wird sodann die dazwischen liegende dritte der horizontalen Axen in halber Entfernung treffen. Eine solche Fläche wird oberhalb der Hauptebene sechsmal und unterhalb dieser Ebene ebensovielmal wiederkehren, so dass eine geschlossene Form entsteht, welche zwölf Flächen besitzt und ebenfalls eine sechsseitige Doppelpyramide bildet. Sie wird die verwendete Pyramide genannt, weil ihr horizontaler Schnitt sich zu demjenigen der Pyramide so verhält, wie das umschriebene zu dem eingeschriebenen Sechseck, also gegen diesen um 30^0 verwendet ist. Sie besitzt also gleiche Stellung mit dem verwendeten Prisma, ihre Flächen bilden mit den Flächen des letzteren drei verticale Zonen. Ihre Bezeichnung ist $(2a : 2a : a^t : c) = (11\bar{2}1) = 2P2$, wofern die primäre Form anzugeben ist und $(2a : 2a : a^t : mc) = (h, h, 2\bar{h}, l) = mP2$ im Allgemeinen. Die verwendete Pyramide $(11\bar{2}2) = P2$, als jene, welche die halbe Höhe der primären besitzt, stumpft die Kanten der primären Pyramide $(10\bar{1}1)$ ab. In Fig. 112 ist eine am Beryll auftretende Combination dargestellt, welche das Prisma $(10\bar{1}0) = \infty P$, die verwendete Pyramide

$11\bar{2}1) = 2P2$ und das Pinakoid erkennen lässt, während die Combination in Fig. 113 ausser diesen Flächen auch noch die Pyramide $p = (10\bar{1}1)$ darbietet.

Eine Pyramidenfläche, welche zu den gleichartigen Hauptschnitten ungleich geneigt ist und demnach die drei horizotalen Axen in drei ungleichen Entfernungen schneidet, muss sich zu jeder Seite der Hauptebene zwölfmal wiederholen, was eine zwölfseitige Pyramide gibt, deren allgemeine Bezeichnung hier $na : pa : a' : mc = (hikl) = mPn$ sein wird. Dieses Zeichen ist so zu schreiben, dass p grösser als n ist und dem entsprechend $h > i$ wird.

Fig. 112.   Fig. 113.   Fig. 114.   Fig. 115.

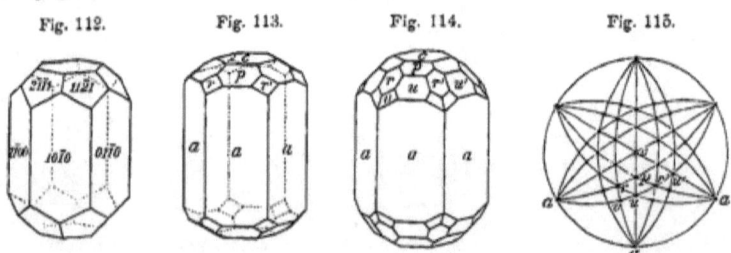

In Fig. 114 ist ein Beryllkrystall gezeichnet, welcher ausser den in der vorigen Figur erkennbaren Flächen auch noch die einer spitzeren Pyramide u und einer zwölfseitigen Pyramide v darbietet. Aus den Zonen ergibt sich, dass $u = (a : \infty a : a' : 2c) = (20\bar{2}1) = 2P$ und $v = (\frac{3}{2}a : 3a : a' : 3b) = (21\bar{3}1) = 3P\frac{3}{2}$. Fig. 115 ist die sphärische Projection der Formen des letzten Krystalls.

Bezüglich der Flächenbezeichnung erkennt man in diesem System eine grössere Complication als in den vorigen, weil vier Axen angenommen wurden, jedoch zeigt eine kurze Ueberlegung, dass die Lage jeder Fläche gegen die horizontalen Axen vollständig bestimmt ist, wofern die Abschnitte an zwei dieser Axen bekannt sind. Der Abschnitt an der dritten ergibt sich dann von selbst, und zwar zeigt eine einfache Betrachtung, dass $p = \dfrac{n}{n-1}$ und dass folglich $h + i = -k$, wonach man blos zwei der Indices, welche sich auf die horizontalen Axen beziehen, zu kennen braucht, indem der dritte stets die negative Summe der beiden ersten ist. Für die Berechnung der Zonenzeichen und für die Ermittlung der Flächenindices aus letzteren benutzt man daher auch in diesem Systeme blos drei Indices, indem man den Index der dritten horizontalen Axe consequent weglässt; demnach würden für die Berechnung der in Fig. 113 und 114 vorkommenden Flächen die Zeichen $c = 001, p = 101, r = 111, a = 100, u = 201, v = 211$ erhalten.

Naumann erreicht eine grössere Einfachheit der Bezeichnung dadurch, dass er immer blos zwei der horizontalen Parameter berücksichtigt, den dritten, der sich von selbst versteht, weglässt. Im Vorhergehenden ist die Weiss'sche Bezeichnung so eingerichtet, dass man, wie die Gleichstellung $(na : pa : a' : mc) = mPn$ zeigt, in jener sogleich die Werthe m und n für das Naumann'sche Symbol findet und die zweite Axe unberücksichtigt lässt, z. B. $(\frac{4}{3}a : 4a : a' : 4c) = 4P\frac{4}{3}$.

Krystallographie.

Die übliche Nomenclatur wird in folgenden Beispielen angeführt:

Zwölfseitige Pyramide oder dihexagonale
Pyramide . . . . $(na : pa : a' : mc) = (hikl) = mPn$

Zwölfseitiges Prisma oder dihexagonales
Prisma . . . . $(na : pa : a' : \infty c) = (hik0) = \infty Pn$

Verwendete Pyramide oder Deutero-
pyramide . . . . $\begin{cases} (2a : 2a : a' : 2c) = (11\bar{2}1) = 2P2 \\ (2a : 2a : a' : c) = (11\bar{2}2) = P2 \end{cases}$

Verwendetes Prisma oder Deutero-
prisma . . . . $(2a : 2a : a' : \infty c) = (11\bar{2}0) = \infty P2$

Pyramide oder Protopyramide . . . $\begin{cases} (a : \infty a : a' : c) = (10\bar{1}1) = P \\ (a : \infty a : a' : \frac13 c) = (10\bar{1}3) = \frac13 P \end{cases}$

Prisma oder Protoprisma . . . . $(a : \infty a : a' : \infty c) = (10\bar{1}0) = \infty P$

Pinakoid oder Basis . . . . . . $(\infty a : \infty a : \infty a' : c) = (0001) = 0P.$

40. Hemiëdrie. In diesem Krystallsystem spielt die Hemiëdrie eine wichtige Rolle, da einige der verbreitetsten Minerale, die zugleich einen grossen Formenreichthum darbieten, in hemiëdrische Abtheilungen dieses Systems fallen. Man unterscheidet zwei hemiëdrische Abtheilungen, die rhomboëdrische und die pyramidale.

In der rhomboëdrischen Abtheilung verhalten sich die zwölf Räume (Duodecanten), welche durch die Hauptschnitte A und die Hauptebene gebildet werden, blos abwechselnd gleich. Wird nun wiederum die Lage der Flächennormalen berücksichtigt, so ergibt sich, dass die Normalen des Pinakoides, der verwendeten Pyramide und aller Prismen in den genannten Hauptschnitten liegen, also den gleichen und ungleichen Duodecanten in gleicher Weise zukommen. Diese Formen

Fig. 116.

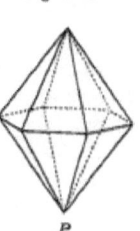
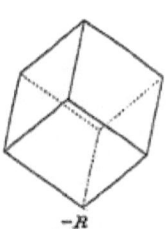

+R   P   −R

treten daher mit derselben Flächenzahl auf, wie in der holoëdrischen Abtheilung. Innerhalb der Duodecanten liegen die Normalen der Pyramide und der zwölfseitigen Pyramide, daher werden diese Formen durch die rhomboëdrische Hemiëdrie beeinflusst.

Von den zwölf Flächen der Pyramide werden also die abwechselnden sechs zwar einander gleich sein, aber sich anders verhalten als die übrigen sechs, welche wieder untereinander gleich sind, daher können auch die einen vorhanden sein, die anderen fehlen. Die Form, welche von den sechs gleichen Flächen eingeschlossen wird, ist ein Rhomboëder. Die Flächen jedes Rhomboëders sind paarweise parallel. Die Kanten sind zweierlei. Die drei von der Spitze herablaufenden und die von der unteren Spitze heraufkommenden, also die Polkanten sind untereinander gleich, während die im Zickzack herumlaufenden Kanten von jenen verschieden und untereinander gleich sind.

Aus jeder Pyramide können zwei Rhomboëder abgeleitet werden, z. B. aus der Pyramide in Fig. 116 die beiden daneben gezeichneten Rhomboëder, welche sich blos durch die Stellung unterscheiden. In dem ersten Falle erscheint die erste, dritte, fünfte Fläche sammt den drei Gegenflächen als Rhomboëder, im zweiten Falle die zweite, vierte, sechste Fläche sammt ihren Gegenflächen. Wenn das eine Rhomboëder im oberen Theile gegen den Beschauer eine Fläche zukehrt, so wird das andere ihm eine Kante zukehren. Zur Unterscheidung wird das eine als positives, das andere als negatives Rhomboëder bezeichnet. Weil das Rhomboëder einer parallelflächigen Hemiëdrie entspricht, so wird man vor die Indices ein π zu setzen haben. Demnach können zwei Rhomboëder vorkommen, welche Flächen von derselben Neigung haben, wie die Pyramide $(10\bar{1}1) = P$ nämlich die beiden Rhomboëder $\pi(10\bar{1}1) = +R$ und $\pi(01\bar{1}1) = -R$.

Fig. 117.   Fig. 118.   Fig. 119.   Fig. 120.

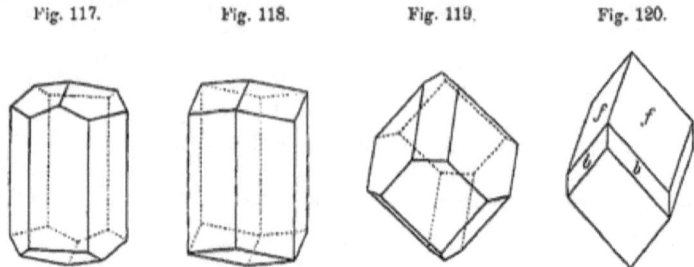

Die Rhomboëder können bei demselben Mineral spitzer oder stumpfer sein, indem sie einer spitzeren oder stumpferen Pyramide entsprechen. Das Rhomboëder $\pi(01\bar{1}1)$ ist spitzer als das Rhomboëder $\pi(01\bar{1}4)$.

Alle rhomboëdrischen Formen, folglich auch alle Rhomboëder, ob sie nun positive oder negative sind, besitzen drei Symmetrieebenen, indem die Hauptschnitte E gleichsam erhalten bleiben. Jede Rhomboëderfläche ist zu einem Hauptschnitte senkrecht, daher sind die Flächen der Rhomboëder monosymmetrisch, obgleich sie für sich als Rhomben erscheinen.

In der Bezeichnung zeigt sich bei Naumann eine Abweichung, indem für das Rhomboëder nicht die einer Hemiëdrie entsprechende Bezeichnung $\frac{P}{2}$ gebraucht, sondern für das zur Vergleichung als Grundform gewählte Rhomboëder der Buchstabe R angewandt wird, so dass also $\pi(10\bar{1}1) = R$, $\pi(01\bar{1}1) = -R$, $\pi(10\bar{1}4) = \frac{1}{4}R$, $\pi(02\bar{2}1) = -2R$ etc.; auch das Prisma wird dem entsprechend bezeichnet, wonach ∞P und ∞R dieselbe Form bezeichnen.

Als einfache Beispiele rhomboëdrischer Combinationen sind die folgenden, welche am Calcit vorkommen, zu betrachten. Fig. 117 zeigt das Prisma $(10\bar{1}0) = \infty R$ und ein stumpfes Rhomboëder $\pi(01\bar{1}2) = -\frac{1}{2}R$, die Fig. 118 dasselbe

Rhomboëder mit dem verwendeten Prisma $(11\bar{2}0) = \infty P2$, ferner die Fig. 119 das Rhomboëder $\pi (02\bar{2}1) = -2R$ mit dem Grundrhomboëder $\pi (10\bar{1}1) = R$. Aus der letzten Combination $-2R$ und $+R$ kann man die Regel entnehmen, dass jene Form, welche als Abstumpfung der herablaufenden Kanten eines Rhomboëders auftritt, ein Rhomboëder von halb so langer Hauptaxe in der anderen Stellung ist. Fig. 120 zeigt das Rhomboëder $-2R$ und das verwendete Prisma $\infty P2$.

Von den 24 Flächen der zwölfseitigen Pyramide können der Hemiëdrie entsprechend zwölf vorhanden sein, während die anderen zwölf fehlen. Da nun die zwölfseitige Pyramide in dem Raume, wo die sechsseitige Pyramide eine Fläche zeigt, deren zwei hat, so wird die hemiëdrische Form doppelt so viele Flächen haben als das Rhomboëder, indem statt jeder Fläche des Rhomboëders

Fig. 121. Fig. 122. Fig. 123. Fig. 124.

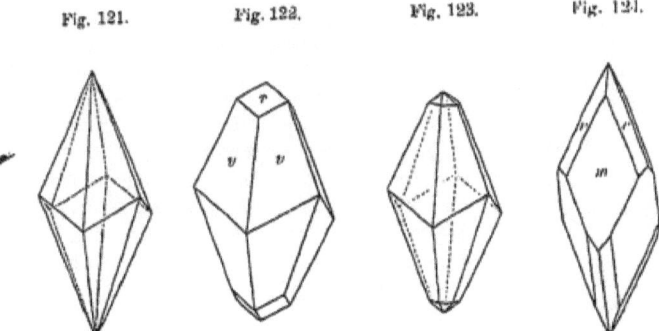

zwei Flächen auftreten. Diese zwölfflächige hemiëdrische Form wird das hexagonale Skalenoëder genannt. Fig. 121. Die herablaufenden Kanten sind abwechselnd gleich, während die Seitenkanten, welche wie beim Rhomboëder im Zickzack herumlaufen, alle untereinander gleich sind. Die Bezeichnung wird $\frac{1}{2}(na:pa:a':mc) = \pi(hikl)$ lauten und es werden wiederum zwei Stellungen zu unterscheiden sein.

Weil die Seitenkanten des Skalenoëders dieselbe Lage haben wie die eines Rhomboëders der gleichen Stellung, so gründet Naumann hierauf seine Bezeichnung, indem er für jedes Skalenoëder das Zeichen des eingeschriebenen Rhomboëders uR setzt und rechts eine Ziffer v hinzufügt, welche angibt, um wie vielmal die Hauptaxe des Skalenoëders länger ist, als die von jenem Rhomboëders, also uRv. Für das Skalenoëder in Fig. 121 ist das eingeschriebene Rhomboëder das primäre Rhomboëder R, die Hauptaxe des Skalenoëders ist aber dreimal so lang, als jene von R, daher erhält dieses Skalenoëder das Zeichen $R3$. In Fig. 122 ist die Combination $R3$ mit R dargestellt. Fig. 123 gibt die Combination der Formen $R3$ und $\frac{1}{2}R3$, während Fig. 124 das Rhomboeder $4R$ mit $R3$ combinirt zeigt.

Um von dem Parametersymbol auf das Naumann'sche überzugehen, wählt man für die erstere Bezeichnung jene Flächen, deren zwei erste Parameter positiv sind, dann ergibt sich Folgendes:

Positive Rhomboëder $\frac{1}{2}(\ a : \infty a :\ a' : mc) = \pi\,(h0\bar{h}l) = uR$
» Skalenoëder $\frac{1}{2}(\ na : pa :\ a' : mc) = \pi\,(hi\bar{k}l) = nRv$
Negative Rhomboëder $\frac{1}{2}(\infty a :\ a :\ a' : mc) = \pi\,(0h\bar{h}l) = -uR$
» Skalenoëder $\frac{1}{2}(\ pa : na :\ a' : mc) = \pi\,(ih\bar{k}l) = -nRv$

worin $h > i \quad u = \dfrac{h-i}{l} = m\dfrac{2-n}{n} \quad v = \dfrac{h+i}{h-i} = \dfrac{n}{2-n}$

Miller geht bei der Behandlung der rhomboëdrischen und der hexagonalen Formen von dem Rhomboëder aus, welches ihm die drei Endflächenpaare darbietet, wonach den Kanten dieser Form parallel drei Axen gedacht werden, welche sich unter gleichen Winkeln schneiden. Das Rhomboëder ist sonach (100), das Pinakoid (111), das Prisma (2$\bar{1}\bar{1}$), das verwendete Prisma (10$\bar{1}$), das Rhomboëder $-\frac{1}{2}R$ wird zu (011), doch ist Miller genöthigt, die hexagonale Pyramide als Combination zweier Rhomboëder darzustellen, was unnatürlich ist.

41. Eine zweite Art der Hemiëdrie des hexagonalen Systems, welche die pyramidale genannt wird, macht sich darin geltend, dass die zwölf Räume zwischen den Hauptschnitten A und E blos abwechselnd gleich erscheinen. In diesen Räumen liegen die Normalen der Flächen, welche die zwölfseitige Pyramide und das zwölfseitige Prisma bilden. Diese werden von der Hemiëdrie betroffen und führen auf eine sechsseitige Pyramide und auf ein sechsseitiges Prisma, welche beide in einer Stellung erscheinen, die zwischen jener der Pyramide und verwendeten Pyramide liegt. Diese Art der Hemiëdrie wurde von Haidinger am Apatit erkannt. Fig. 125 gibt einen Krystall dieses Minerals an, der ausser dem Prisma a, der Pyramide x und der Endfläche c auch die verwendete Pyramide s und die hemiëdrische Pyramide u zeigt.

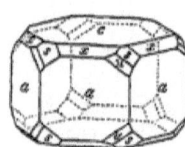
Fig 125.

42. Tetartoëdrie. Zum hexagonalen Systeme gehören auch Formen, welche so aufzufassen sind, als ob nur ein Viertel der Krystallräume jenes Systems unter einander gleich wären. Die beiden Fälle, welche an Mineralen zu beobachten sind, werden nach Groth als trapezoëdrische und als rhomboëdrische Tetartoëdrie unterschieden.

Die erstere zeigt sich am Quarz, der zuweilen die in Fig. 126 und 127 dargestellte Combination darbietet. Hier erscheint ein Rhomboëder $p = R$, das Prisma $a = \infty R$ und das Rhomboëder $z = -R$ vollständig, während die Skalenoëderflächen $x = 4R\frac{3}{2}$ blos sechsmal auftreten, so dass diese Flächen für sich gedacht eine Gestalt liefern würden, welche von sechs Trapezflächen umschlossen wäre, ferner sieht man die Flächen der verwendeten Pyramide s auch nur sechsmal wiederkehren, so dass dieselben für sich eine trigonale Pyramide geben.

Die Regel, nach welcher die Formen dieser trapezoëdrischen Tetartoëdrie gebildet sind, lautet dahin, dass an rhomboëdrischen Krystallen die zwischen den

Ebenen E gelegenen sechs Räume sich blos abwechselnd gleich verhalten. Hiernach bleiben die Rhomboëder, das Prisma ∞R und das Pinakoid geometrisch unverändert, während alle übrigen Formen von der neuerlichen Hemiëdrie betroffen werden.

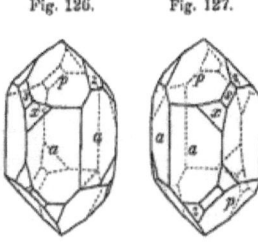

Fig. 126.   Fig. 127.

Die Formen, in welchen sich diese Art der Tetartoëdrie ausspricht, also im vorliegenden Beispiele die Flächen x und s, können wiederum entweder in der einen, der positiven Stellung auftreten oder in der anderen, der negativen. Eine Form mit positiven Flächen kann aber nicht durch eine Drehung dahin gebracht werden, dass sie nun der Form mit negativen Flächen gleicht, ebenso wenig findet das Umgekehrte statt. Die beiden correlaten Formen verhalten sich vielmehr zu einander wie die rechte Hand zur linken. Man hat also hier wiederum einen Fall der **Enantiomorphie**. Die beiden abgebildeten Formen des Quarzes sind enantiomorph, die erste stellt einen linken, die andere einen rechten Krystall dar.

43. Ein Beispiel der rhomboëdrischen Tetartoëdrie liefert der Dioptaskrystall in Fig. 128, an welchem ein Rhomboëder r auftritt, welches als $-2R$ aufzufassen ist, weil die Flächen des Spaltungsrhomboëders R seine Kanten abstumpfen, ferner das Prisma $m = \infty P2$, ausserdem aber noch die Flächen s beobachtet werden, welche letzteren dieselbe Lage haben, wie jene des Skalenoëders $-2R_{\frac{1}{2}}^{\prime}$, dabei aber nur sechsmal auftreten, so dass sie für sich betrachtet ein Rhomboëder geben würden, welches eine Zwischenstellung hätte, die mit keiner Stellung der übrigen Rhomboëder übereinstimmt.

Fig. 128.

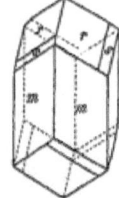

Die Regel, nach welcher die rhomboëdrisch-tetartoëdrischen Formen gebildet sind, kann so ausgedrückt werden, dass an einem rhomboëdrischen Krystall die von den Hauptschnitten A und E gebildeten 12 Räume sich blos abwechselnd gleich verhalten. Hiernach unterliegen die Formen der Skalenoëder, der verwendeten Pyramide und des zwölfseitigen Prisma einer neuerlichen Hemiëdrie, während die übrigen Formen geometrisch unverändert erscheinen.

44. **Hemimorphie.** Ein ausgezeichnetes Beispiel hemimorpher Ausbildung liefert der Turmalin, an welchem zuweilen die in Fig. 129 erscheinende Combination beobachtet wird. An dem oberen Ende des Krystalls treten die Flächen des Rhomboëders R und des negativen Rhomboëders $-2R$ auf, während am unteren Ende R mit $-\frac{1}{2}R$ combinirt ist. Die Prismenzone wird von den sechs Flächen des verwendeten Prisma, ferner von drei Flächen l gebildet, welche dieselbe Lage haben, wie das Prisma ∞R, welches durch die Hemimorphie diese Veränderung erfährt.

Der Hemimorphismus, welcher darauf beruht, dass zu beiden Seiten der Hauptebene Ungleichheit herrscht, also die Hauptaxe polar erscheint, wirkt demnach auf alle Flächen, welche zur Hauptaxe geneigt oder dazu senkrecht sind, in dem Sinne, dass er die obere und die untere Hälfte dieser Formen ungleich macht, er wirkt aber auch auf das Prisma, was durch den Anblick rhomboëdrischer Combinationen, z. B. Fig. 117 sogleich klar wird. Man erkennt hier, dass von den sechs Flächen des Prisma $\backsim R$ drei abwechselnde ein Eck nach oben kehren, während die anderen drei eine Seite nach oben wenden, dass also in Bezug auf den oberen Pol der Hauptaxe nur die abwechselnden Prismenflächen gleich sind. Wird dieser Pol von dem unteren verschieden, so zerfällt das Prisma in zwei ungleiche Hälften. Die Fortsetzung dieser Betrachtung lehrt, dass auch das zwölfseitige Prisma in zwei Hälften zerfällt, während das verwendete Prisma unverändert bleibt.

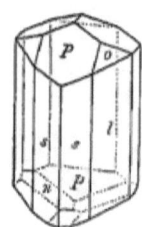

Fig. 129.

45. Tesserales System[1]). Holoëdrische Krystalle. Die Krystalle dieser Abtheilung erscheinen am regelmässigsten ausgebildet, da ihre Form auf neun Symmetrieebenen zurückzuführen ist. Diese zerfallen in drei untereinander gleiche Hauptschnitte, welche dieselbe Lage haben, wie die Hauptschnitte des rhombischen Systems, welche also auf einander senkrecht sind und mit A bezeichnet werden mögen, ferner in sechs gleiche Hauptschnitte, welche die rechten Winkel der vorigen halbiren und mit E bezeichnet sind. In Fig. 130 ist eine Kugel dargestellt, durch deren Centrum alle Hauptschnitte gehen. Die Linien, in welchen die Hauptschnitte A die Kugel treffen, sind stärker hervorgehoben, die zu den Hauptschnitten E gehörigen Linien sind schwächer angedeutet. Während im tetragonalen System blos zwei Hauptschnitte A einander gleich waren und die dazu senkrechte Ebene ungleich (vergl. Fig. 94), sind hier alle drei einander gleich; während dort nur zwei fernere Hauptschnitte E in diagonaler Stellung hinzukamen, sind es hier sechs derlei Ebenen, welche die Winkel der vorigen halbiren. Das tesserale System erscheint also wie eine Vervollständigung des tetragonalen. Man findet aber auch leicht die Analogie mit den hexagonalen, speciell den rhomboëdrischen Krystallen, wofern man den Umstand berücksichtigt, dass die Hauptschnitte E sich auch unter Winkeln von 60° schneiden.

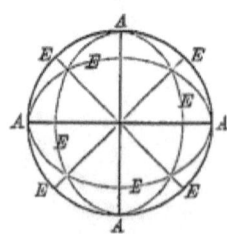

Fig. 130.

Die drei gleichen Hauptaxen A schneiden sich in drei aufeinander senkrechten Linien, welche zu Axen gewählt werden. Die drei rechtwinkeligen Axen des tesseralen Systems sind sonach einander gleich und das Axenverhältnis lautet $a : a : a$, oder $1 : 1 : 1$.

---

[1]) Tessularisches System nach Werner, reguläres S. nach Weiss, isometrisches S. nach Hausmann, tesserales S. nach Naumann.

Die grosse Zahl der Symmetrieebenen bringt es mit sich, dass die Zahl der einfachen Formen eine bedeutende ist. Es gibt Complexe zu sechs, acht, zwölf, vierundzwanzig und achtundvierzig Flächen. Man kann dieselben leichter übersehen, wenn man diejenigen Formen zuerst betrachtet, deren Flächen zu den Hauptebenen im einfachsten Verhältnis stehen.

a) Endflächen.

Hexaëder. Drei zu den Hauptebenen parallele Flächenpaare geben das Hexaëder oder den Würfel. Fig. 131. Derselbe hat durchwegs rechtwinkelige Kanten und seine Flächen sind bei ebenmässiger Ausbildung des Krystalles Quadrate. Die Kanten geben die Lage der Axen des tesseralen Systems an. Jede Fläche ist zwei Axen parallel, daher das Zeichen $(a : \infty a : \infty a) = (100)$ $= \infty O \infty$. Man sieht, dass Naumann hier den Buchstaben O wählt (auf das Oktaëder bezüglich), und dass die Coëfficienten zu beiden Seiten desselben geschrieben werden, wobei für die Folge zu bemerken ist, dass bei Ungleichheit

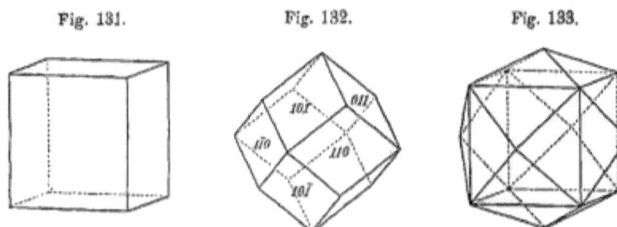

Fig. 131.   Fig. 132.   Fig. 133.

derselben der grössere links zu stehen kommt. Das Hexaëder ist eine häufig vorkommende Krystallform. Es tritt für sich am Bleiglanz, Fluorit, Steinsalz auf.

b) Prismenflächen.

Rhombendodekaëder. Eine Fläche, die auf einer Hauptebene A senkrecht und gegen die beiden andern gleich geneigt, also einem Hauptschnitt E parallel ist, wird einer Axe parallel sein und zwei Axen in gleichen Entfernungen schneiden. Sie wird also zwischen den Aesten der Axen immer wiederkehren und im Ganzen zwölfmal auftreten. Dies führt auf das Rhombendodekaëder, Fig. 132, dessen Flächen bei ebenmässiger Ausbildung des Krystalls Rhomben sind, deren Diagonalen sich wie $1 : \sqrt{2}$ verhalten. Die Bezeichnung der Form ist $(a : a : \infty a) = (110) = \infty O$. Die Kanten messen 60°, wie z. B. die Kante $10\bar{1} : 110$, dagegen sind zwei Flächen, welche in der Figur einander die Spitzen zuwenden, zu einander senkrecht, ihre Neigung beträgt also 90°, z. B. die Flächen $101 : 10\bar{1}$. Das Rhombendodekaëder tritt für sich am Granat, am Rothkupfererz auf. Wegen des häufigen Auftretens am Granat wurde die Form wohl auch Granatoëder genannt.

Tetrakishexaëder. Jede Fläche, die auf einer Hauptebene senkrecht und gegen die beiden anderen ungleich geneigt ist, wird zweimal so oft auftreten als die Fläche der vorigen Form. Dies gibt eine von vierundzwanzig Flächen begrenzte Form, das Tetrakishexaëder, Fig. 133, welches so aussieht, als ob auf jede Fläche eines Würfels eine vierseitige Pyramide aufgesetzt worden wäre. Letztere kann etwas flacher oder etwas steiler sein. Die Form hat zweierlei Kanten, die einen hat sie mit dem Hexaëder gemein, die anderen sind jene, welche von der Spitze der genannten Pyramiden ausgehen. Jede Fläche ist einer Axe parallel, während sie die beiden anderen in ungleichen Entfernungen trifft, wonach die Bezeichnung $(a : na : \infty a) = (hk0) = \infty On$ wird. Die Form $(a : 3a : \infty a) = (310) = \infty O3$ ist am Fluorit öfter in Combination mit dem Würfel zu beobachten, $(210) = \infty O2$ am Gold u. s. w.

c) Pyramidenflächen.

Oktaëder. Eine zu den drei Hauptebenen gleich geneigte Fläche wird sich in jedem Octanten wiederholen, also ein Oktaëder liefern. Fig. 134. Bei eben-

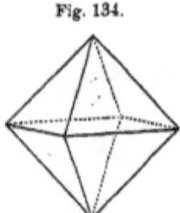

Fig. 134.

mässiger Ausbildung des Krystalls sind die Flächen dreiseitig, und zwar gleichseitige Dreiecke. Da die Flächen gegen die drei Axen gleich geneigt sind, folglich alle drei in gleichen Entfernungen treffen, so lautet die Bezeichnung $(a : a : a) = (111) = O$. Die Kanten sind unter einander gleich, und zwar messen dieselben $70^0\ 31'\ 44''$, z. B. die Kante $111 : 11\bar{1}$. Die Flächen, welche in der Fig. 134 die Spitzen gegen einander wenden, sind unter $109^0\ 28'\ 16''$ gegen einander geneigt, z. B. $111 : 1\bar{1}\bar{1}$. Das Oktaëder ist die einfachste aus Pyramidenflächen bestehende holoëdrische Form des tesseralen Systems. Es tritt für sich häufig am Magnetit, Spinell, Gold, Alaun auf.

Triakisoktaëder. Eine Fläche, die gegen zwei Hauptebenen gleich, gegen die dritte anders geneigt ist, wird in jedem Octanten dreimal auftreten, gehört also jedenfalls einer vierundzwanzigflächigen Form an. Jede solche Fläche wird die Axen so treffen, dass zwei Parameter gleich sind, während der dritte davon verschieden ist. Die Formen, welche durch solche Flächen gebildet werden, sind aber doch zweierlei.

Die eine, das Triakisoktaëder, Fig. 135, hat zweierlei Kanten, von denen die einen dieselbe Lage haben, wie die des Oktaëders. Die Form sieht so aus, als ob auf jede Oktaëderfläche eine dreiseitige Pyramide aufgesetzt wäre, daher sie zuweilen Pyramidenoktaëder genannt wird. Jede ihrer Flächen trifft zwei Axen in einer kleineren, die dritte Axe in einer grösseren Entfernung, und zwar ist in dem Beispiel in Fig. 135 das Verhältnis $1 : 2$, wonach ihr Symbol $(a : a : 2a) = (221) = 2O$. Flächen dieser Art kommen am Diamant, am Fluorit und Bleiglanz öfter vor.

Ikositetraëder. Die andere hierher gehörige Form unterscheidet sich von der vorigen schon durch die Lage der Kanten, wie dies in Fig. 136 ersichtlich ist. Sie wird Ikositetraëder genannt. Bei ebenmässiger Ausbildung ist sie von vierundzwanzig Vierecken eingeschlossen, welche die Gestalt von Deltoiden haben. An diesen sind je zwei benachbarte Seiten gleich. Jede Fläche trifft eine Axe in der kleineren, die beiden anderen in grösserer Entfernung. An der Form in Fig. 136 ist das Verhältnis 1 : 2, wonach die Bezeichnung $a : 2a : 2a$, oder was dasselbe ist, $(\tfrac{1}{2}a : a : a) = (211) = 2O2$. Am Ikositetraëder unterscheidet man wiederum zweierlei Kanten; jene, welche zu dreien zusammentreffen, verursachen den Eindruck, als ob auch hier eine dreiseitige Pyramide auf die Oktaëderfläche aufgesetzt wäre, jedoch in verwendeter Stellung in Bezug auf die vorige Form. Die Gestalt (211) kommt für sich am Granat und Analcim vor.

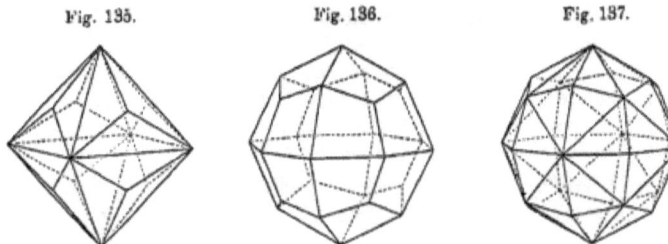

Fig. 135.   Fig. 136.   Fig. 137.

Hexakisoktaëder. Eine Fläche, welche gegen alle drei Hauptebenen ungleich geneigt ist, erscheint auch gegen die übrigen Hauptschnitte ungleich geneigt. Sie wird daher so vielmal auftreten, als wieviel Räume durch die sämmtlichen Hauptschnitte gebildet werden (vide Fig. 130), nämlich achtundvierzigmal. Dieser Fall findet an dem Hexakisoktaëder statt. Fig. 137.

Die Form sieht ungefähr so aus wie ein Oktaëder, auf dessen Fläche eine sechsseitige Pyramide aufgesetzt ist. Letztere hat abwechselnd gleiche, also drei und drei gleiche Kanten und um die Basis der Pyramide laufen andere, aber untereinander gleiche Kanten, somit hat die Gestalt dreierlei Kanten. Sie hat ferner eine Achnlichkeit mit dem Rhombendodekaëder, indem gleichsam auf jede Fläche des letzteren eine vierseitige Pyramide aufgesetzt erscheint und ebenso wird man leicht die Achnlichkeit mit dem Ikositetraëder, Triakisoktaëder, kurz mit allen bisher betrachteten Formen des tesseralen Systemes herausfinden. Die Bezeichnung wird lauten $a : na : ma) = (hkl) = mOn$, und dieses Zeichen spricht

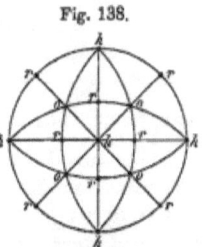

Fig. 138.

ebenfalls den Zusammenhang dieser Form mit allen anderen zuvor betrachteten aus, indem in dem Symbol (hkl) blos ein Werth $= 0$ oder zwei Werthe gleich gesetzt zu werden brauchen u. s. w., um die Symbole der übrigen Formen zu erhalten. Die Form in Fig. 137 ist $(632) = 3O2$. Am Diamant, am Fluorit, kommt die Form (421) für sich vor. Im übrigen zeigen sich auch Hexakisoktaëder, die andere Indices haben.

In der beistehenden Fig. 138 ist die sphärische Projection der Flächen des Hexaëders h, des Rhombendodekaëders r und des Octaëders o, also aller constanten Formen sammt den entsprechenden Zonen dargestellt. Es ist nun leicht zu erkennen, wo sich die übrigen Formen projiciren werden. Die Flächen der möglichen Tetrakishexaëder zwischen r und h, die aller Triakisoktaëder zwischen r und o, die aller Ikositetraëder zwischen h und o, die aller Hexakisoktaëder in den Räumen zwischen den benachbarten $h\,r\,o$.

46. Hemiëdrie. Auch in dem tesseralen System ist die Hemiëdrie von Bedeutung, weil mehrere häufige Minerale in diese Abtheilung fallen. Man hat zweierlei Arten zu unterscheiden, welche als die tetraëdrische und als die pyritoëdrische bezeichnet werden.

Die tetraëdrische Hemiëdrie macht sich darin geltend, dass die von den Hauptebenen gebildeten Octanten blos abwechselnd gleich erscheinen. Es ist also dieselbe Regel, welche schon im rhombischen und im tetragonalen System beobachtet wurde. Da nun die Normalen der Flächen des Oktaëders, des Triakisoktaëders, Ikositetraëders und des Hexakisoktaëders in diese Räume fallen, so werden die genannten Formen von dieser Art der Hemiëdrie betroffen. In den tetraëdrischen Formen sind die sechs Symmetrieebenen E erhalten, die anderen drei fehlen.

Fig. 139. Fig. 140. Fig. 141.

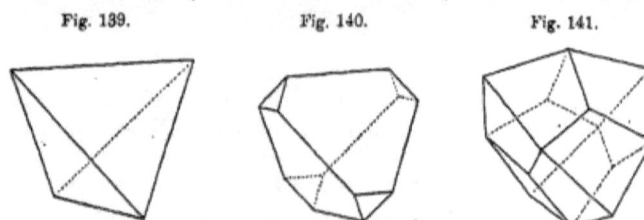

Denkt man sich von den acht Flächen des Oktaëders blos die abwechselnden vier vorhanden, so gelangt man zu dem Tetraëder, Fig. 139, einer Form, die von vier gleichseitigen Dreiecken umschlossen ist, und deren sechs Kanten 109° 28′ 16″ messen. Es ist die einzige Krystallform, welche nicht durch Verzerrung geändert werden kann. Man hat, wenn es nöthig ist, ein positives und ein negatives Tetraëder zu unterscheiden, also $\varkappa$ (111) und $\varkappa$ ($1\bar{1}1$) oder $\frac{O}{2}$ und $-\frac{O}{2}$. Fig. 140 ist die Combination dieser beiden Formen. Das Tetraëder kommt selbständig am Fahlerz und am Helvin vor.

Wird bezüglich des Triakisoktaëders dasselbe Verfahren beobachtet, werden also die Flächen, welche in den einen Octanten fallen, vorhanden gedacht, während die des nächsten fehlen u. s. f., so gelangt man zu dem Deltoid-Dodekaëder Fig. 141, dessen zwölf Flächen Deltoide sind und welches zweierlei Kanten besitzt. An dem Lauf jener Kanten, welche zu dreien zusammentreffen, erkennt man leicht die Zugehörigkeit zu dem Triakisoktaëder. Die Form ist eine variable, die beistehende Figur ist $\varkappa$ (332) $= \frac{\frac{3}{2}O}{2}$.

Wenn von den Flächen des Ikositetraëders diejenigen, welche abwechselnden Octanten angehören, vorhanden gedacht werden, so erhält man wiederum eine

Tetraëder-ähnliche Form, nämlich das **Trigondodekaëder** Fig. 142, welches die einen Kanten mit dem Tetraëder gemein hat, während die anderen durch ihren Verlauf den Zusammenhang mit dem Ikositetraëder erkennen lassen. Die beistehende Figur stellt die Form ϰ (211) dar.

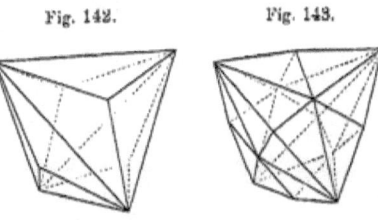

Fig. 142. Fig. 143.

Das Hexakisoktaëder leitet endlich zu einer hemiëdrischen Form, welche **Hexakistetraëder** genannt wird, Fig. 143, und welche von dreierlei Kanten eingeschlossen ist. Die Bezeichnung der Form, welche in der beistehenden Figur dargestellt ist, lautet ϰ (654). Die letztgenannten hemiëdrischen Formen können alle in der einen, der positiven, sowie in der anderen, der negativen Stellung auftreten, und kommen vorzugsweise am Fahlerz vor.

47. Die zweite Art der Hemiëdrie, die pyritoëdrische, zeigt sich darin, dass die Räume zwischen den sechs Hauptschnitten zweiter Art E sich blos abwechselnd gleich verhalten. In diese Räume fallen die Normalen der Flächen des Tetrakishexaëders und des Hexakisoktaëders, daher werden diese beiden Formen von der zweiten Art der Hemiëdrie betroffen, während alle übrigen Formen in geometrischer Beziehung unverändert auftreten.

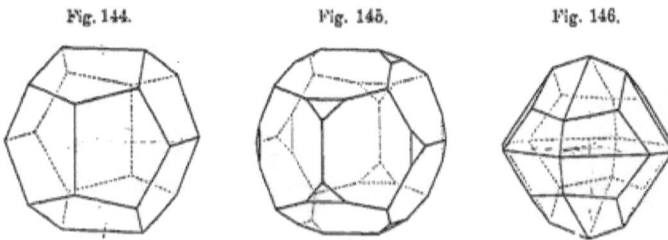

Fig. 144. Fig. 145. Fig. 146.

Denkt man sich jene Flächen des Tetrakishexaëders, welche in den abwechselnden Räumen liegen, vorhanden, während die anderen fehlen, so erhält man eine Form, welche **Pentagondodekaëder** heisst. Fig. 144. Sie wird von zwölf symmetrischen Fünfecken eingeschlossen und hat zweierlei Kanten, indem diejenigen, welche an den längeren Seiten der Fünfecke liegen, und welche je einer Axe parallel liegen, von den anderen Kanten verschieden sind. Man kann, wofern es nöthig ist, auch hier zwei Stellungen unterscheiden, eine positive und eine negative. Die Bezeichnung erfolgt in der Weise, dass dem Symbol des Tetrakishexaëders π vorgesetzt wird, weil die Form eine parallelflächige ist, Fig. 144 stellt π (210) oder $\frac{\infty O2}{2}$ dar. In Fig. 145 hat man ausserdem π (201) = $-\frac{\infty O2}{2}$. An dem tesseralen Eisenkies oder Pyrit und am Glanzkobalt kommt dieses Pentagondodekaëder selbstständig vor und es treten am Pyrit noch andere Pentagondodekaëder in Combination auf.

Die Flächen des Hexakisoktaëders liefern bei dieser Art der Hemiëdrie eine vierundzwanzigflächige Form, welche **Dyakisdodekaëder** oder **Diploëder** genannt wird, und welche dreierlei Kanten besitzt. Fig. 146. Man erkennt eine Aehnlichkeit mit dem Pentagondodekaëder, ebenso mit dem Ikositetraëder.

Die Bezeichnung entspricht der vorigen, jedoch wird das Naumann'sche Symbol mit einer Parenthese versehen, um die Verwechslung mit dem Hexakistetraëder zu vermeiden. Fig. 146 stellt die Form π (321) $= \begin{bmatrix} 3\,O_{2}^{3} \\ 2 \end{bmatrix}$ vor.

In den pyritoëdrischen Formen sind die drei Symmetrieebenen A erhalten, die sechs übrigen fehlen.

Es gibt auch noch eine dritte Art der Hemiëdrie, die gyroëdrische, welche darin beruht, dass von den 48 Krystallräumen, welche durch die Ebenen A und E gebildet werden (Fig. 130), sich nur die abwechselnden gleich verhalten. Dieselbe wurde vom Autor an künstlichen Salmiakkrystallen nachgewiesen. Auch eine Tetartoëdrie wurde an Produkten der Laboratorien, wie am chlorsauren Natron erkannt. An diesem Salze kommen tetraëdrische Formen in Combination mit dem Pentagondodekaëder vor. Da jedoch die einzelnen Hemiëdrien solche Abtheilungen darstellen, welche ebenso scharf getrennt sind, wie die einzelnen Krystallsysteme, so schien diese Combination einen Widerspruch zu enthalten, bis Naumann zeigte, dass hier eine Tetartoëdrie vorliege. Diese ergibt sich daraus, dass zwei der genannten Hemiëdrien zugleich zur Geltung kommen.

48. Im Folgenden hat man eine Uebersicht der im tesseralen System auftretenden Formen und deren Symbole. Alle sind geschlossene Formen.

A) Holoëdrie.

Hexakisoktaëder	$(a : na : ma) = (hkl)$	$= mOn$
Ikositetraëder	$(a : ma : ma) = (hkk)$	$= mOm$
Triakisoktaëder	$(a : a : ma) = (hhk)$	$= mO$
Tetrakishexaëder	$(a : na : \infty a) = (hk0)$	$= \infty On$
Oktaëder	$(a : a : a) = (111)$	$= O$
Rhombendodekaëder	$(a : a : \infty a) = (110)$	$= \infty O$
Hexaëder	$(a : \infty a : \infty a) = (100)$	$= \infty O \infty$

B) Tetraëdrische Hemiëdrie.

Hexakistetraëder	$\tfrac{1}{2}(a : na : ma) = \varkappa(hkl)$	$= \dfrac{mOn}{2}$
Trigondodekaëder	$\tfrac{1}{2}(a : ma : ma) = \varkappa(hkk)$	$= \dfrac{mOm}{2}$
Deltoiddodekaëder	$\tfrac{1}{2}(a : a : ma) = \varkappa(hhk)$	$= \dfrac{mO}{2}$
Tetraëder	$\tfrac{1}{2}(a : a : a) = \varkappa(111)$	$= \dfrac{O}{2}$

ausserdem das Tetrakishexaëder, das Rhombendodekaëder und Hexaëder.

C) **Pyritoëdrische Hemiëdrie.**

Dyakisdodekaëder . $\frac{1}{2}$ $[a : na : ma] = \pi (hkl) = \left[\dfrac{mOn}{2}\right]$

Pentagondodekaëder $\frac{1}{2}$ $(a : na : \infty a) = \pi (hk0) = \dfrac{\infty On}{2}$.

ausserdem das Ikositetraëder, Triakisoktaëder, das Oktaëder, Rhombendodekaëder und Hexaëder.

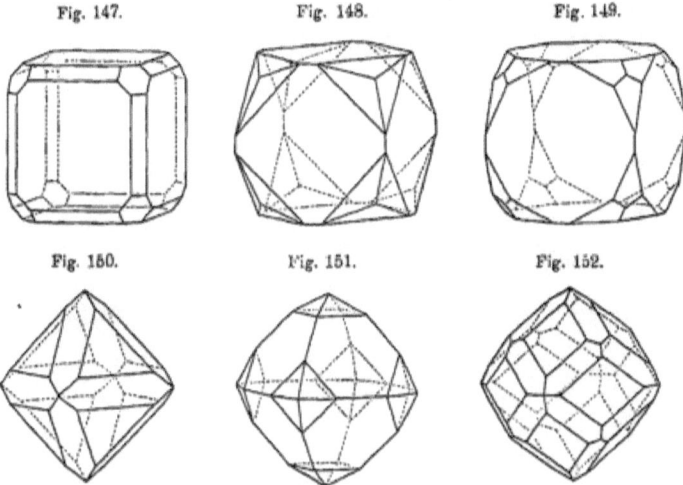

Fig. 147.   Fig. 148.   Fig. 149.

Fig. 150.   Fig. 151.   Fig. 152.

49. Combinationen. Die Zahl der Combinationen, welche an Mineralen des tesseralen Systems vorkommen, ist begreiflicherweise eine sehr grosse, doch sind die meisten derselben leicht aufzulösen. Hier mögen einige einfache Beispiele angeführt werden.

In Fig. 147 ist das Hexaëder vorwaltend, die Kanten desselben erscheinen durch die Flächen des Rhombendodekaëders, die Ecken aber durch die des Oktaëders abgestumpft. In Fig. 148 gesellt sich zum Hexaëder das Ikositetraëder $(211) = 2O2$, welches die Ecken von den Flächen her abstumpft, übrigens leicht an dem Laufe der Kanten erkannt wird. Fig. 149 zeigt die Combination des Hexaëders mit dem Triakisoktaëder $(221) = 2O$, welches die Ecken von den Kanten her abstumpft und gleichfalls am leichtesten durch den Verlauf seiner Kanten als solches erkannt werden kann. Fig. 150 bietet die Abstumpfung der Kanten des Oktaëders durch die Flächen des Rhombendodekaëders dar, während Fig. 151 die Combination des Oktaëders mit einem Ikositetraëder, und zwar mit dem gewöhnlich vorkommenden $(211) = 2O2$ darstellt.

Fig. 152 zeigt bie Abstumpfung der Kanten des Rhombendodekaëders durch ein Ikositetraëder, dessen Symbol aus den vorhandenen Zonen leicht bestimmt wird. Dieses lautet wiederum (211).

In Fig. 153 wird die Abstumpfung der Kanten des Tetraëders durch die Flächen des Hexaëders, in Fig. 154 die Combination des Tetraëders mit dem Rhombendodekaëder dargestellt. Dass hier nicht etwa die Combination des Tetraëders mit einem Deltoiddodekaëder vorliegt, ergibt die Betrachtung der von drei kleinen Flächen eingeschlossenen Ecken, welche mit den entsprechenden des Rhombendodekaëders gleich sind. Die Fig. 155 lässt die Flächen des Rhombendodekaëders und des Hexaëders leicht erkennen, doch treten auch die Flächen eines Tetraëders als kleine Dreiecke hinzu.

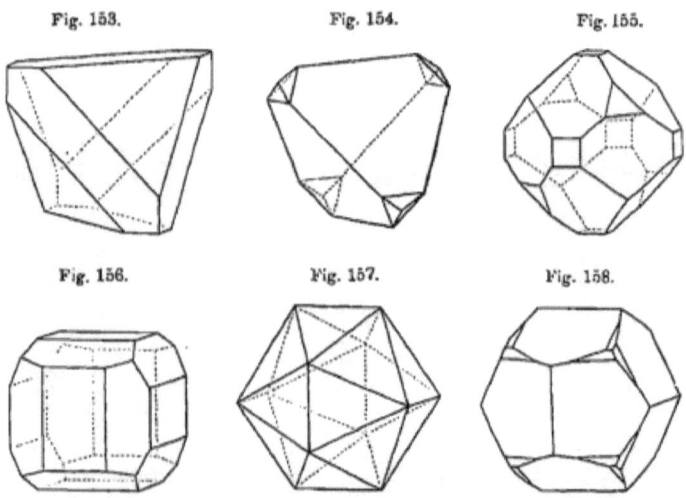

Fig. 153.   Fig. 154.   Fig. 155.

Fig. 156.   Fig. 157.   Fig. 158.

Das Hexaëder in Combination mit dem Pentagondodekaëder erscheint in Fig. 156, während in der nächsten Fig. 157, das gleiche Pentagondodekaëder, nämlich π (210), mit dem Oktaëder combinirt dargestellt ist. Die letztere Combination erinnert an das Ikosaëder der Geometrie, weil es, wie dieses, von zwanzig Dreiecken eingeschlossen wird, aber beim Ikosaëder sind die Dreiecke alle gleich, hier dagegen sind sie von zweierlei Art. Die Fig. 158 gibt die Combination des genannten Pentagondodekaëders mit einem Dyakisdodekaëder, dessen Symbol aus den Zonen zu π (421) oder $\left[\frac{4\ 0\ 2}{2}\right]$ bestimmt wird.

50. Parallele Verwachsung. Die bisher betrachteten Krystalle sind einfach, sie bestehen blos aus einem einzigen Individuum. Es gibt aber regelmässige Vereinigungen von mehreren Krystallindividuen, welche von zweierlei Art sind. Die vereinigten Individuen sind nämlich entweder nach ihrer Krystallform genau parallel gelagert, in welchem Falle das Ganze als eine parallele Verwachsung bezeichnet wird, oder die Individuen sind in anderer, jedoch regelmässiger Weise verbunden, in welchem Falle die Gesammtheit ein Zwillingskrystall genannt wird.

Die Verwachsung mehrerer Krystallindividuen bei paralleler Stellung zeigt sich in verschiedener Weise, je nachdem die letzteren grösser oder kleiner, gleich oder ungleich sind. Wenn mehrere Krystalle in paralleler Stellung verbunden erscheinen, ohne dass sie durch gleiche Grösse oder innige Verwachsung eine charakteristische Gesammtform darbieten, so kann man eine solche Vereinigung einen Krystallstock nennen. Würfel von Steinsalz, Krystalle von Quarz, Feldspath, Kalkspath treten öfters in solcher Verbindung auf. Fig. 159 stellt einen Krystallstock von Baryt dar.

Säulenförmige Krystalle enden zuweilen in einen Krystallstock, so dass die Säule an ihrem Ende pinselartig in viele einzelne Säulchen von paralleler Stellung aufgelöst erscheint, wie der Quarzkrystall in Fig. 161.

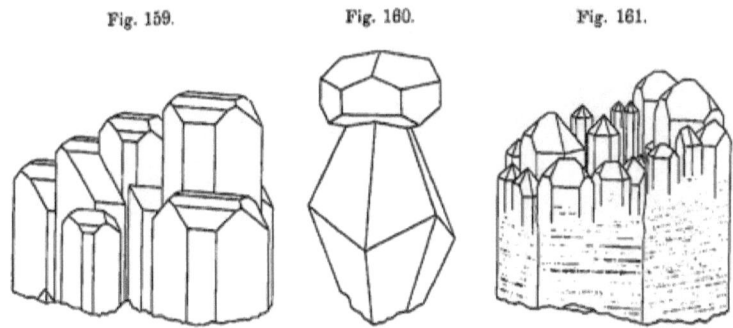

Fig. 159.   Fig. 160.   Fig. 161.

Wenn auf den Krystallen eines Minerals neue Individuen sich parallel ansiedeln, so geschieht dies mitunter in der Weise, dass die neuen Individuen sich einzeln auf jeden vorhandenen Krystall ansetzen, wobei sie entweder dieselbe Combination wiederholen oder eine andere Combination ausbilden. Auf Skalenoëdern von Calcit z. B. findet man an der Spitze einen Krystall desselben Minerals von der Form $-\frac{1}{2}R.\infty R$ parallel angesetzt. Fig. 160.

Häufig zeigen Krystalle nach allen Richtungen in ihrer äusseren Schichte eine Bildung vieler kleiner Individuen paralleler Stellung. Solche Bildungen machen den Eindruck, als ob ein grösserer Krystall aus vielen kleineren zusammengesetzt wäre, jedoch ist dies nur scheinbar und sollte niemals in diesem Sinne aufgefasst werden, denn im Innern ist der Krystall ein geschlossenes Ganzes, in der oberen Schichte aber geht er in einen Krystallstock, also in viele getrennte Individuen aus. So bildet der Fluorit öfters Oktaëder, welche äusserlich aus vielen kleinen Würfeln zusammengesetzt erscheinen, etwa so wie in Fig. 52 auf pag. 35, oder er bildet Würfel, welche aus kleinen Tetrakishexaëdern zusammengefügt erscheinen. Der Calcit bildet öfters Rhomboëder $-\frac{1}{2}R$, welche so aussehen, als ob sie aus vielen kleinen Rhomboëdern derselben

Art aufgebaut wären, man findet aber auch öfters Skalenoëder $R\,3$, welche äusserlich aus vielen kleinen Krystallen der Form $-\frac{1}{2}R\infty R$ bestehen u. s. w.

51. Zwillingskrystalle. Unter diesem Ausdrucke versteht man die regelmässigen Verwachsungen je zweier gleicher Krystallindividuen in unparalleler Stellung. Die Regelmässigkeit der Verwachsung besteht darin, dass die Individuen mindestens eine gleichnamige Kante und eine an dieser liegende gleichartige Krystallfläche gemeinschaftlich oder parallel haben. Die genannte Fläche und Kante ist entweder an den einzelnen Individuen ausgebildet oder sie ist eine mögliche Fläche und mögliche Kante. An dem Zwillingskrystall von Gyps, Fig. 163, sieht man zwei monokline Individuen in einer unparallelen Stellung so verwachsen, dass sie die Querfläche $a = 100$ gemeinschaftlich haben, und dass auch die in dieser Fläche liegenden aufrechten Kanten $a:m$ oder $m:b$ an beiden parallel sind.

Fig. 162.   Fig. 163.   Fig. 164.

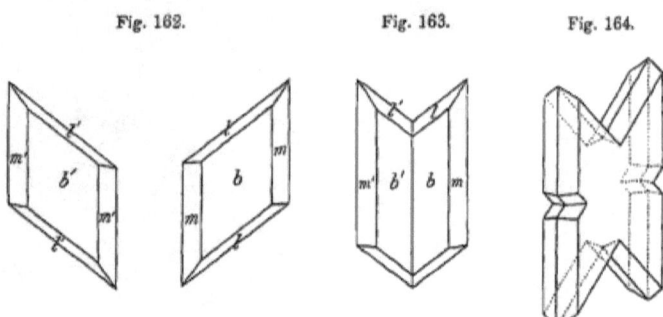

In den Zwillingskrystallen liegen die beiden Individuen gewöhnlich symmetrisch zu einer Ebene, welche Zwillingsebene genannt wird. Die meisten Zwillinge sind demnach symmetrische. Im Gypszwilling sind die Individuen symmetrisch zur Zwillingsebene 100 gelagert, Fig. 162. Die Zwillingsebene kann in dem einzelnen Individuum kein Hauptschnitt sein, denn sonst wäre die Verbindung beider kein Zwilling, sondern eine parallele Verwachsung.

Um von der Stellung des einen Individuums zu der des zweiten zu gelangen, kann man sich zuerst beide Individuen in paralleler Stellung, hierauf aber das eine um 180°, und zwar so gedreht denken, dass die geforderte Lage eintritt. Die Linie, welche in diesem Falle als Drehungsaxe fungirt, wird die Zwillingsaxe genannt. Sie ist senkrecht zur Zwillingsebene. In Fig. 163 ist die Zwillingsaxe horizontal und ist senkrecht zur Querfläche 100. Auf die halbe Drehung bezieht sich auch der Ausdruck Hemitropie, welchen Hauy eingeführt hat.

Die Vorstellung einer Drehung um 180° ist blos ein didaktisches Hilfsmittel, welches insoferne ganz zweckmässig erscheint, als man dadurch die meisten Zwillinge nachbilden kann, das aber zu Missverständnissen Anlass gab, da manche Autoren glaubten, unter Umständen auch Drehungen von 60°, 90°, 120° annehmen zu dürfen.

Die Zwillingsebene ist häufig eine mögliche Krystallfläche, sie kann aber auch senkrecht zu einer möglichen Krystallfläche sein, ohne dabei parallel irgend einer Krystallfläche zu liegen.

Die Verwachsungsarten der Individuen an den Zwillingen sind nämlich drei:

1. Die Zwillingsebene ist einer möglichen Krystallfläche parallel. Das Beispiel des Gypszwillings, Fig. 163, gehört hierher. In diesem Falle ist also die Zwillingsaxe senkrecht zu einer möglichen Krystallfläche.

2. Die Zwillingsebene ist senkrecht zu einer möglichen Kante. Die Zwillingsaxe ist sodann parallel zu einer möglichen Kante, also zu einer möglichen Zone. In dem idealisirten Zwilling von Anorthit, Fig. 165, hat die Zwillingsebene eine zur Kante Pt senkrechte Lage. Die Zwillingsaxe ist der Zone $Pthy$ parallel.

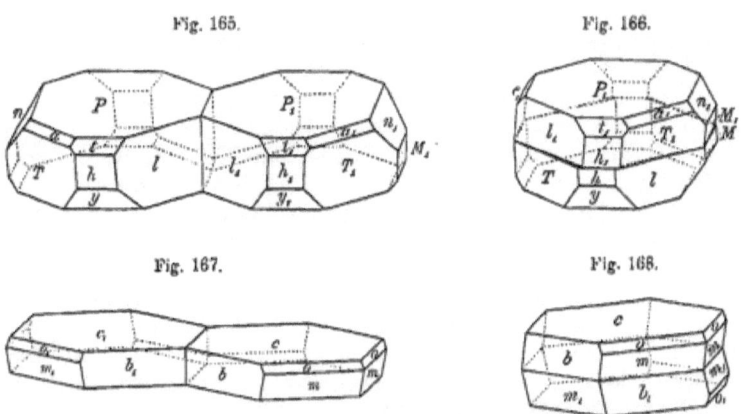

Fig. 165.   Fig. 166.

Fig. 167.   Fig. 168.

3. Die Zwillingsebene ist zu einer möglichen Krystallfläche senkrecht und zugleich parallel einer in dieser liegenden Kante. In dem idealisirten Glimmerzwilling, Fig. 167, erscheint die Zwillingsebene in der Zone com und senkrecht gegen c. Hier ist die Zwillingsebene in einer möglichen Zone gelegen. Die Zwillingsaxe ist senkrecht zu einer Kante und liegt in einer möglichen Krystallfläche.

Die Zwillingsebene ist meistens nur solchen Krystallflächen parallel oder normal, welche die einfachsten Indices haben, also den primären Flächen. Wenn eine Zone in Betracht kommt, ist es gleichfalls meist eine solche, deren Zeichen blos einfache Indices enthält.

Die Grenze der beiden Individuen eines Zwillings wird häufig von der Zwillingsebene gebildet. Man sagt sodann, die Zwillingsebene sei zugleich die Berührungs- oder Zusammensetzungsfläche. Zuweilen aber berühren sich beide Individuen in einer zur Zwillingsebene senkrechten Fläche. Fig. 166 stellt einen Anorthitzwilling in der thatsächlich beobachteten Verwachsung vor. Die Indi-

viduen berühren sich nicht an der Zwillingsebene, wie es die frühere Figu
angibt, sondern in einer dazu senkrechten Fläche. Ebenso verhält sichs be
dem Glimmerzwilling in Fig. 168. In vielen Zwillingen berühren sich die Indi
viduen in keiner ebenen, sondern in einer völlig unebenen Fläche.

Ist die Zusammensetzungsfläche in einem Zwillingskrystall eine ebene, s
verlaufen an der Grenze beider Individuen öfters einspringende und ausspringend
Kanten, und man erkennt die Grenze an den einspringenden Winkeln, Fig. 163, 168
Wenn aber an der Grenze die Flächen beider Individuen in dieselbe Eben
fallen, so wird in den Fällen, als beide Flächen vollkommen glatt sind, kein
Grenze bemerkbar sein, da jedoch häufig auf den Flächen eine feine Streifun;
erkennbar ist und die Streifensysteme an der Grenze zusammenstossen, so wir
die letztere als Zwillingsnaht hervortreten.

Die Zwillinge bilden sich nicht etwa aus früher getrennten Individuen
sondern sie wachsen in der Weise, dass schon die allererste Anlage als ein
Doppelindividuum erscheint. Auch bei mikroskopischer Beobachtung sieht mar
sogleich den Zwilling. Wenn hierauf das Fortwachsen so geschieht, dass die
Zwillingsebene auch Grenzebene bleibt, so wird jedes der beiden Individuen
da es über die Grenze hinaus sich nicht ausbildet, für sich betrachtet wie eir
halber Krystall aussehen, es wird verkürzt erscheinen, Fig. 163. Wenn hingeger
die Zwillingsebene nicht Grenze bleibt, sondern die Individuen sich auch jenseit
derselben vergrössern, also über jene Ebene hinauswachsen, so entstehen Durch
wachsungs- oder Durchkreuzungszwillinge, deren Individuen in voller Ausbildung
erscheinen, Fig. 164.

Man unterscheidet demnach Berührungs- und Durchwachsungszwilling
(Juxtapositions- und Penetrationszwillinge). Manche der letzteren erscheinen al
wahre Durchdringungszwillinge, indem beide Individuen so vollständig durch
einander wachsen, dass nach aussen eine scheinbar einfache Krystallform ent
steht. (Quarz Fig. 196 und 197.)

Unter den Zwillingskrystallen, welche aus hemiëdrischen oder tetartoëdrischen Individuen bestehen, kommen auch solche vor, welche nicht symmetrisch
sind, immerhin aber dem allgemeinen Gesetze der Gemeinschaftlichkeit einer
gleichen Kante und daranliegenden gleichen Fläche gehorchen. Ein Beispiel ist
der Quarzzwilling in Fig. 169, welcher aus zwei Links-Krystallen besteht.

In den Zwillingen hemiëdrischer, tetartoëdrischer und hemimorpher Individuen erscheint die Zwillingsebene häufig einer solchen Ebene parallel, welche
in den entsprechenden holoëdrischen Krystallen ein Hauptschnitt ist. Dadurch
wird gleichsam die bei der Hemiëdrie verlorene Symmetrie wiederhergestellt und
die Einzelkrystalle befinden sich in correlaten Stellungen. Derlei Zwillinge nannte
Haidinger Ergänzungszwillinge. Fig. 171 stellt einen am Diamant vorkommenden Durchdringungszwilling zweier Tetraëder vor. Zwillingsebene ist
eine Würfelfläche. Obwohl beide Tetraëder positive sind, befinden sie sich doch
in den abwechselnden Stellungen. Der gemeinschaftliche Kern beider ist ein
Oktaëder, daher man sagte, die beiden Krystalle ergänzen einander zu einem

Oktaëder. Hierher gehörige Beispiele sind auch der Quarzzwilling in Fig. 198, der Zwilling von Kieselgalmei in Fig. 188.

Eine und dieselbe Zwillingsbildung wiederholt sich zuweilen, und zwar kann diese fortgesetzte Bildung in zweierlei Weise geschehen. Im ersten Falle setzt sich an das zweite Individuum ein drittes nach dem gleichen Zwillingsgesetz an, ohne jedoch dem ersten Individuum parallel zu sein, und es entsteht ein Drilling, Fig. 170. Rutil. Die Vereinigung von vier Individuen nach dem gleichen Zwillingsgesetz und ohne Parallelismus der Individuen liefert einen Vierling u. s. f. Man kann derlei unparallele Fortsetzungen derselben Zwillingsbildung als **Wendezwillinge** bezeichnen. Die Erscheinung beruht darauf, dass bei der Fortsetzung nicht dieselbe Krystallfläche Zwillingsebene bleibt, sondern eine andere, welche aber mit der vorigen krystallographisch gleichwerthig ist. Also z. B. 110 und 1$\bar{1}$0. Derlei Fortsetzungen liefern öfter fächerförmige oder radförmige Bildungen.

Fig. 169.   Fig. 170.   Fig. 171.

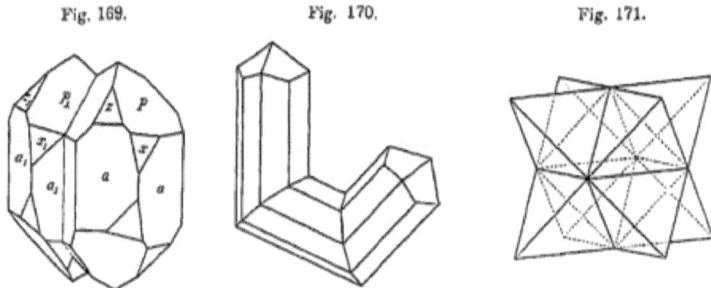

Im zweiten Falle setzt sich an das zweite Individuum nach demselben Gesetze ein drittes, dessen Stellung aber dieselbe ist wie die des ersten Individuums, ferner ein viertes Individuum, dessen Stellung dieselbe wie die des zweiten, ein fünftes, dessen Stellung dieselbe wie die des ersten und dritten u. s. f. Fig. 174. Albit. Wenn bei dieser Art der Zwillingsbildung die Zusammensetzungsflächen einander parallel sind, so kann die Wiederholung der Individuen in abwechselnder Stellung vielmals stattfinden, wodurch polysynthetische Zwillinge oder Zwillingsstöcke gebildet werden, die an den Seiten eine Wiederholung ein- und ausspringender Winkel darbieten. Werden dabei die einzelnen Individuen blattartig dünn und endlich ungemein dünn, so werden die ein- und ausspringenden Kanten schliesslich nur als feine Riefen erscheinen, welche Erscheinung als Zwillingsstreifung bezeichnet wird, während sie besser Zwillingsriefung zu nennen ist. Bei den **Wiederholungszwillingen** ist, wie man leicht erkennt, die Fortsetzung derartig, dass stets genau dieselbe Krystallfläche als Zwillingsebene fungirt, die Fortsetzung also eine parallele ist.

52. Beispiele. In jedem der Krystallsysteme gibt es Fälle von Zwillingsbildungen, und zwar sowohl von solchen, die nur aus Doppelindividuen bestehen, als auch von mehrfach zusammengesetzten Zwillingen.

Unter den triklin krystallisirten Mineralen zeigt der Albit fast immer eine Zwillingsbildung nach dem Gesetze: Zwillingsebene die Längsfläche $M = (010)$. Die Verwachsung erfolgt an derselben Fläche. Die Fig. 172 stellt einen einfachen Krystall dar, an welchem die Endfläche P, die Längsfläche M, ferner die Prismenflächen T, l und x zu sehen sind. Der Zwillingskrystall Fig. 173 zeigt in Folge der Verkürzung vorne blos die Fläche T des einen und des anderen Individuums, unterhalb treffen die Flächen x und x_1 in einer ausspringenden Kante, oberhalb aber P und P_1 in einer einspringenden Kante zusammen, hinten erscheinen wieder in Folge der Verkürzung nur die Flächen l der beiden Individuen.

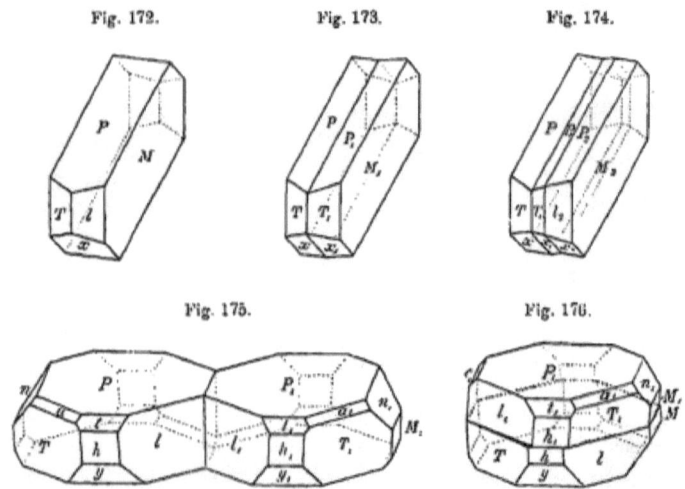

Fig. 172.   Fig. 173.   Fig. 174.

Fig. 175.   Fig. 176.

Diese Zwillingsbildung wiederholt sich aber und liefert Zwillingsstöcke, in welchen oft sehr viele äusserst dünne Individuen in abwechselnder Stellung vorhanden sind. Fig. 174 gibt eine Verwachsung dreier Individuen an, das dritte hat dieselbe Stellung wie das erste, weil aber jetzt der Raum nach rechts der Ausbildung freien Spielraum lässt, so erscheint am dritten Individuum die Fläche l, während am ersten blos T erschien. Oberhalb und unterhalb zeigen sich jetzt aus- und einspringende Winkel durch das Zusammentreffen der Flächen P und x von Seiten der einzelnen Individuen. Denkt man sich diese Bildung fortgesetzt, so erhält man blasebalgähnliche Aneihungen. Bei der ungemein geringen Ausdehnung der einzelnen Individuen zeigen aber die Zwillingsstöcke des Albits gewöhnlich nur feine Riefen parallel den Kanten $P : M$ und $M : x$. Weil in dem monoklinen System die Fläche M die Symmetrieebene ist, so liefert eine symmetrische Verwachsung parallel M hier keine Zwillinge. Dieses Zwillingsgesetz ist daher nur in dem triklinen Systeme möglich und daher liefern blos die triklinen Feldspathe solche Zwillingsstücke, welche auf P die Riefen erkennen lassen, die der Kante $P:M$ parallel sind. Daraus ergibt sich ein wichtiges Kennzeichen der triklinen Feldspathe. Weil bei denselben das eben genannte Zwillingsgesetz herrscht, so kann man aus der abwechselnden Stellung der Individuen parallel M oder aus jener Riefung auf die triklinen Feldspathe schliessen.

Noch ein anderes Zwillingsgesetz macht sich bei vielen Gliedern aus der Reihe der triklinen Feldspathe geltend. Es lautet dahin, dass die Zwillingsebene senkrecht ist zu der Zone 100 : 001. Diesem Gesetze folgen unter anderen auch viele Zwillinge des Anorthits. Fig. 175 zeigt zwei Krystalle von Anorthit, deren jeder von den Flächen P, M, T, l, ausserdem von dem Querprisma $t = (201)$, $y = (20\bar{1})$ und der Querfläche $h = 100$, endlich von einer Prismenfläche $u = (0\bar{2}1)$ begrenzt ist, in der symmetrischen Stellung zu einer Ebene, welche zur Zone $Pthy$ senkrecht ist. Demnach erscheinen vorn auch die Flächen T' der beiden Individuen entfernt, die Flächen l hingegen nahe an der Zwillingsebene und überhaupt alle die Flächen symmetrisch gegen die letztere Ebene gelagert. Die Zwillingskrystalle des Anorthits, welche diesem Gesetze folgen, sind aber in der Weise ausgebildet, dass die beiden Individuen nicht zu beiden Seiten der Zwillingsebene lagern, sondern ihre gegenseitige Stellung beibehaltend, übereinander gelagert erscheinen, wie dieses Fig. 176 darstellt. Hier ist also die Zwillingsebene nicht zugleich die Berührungsebene, sondern eine dazu senkrechte Fläche und die beiden Individuen grenzen sich so ab, wie es das Wachsthum der Krystalle erfordert. Die Flächen beider Individuen treffen also in Kanten zusammen, deren Lauf durch das Zusammentreffen der Flächen T' und l_1, T_1 und l etc. verursacht wird, während in der Figur diese Flächen gegeneinander abgesetzt erscheinen. Der Zwilling ist, wie leicht ersichtlich, ein solcher, dessen richtige Auffassung keine leichte Aufgabe war. Erst Gerhard vom Rath gelang es, das Zwillingsgesetz aufzufinden und diese merkwürdige Zwillingsbildung zu enträthseln.

In dem monoklinen Systeme herrscht sehr häufig ein Zwillingsgesetz, welches eine zur Symmetrieebene senkrechte Fläche als Zwillingsfläche angibt. An dem Gypszwilling, Fig. 163, ist es die Querfläche 100, welche zugleich Zwillings- und Verwachsungsebene ist. Die Längsflächen b der beiden Individuen fallen am Zwilling in dieselbe Ebene, doch macht sich die Grenze beider Individuen öfter durch eine Zwillingsnaht bemerklich. Die Zone bm bleibt durch den ganzen Zwilling erhalten. Die Pyramidenflächen l bilden ein- und ausspringende Kanten. Durchwachsungszwillinge, wie Fig. 164, kommen auch öfter vor.

Der Orthoklas oder monokline Feldspath liefert oft Zwillinge, welche zu den Durchwachsungs-Zwillingen gehören. Die Fig. 178 stellt einen dieser Zwillinge dar, welche nach einem der Fundorte häufig Karlsbader Zwillinge genannt werden. Er entspricht dem zuvor genannten Gypszwilling. Die beiden Krystallindividuen erscheinen aber gleichsam in einander geschoben und ihre Grenze ist eine eckig verlaufende Linie. Die Flächen des einen Individuums sind durch gestrichelte Buchstaben von denen des anderen unterschieden. Man kann hier, wie beim Gyps, die Querfläche 100 als Zwillingsebene betrachten, doch ist klar, dass ebensogut eine Ebene, welche die Zone lM senkrecht durchschneidet, welche also in der Figur ungefähr horizontal liegt, als Zwillingsebene und dementsprechend die Axe jener Zone als Zwillingsaxe angenommen werden kann. Es hängt also hier vom Belieben ab, das Zwillingsgesetz in dieser oder jener Weise auszudrücken.

Andere Orthoklaszwillinge folgen dem Gesetze: Zwillingsebene die Endfläche $P = 001$. In Fig. 177 ist ein solcher Fall dargestellt. Die Verwachsung findet an der Zwillingsebene statt. Die Krystallflächen erhalten die Bezeichnung $P = (001)$, $M = (010)$, $l = (110)$, $y = (\bar{2}01)$, $n = (021)$, $o = (\bar{1}11)$.

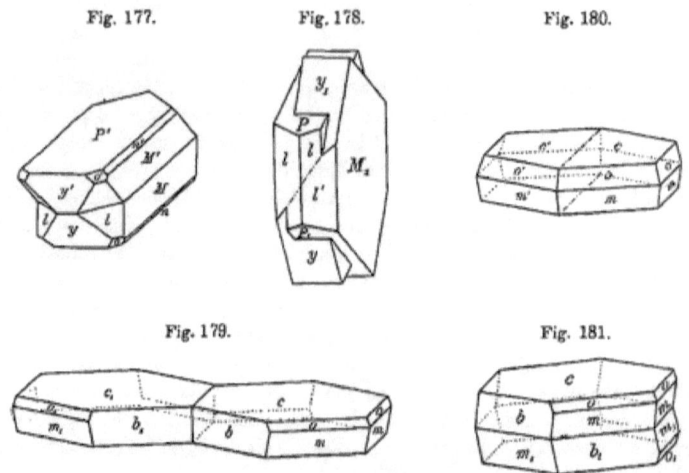

Fig. 177. Fig. 178. Fig. 180.

Fig. 179. Fig. 181.

Die Glimmer bieten häufig Zwillinge dar, welche in zweierlei Ausbildung auftreten. Die Zwillingsfläche ist senkrecht auf der Endfläche c und parallel der Kante $c:m$. Die Fig. 180 zeigt einen Zwilling, welcher nach dieser Regel gebildet ist. Die beiden Individuen befinden sich in den Stellungen, welche in Fig. 179 angegeben sind. Im Zwilling erkennt man die Zwillingsebene, an welcher zugleich die Verwachsung stattfindet, an einer Zwillingsnaht. In der Zeichnung ist die Grenze punktirt. Die beiden Individuen sind im Zwilling verkürzt und mit gleicher Grösse ausgebildet. In der Mehrzahl der Fälle sind aber die Glimmerzwillinge anders gebaut, indem die beiden Individuen übereinander gelagert erscheinen. Fig. 181 gibt eine Vorstellung von einem solchen Zwilling. Die beiden Individuen, von welchen das früher rechts gelegene jetzt oberhalb liegt, berühren sich mit den c-Flächen und bilden an den Seiten ein- und ausspringende Kanten. Oft lagern viele Individuen in abwechselnden Zwillingsstellungen übereinander und bilden Säulchen mit vielen horizontalen Riefen.

Im rhombischen System sind die Zwillingsebenen meistens Prismenflächen, weil die Endflächen hier sämmtlich den Hauptschnitten parallel sind und die Fläche 111 als Zwillingsfläche in den Krystallsystemen von geringeren Symmetriegraden seltener vorkömmt. Ein Beispiel ist der Zwillingskrystall des Aragonits, Fig. 182, welcher nach dem Gesetze: Zwillingsebene die Prismenfläche 110, gebildet ist. Die Individuen sind auch an dieser Fläche mit einander verbunden. Wenn sich, wie es nicht selten der Fall ist, die Zwillingsbildung wiederholt, so tritt entweder der Fall ein, dass die Wiederholung an jedem folgenden Individuum an derselben Fläche geschieht, z. B. an der Fläche $\bar{1}10$, wie in Fig. 183; dann sind immer die abwechselnden Individuen, also 1, 3, 5,

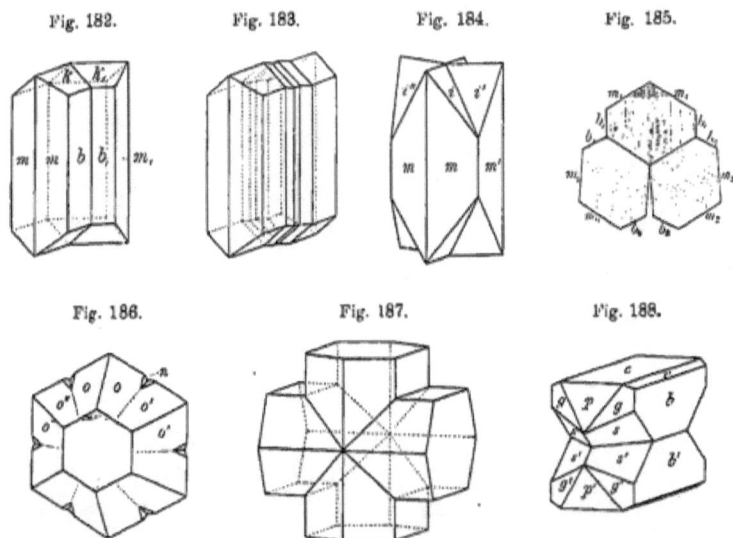

Fig. 182.   Fig. 183.   Fig. 184.   Fig. 185.

Fig. 186.   Fig. 187.   Fig. 188.

einander parallel und es entsteht ein Zwillingsstock, oder aber die Fortsetzung der Zwillingsbildung geschieht in der Art, dass ein Individuum mit einem zweiten an der Fläche $1\bar{1}0$, mit einem dritten aber an der Fläche 110 verbunden ist, und es entsteht ein Wendezwilling. Obwohl also das Zwillingsgesetz das nämliche, erzeugen sich doch auf solche Weise andere Verwachsungen, nämlich Drillinge und Vierlinge, wie z. B. der Drilling in Fig. 184.5.

In Fig. 185, welche einen Drilling von oben gesehen darstellt und die Endflächen der Individuen parallel b gerieft zeigt, lagern drei Individuen aneinander, doch bleibt, weil das Prisma des Aragonits nicht 120°, sondern blos 116° 10′ misst, noch eine Lücke. Diese wird gewöhnlich durch das Weiterwachsen eines der drei Individuen ausgefüllt, zuweilen findet ein viertes Individuum daselbst ein bescheidenes Plätzchen. Es kommt aber bei diesen Drillingen und Vierlingen häufig vor, dass von einem Individuum sich blattförmige Fortsätze in die anderen erstrecken, so dass schliesslich ein complicirtes Gewebe gebildet wird, wie solche Beispiele von Leydolt, welcher die Aetzung der Platten zu Hilfe nahm, beschrieben wurden.

Drillingskrystalle, welche Durchwachsung zeigen, bietet öfter der Chrysoberyll, s. Fig. 186. Die Zwillingsebene entspricht einem Längsprisma 031.

Ein Mineral, das rhombische Krystalle zeigt und oft Durchkreuzungszwillinge liefert, ist der danach benannte Staurolith. Ein Zwilling wird durch

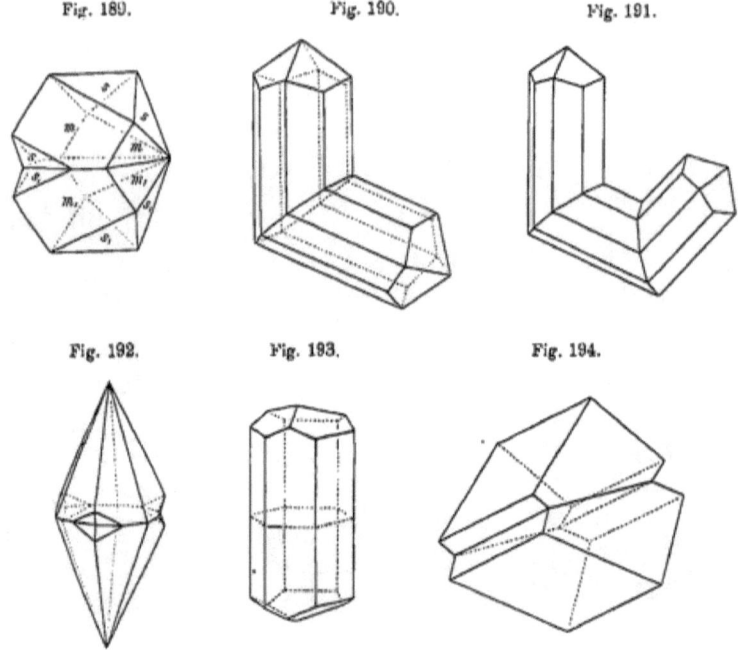

Fig. 189.   Fig. 190.   Fig. 191.

Fig. 192.   Fig. 193.   Fig. 194.

Fig. 187 versinnlicht. Die Zwillingsfläche ist hier eine Domenfläche (032), welche gegen die aufrechte Axe unter 44° 12' geneigt ist, daher das Zwillingskreuz beinahe rechtwinkelig ist.

Ein merkwürdiger Zwillingskrystall ist auch der in Fig. 188 abgebildete, welcher am Kieselzinkerz beobachtet wurde. Dieser Ergänzungszwilling zeigt zwei hemimorphe Individuen an der Endfläche 001 verbunden, welche an dem einzelnen Individuum keine Symmetrieebene ist. (Vergleiche Fig. 42.)

Krystalle des tetragonalen Systems erscheinen öfters in Zwillingsverwachsung, indem entsprechend dem Gesetze, welches im vorigen Systeme gewöhnlich herrscht, eine Fläche der verwendeten Pyramide (101) die Zwillingsfläche abgibt. Nach diesem Gesetze sind die Zwillinge des Zinnerzes gebildet, Fig. 189, deren Individuen kurz säulenförmig gestaltet sind und an denen durch das Zusammentreffen der Pyramidenflächen ein einspringender Winkel entsteht. Diese Stelle der Zwillinge wurde öfters mit dem Visir eines Helmes verglichen, daher der Ausdruck Visirgruppen. Entsprechende Zwillingsbildungen werden beim Rutil beobachtet, welcher meist langgestreckte Krystalle liefert. Die Zwillinge sind knieförmig, wie jener in Fig. 190, und es kommen auch häufig Drillinge vor, wie dies Fig. 191 angibt und durch Fortsetzung derselben Bildungsweise Vierlinge etc.

Die holoëdrisch krystallisirten Minerale des hexagonalen Systems zeigen selten eine Zwillingsbildung, desto häufiger sind solche in der rhomboëdrischen Abtheilung.

Die Zwillingsbildungen des Kalkspathes folgen häufig der Regel, nach welcher die Zwillingsebene der Endfläche parallel erscheint, welche in der rhomboëdrischen Abtheilung keine Symmetrieebene ist. Ein Zwilling, dessen Indi-

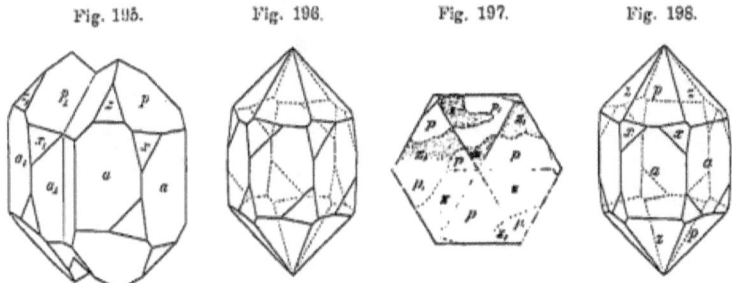

Fig. 195. Fig. 196. Fig. 197. Fig. 198.

viduen Skalenoëder $R3$ sind, hat das Ansehen wie Fig. 192. Die Zwillingsgrenze verläuft horizontal und es folgen an derselben einspringende und ausspringende Kanten.

Individuen mit den Flächen $\infty R. - \frac{1}{2} R$ geben nach demselben Gesetze den Zwilling in Fig. 193, an welchem die Zwillingsgrenze oft verschwindet, aber der Vergleich mit dem einfachen Krystall in Fig. 117 lässt alsbald die Zwillingsnatur erkennen.

Ein anderes Zwillingsgesetz, welches am Kalkspath ungemein häufig beobachtet wird, lautet dahin, dass die Zwillingsebene parallel einer Fläche des Rhomboëders $-\frac{1}{2} R$ ist. In Fig. 194 erscheinen zwei Individuen von der Form des Grundrhomboëders in dieser Weise verbunden. Gewöhnlich wiederholt sich diese Zwillingsbildung.

Beispiele von Zwillingen mit tetartoëdrischen Individuen liefert der Quarz. Man sieht zuweilen zwei Individuen in der Art verbunden, wie es die Fig. 195 angibt. Man kann den Zwilling durch Hemitropie nachahmen, wobei eine auf a senkrechte Linie Drehungsaxe ist. Dennoch ist der Zwilling ein unsymmetrischer. Die Fläche $p = + R$ des einen Individuums ist parallel der Fläche $z = - R$ des zweiten, die Prismenflächen beider sind einander parallel. Die beiden Individuen sind aber selten in dieser Weise aneinander gewachsen, häufig dagegen erscheinen sie durcheinander gewachsen, so dass ein scheinbar einfacher Krystall entsteht. Treten an einem solchen Durchdringungszwilling jene Trapezflächen x auf, welche den Quarz als tetartoëdrisch charakterisiren, so erschein er wie in Fig. 196. Anstatt dass die Trapezflächen blos an den abwechselnder Ecken auftreten, wie an einem einfachen Krystall (vergl. Fig. 126), sind die selben an diesem Zwilling an allen aufeinander folgenden Ecken zu beobachten Die beiden Individuen in diesem scheinbar einfachen Krystall sind manchma ebenflächig gegen einander abgegrenzt, meistens aber unregelmässig krumm flächig, wie dies die Fig. 197 andeutet, welche den Zwillingskrystall von ober gesehen darstellt. Die Grenzen der Individuen sind punktirt, die Flächen beider Individuen dunkel angelegt. Jedes Individuum erscheint demnach zwei mal an der Oberfläche des Krystalls. Da manchmal die z-Flächen beider Indi

Fig. 199.   Fig. 200.   Fig. 201.

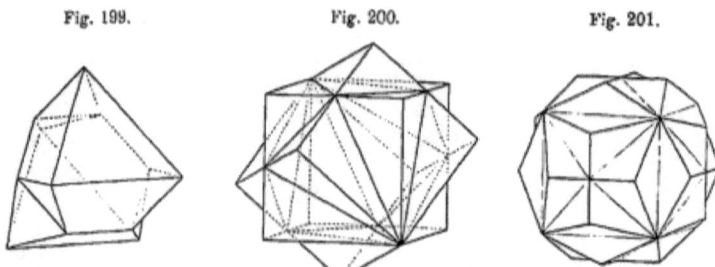

viduen matt, die r-Flächen aber glänzend erscheinen, so tritt in solchem Falle die in der obigen Figur angedeutete Erscheinung ein, welcher gemäss an den Kanten immer matte und glänzende Stellen aneinander grenzen. Die Deutung dieses merkwürdigen Wechsels hat zuerst G. Rose auf Grund des bezeichneten Zwillingsgesetzes gegeben.

Der Quarz bildet öfters auch Ergänzungszwillinge, indem ein rechter und ein linker Krystall mit einander verbunden erscheinen. Der gleichförmig ausgebildete Zwillingskrystall hat die Form wie in Fig. 198. Der Vergleich mit den Fig. 126, 127 zeigt, dass die beiden tetartoëdrischen Individuen zu einer Fläche des verwendeten Prisma symmetrisch liegen, welche einem in holoëdrischen Krystallen geltenden Hauptschnitt E parallel ist. Der Zwillingskrystall sieht so aus, wie ein rhomboëdrischer Krystall, woran die Flächen x ein Skalenoëder darstellen würden.

Im tesseralen System bieten die holoëdrisch krystallisirten Minerale ziemlich häufig Zwillinge dar, welche dem Gesetze gehorchen, das eine zur Oktaëderfläche parallele Ebene als Zwillingsebene annimmt. Wenn die einzelnen Individuen selbst die Oktaëderform an sich tragen, so ergeben sich Zwillinge wie in Fig. 199, wie sie am Spinell, Magneteisenerz u. s. w. vorkommen. Am Gold, Silber, Kupfer und anderen Mineralen zeigen sich häufig Zwillinge nach dem gleichen Gesetze, in welchem aber die Individuen die Flächen des Hexaëders oder eines Tetrakishexaëders, Ikositetraëders u. s. f. darbieten. Nach dem gleichen

Gesetze ist auch der Zwilling in Fig. 200 gebildet, der zwei Hexaëder zeigt, welche einen Durchdringungs-Zwilling darstellen. Derselbe kommt am Flussspath häufig vor.

Die hemiëdrischen Abtheilungen zeigen öfters Ergänzungszwillinge, wie z. B. den in Fig. 171, auf pag. 81, welcher zwei positive Tetraëder in den ergänzenden Stellungen darbietet. Der Diamant zeigt zuweilen derlei Verwachsungen. Ein anderes Beispiel ist der am Pyrit öfter vorkommende Zwilling in Fig. 201, welcher der Zwilling des eisernen Kreuzes genannt worden, und zwei positive Pentagon-Dodekaëder jedoch in den beiden Stellungen zeigt. Zwillingsebene ist hier eine Rhombendodekaëderfläche.

53. Zwillinge höheren Grades. Die Zwillingsbildungen, welche aus mehr als zwei Individuen bestehen, können nach dem Vorgesagten entweder

Fig. 202.   Fig. 203.   Fig. 204.

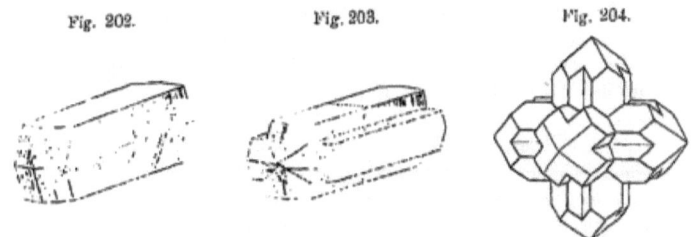

Wendezwillinge oder Zwillingsstöcke sein. In beiden Fällen bieten sie eine Fortsetzung desselben Zwillingsgesetzes dar. Es gibt aber auch solche zwillingsartige Verwachsungen, die aus mehr als zwei Individuen bestehen, und welche eine Bildung nach zwei verschiedenen Zwillingsgesetzen darbieten, ja es kommen auch Verwachsungen vor, die drei, vier, fünf verschiedene Zwillingsgesetze erkennen lassen. Derlei oft ganz ungemein verwickelte Verbindungen von einer grösseren Anzahl von Individuen sind als Zwillinge höheren Grades zu bezeichnen. Ein Beispiel dafür gibt der Phillipsit. Die monoklinen Krystalle desselben erscheinen als Durchkreuzungszwillinge, wie in Fig. 202, in welchen 001 die Zwillingsebene. Diese verbinden sich gewöhnlich zu zweien gemäss einem anderen Gesetze, welches 011 als Zwillingsebene ergibt. Fig. 203. Zuweilen erscheinen aber drei Complexe der letzteren Art nach einem ferneren Gesetze, nämlich nach 110 als Zwillingsebene verbunden und geben Verwachsungen, wie in Fig. 204. In diesen Gebilden von 9 Symmetrieebenen haben die Individuen zwölf verschiedene Stellungen. Andere Beispiele liefern die als Plagioklas bezeichneten triklinen Feldspathe, welche oft verwickelte Bildungen nach mehreren Zwillingsgesetzen darbieten.

54. Mimetische Krystalle. Mehrere Minerale niederen Symmetriegrades, deren Krystallform einzelne Winkel darbietet, welche sich den Winkel der Formen höheren Symmetriegrades nähern, zeigen durch gleichzeitige Ausbildung ungleichartiger Flächen häufig Combinationen, welche einer höheren Symmetrie zu entsprechen scheinen. Monokline Minerale, denen ein Prismenwinkel von ungefähr 60⁰ zukommt, wie Biotit, Klinochlor, bieten oft einen Querschnitt, welcher einem regelmässigen Sechseck sehr nahe kommt. Die Combinationen haben nicht selten einen rhomboëdrischen Typus. Rhombische Minerale, deren Prismenwinkel beiläufig 60⁰ beträgt, wie Cordierit, Glaserit, Carnallit erscheinen oft in Krystallen von hexagonaler Symmetrie. Rhombische Minerale, deren Prisma nahe 90⁰ misst, zeigen Combinationen von tetragonalem Ansehen, wie der Autunit. Derlei Krystalle, welche Grenzformen darbieten, nehmen demnach öfters eine Symmetrie höheren Grades an. Dieses Voraneilen der Symmetrie an einfachen Krystallen kann man als **Pseudosymmetrie** bezeichnen.

Derlei pseudosymmetrische Individuen bilden aber häufig Zwillingsstöcke, Wendezwillinge und Zwillinge höheren Grades, welche nicht nur die höhere Symmetrie äusserlich vollständig erfüllen, sondern auch in ihren Flächenwinkeln diesen Krystallsystemen beinahe genau entsprechen. Diese stets aus vielen Individuen in complicirter Weise aufgebauten Zwillingsbildungen zeigen demnach Gestalten, welche die Formen eines Krystallsystems höherer Ordnung nachahmen. Sie werden hier **mimetische Krystalle** und die Erscheinung wird **Mimesie** genannt.

Diese verwickelten Bildungen, welche man bis in die letzte Zeit für einfache Krystalle gehalten hat, verdanken ihre Form dem Umstande, dass bei Grenzformen die Zwillingsbildung gleichzeitig nach allen ähnlich gelegenen Ebenen stattfindet. Jede Zwillingsebene liefert aber eine Symmetrieebene des ganzen Baues. Die mimetischen Krystalle täuschen durch die vollkommen geschlossene Form, oft auch durch Ebenheit der Flächen, so dass man die Zwillingsbildung öfters durch die Messung der Kanten nicht eruiren, sondern blos durch aufmerksame physikalische, besonders optische Untersuchungen erkennen kann.

Die Prüfung der mimetischen Krystalle hat schon in mehreren Fällen jene Erscheinungen aufgeklärt, welche bisher als Anomalieen, als unerklärliche Abweichungen von der gleichmässigen Bildung betrachtet wurden. Dahin gehört erstens die Wahrnehmung, dass an den Krystallen mancher Minerale die Winkel stark variiren, dass ferner die Winkel an demselben Krystalle, die man als gleich betrachtet, von einander abweichen, z. B. am Leucit, Chabasit; zweitens die Beobachtung, dass die Oberfläche mancher Krystalle Riefungen, Zeichnungen und Krümmungen darbietet, welche mit dem angenommenen Krystallsystem nicht im Einklange stehen, z. B. am Senarmontit; drittens die Beobachtung einer Spaltbarkeit, welche der angenommenen Symmetrie nicht entspricht, z. B. an manchem Kalifeldspath; viertens das Auftreten optischer Erscheinungen, welche dem vorausgesetzten Krystallsysteme widersprechen, was an allen mimetischen Krystallen beobachtet wurde, und wovon später noch die Rede sein wird.

Ein einfaches Beispiel mimetischer Form gibt jener Kalifeldspath, dessen Krystalle aus triklinen Individuen zusammengesetzt sind und welcher den Namen Mikroklin erhalten hat. Die Krystalle erscheinen monoklin, bestehen aber aus ungemein vielen Individuen, welche parallel der Zwillingsfläche, welche die Längsfläche 010 ist, aneinandergefügt sind. Fig. 205. Es ist dieselbe Art der wiederholten Zwillingsbildung, welche auch am Albit vorkommt und welche in Fig. 174 dargestellt ist, jedoch sind dort alle Individuen dicker als bei dem Mikroklin, dessen Individuen von solcher Dünne sind, dass sie durch die feinen Striche in obiger Figur noch viel zu grob angegeben werden. Da der Winkel, welchen die Endfläche 001 und Längsfläche 010 des Mikroklins mit einander bilden, 89° 40' beträgt, also einem rechten Winkel sehr nahe kommt, so sind an den Zwillingsstücken die einspringenden Kanten kaum zu bemerken.

Die Sammelindividuen des Mikroklins zeigen äusserlich die Symmetrie des nächst höheren Grades, sie erscheinen monoklin, daher sie auch früher für Orthoklas gehalten wurden, bis Descloizeaux zeigte, dass hier mimetische Formen vorliegen. Man beobachtet öfters auch Zwillingsbildungen des Mikroklins von der Form der Karlsbader Krystalle in Fig. 178. Hier bilden also die Sammelindividuen einen groben Zwilling nach einem anderen Gesetze, als jenes ist, nach welchem sie selbst aufgebaut sind.

Fig. 205.   Fig. 206.   Fig. 207.

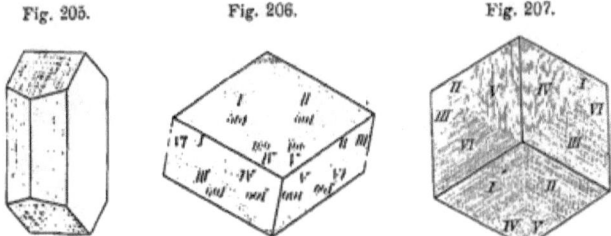

Unter den mimetischen Formen, welche eine rhomboëdrische Symmetrie darbieten, sind jene des Chabasits ein ziemlich einfaches Beispiel. Der Chabasit bildet Krystalle von der Form eines Rhomboëders, Fig. 206, dessen Flächen eine Riefung zeigen, die man von treppenartig auftretenden Skalenoëderflächen ableiten könnte. Die Krystalle sind aber nach Becke's Untersuchungen aus mehreren Individuen zusammengesetzt, welchen eine trikline Form zukommt. Die drei Winkel, welche am Rhomboëder gleich wären, betragen nämlich 83° 42', dann 85° 32' und 85° 5'. Jedes Riefensystem auf den Krystallflächen gehört einem besonderen Individuum an, so dass man im Ganzen sechs Individuen unterscheiden kann, welche regelmässig durcheinander gewachsen sind. Von diesen endigen immer vier in einer Fläche des scheinbaren Romboëders und sind durch Zwillingsnähte getrennt. Die Fig. 207 zeigt dieses Verhältnis in der Oberansicht des Krystalls. Die Individuen I und II, welche sowie die übrigen ihre Endflächen hinaus wenden, sind mit der Prismenfläche 110 als Zwillingsebene verbunden, während die Individuen II und III mit einer anderen Prismenfläche, nämlich 011 einander berühren u. s. f. Der Chabasit bildet auch Durchdringungszwillinge, ähnlich wie Fig. 200, in welchen die eben geschilderten Sammelindividuen nach einem dritten Gesetze verbunden sind.

Unter den Beispielen von tetragonaler Symmetrie steht der Apophyllit obenan, welcher nach Rumpf aus vielen monoklinen Individuen zusammengesetzt ist. Die Krystalle tragen vorwiegend Flächen an sich, welche einer tetragonalen Pyramide und dem verwendeten Prisma entsprächen, sie sind aber aus sehr vielen Individuen aufgebaut, welche nach zwei verschiedenen Zwillingsgesetzen mit einander verbunden sind, und die Flächen des aufrechten Prisma, sowie des negativen Querdoma nach aussen wenden. Der complicirte Bau macht sich durch viele Riefen und kleine Erhabenheiten auf den Flächen bemerkbar.

Ein sehr bekanntes Beispiel mimetischer Form mit tesseraler Symmetrie bietet der Leucit, welcher meistens in rundum ausgebildeten Krystallen auftritt. Letztere zeigen die Form des Ikositetraëders (211), an welcher nur selten eine Andeutung des Rhombendodekaëders durch kleine Flächen erkennbar ist. Weil die Form jenes Ikositetraëders für den Leucit charakteristisch ist, so hat man dieselbe das Leucitoëder genannt und der Leucit galt als ein ausgezeichnetes Beispiel des tesseralen Krystallsystemes, bis Gerhard vom Rath an glänzenden Krystallen eine Zwillingsbildung erkannte, welche die Fläche des Rhombendode-

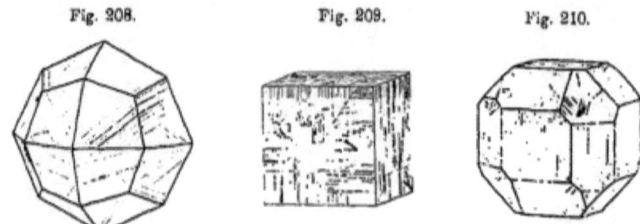

Fig. 208.   Fig. 209.   Fig. 210.

kaëders als Zwillingsebene voraussetzt, was im holotesseralen System nicht vorkommen kann, und bis derselbe Beobachter durch Messungen zeigte, dass die Winkel des Leucits nicht dem tesseralen System entsprechen. Die Krystalle sind aber niemals einfach, sondern sie bestehen immer aus ungemein vielen dünnen Lamellen in zwillingsartiger Verwachsung, wovon die Fig. 208 eine Andeutung gibt. Man erkennt aber das Vorhandensein der vielen dünnen Blättchen immer nur auf den Flächen der glatten Krystalle. Die Zwillingsebene hat eine Lage, welche bei tesseraler Auffassung die einer Rhombendodekaëderfläche wäre. Auf Grund optischer Untersuchungen hält Mallard die Individuen des Leucits für monoklin, Klein für rhombisch. Die Leucitkrystalle zeigen zuweilen auch deutliche Zwillinge, die nach dem genannten Gesetze gebildet sind.

Zu den mimetisch-tesseralen Krystallen gehören auch jene des Perowskits. An manchen derselben erkennt man die Zusammensetzung aus vielen Individuen schon an der Oberfläche der würfelförmigen Krystalle, wovon Fig. 209 eine Vorstellung gibt. Die feinen Erhabenheiten zeigen zuweilen die Form eines vierseitigen Prisma, welches mit einem Flächenpaar zur Oberfläche des Scheinwürfels parallel ist. Diese Prismen stossen oft unter 45^0 zusammen. Die Ebenen, welche am Würfel (100) und (110) wären, fungiren als Zwillingsebenen. Nach den Erscheinungen beim Aetzen sind die Individuen für monoklin zu halten.

Ein Beispiel für Mimesie gibt auch der Boracit. Die Formen sind anscheinend tetraëdrisch. Auf den Flächen sieht man öfters eine feine Riefung, welche Fig. 210 mit übertriebener Deutlichkeit angibt. Die Zwillingsebenen haben am Würfel die Lagen (110). Die Individuen, welche als hemimorph-rhombisch oder als monoklin aufgefasst werden können, sind nach (110) oder (111) gestreckt.

Ueber die mimetischen Formen im Allgemeinen handeln: Mallard, Annales de mines Bd. 10 (1876); Autor, Zeitschr. d. deutsch. geol. Ges. Bd. 31, pag. 637 (1879); Ueber d. Mikroklin: Descloizeaux, Comptes rend. Bd. 82, pag. 16 (1876); Chabasit: Becke, Tschermak's Mineral. u. petrograph. Mittheil., Bd. 2, pag. 391; Apophyllit: Rumpf, ebendas. pag. 369; Leucit: G. vom Rath, Jahrb. f. Mineralogie, 1873, pag. 111; Klein, Nachrichten der Ges. d. Wissensch. zu Göttingen 1884, Nr. 11; Perowskit: Baumhauer, Zeitschr. f. Kryst. Bd. 4, pag. 187. Boracit: Mallard, Bull. soc. min. Bd. 5. pag. 144.

55. Erklärung. Die Bildung der Zwillingskrystalle lässt sich mit Zuhilfenahme der Moleculartheorie als eine bei der Entstehung des Krystalls durch bestimmte Umstände herbeigeführte Erscheinung darstellen. Die Molekel, welche bei der Krystallisation aus dem beweglichen Zustande in den starren übergehen, verlieren allmälig die Geschwindigkeit fortschreitender Bewegung, bis letztere null wird und die Molekel aneinander fixirt werden. Bevor dies geschieht, haben die Molekel auf einander orientirend gewirkt, sie haben sich mit den gleichartigen Molecularlinien parallel zu stellen gesucht. Diese beiden Momente treten entweder nacheinander ein, d. h. die Molekel fixiren sich, nachdem sie schon vollständig orientirt wurden, oder die beiden Momente greifen in einander, d. h. die Molekel fixiren sich, bevor sie vollständig orientirt wurden.

Das Orientiren geht zwar von allen Molecularlinien aus, doch werden bei einem bestimmten Wachsthum einige derselben vorzugsweise thätig sein. Von diesen aber lassen sich drei, die nicht in derselben Zone liegen, als Resultirende aller wirkenden orientirenden Kräfte betrachten und diese sollen durch a, b, c angezeigt werden, so dass Richtung und Grösse der stärksten Wirkung mit a, der schwächsten mit c bezeichnet werden.

Ist die Orientirung vollständig abgelaufen, so stehen die beiden zu betrachtenden Molekel parallel, wie dies Fig. 211 A angibt. Wenn aber die Orientirung nicht vollständig ausgeführt werden konnte, wenn also die Molekel die nöthigen Drehungen nicht ganz durchführen konnten, so wird die Parallelstellung nur theilweise vollbracht sein. a, die erste Orientirungsaxe, wird in den beiden Molekeln jedenfalls parallel sein, wofern überhaupt von einer theilweisen Orientirung die Rede sein kann, aber dies allein, wenn es auch in der Natur vorkommt[1]), gäbe noch keine merkliche Regelmässigkeit. Es muss also ausser der Linie a, wenn auch nicht die folgende Axe, so doch mindestens die Ebene stärkster orientirender Kraft, nämlich die Ebene $a\,b$ in beiden Molekeln parallel

---

[1]) Verwachsungen zweier Krystalle, welche blos eine Zonenaxe, aber keine Flächen parallel haben, sind als das Resultat solcher unvollkommener Orientirung zu betrachten.

sein. Diese Bedingung festgehalten, ergeben sich folgende drei Fälle unvollständiger Orientirung.

1. Beide Molekel haben a und b parallel, c nicht. Fig. B. Denkt man sich die zweite Molekel um 180° gedreht, wobei die Drehaxe zur Ebene des Papiers senkrecht ist, so erhält man die parallele Stellung wie in A.

2. Beide Molekel haben blos a und die Ebene ab parallel, b und c nicht. Die a-Axen laufen in beiden gleichsinnig. Fig. C. Eine halbe Drehung der zweiten Molekel um die Linie a als Drehaxe würde zur Parallelstellung wie in A führen.

3. Beide Molekel haben blos a und die Ebene ab parallel, b und c nicht, die a-Axen laufen in beiden widersinnig. Fig. D. Hier kann durch eine halbe Drehung der zweiten Molekel um eine in der Ebene ab liegende, auf a normale Linie die Parallelstellung wie in A erreicht werden.

Fig. 211.

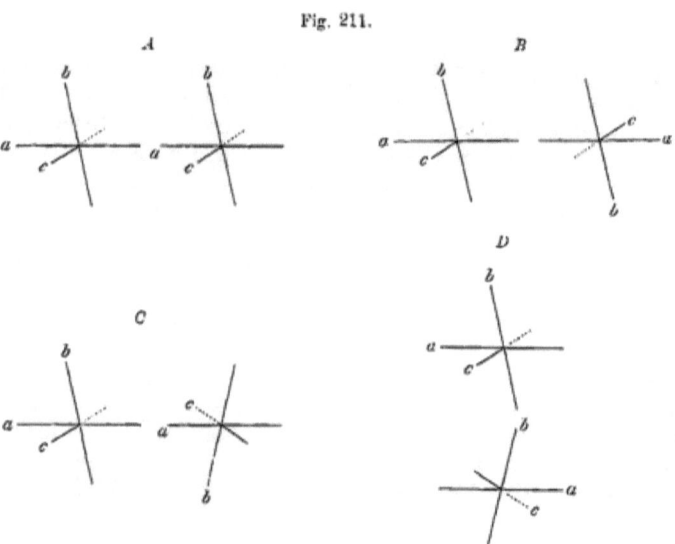

Wenn sich an die hier in Betracht gezogenen Molekel andere ansetzen, und zwar, wenn sich an jede derselben viele andere in der zu ihr parallelen Stellung anfügen, so bildet sich aus dem in A bezeichneten Krystallkeim ein einfacher Krystall, aus den in Fig. B bis D angegebenen Keimen aber bilden sich Zwillingskrystalle, und zwar befolgen diese, wie aus den Figuren ersichtlich, die allgemeine Regel, dass die beiden Individuen mindestens eine Molecularebene (Krystallfläche) und eine darin liegende Molecularlinie (Kante) parallel haben, wodurch die allgemeine Definition der Zwillinge erklärt ist. Ferner gehorchen diese Bildungen einer der drei eben entwickelten besonderen Regeln, welche die Erklärung der pag. 79 angeführten drei empirischen Gesetze geben.

Literatur: Die früher angeführten Schriften von Frankenheim und Bravais, ferner Knop, Molecularconstitution und Wachsthum der Krystalle. Die hier angeführte Auffassung dargestellt in dem Aufsatze des Autors in Tschermak's Mineralog. und petrogr. Mittheil. II, pag. 499 (1879).

56. Verwachsung ungleichartiger Krystalle. Eine merkwürdige Erscheinung ist die regelmässige Verbindung von Krystallen, welche verschiedenen Mineralen angehören. In diesem Falle sind die Krystalle zweier verschiedener Mineralarten in der Weise mit einander verbunden, dass beide mindestens eine Krystallfläche parallel zeigen, welche aber an beiden meistens eine verschiedene krystallographische Bedeutung hat, ferner dass beide auch den Parallelismus von mindestens einer Kante in jenen beiden Flächen darbieten. Die Krystalle

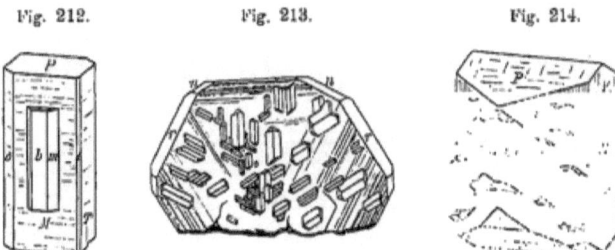

Fig. 212.   Fig. 213.   Fig. 214.

sind also gegen einander bestimmt orientirt. Es herrscht eine Aehnlichkeit mit den Krystallstöcken und den Zwillingen, welche aber bei dem Umstande, als die gegen einander orientirten Krystalle meist verschiedenen Krystallsystemen angehören, gewöhnlich blos eine entferntere ist.

Der längst bekannte, hierher gehörige Fall ist die orientirte Verwachsung von Disthen (triklin) mit Staurolith (rhombisch), welche schon von Germar beschrieben wurde. Die Fläche M am Disthen und b am Staurolith spiegeln mit einander, ausserdem haben beide Krystalle die Kanten einer Zone parallel. Fig. 212. Ein häufiges Vorkommen ist die zuerst von Breithaupt beschriebene orientirte Verwachsung von Eisenglanz (rhomboëdrisch) und Rutil (tetragonal). Fig. 213. Die Rutilkrystalle lagern mit den Kanten der Prismenzone parallel zur Kante $OR : \infty P2$ der Eisenglanztafel und die Pinakoidfläche der letzteren ist parallel zur Fläche des verwendeten Prisma am Rutil. Sehr bekannt ist die Verwachsung von Orthoklas (monoklin) und Albit (triklin), welche von L. v. Buch beschrieben worden. Beide Krystalle haben die Längsfläche 010 und die Kanten der Zone des aufrechten Prisma parallel. In dieser Zone haben beide auch ähnliche Winkel. Die Fig. 214 zeigt einfache Krystalle und Zwillinge von Albit an den Flächen l eines Ortoklaskrystalls. Augit und Amphibol (beide monoklin) zeigen nach Haidinger zuweilen parallele Verwachsung, Augit und Olivin (rhombisch) ebenfalls. Amphibolkrystalle sind zuweilen mit Oktaëdern von Magnetit besetzt, so dass die Flächen der letzeren parallel 001 des Amphibols und die

Kante dieser Fläche mit 100 parallel einer Oktaëder-Kante. Fahlerzkrystalle haben öfters einen rauhen Ueberzug, der aus parallel gelagerten Kupferkieskrystallen besteht. Bekannt sind die orientirten Verwachsungen von Speerkies mit Pyrit, von Calcit mit Quarz, von Bleiglanz mit Blende u. a. m.

Das Auftreten orientirter Verwachsungen verschiedener Minerale zeigt, dass auch verschiedenartige Molekel auf einander anziehend wirken, so dass unter günstigen Umständen eine Anlagerung in derselben Weise erfolgt, als ob sie gleichartig wären.

Man kann hierhergehörige Verwachsungen auch absichtlich hervorrufen. Darunter sind jene besonders interessant, welche man durch Einlegen frischer Spaltungsstücke von Calcit in eine gesättigte Lösung von Natriumsalpeter erhält. Auf die Kanten und Flächen des Calcits lagern sich bei der Krystallisation Rhomboëder des Natriumsalpeters in paralleler Stellung.

Lit. Frankenheim, Lehre von der Cohäsion 1835. Haidinger, Handbuch d. bestimm. Mineralogie 1845, pag. 279. Breithaupt, Berg- u. hüttenmänn. Zeitung 1861, pag. 153. G. v. Rath, Pogg. Ann. Bd. 155, pag. 24. Sadebeck, Angew. Krystallographie 1876. Becke, Tschermak's Min. u. petr. Mitth. Bd. 4, pag. 337.

57. Ausbildungsweise der Krystalle. Die Krystalle bilden sich öfter nach den verschiedenen Richtungen ziemlich gleich aus, wodurch sie nussförmig erscheinen, was bei den tesseralen sehr gewöhnlich ist. Im Uebrigen haben die Krystalle entweder eine vorherrschende Ausdehnung nach einer Ebene, wodurch sie tafelförmig werden, oder sie sind nach einer Richtung besonders stark ausgedehnt, nach den übrigen weniger entwickelt, wodurch sie säulenförmig werden. Letzere Ausbildung liefert bei geringen Dimensionen nadelförmige oder haarförmige Krystalle.

Die Krystalle, welche fortwährend schwebend wachsen, sind schliesslich ringsum ausgebildet. Wird die Matrix, in welcher sie enthalten waren, entfernt, so dass die Krystalle frei liegen, so heissen diese nun lose Krystalle. Die sitzend gebildeten Krystalle sind auf der einen Seite aufgewachsen und an dieser nicht ausgebildet. Werden sie von der Stelle entfernt, so präsentiren sie sich als abgebrochene Krystalle.

Man findet öfters abgebrochene Krystalle, welche an den Bruchflächen die Erscheinung des Fortwachsens durch Anlagerung neuer Substanz, manchmal bis zur Bildung neuer ebener Flächen darbieten. Die Bruchflächen sind hier gleichsam ausgeheilt.

Beim Wachsen der Krystalle bilden sich ungemein häufig verzerrte Formen, an welchen jene Flächen, welche dem Symmetriegesetze zufolge gleich sind, thatsächlich mit ungleicher Grösse auftreten (12). Diese Ungleichheit führt öfters dazu, dass eine oder die andere Fläche, welche früher vorhanden war, beim Fortwachsen ganz verschwindet, während die mit ihr gleichen erhalten bleiben. An manchen Krystallen zeigt sich also eine Unvollzähligkeit der gleichen Flächen (Meroëdrie), was aber keine Täuschung veranlasst, weil die Erscheinung eine völlig unregelmässige ist und der Vergleich mehrerer nebeneinander gebildeter Krystalle genügt, um zu erkennen, dass dieses Ausbleiben von Flächen mit keiner Hemiëdrie oder Hemimorphie zusammenhängt.

Eine andere Erscheinung, welche das Aussehen der Krystalle völlig zu verändern vermag, ist das Voraneilen des Wachsthums in bestimmten Richtungen oder Ebenen und das in Folge dessen stattfindende Zurückbleiben in den übrigen. Wenn das Wachsen der Krystalle in Ebenen vorherrscht, welche vom Mittelpunkte des Krystalls durch gleiche Kanten gehen, so bleiben die dazwischen liegenden Flächen im Wachsen zurück. Anstatt der Flächen entstehen Vertiefungen, welche öfters treppenartige Absätze zeigen, und der ganze Krystall sieht wie abgemagert oder eingefallen aus. Derlei Bildungen werden öfter Krystallskelette genannt. Ein Beispiel geben manche Krystalle von Cuprit, an welchen statt der Oktaëderflächen treppenartige Vertiefungen auftreten. Fig. 215. Die Nebenfigur zeigt einen Durchschnitt parallel der Würfelfläche. Das Kochsalz liefert

Fig. 215. Fig. 216. Fig. 217.

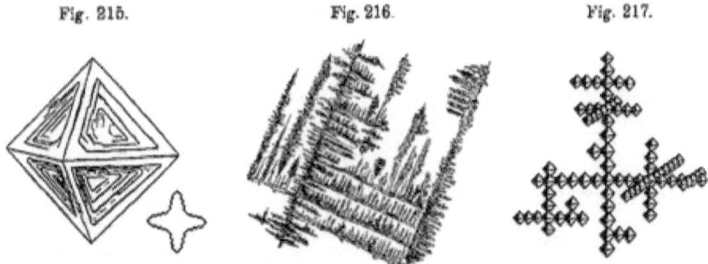

ein anderes Beispiel. Beim Abdampfen einer Kochsalzlösung erhält man an der Oberfläche der Lösung schüsselartig vertiefte Körperchen, die eine Zeit lang schwimmen, und am Boden bilden sich Würfelchen mit ausgehöhlten Flächen.

Durch das Vorherrschen des Wachsens an den Ecken und Kanten erzeugen sich öfter eigenthümliche, aus Aestchen, Stäbchen oder Blättchen zusammengesetzte Individuen von zierlicher Gestalt, welche sternförmig, baum- und strauchförmig, farnkrautartig, netzartig, pinselartig etc. erscheint. Die einzelnen Aestchen u. s. w. sind wiederum mit kleinen Individuen von paralleler Stellung besetzt. Beispiele sind die sternförmigen Schneekrystalle, die baumförmigen Individuen von Gold, die netzförmigen von Cuprit. Manche dieser Bildungen entsprechen nicht einfachen Individuen, sondern Zwillingskrystallen, wie die baumförmigen Gestalten des Kupfers, die netzartigen des Rutils, welcher in der Sagenit genannten Art wie ein Gewebe feiner Nadeln erscheint. Für Krystalle von solcher Ausbildung eignet sich die von Bréon gebrauchte Bezeichnung Gitterkrystalle, nach dem älteren Ausdrucke werden sie gestrickte Formen genannt. Bei fortgesetztem allmäligen Wachsthum können sich alle diese Formen, welche eine regelmässige Unterbrechung der Raumausfüllung zeigen, zu vollständigen und ebenflächigen Krystallen ausbilden, sie sind daher als unvollständige Krystalle aufzufassen. Fig. 216 ist ein Gitterkrystall von Silberglanz in natürlicher Grösse, wie sich derselbe in einem Durchschnitte parallel der Würfelfläche darstellt. Fig. 217 zeigt einen Theil davon im vergrössertem Maasstabe und lässt erkennen, dass viele kleine Oktaëder sich nach den drei Axen des Würfels anordnen.

Diese netzartigen Gebilde, welche überall dort auftreten, wo eine rasche Krystallisation stattfindet, haben eine grosse Verbreitung. Lehmann erklärt auf Grund seiner mikroskopischen Beobachtungen ihre Entstehung in folgender Weise: Jedes Krystallindividuum vergrössert sich nur dann, wenn die umgebende Lösung etwas übersättigt ist, es entnimmt dabei aus der nächsten Umgebung Stoff, wodurch um das wachsende Individuum ein Hof von verdünnterer Lösung entsteht. Die Diffusion verursacht hierauf wieder einen Ausgleich, so dass neuer Stoff in den Hof eintritt. Fig. 218 a. Die vorhandenen Ecken und Kanten beherrschen aber ein viel grösseres Feld der Diffusionsströmung als ein gleich grosses Stück der Flächen des wachsenden Individuums. Sie sind daher beim Stoffansatz im Vortheil. So beherrscht die hier dargestellte Kante den Diffusionsraum $c\,d\,e\,f$,

Fig. 218.

während von dem gleich grossen Flächenelement $f\,g$ nur der viel kleinere Raum $e\,f\,g\,h$ in Anspruch genommen werden kann. Demnach setzt sich über dem ebenen Flächenelement $f\,g$ sowie über allen benachbarten gleichen Flächenelementen in einem bestimmten Zeitraume blos eine dünne Krystallschichte ab, während über dem gebrochenen Flächenelemente $c\,f$ sich eine viel dickere Zuwachsschichte absetzen wird. Fig. b. Diese letztere bildet an der Kante einen Ansatz, welcher von Krystallflächen eingeschlossen ist. Beim Fortwachsen fügen sich durch dieselbe Veranlassung an die Kanten dieses Ansatzes wieder neue auffallend starke Zuwachsschichten und es entsteht nach einiger Zeit eine Bildung wie in Fig. c, schliesslich nach weiterem Verlaufe ein Gitterkrystall. Bei raschem Wachsthum aus stark übersättigter Lösung ist der Hof breit, die Diffusionsströmung stark, es erfolgt ein vorherrschender Ansatz an Ecken und Kanten. Beim allmäligen Wachsen aus wenig übersättigter Lösung ist der Hof schmal, die Strömung schwach, der Ansatz also gleichförmig.

Es kann auch der Fall vorkommen, dass ein Individuum innen netzförmig, aussen aber mit vollkommen geschlossener Form ausgebildet ist. Sind die Maschen des Netzes durch einen fremden Körper ausgefüllt, so sieht das Ganze so aus, als ob ein Krystall aus einer dünnen Schale und einem fremden Kern bestünde. So erklärt Knop die von Scheerer als Perimorphosen bezeichneten Gebilde, z. B. Granat- oder Vesuviankrystalle, die aus einer dünnen Haut des Minerals, innen aber aus einem Gemisch von Calcit und demselben Mineral bestehen.

Ueber verzerrte Krystallformen: A. Weisbach, »Ueber die Monstrositäten tesseral-krystallisirender Minerale.« G. Werner, Jahrb. f. Min. 1867, pag. 129, Klein, »Ueber Zwillingsverbindungen und Verzerrungen.« Heidelberg 1869. Ueber die netzartig gebildeten Krystalle: Knop, »Molecularconstitution und Wachsthum der Krystalle.« Hirschwald, Jahrb. für Min. pag. 129. Lehmann, Zeitschr. für Krystallographie, Bd. I, pag. 458.

58. Während in den Gitterkrystallen die Raumausfüllung in regelmässiger Weise unterbrochen ist, gibt es auch solche Fälle, in denen die Raumerfüllung in einer zufälligen und unregelmässigen Weise unterbrochen erscheint. Dies geschieht namentlich durch starre Körper, welche schon früher vorhanden waren oder gleichzeitig mit dem Krystall gebildet wurden, und daher ist diese Erscheinung bei schwebend gebildeten Krystallen häufig. Ein Beispiel sind die kleinen Tafeln von Titaneisenerz im Basalt, welche oft so aussehen, als ob sie in Striemen und Lappen zerschnitten wären. So wie starre Körper ein Hindernis der continuirlichen Raumausfüllung bilden können, ebenso werden auch Flüssigkeiten und gasförmige Körper, welche bei der Krystallisation den Raum verlegen und die Anlagerung der gleichartigen Molekel beeinträchtigen, stellenweise eine Unterbrechung im Zusammenhange bewirken können.

Manche der schwebend gebildeten Krystalle leiden stark unter dem Einflusse der Umgebung, ihre Form ist oft gestört, andere hingegen zeigen sich fast immer scharf ausgebildet, so dass man schliessen darf, sie vermögen bei der Krystallisation kleine fremde Partikelchen fortzuschieben. Solchen Mineralen, welche fast immer scharfe Krystalle zeigen, schreibt man also eine grössere Krystallisationskraft zu, als anderen. Beispiele sind Magneteisenerz, Spinell, Apatit, Quarz. Das Fortschieben und Heben fremder Körper bei der Krystallisation ist übrigens direct beobachtet. Bunsen in den Ann. der Chemie, 1847, Bd. 62, pag. 1 und 59. Das Bersten von Steinen, in deren Poren Krystallisationen stattfanden: Volger: Pogg. Ann. Bd. 93, pag. 214.

So wie die geschlossene Form der Krystalle durch äussere Umstände verschiedene Störungen erleiden kann, so vermögen auch derlei Einflüsse auf die Lage der Krystallflächen zu wirken und kleine Abweichungen von der Constanz der Kantenwinkel hervorzurufen. Dauber hat durch viele Messungen gezeigt, dass diese kleinen Anomalieen ganz gewöhnlich vorkommen und jede Beobachtung, welche sich auf mehrere Krystalle sowohl desselben Fundortes als auch verschiedener Fundorte erstreckt, gibt das Resultat, dass erstere in einem kleineren, die letzteren in einem grösseren Betrage in ihren Kantenwinkeln von einander abweichen, und zwar macht die Abweichung öfters viele Minuten aus. Brezina hat durch Beobachtungen am unterschwefelsauren Blei den Einfluss der Schwere auf diese Anomalieen zu verfolgen gesucht.

Ganz anderer Art sind die Winkelunterschiede, welche an mimetischen Krystallen vorkommen. Da dieselben gewöhnlich Zwillingsstöcke höheren Grades sind, so werden derlei Krystalle andere Winkel zeigen, je nachdem dieselben vorherrschend nach diesem oder vorherrschend nach jenem Zwillingsgesetze aufgebaut sind.

59. Mikrolithe. Viele Krystalle sind so klein, dass sie erst durch das Mikroskop wahrgenommen werden. Diese zeigen häufig dieselben Umrisse, wie jene, deren Formen uns durch die Beobachtung mit freiem Auge bekannt sind. Es gibt aber unter jenen winzigen Krystallen noch viele Abstufungen der Grösse. An den kleinsten sieht man öfters solche Formen, welche an den grossen ausgebildeten Krystallen nicht wiederkehren, welche also als Jugendformen zu betrachten sind. Wegen solcher Eigenthümlichkeit ist es wünschenswerth, eine Bezeichnung für diese kleinen Gebilde zu haben. Wenn dieselben bestimmte Umrisse darbieten, so dass man ihre Krystallnatur daran erkennt, so wird der von Vogelsang vorgeschlagene Name Mikrolith auf sie angewendet, doch versteht man darunter vorzugsweise solche Individuen, welche stäbchenförmig oder nadelförmig ausgebildet sind. Diese lassen sich nämlich am leichtesten wahrnehmen, während feine Blättchen in der breiten Ansicht oft nicht ganz scharf hervortreten oder unbestimmte Umrisse haben, in der schmalen Ansicht aber wiederum wie Nadeln erscheinen, während endlich die Mikrolithe gleichförmiger Ausdehnung in ihren Umrissen selten charakteristisch sind und meist wie Staubkörner aussehen. Die Form einfacher Stäbchen ist die häufigste, zuweilen sind die Mikrolithe stachelspitzig, andere erscheinen kopfig oder keulig oder auch biscuitförmig. Beistehende Fig. 219 gibt einige Formen, wie sie Zirkel abbildet. Manche Mikrolithe haben Endigungen wie Schwalbenschwänze oder sie haben sanduhrförmige Gestalten, sind jedoch einfache Individuen mit eigenthümlicher Wachsthumsform. Echte Zwillinge kommen natürlich auch vor. Auffallend sind die gekrümmten Formen, die bald ein gebogenes Stäbchen, bald eine Schlinge nachahmen, und gar die undurchsichtigen haarförmigen Gebilde, welche von Zirkel Trichite genannt werden und welche in feine Spitzen endigen, oder die borstenartig steif aussehenden, mit gleichzeitig auftretenden Krümmungen und zackigem Verlaufe. Eine überraschende Erscheinung ist die Gliederung mancher Mikrolithe, die rosenkranzförmig aneinander gereiht erscheinen.

Fig. 219.

Manche dieser Mikrolithe lassen sich auf bestimmte Minerale beziehen, so z. B. kennt man Apatit-, Feldspat-, Augit-Mikrolithe u. s. w. Viele Mikrolithe aber sind in ihrer Entwicklung noch nicht so genau verfolgt, als dass man angeben könnte, welcherlei Krystalle sich bei der Vergrösserung aus ihnen entwickeln.

Mikrolithe zeigen sich besonders häufig und deutlich im Obsidian, Perlstein und Pechstein. Ebenso finden sich derlei Bildungen häufig in den künstlichen Schlacken. Durch Mischung krystallisirbarer Substanzen mit zähflüssigen Körpern kann man Mikrolithe erhalten und deren Wachsthum studiren, weil der zähflüssige Körper verzögernd auf die Krystallisation wirkt. Vogelsang bemerkte bei der mikroskopischen Beobachtung jener Gebilde, welche der Schwefel bei der Krystallisation innerhalb Canadabalsam darbietet, solche Anfänge der Krystallbildung, welche noch keinen polyëdrischen Umriss, aber schon eine regelmässige Anordnung zeigen, und hat solche Körperchen Krystallite genannt. Diese Vorstufe der Mikrolithe kommt auch oft in den Gesteinen vor.

Lit. Zirkel. Die mikroskop. Beschaffenheit der Minerale und Gesteine, wo auch die fernere Literatur angegeben ist. Lehmann in der vorher citirten Abhandlung.

60. Mikroskopische Untersuchung. Die Beobachtung der Formverhältnisse, welche mit freiem Auge nicht mehr erkannt werden können, ist erst in der letzten Zeit mit Erfolg betrieben worden, obgleich die Anwendung des Mikroskopes schon früher versucht wurde. Erst nachdem durch Sorby eine praktische Methode gefunden war, aus den Mineralen dünne Schichten herzustellen, welche Durchsichtigkeit besitzen, trat das Mikroskop auch hier in seine Rechte.

Härtere Minerale werden zu diesem Zwecke zuerst durch Zerschlagen in die Form dünner Splitter oder durch Zerschneiden in die Gestalt von Täfelchen gebracht, um sodann durch Schleifen in höchst dünne und durchsichtige Blättchen verwandelt zu werden. Das Zerschneiden geschieht durch eine Maschine, eine Art Drehbank, welche eine dünne Scheibe von Eisen in Rotation bringt. Eine Art der gegenwärtig im Gebrauche stehenden Schneidemaschinen ist in Fig. 220 abgebildet. Die Eisenscheibe s wird benetzt, am Rande fleissig mit Smirgelpulver bestrichen, oder sie wird mit Diamantpulver, welches in den scharfen Rand hineingedrückt worden, bewaffnet, worauf sie bei schneller Drehung in das angedrückte Mineral eindringt und in der gewünschten Richtung einen Schnitt hervorbringt. Das Schleifen geschieht anfänglich auf einer Platte von Sandstein, auf einer Smirgelplatte oder auf einer Metallplatte, am besten einer Gusseisenplatte, die mit Wasser benetzt und mit Smirgelpulver bestreut ist. Der feinere Schliff wird entweder auf einer ebenen Thonschieferplatte, oder besser auf einer matten Glasplatte mit feinem Smirgelpulver ausgeführt. Jeder Splitter und jedes Täfelchen wird zuerst auf der einen Seite eben und fein geschliffen, sodann mit dieser Seite vermittels Canadabalsam an ein handliches Stück einer

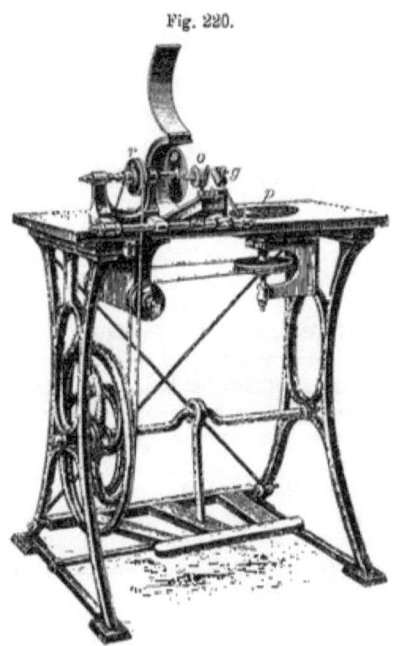

Fig. 220.

dicken Glasplatte gekittet, um schliesslich auch auf der anderen Seite eben und fein geschliffen zu werden, bis es durchsichtig geworden. Es ist nicht nöthig, das schliesslich erhaltene dünne Blättchen, den Dünnschliff, welcher so durchsichtig sein muss, dass man eine darunter gelegte Schrift lesen kann, auch noch zu poliren, vielmehr wird selbes nach dem Feinschleifen sogleich präparirt, indem es durch Erwärmen des Kittes und Abziehen von der Unterlage befreit und auf eine reine Glasplatte, einen Objectträger, gebracht und dort durch Umgebung mit Canadabalsam und Bedeckung mit einem dünnen Glasplättchen für die mikroskopische Beobachtung geeignet gemacht wird.

Die Beobachtung geschieht mittels des Mikroskops entweder ohne Zuhilfenahme fernerer Apparate oder man benützt je nach dem besonderen Zwecke verschiedene Vorrichtungen. Die Messung der Grösse der Objecte verlangt Glasmikrometer oder Mikrometerschrauben, die Messung der Winkel an mikroskopischen Krystallen erfordert Visuren im Instrumente in der Form von Fadenkreuzen oder Linien auf Glasplatten, ferner Theilkreise, die entweder am Tische des Mikroskopes oder am Ocular angebracht sind, die Beobachtung im polarisirten Lichte, von der später noch die Rede sein wird, Nicol'sche Prismen am Ocular und unter dem Tische des Mikroskopes. Für höhere Temperaturen sind bestimmte Einrichtungen zu treffen. Die Beobachtung der Erscheinungen bei der Krystallisation aus Lösungen setzt ebenfalls einen hiefür geeigneten Bau des Instrumentes voraus. Für das Zeichnen der mikroskopischen Bilder, für das Photographiren derselben sind wiederum gewisse Vorkehrungen nützlich oder nothwendig. Die Dünnschliffe können auch, wofern sie einerseits unbedeckt gelassen werden, zu chemischen Reactionen im kleinen Maassstabe, deren Resultat mikroskopisch verfolgt wird, benutzt werden. Ausführlicheres über all dieses in dem angef. Werke von Zirkel; ferner Rosenbusch: Mikroskopische Physiographie, Groth, Physikalische Krystallographie.

61. Oberfläche der Krystalle. Die Flächen, von welchen die Krystalle eingeschlossen werden, sind entweder vollkommen glatt und eben, oder sie erscheinen nicht glatt, sondern gerieft, fein gezeichnet, oder matt, rauh, drusig etc. Die matte oder rauhe Beschaffenheit kann dem Krystall als solchem zugehören, oder auch von angelagerten oder hervorragenden fremden Partikelchen herrühren.

Die Riefung besteht in einer vielfachen Wiederholung von feinen Kanten, sie kann demnach entweder eine Combinations- oder eine Zwillingsriefung sein, indem ein treppenartiger Wechsel derselben zwei Flächen stattfindet, die entweder demselben Individuum oder vielen zwillingsartig verbundenen Individuen angehören. An dem Krystall von Arsenkies in Fig. 221 und an dem Quarzkrystall, Fig. 222, ist eine Combinationsriefung parallel den vorhandenen Kanten zu bemerken. Der hemiëdrische Pyritwürfel in Fig. 223 bietet auch eine derlei Riefung dar, welche von sehr schmalen Flächen eines Pentagondodekaëders herrührt. Der Korundkrystall, Fig. 224, liefert ein Beispiel der Zwillingsriefung, welche durch feine dem Rhomboëder parallel gelagerte Lamellen hervorgebracht wird.

Die feine Zeichnung, welche manche Krystallflächen darbieten, rührt von regelmässig geformten Erhabenheiten und Vertiefungen her, welche der Fläche oft ein halb mattes Ansehen geben, bei einer bestimmten Beleuchtung aber einen Glanz verleihen, so dass die Oberfläche damastartig erscheint. (Fluorit, Quarz.) Wenn die Zeichnung etwas gröber wird, so erscheint die Fläche gekörnt, gestrichelt, geschuppt, getäfelt, parquettirt etc., und man erkennt nun oft schon mit freiem Auge die Form der einzelnen Erhabenheiten und Vertiefungen, welche parallel angeordnet sind. Die Erscheinung lässt sich bis dahin verfolgen, wo diese Erhabenheiten als von Krystallflächen begrenzte hervorragende Krystall-

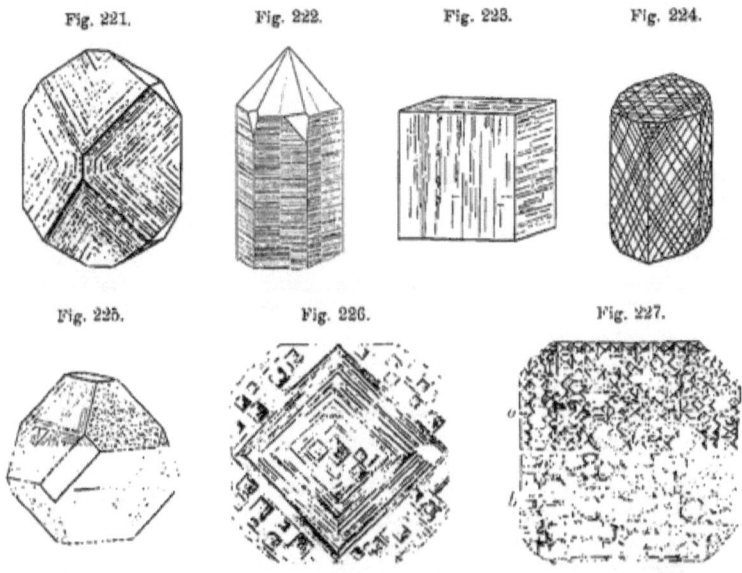

Fig. 221. Fig. 222. Fig. 223. Fig. 224.

Fig. 225. Fig. 226. Fig. 227.

theile erkannt werden und schliesslich bis zu dem Extrem, da keine Ebene mehr erkennbar ist, sondern statt des einfachen Krystalls ein Krystallstock vorliegt. Die regelmässigen Erhabenheiten, welche an den Krystallflächen, bald nur unter dem Mikroskope, bald schon unter der Loupe, endlich auch mit freiem Auge beobachtet werden, sind von Krystallflächen begrenzt. Sie sind daher regelmässig geformt und erscheinen wie kleine Krystallindividuen, welche sich aus der Fläche der grösseren Krystallmasse in paralleler Stellung bald mehr, bald weniger emporheben. Scharff hat über diesen Gegenstand eine Reihe von Arbeiten geliefert. Sadebeck, welcher sich eingehend mit demselben beschäftigte, bezeichnet die kleinen Individuen als Subindividuen. Fig. 225 stellt die feine Zeichnung auf den Flächen eines Blendekrystalles dar. Die Flächen des positiven und jene des negativen Tetraëders haben eine verschiedene Beschaffenheit. Fig. 226 gibt nach Zeichnungen von Rumpf die mit Subindividuen und feinen Riefen bedeckte

Fläche 001 eines Apophyllitkrystalles wieder und Fig. 227 zeigt an, in welcher Weise die Endflächen zweier Apophyllitkrystalle mit Subindividuen bedeckt sind.

Die angeführten Erscheinungen auf den Flächen der Krystalle rühren zum grossen Theile von Umständen bei der Bildung der letzteren her. Die verschiedenen Umstände bewirken es, dass entweder ein solid ausgebildeter Krystall mit glatten Flächen entsteht, oder auf die Flächen kleine Subindividuen aufgebaut werden, welche ein Voraneilen mancher Punkte in der Bildung des Krystalls bekunden, oder endlich dass durch ein solches Voraneilen eine netzartige Bildung oder ein Krystallstock hervorgeht. Oefters aber sind die feinen Unebenheiten der Oberfläche das Resultat einer späteren Veränderung, indem die ebenflächigen Krystalle dem Angriffe auflösender Substanzen ausgesetzt waren.

Scharff, Jahrb. f. Min. 1861. S. 32, S. 385. 1862. S. 684. Rose-Sadebeck, Elemente der Krystallographie. 2. Bd. pag. 156.

62. An manchen Krystallen erscheinen die grösseren Flächen gebrochen, d. i. sie bestehen aus zwei oder mehreren glatten Flächen, die äusserst schwach gegen einander geneigt sind. Diese liegen meist in ausgebildeten Zonen und besitzen hohe Indices, welche aber, wie Schuster am Danburit zeigte, zu denen der einfachen Flächen in einer gesetzmässigen Beziehung stehen. Derlei Flächen, welche in ihrer Lage bestimmten Flächen sehr nahe kommen, hat Websky Vicinalflächen genannt.

Es kommt bei Zwillingen vor, dass die einzelnen von einander wenig abweichenden Flächen verschiedenen Individuen angehören. Für diesen Fall ist auch der Ausdruck Polyëdrie, welchen Scacchi für diese Erscheinung vorschlägt, verwendbar. Wenn man den Ausdruck Polyëdrie auf die Erscheinung bei Zwillingen und mimetischen Krystallen beschränkt, dann verhält sich diese zu dem Auftreten der Vicinalflächen, wie die Zwillingsriefung zur Combinationsriefung. Vicinale Flächen sind am Diamant, Aragonit, Adular, Danburit, Granat und vielen anderen Mineralen beobachtet worden.

Scacchi's Abh. über Polyëdrie in deutscher Uebertragung von Rammelsberg. Zeitschr. deut. geol. Ges. Bd. 15, pag. 19. Websky's Abh. ebendas. pag. 677. Zepharovich über Aragonit. Sitzungsber. der k. Akad. zu Wien. Bd. 71 (1875). Schuster üb. Danburit: Tschermak's Min. u. petrogr. Mitth. Bd. 5 und 6.

63. Zuweilen werden an den Krystallen auch unechte Flächen beobachtet. Sie sind von zweierlei Art. Man sieht nämlich nicht selten matte oder fast matte Flächen, die bei genauerer Beobachtung gar keine ebenen Elemente erkennen lassen, vielmehr blos durch die Wiederholung feiner Kanten oder durch viele in derselben Ebene endigende kleine Ecken gebildet werden. Solche Flächen zeigen öfters eine Lage, welche der einer echten Krystallfläche entspricht, manchmal aber davon abweicht, wodurch schon öfters Täuschungen veranlasst wurden. Die zweite Art der unechten Flächen sind Abformungen. Wenn ein Krystall beim Fortwachsen an einen anderen bereits fertigen Krystall anstösst, so formt

er sich an diesem ab und so entstehen öfters glatte Flächen, deren Lage eine ganz zufällige ist. Da bei solcher Abformung öfters die feinsten Zeichnungen mit einer wunderbaren Schärfe wiederholt werden, so sehen diese unechten Flächen zuweilen den wahren Krystallflächen täuschend ähnlich.

64. Obwohl die Krystalle wesentlich von ebenen Flächen begrenzt sind, so kommen doch auch manchmal krumme Flächen vor. Dieselben sind entweder durch das Zusammentreffen vieler kleiner ebener Flächen gebildet, wie man es an manchem Quarz, Desmin, Prehnit wahrnimmt, oder sie haben eine continuirliche Krümmung, wie an Krystallen von Gyps, Diamant. Wenn alle Kanten und Ecken abgerundet erscheinen, so bekommt der Krystall ein solches Ansehen, als ob er eine oberflächliche Schmelzung erlitten hätte, die Oberfläche erscheint geflossen, wie dies an manchem Bleiglanz vorkommt. Die im körnigen Kalke eingeschlossenen Krystalle von Augit, Hornblende, Apatit zeigen auch eine geflossene Oberfläche, die ganz unregelmässig gekrümmt erscheint.

65. **Inneres der Krystalle und Individuen überhaupt.** Die Bildungsweise bringt es mit sich, dass an vielen der grösseren Krystalle der schichten-

Fig. 228.   Fig. 229.   Fig. 230.

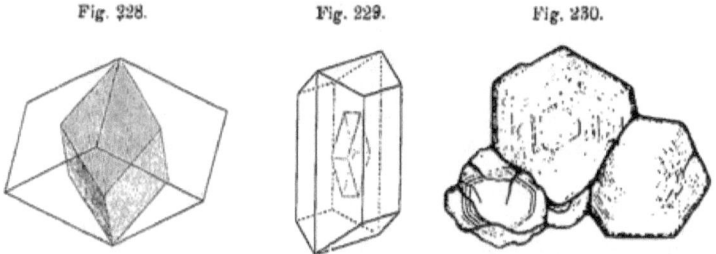

artige Bau deutlich hervortritt. Die Erscheinung ist am einfachsten, wenn der Krystall blos eine einzige äussere Schichte und einen inneren Kern unterscheiden lässt, welche beide aus derselben Mineralart bestehen. Solche Vorkommnisse nennt Kopp Krystalle von doppelter Bildung. Beispiele dafür sind Calcit, Fluorit: Calcitkrystalle zeigen einen dunklen Kernkrystall mit der Form $-2R$, während die Hülle das Grundrhomboëder R zeigt, Fig. 228; Fluoritkrystalle haben einen Kern von Oktaëderform, die Hülle ist als Würfel ausgebildet. Einen Barytkrystall von doppelter Bildung stellt Fig. 229 dar.

Häufiger kommt der Fall vor, dass die Schale und der Kern dieselbe Flächencombination darbieten, so dass die Schale eine genaue Wiederholung der Form des Kernes bildet. Beispiele sind wieder Calcit, Fluorit, aber auch Turmalin, Epidot u. a. m. In jenen Fällen, in welchen überhaupt Kernkrystalle bemerkt werden, zeigt sich oft der Kern anders gefärbt, wie die Hülle. Der Kern ist braun oder gelb, die Hülle farblos (Calcit), über einem farblosen Kern eine violette Hülle (Fluorit), über einem blauen Kern eine braune Schalenhülle (Turmalin), ein schwarzgrüner Kern mit hellgrüner Hülle (Epidot).

Viele der grösseren Krystalle bestehen aus mehreren oder auch aus vielen Schichten desselben Minerales, welche sich durch die verschiedene Reinheit und Durchsichtigkeit oder durch verschiedene Färbung von einander unterscheiden. Quarz, Baryt, Flussspath, Turmalin liefern Beispiele. Manchmal wird die Schichtung erst bei der beginnenden Zerstörung deutlich, wie bei manchen Feldspathen. Zuweilen sind die Schichten blos locker mit einander verbunden, indem sie durch äusserst dünne Lagen eines fremden Minerals zum Theil getrennt erscheinen. In solchem Falle gelingt es bisweilen bei grösseren Krystallen, dieselben in einen Kern und mehrere folgende parallele Schalen zu zerlegen, wie bei manchem Quarz (Kappenquarz), dessen Schichten mit Glimmerblättchen belegt sind. Am Wolframit, Vesuvian, Epidot, sieht man diesen schaligen Bau ebenfalls nicht selten. Die schalige Zusammensetzung erfolgt bisweilen blos nach einer Fläche, wie beim Bronzit und Diallag.

Die Kernkrystalle und alle die geschichteten und schaligen Krystalle, welche von demselben Mineral gebildet werden, repräsentiren in gewissem Sinne die parallele Verwachsung gleichartiger Individuen, es gibt aber auch Bildungen, welche den vorigen äusserlich gleichen, jedoch parallele Verwachsungen ungleichartiger Minerale darstellen. Es gibt nämlich Kernkrystalle und vielfach geschichtete Krystalle, die aus zwei oder mehreren Arten von Mineralen bestehen. Diese haben entweder gleiche oder ähnliche Krystallform, wodurch eine einheitliche Gestalt des Ganzen ermöglicht wird.

Ein Kern von Biotit, umgeben von einer Schichte von Muscovit oder ein Kern von Eisenturmalin mit einer Hülle von Edelturmalin sind Beispiele von einfacher Schichtung. Manche Krystalle von Granat, Turmalin zeigen einen mehrfachen Wechsel von Schichten, die verschiedenen Arten der genannten Gattungen angehören. Fig. 230 stellt einen Schnitt durch eine Gruppe von Granatkrystallen (Melanit) nach einem Bilde von Cohen dar, welche eine solche Schichtung darbieten.

Derlei Bildungen lassen sich in mannigfacher Art herstellen, so z. B. schöne Kernkrystalle, wenn Oktaëder von Chromalaun zuerst in eine Lösung von kubischem Alaun gebracht werden, bis sie eine neue Schichte ansetzen und dieselben hierauf in eine Lösung von gewöhnlichem Kalialaun gelegt werden. Der dunkle Kern von Chromalaun erscheint mit einer farblosen Hülle gleicher Form bekleidet. Abwechselnde Schichten gleicher Form, aber verschiedener Beschaffenheit können dadurch erzeugt werden, dass man Bittersalzkrystalle abwechselnd in Bittersalzlösung und in solche Lösungen bringt, welche ausser Bittersalz auch Manganvitriol enthalten.

Die schichtenartige Vereinigung mehrerer Arten oder Varietäten von gleicher oder ähnlicher Krystallform wird isomorphe Schichtung genannt. Bei der chemischen Untersuchung so gebauter Körper ergibt sich, wie begreiflich, kein einfaches Resultat, sondern man erhält ein Ergebnis, welches die Mengung aus mehreren einfachen Mineralen bestätigt. Die grobe Mengung, welche mit freiem Auge zu sehen ist, bietet jedoch alle Abstufungen bis zur feinen Schichtung, welche nur mittels des Mikroskopes erkennbar wird, und diese geht in eine ganz gleichförmige Mischung über, in welcher keine Schichten und keine Verschiedenheiten mehr zu beobachten sind. Häufiger als die isomorphe Schichtung ist diese isomorphe Mischung, welche nur mehr aus dem Ergebnis der chemischen Analyse als solche erkannt wird. Immerhin lassen sich derlei Mischungen auch bei der Beobachtung ihrer physikalischen Eigenschaften erkennen, da jene äusserlich gleichen Krystalle, welche jedoch aus mehreren Arten in wechselndem Verhältnis bestehen, in ihrer Cohäsion, in dem optischen, magnetischen, elektrischen Verhalten die entsprechenden Variationen zeigen.

Lit. über Kernkrystalle: Kopp, Ann. d. Chemie, Bd. 94, pag. 118. Autor, Sitzb. d. Wiener Akad., Bd. 40, pag. 109. Isom. Schichtung: C. v. Hauer, Verhandl. d. geol. Reichsanst. 1880, pag. 20, 181.

66. Durch das netzartige Wachsen oder durch bestimmte Unterbrechungen des schichtenförmigen Fortwachsens entstehen im Innern der Krystalle und der Individuen überhaupt Lücken mit ebenflächigen Begrenzungen, es bilden sich regelmässige Poren und Höhlungen. Wenn dieselben von Krystallflächen begrenzt sind, so werden sie auch negative Krystalle genannt. Im Steinsalz werden würfelförmige Hohlräume häufig beobachtet, im Quarz erkennt man zuweilen negative Krystalle, welche dieselbe Form haben, wie der ganze Krystall, im Eis, im Gyps ist die Erscheinung auch nicht selten. Die Höhlungen und Poren sind aber viel häufiger von krummen Flächen gebildet, sie erscheinen demnach kugelrund, eirund oder überhaupt rundlich, öfters auch gedehnt und verzweigt, wie beim Quarz und Topas.

Die mikroskopischen Untersuchungen haben gezeigt, dass derlei Poren in Krystallen eine sehr verbreitete Erscheinung sind. Sie liegen entweder unregelmässig vertheilt oder linear angeordnet, in Schichten zusammengedrängt oder zu Schwärmen gruppirt. Manche Krystalle, wie die Hauyne von Molfi, sind besonders reich daran.

67. **Einschlüsse.** Das Auftreten von fremden Körpern in den Individuen ist eine sehr häufige Erscheinung, weil beim Wachsen der letzteren die im Wege liegenden starren Körper umhüllt, ferner Theile der Mutterlauge umschlossen, ja sogar die Bläschen von Gasen und Dämpfen, welche in der Mutterlauge absorbirt waren, bei der Krystallbildung umwachsen werden.

Die Einschlüsse lassen sich mit Gästen vergleichen, welche der Krystall als ihr Wirth beherbergt. Der Ausdruck Wirth, auch bezüglich der Parasiten üblich, wurde von Rosenbusch in Vorschlag gebracht. Die eingeschlossenen Körper können entweder so gross sein, dass sie noch mit freiem Auge, oder wie man jetzt öfter sagt, makroskopisch wahrgenommen werden, oder sie können so klein sein, dass sie nur mit Hilfe des Mikroskopes erkannt werden, bis zu der Grenze, da sie auch bei starker Vergrösserung nicht mehr deutlich gesehen werden. Die Einschlüsse zeigen alle Aggregatzustände, indem gasförmige, tropfbar flüssige und starre Körper als solche vorkommen. Die Lagerung und Vertheilung ist meistens eine unregelmässige; zuweilen aber sind krystallisirte Einschlüsse regelmässig eingelagert, was eine die orientirte Verwachsung ungleichartiger Krystalle fortsetzende Erscheinung ist.

Manche Individuen zeigen, wie zuvor bemerkt wurde, schon bei der Betrachtung mit freiem Auge regelmässige, öfter jedoch unregelmässige Höhlungen, die ganz leer zu sein scheinen, welche aber selbstverständlich nicht absolut leer sind, sondern mit einem Dampfe oder einem Gase erfüllt sein müssen (Dampfporen, Gasporen). So z. B. erkennt man in manchen Steinsalzkrystallen würfelförmige Höhlungen, die leer erscheinen, jedoch ein Gas enthalten, welches nach Bunsen's Untersuchungen vorherrschend Sumpfgas und Stickstoffgas ist. Da es im comprimirten Zustande darin vorhanden ist, so entwickelt sich dasselbe beim Auflösen mit knackendem Geräusch (Knistersalz von Wieliczka).

Die Höhlungen, welche in den verschiedenen Mineralen beobachtet werden, sind aber nicht selten zum Theile mit einer Flüssigkeit, zum Theile mit Dampf gefüllt, welcher als bewegliche Blase auftritt. Steinsalzkrystalle und Quarzkrystalle, welche Höhlungen zeigen, lassen öfters wandernde Blasen erkennen. Beim Herumdrehen wendet sich die Blase immer so, dass sie schliesslich die höchste Stellung in der Höhlung einnimmt, während gleichzeitig die enthaltene Flüssigkeit nach abwärts sinkt.

Starre Körper sieht man in den Krystallen am häufigsten. Sie erscheinen oft ebenfalls krystallisirt in der Form von Säulen oder von Nadeln, Fasern, Blättchen und Schuppen oder auch wie ein grober oder wie ein feiner Staub. Oft stecken die Einschlüsse zum Theil im Krystall, zum Theil ragen sie aus demselben hervor, oder sie erscheinen dem Krystall aufgestreut. Nicht selten erkennt man im Innern des Krystalls eine schichtenartige Vertheilung derselben, z. B. Chlorit oder Glimmer in parallelen Schichten in Quarzkrystallen. Zuweilen sind die Einschlüsse in solcher Anzahl vorhanden, dass die Menge derselben überwiegt und der Krystall kaum noch seinen Zusammenhang bewahrt, wie dies zuweilen beim Quarz vorkommt, welcher ganz mit Chlorit erfüllt erscheint. Der Quarz in der durchsichtigsten Abänderung als Bergkrystall ist jenes Mineral, welches die verschiedenartigsten Einschlüsse unter den mannigfaltigsten Erscheinungen darbietet. Hornblende in feinen Fasern, Rutil und Göthit in feinen Nadeln, Glimmer oder Eisenglanz in Schüppchen, Chlorit oder Pyrit als feiner Staub sind häufig im Bergkrystall. In früherer Zeit wurde mit Bergkrystallen, welche derlei Einschlüsse enthalten, Spielerei getrieben. Auch der Calcit ist oft reich an Einschlüssen. Einen hierher gehörigen Fall hat man an dem sogenannten krystallisirten Sandstein, der aus Calcitkrystallen besteht, welche ungemein viel Quarzsand einschliessen. Der Gyps bildet auch derlei Krystalle. Die verschiedenen Feldspathe zeigen sich ebenfalls reich an deutlich erkennbaren Einschlüssen. Wenn die Krystalle in einer glasigen Masse, z. B. im Obsidian oder Pechstein liegen, so findet sich zuweilen auch im Inneren etwas von dem Glas eingeschlossen.

Eine regelmässige Vertheilung der Einschlüsse sieht man in einem Feldspath, dem Sonnenstein von Tvedestrand, worin metallisch glänzende Blättchen zu gleicher Zeit glänzen, ebenso im Carnallit, ferner in dem Dolomit vom Greiner, worin Tremolitfasern den Rhomboëderkanten parallel gelagert sind, und in mehreren anderen Fällen.

Ueber makroskopische Einschlüsse handeln: Blum, G. Leonhard, Seyfert und Söchting: Einschlüsse von Mineralen in kryst. Mineralen. Harlem 1854. Söchting: Die Einschlüsse in kryst. Mineral. Freiberg 1860. Kenngott: Mineralog. Notizen. Sitzungsber. d. Ak. z. Wien 1852—55. Ueb. Knistersalz: Bunsen, Pogg. Ann. Bd. 83. pag. 251.

68. Mit Hilfe des Mikroskopes lässt sich das Auftreten der Einschlüsse in den Krystallen weiter verfolgen und als eine fast in allen Krystallen wahrnehmbare Erscheinung erkennen. Dabei stellt sich insofern ein unerwartetes Resultat heraus, als nunmehr die Menge der gasförmigen und flüssigen Einschlüsse viel grösser erscheint, als man dies nach den Beobachtungen mit freiem Auge erwarten sollte.

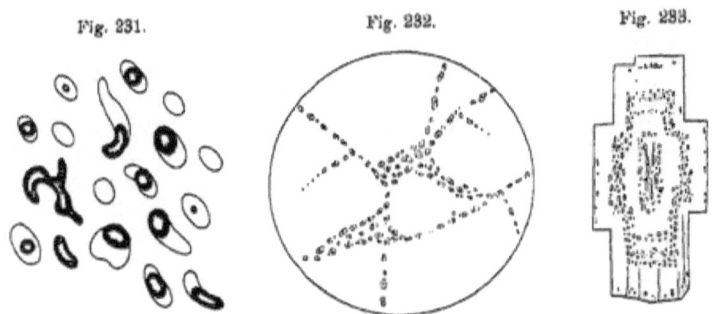

Fig. 231. Fig. 232. Fig. 233.

Mikroskopische Einschlüsse in Quarz nach Zirkel. Einschlüsse in Feldspath.

Diese haben selbstverständlich die Gestalt der Hohlräume, sie sind also entweder in den negativen Krystallen enthalten, oder sie sind kugelig, eiförmig, unbestimmt rundlich, verzweigt, oder schlauchartig gedehnt. Fig. 231. Die Grösse ist verschieden bis zu derjenigen, in welcher sie auch bei der stärksten Vergrösserung nur mehr als feine Pünktchen wahrgenommen werden. Durch das ausserordentlich zahlreiche Auftreten geben solche Einschlüsse dem Krystall ein trübes bis milchiges Aussehen. Die trüben Minerale, in welchen auch bei starker Vergrösserung keine derlei Einschlüsse wahrgenommen werden, dürften demnach solchen kleinen Hohlräumen, welche eine unter der Grenze der Wahrnehmbarkeit liegende Grösse haben, diese Beschaffenheit verdanken. Die kleinen Blasen sind entweder ganz unregelmässig vertheilt oder in Häufchen versammelt, welche nicht selten verzweigt erscheinen, Fig. 232, oder sie sind in Streifen angereiht oder endlich auch in Schichten angeordnet. Fig. 233. Diese Schichten entsprechen sodann den Zuwachsschichten der Krystalle und lassen schliessen, dass während des Wachsthums die Entwicklung der Bläschen in der Mutterlauge periodisch erfolgte. Die Häufigkeit der gasförmigen und flüssigen Einschlüsse ist nach der Mineralgattung verschieden, indem manche Minerale unter gleichen Umständen mehr von solchen Einschlüssen aufnehmen als andere. Dies hat Sorby durch Krystallisirenlassen von Alaun und Kochsalz aus derselben Lösung gezeigt, wobei die Krystalle des letzteren sehr reich, des ersteren sehr arm an flüssigen Einschlüssen gebildet wurden. Es ist dies leicht erklärlich, wenn man berücksichtigt, dass das Kochsalz ein eigenthümlich treppenartiges, also lückenhaftes Fortwachsen, der Alaun hingegen ein solides Wachsthum zeigt.

Die kleinen Hohlräume haben entweder breite dunkle Contouren, und in diesem Falle enthalten sie gasförmige Stoffe oder sie zeigen schmale, zarte Contouren und dann sind sie von einer Flüssigkeit erfüllt, oder aber sie zeigen eine kleine Blase, eine Libelle, wodurch das gleichzeitige Vorhandensein von beiderlei Stoffen erkannt wird. Durch Neigen des Präparates, durch Erschütterung desselben auf dem Tisch des Mikroskopes kann man die Libelle öfters zum Wandern bringen, oft aber bleibt sie unbeweglich oder sie wird erst beim Erwärmen beweglich.

Eine der seltsamsten Erscheinungen im Mineralreiche ist das freiwillige Wandern und Tanzen mancher Libellen, welche in manchen Quarzkrystallen älterer Gesteine wahrgenommen wird. In solchem Falle beobachtet man bei vollständiger Ruhe des Präparates und bei gleichbleibender Temperatur ein beständiges Umhergehen oder Umhertanzen der Libelle in dem Hohlraum. Hier dreht sich also Dampf und Flüssigkeit continuirlich herum und es entsteht der Eindruck einer ewigen automatischen Bewegung, welche in den unzähligen kleinen Hohlräumen der Krystalle in weit verbreiteten Gesteinen stattfindet. Die Erscheinung wird als Brown'sche Molecularbewegung aufgefasst, als deren Ursache die Wärme gilt.

Ueber Einschlüsse und deren Bestimmung handeln: Brewster's Abhandlungen in dem Edinburgh philos. journ. und den Transactions of roy. soc. Edinb. aus den Jahren 1813—45. Sorby. Quaterly journ. of the geol. soc. 14. pag. 47 (1858). Zirkel. Die mikr. Beschaffenheit der Mineralien und Gesteine, 1873.

69. Die bisherigen Untersuchungen ergaben das Resultat, dass die gasförmigen Einschlüsse meist aus Wasserdampf, Kohlensäure, Stickstoff-, Sauerstoffgas und aus Kohlenwasserstoffen bestehen, während die flüssigen Einschlüsse zumeist Wasser und wässerige Lösungen sind. Die Einschlüsse, welche diese

Fig. 234.

Flüssigkeiten enthalten, zeigen beim Erwärmen keine irgend auffallenden Erscheinungen. Zirkel beobachtete aber in Quarz Einschlüsse mit Libellen, die einen würfelförmigen Steinsalzkrystall neben der Libelle schwimmend zeigten. Fig. 234. Solche Einschlüsse zeigen beim Erwärmen eine vollständige Auflösung des Krystalls und nach dem Erkalten eine Wiederbildung eines oder mehrerer Krystalle. Dass hier Steinsalz vorliege, wurde auch dadurch bestätigt, dass der Quarz einerseits spectralanalytisch untersucht, andererseits aber unter Wasser gepulvert wurde, worauf in der Lösung das Chlor nachgewiesen werden konnte.

Unter den flüssigen Einschlüssen waren schon Brewster diejenigen aufgefallen, welche sich durch eine schwächere Lichtbrechung und durch eine starke Expansion bei der Erwärmung auszeichneten. Diese Angaben brachten später Simmler auf die Vermuthung, dass die Flüssigkeit liquide Kohlensäure sein dürfte. Im Jahre 1869 aber gelang es Vogelsang und Geissler, durch sinnreiche Versuche darzuthun, dass jener merkwürdige Körper in der That aus flüssiger Kohlensäure bestehe. Dies wurde nicht nur daraus erkannt, dass jene Einschlüsse dieselben Expansionserscheinungen darbieten, welche Thilorier und Andrews an der flüssigen Kohlensäure beobachtet hatten, sondern beim Erhitzen der Quarz- und Topasstücke, welche solche Einschlüsse zeigten, wurde ein Gas erhalten, welches bei der spectralen Untersuchung sich wie Kohlensäure verhielt und, in Kalkwasser geleitet, eine Trübung durch Bildung von kohlensaurem Kalk erzeugte. Ausser im Quarz wurde die flüssige Kohlensäure durch Sorby im Saphir und durch Zirkel u. A. im Augit, Olivin und in den Feldspathen verschiedener, auch basaltischer Gesteine erkannt. Folgendes Verhalten dieser Flüssigkeit ist sehr charakteristisch: Sie dehnt sich, wenn das Präparat gelinde erwärmt wird, so stark aus, dass die Libelle rasch verschwindet und der Hohlraum vollständig ausgefüllt erscheint. Beim nachherigen Abkühlen kehrt die Libelle mit einem Schlage wieder zurück oder es entstehen statt der früheren einen Blase mehrere kleine auf einmal, wodurch eine kochende Bewegung der Flüssigkeit hervorgerufen wird. Während die wässerigen Einschlüsse auf eine wasserhaltige Mutterlauge schliessen lassen, führen die Einschlüsse von flüssiger Kohlensäure darauf, dass die Gesteine, in welchen sie enthalten sind, unter hohem Drucke gebildet sein müssen.

Zirkel: Jahrb. f. Min. 1870, pag. 802, Vogelsang und Geissler: Pogg. Ann. Bd. 137, pag. 56 u. 265.

70. Die starren Minerale, welche als Einschlüsse vorkommen, sind theils krystallisirt oder krystallinisch, theils amorph. Die letzteren verhalten sich bei der mikroskopischen Beobachtung zum Theil gerade so wie Flüssigkeiten. Sie füllen negative Krystalle oder kleine Blasen und rundliche Hohlräume ganz oder zum Theil, erscheinen also mit oder ohne Libelle. Die Libelle bewegt sich selbstverständlich niemals und verändert sich auch beim Erwärmen nicht. Da es aber Flüssigkeitseinschlüsse von gleichem Verhalten gibt, so könnte es manchmal schwer zu entscheiden sein, ob man einen flüssigen oder einen starren amorphen Einschluss vor sich habe, doch gibt sodann die Natur der Umgebung hinreichende Anhaltspunkte.

Die Art der Vertheilung ist bei den starren, amorphen Einschlüssen dieselbe wie bei den Flüssigkeiten. Sie kommen bald unregelmässig, bald schichtenartig angeordnet vor. Häufig sind sie im Inneren des Krystalls vorherrschend. Fig. 235. (Augit). Ein Beispiel regelmässiger Vertheilung bietet mancher Leucit (Fig. 236 nach Zirkel), welcher in seiner farblosen Masse braune Glaseinschlüsse mit Libelle beherbergt. Die letzteren sind Ausfüllungen negativer Krystalle und dabei schichtenförmig vertheilt, so dass sie im Durchschnitte kranzförmig angeordnet erscheinen.

Die starren amorphen Einschlüsse in Krystallen, welche in frischen v
kanischen Gesteinen, wie Obsidian, Perlit, Basalt auftreten, sind als glasart
(hyaline) Partikel anzusehen, während bei dem Auftreten in veränderten (
steinen zuweilen kein Zweifel bleiben kann, dass dieselben als opalartige (po
dine) Bildungen zu betrachten seien.

Die krystallisirten oder krystallinischen Einschlüsse erscheinen als v
ständige Krystalle oder als Körner, Nadeln, Blättchen, Schüppchen, endlich
feiner Staub. Oft sieht man dieselben Formen, wie sie bei den Mikrolithen
schrieben wurden. Meistens sind diese Einschlüsse ganz unregelmässig verth
öfters aber ist eine parallele oder schichtenförmige, überhaupt eine regelmäss
Anordnung und Interponirung zu bemerken. Eine parallele Anordnung

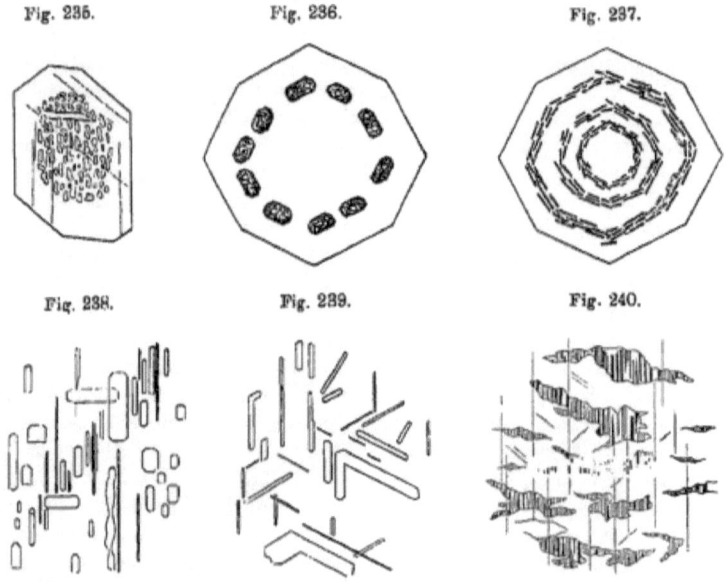

Fig. 235. Fig. 236. Fig. 237.

Fig. 238. Fig. 239. Fig. 240.

Calcitblättchen zeigt mancher Diallag, welchem dadurch ein weisslicher Sch
verliehen wird. Der Leucitkrystall, Fig. 237, zeigt schichtenartige Einlagerun
von Mikrolithen.

Die krystallinischen Einschlüsse kommen aber öfters nicht blos zufä
parallel gelagert und nicht blos mit einer Fläche parallel gelagert vor, sond
wie zeigen sich in manchen Fällen gegen den Wirth krystallographisch orien
sowie dies bei den orientirten Verwachsungen (56) angegeben wurde.
Beispiel ist das Auftreten der Einschlüsse im Bronzit, Fig. 238. Es sind d
sowohl nadelförmige Krystalle als auch dünne Blättchen, deren Form auf
rhombische Krystallsystem schliessen lässt. Beiderlei Einlagerungen zeigen
Kante einer Zone zur c-Axe des rhombischen Bronzites parallel und ausser

eine Fläche dieser Zone zur Fläche 100 des Bronzits parallel. Die Blättchen verleihen dem Bronzit einen metallartigen Schiller auf 100. Ein anderes Exempel gibt der Glimmer (Phlogopit) von Burgess in Canada, in welchem parallel der Endfläche 001 unzählige, meist sehr schmale Individuen eines anderen Minerals in der Weise eingelagert sind, dass ihre Langseiten zugleich den Flächen (110), zuweilen auch den Längsflächen (010) parallel sind, wodurch eine Anordnung unter 60^0, 120^0, zuweilen auch unter 90^0 erfolgt (Fig. 239). Tafeln dieses Glimmers lassen beim Durchsehen eine Lichtflamme als prächtigen sechsstrahligen Stern erscheinen (Asterismus). Orientirte Interponirungen zeigen auch der Elāolith, mancher Labradorit u. a. m.

Eine besondere, hierher gehörige Erscheinung ist die parallele Durchwachsung verschiedener Feldspathe. Früher wurde schon erwähnt, dass Krystalle von Orthoklas zuweilen von Albitkrystallen in paralleler Stellung besetzt und bekleidet werden. Der Albit findet sich aber bei gleicher krystallographischer Orientirung auch im Innern vieler Orthoklaskrystalle in der Form von Flasern und Blättchen, welche nach der aufrechten Axe gestreckt sind. Wird von einem solchen Orthoklaskrystall ein dünnes Blättchen parallel der Endfläche abgespalten, so zeigt sich schon bei schwacher Vergrösserung die Einschaltung von Albit, Fig. 240, indem die langgestreckten Durchschnitte des letzteren sich durch feine Zwillingsriefung hervorheben.

71. Alle die verschiedenen starren Einschlüsse kommen öfters in Krystallen in so grosser Menge vor, dass sie dem Wirth eine ihm sonst fremde Farbe verleihen. So z. B. wird der Stilbit durch viele Blättchen und Körnchen von Eisenglanz roth gefärbt, die Feldspathkrystalle in den Gesteinen erhalten durch Einschlüsse von Augit oder von Magnetit eine grüne oder eine schwärzliche Farbe u. s. w. Manche Minerale beherbergen, wo immer sie vorkommen, stets eine sehr grosse Menge von Einschlüssen, so dass sie im isolirten, im reinen Zustande gar nicht bekannt sind, wie der Staurolith. In solchem Falle ist es fast nicht möglich, das Mineral für eine chemische Untersuchung rein zu erhalten, und in solchen Fällen verhindern die Einschlüsse die Kenntnis der chemischen Zusammensetzung des reinen Minerales, während sie in anderen Fällen, da sie wohl in erheblicher, aber nicht übergrosser Menge vorhanden sind, das Resultat der Analyse stark beeinflussen und für denjenigen unverständlich machen, welcher das Vorhandensein der Einschlüsse nicht vermuthet. H. Fischer hat bei manchen Mineralen auf diesen Umstand aufmerksam gemacht[1]) und den Einfluss der Einschlüsse auf das Ergebnis der Analyse besprochen.

Leider lässt sich nur ein Theil, freilich der grössere Theil der Minerale, in die Form durchsichtiger Blättchen bringen, also im durchfallenden Lichte mikroskopisch untersuchen. Daher ist die feinere Textur und das Vorhandensein der Einschlüsse in den vollständig undurchsichtigen (opaken) Mineralen bisher

---

[1]) Kritische mikroskopisch-mineralogische Studien. Freiburg i. B. 1869 und zwei Fortsetzungen 1871 und 1874.

noch wenig bekannt, und aus diesem Grunde ist bei der Analyse solcher Minerale doppelte Vorsicht geboten. Hier lässt sich aber durch Anschliffe und eine zweckmässige mikroskopische Untersuchung im auffallenden Lichte schon vieles leisten. Diese zeigt, dass in den opaken Mineralen die fremden Einschlüsse in derselben Art und Vertheilung vorkommen, wie in allen übrigen Mineralen, obwohl sich dieselben nicht bis zu solcher Kleinheit verfolgen lassen, wie bei der Beobachtung im durchfallenden Lichte.

72. Krystallgruppe. Die Krystalle derselben Art finden sich theils einzeln, theils regelmässig mit einander verbunden, wie dies bei den parallelen Verwachsungen und Zwillingen bemerkt wurde, theils erscheinen sie unregelmässig verbunden, so dass eine krystallographische Gesetzmässigkeit in ihrer Vereinigung nicht zu erkennen ist, wenn auch äusserlich Formen zu Stande kommen, welche man im gewöhnlichen Leben als regelmässig bezeichnen würde. Diese nicht gesetzmässig gebildeten Gesellschaften werden als Gruppen und als Drusen unterschieden.

Eine Krystallgruppe ist die Vereinigung mehrerer oder vieler Krystalle in der Art, dass dieselben einander gegenseitig zur Stütze dienen. Wenn die ganze Gruppe keinen Anwachspunkt zeigt, wird sie eine freie Gruppe genannt, dagegen eine halbfreie, wofern der Anfangspunkt der Gruppe aufgewachsen erscheint.

Die freien Gruppen sind schwebend gebildet, z. B. Gruppen von Schneekrystallen in der Luft, Gruppen von Gypskrystallen im Thon. Die halbfreien sind meistens schon ursprünglich sitzend gebildet, indem der erste Ansatz von Krystallen auf einer Unterlage seine Stütze fand, während die später gebildeten sich über diesen aufbauten. In Folge dessen erscheinen manche dieser Gruppen gestielt. Gruppen von Calcit, Buntbleierz.

Die Gesammtform der Gruppe ist öfters eine so charakteristische, dass man selbe durch ein Wort scharf bezeichnen kann. So kommen kugelförmige Gruppen, welche wie Igel aussehen, am Gyps vor, kugelige, nierenförmige und pilzförmige am Pyrit. Tafelförmige Krystalle bilden zuweilen radförmige Gruppen, wie mancher Glimmer, oder fächerförmige oder keilförmige wie der Prehnit, auch rosettenförmige, wie der Eisenglanz (Eisenrosen). Die säulenförmigen Krystalle liefern öfter sternförmige Gruppen, wie sie am Gyps vorkommen und mikroskopisch an den Mikrolithen öfters zu sehen sind, oder sie bilden cylindrische Gruppen wie am Aragonit, gestielte, büschelförmige Gruppen am Malachit, Aragonit oder bündelförmige am Desmin u. s. w.

73. Krystalldruse. Darunter versteht man eine unregelmässige Vereinigung von Krystallen, welche nebeneinander sitzen und auf einer gemeinschaftlichen Unterlage ihre Stützen finden. Oft sind die Drusen blos die auskrystallisirten Enden der Unterlage. Stängeliger oder körniger Kalkspath endet in einer Druse von Kalkspathkrystallen, körniger Bleiglanz in einer Druse von Bleiglanzkrystallen. Ein gemengtes Gestein, wie der Granit, zeigt auf Klüften die Erscheinung, dass die Gemengtheile in Krystallen endigen und eine gemischte Druse von Feldspath und Quarz hervorbringen. In allen diesen Fällen haben die Krystalle, aus welchen die Druse besteht, gleichsam ihre Wurzeln in der Unterlage. Häufig aber ist die Unterlage eine fremdartige. Die Krystalle sitzen ganz unvermittelt auf einer Unterlage von anderer Art. Drusen von Schwefelkies auf einer Unterlage von Quarz, Drusen von Gyps auf einer Unterlage von Thon sind Beispiele.

Die Drusen haben äusserlich öfter Formen, welche, von der Gestalt der Unterlage abhängend, einen bestimmten Eindruck hervorrufen. Halbkugelige, nierenförmige, scheibenförmige, keulige, cylindrische Gestalten kommen nicht selten vor. Drusen, welche durch das Herabsickern einer Lösung entstanden sind, haben tropfsteinartige (stalaktitische) Formen. Drusen, welche einen rundlichen Hohlraum auskleiden, werden Geoden oder auch Hohldrusen genannt. Hohldrusen von Quarz, Natrolith, Chabasit, Calcit sind Beispiele. Solche Bildungen finden sich in Melaphyren und Basalten, welche von diesem Vorkommen die Bezeichnung Mandelsteine erhalten haben. Drusen von kleinen und untereinander ziemlich gleich grossen Krystallen bilden drusige Krusten, oder wenn die Dicke geringer ist, Ueberzüge und Drusenhäute, welche besonders auffallend sind, wofern sie grössere Krystalle überziehen, die schon früher gebildet waren, wobei die Form der letzteren noch deutlich erkennbar.

So finden sich Ueberzüge von Quarz auf Bleiglanz, von Schwefelkies auf Barytkrystallen. Kann man die Kruste oder Drusenhaut von den unterhalb gelegenen Krystallen abheben oder ist von Natur aus die krystallisirte Unterlage entfernt, so erscheinen auf der Unterseite die Hohldrücke der abgeformten Krystalle. Man hat derlei Ueberzüge und Umhüllungen, ob sie nun krystallinisch oder amorph sind, als Epimorphosen bezeichnet.

74. Formen krystallinischer Minerale. Wenn Individuen eines Minerales bei der Krystallisation an der Ausbildung ihrer regelmässigen Form behindert werden, so bilden sich krystallinische Minerale. Das Hindernis kann in einer dem Krystall fremden Umgebung liegen oder durch das gleichzeitige Entstehen mehrerer oder vieler Individuen hervorgebracht sein. So wird ein Individuum von Kalkspath durch das umgebende Gestein an der Bildung der Krystallform gehindert und es entsteht anstatt eines Krystalls ein krystallinisches Individuum oder es bilden sich im anderen Falle viele Individuen von Kalkspath neben einander, dieselben wachsen an einander und es bildet sich demzufolge an keinem Individuum eine Krystallfläche aus oder blos an den zu äusserst liegenden Individuen je eine einzige Krystallfläche. In solcher Art entsteht krystallinischer Kalkspath, welcher durch sein Gefüge die Zusammensetzung aus vielen Individuen verräth.

Zuweilen bildet sich ein Mineral krystallinisch aus, ohne dass ein mechanisches Hindernis erkennbar ist. Da jedoch die Bildung der Krystalle nicht blos Raum, sondern auch Ruhe beansprucht und einer gewissen Zeit bedarf, so werden Bewegungen des Mediums oft störend gewirkt oder es wird die Zeit nicht ausgereicht haben. Es gibt aber auch Minerale, welche selbst unter günstigen Umständen keine Krystalle bilden, doch aber krystallinisch auftreten, wie das unter dem Namen Brauner Glaskopf bekannte Eisenerz. Nach den Erfahrungen bei künstlichen Krystallisationen ist in solchen Fällen oft eine fremde Beimischung in der Lösung das Hindernis der Formausbildung.

Wenn ein krystallinisches Mineral aus vielen Individuen zusammengesetzt ist, so werden diese Zusammensetzungsstücke keine Krystallform besitzen, wohl aber von unregelmässigen Flächen begrenzt sein, welche Zusammensetzungsflächen heissen. Dieselben sind meistens uneben.

Je nachdem die Individuen die Tendenz haben, gleichförmig ausgebildete oder tafelförmige, oder säulenförmige Krystalle zu bilden, wird ihre Form auch bei gehinderter Ausbildung bald nach den verschiedenen Richtungen ungefähr gleiche Ausdehnung darbieten oder tafelig oder in die Länge gestreckt sein. Die Form der Individuen oder Zusammensetzungsstücke bedingt das feine Gefüge (die Textur) der krystallinischen Minerale, wovon man der vorigen Andeutung zufolge drei Arten unterscheidet. Die körnige Textur als die erste Art wird weiter als grobkörnig, kleinkörnig, feinkörnig unterschieden. Die blätterige oder zweite Art im weiteren als dickschalig, dünnschalig, geradschalig, krummschalig, grossblätterig, kleinblätterig, grobschuppig, kleinschuppig, körnigschuppig, schiefrigschuppig. Die stengelige oder dritte Art als dickstengelig, dünnstengelig, grobfaserig, feinfaserig, parallelstengelig, parallelfaserig, radialstengelig, radialfaserig, verworrenstengelig, verworrenfaserig.

Für die Beobachtung mit freiem Auge verschwindet oft die Abgrenzung der Individuen, wofern diese eine allzu geringe Grösse haben, dann erscheint das Mineral dicht. Die feinkörnige, feinschuppige und die feinfaserige Textur bilden sonach den Uebergang zur dichten Textur. Ein dichtes Mineral wird aber bei der Beobachtung unter dem Mikroskop wieder körnig oder schuppig oder verworren faserig erscheinen. Der Ausdruck dicht bezieht sich also blos auf makroskopische Betrachtung.

Während die meisten krystallinischen Minerale compact aussehen, kommen doch auch solche vor, die man als löcherig oder als porös ansprechen muss, wie derlei Bildungen am Kalkspath, Quarz und Dolomit öfters auftreten. Ferner zeigt sich im Gegensatze zum compacten und festen Gefüge zuweilen ein lockeres, und manche Minerale erscheinen zerreiblich, wie dies beim Kaolit und der Kreide der Fall ist.

Krystallinische Minerale bestehen zuweilen aus mehreren Lagen, welche den allmäligen schichtenartigen Absatz erkennen lassen und ein gröberes Gefüge des Ganzen (Structur nach Naumann) darbieten. Durch wiederholten Absatz entstehen schalige Bildungen, wie sie am Achat, Aragonit, Kalkspath, Limonit beobachtet werden. Wenn diese Schalen ein radialstengeliges oder radialfaseriges Gefüge haben, so ist dieses so beschaffen, dass die Richtung der einzelnen Stengel oder Fasern durch alle aufeinander liegenden Schalen fortsetzt. Man hat also eine Erscheinung vor sich, welche an den schichtenförmigen Aufbau der Krystalle erinnert. Das Gefüge ist gleichzeitig radialfaserig und concentrisch schalig, also ein doppeltes Gefüge, das von manchen Mineralogen als Glaskopftextur bezeichnet wird, weil es am braunen Glaskopf (Limonit) und rothen Glaskopf (Rotheisenerz) in ausgezeichneter Weise vorkommt.

75. Die ursprüngliche äussere Form, welche ein krystallinisches Mineral besitzt, kann von dreierlei Art sein. Wenn bei der Bildung ein freier Raum oder ein nachgiebiges Medium vorhanden ist, welches die Entfaltung der eigenthümlichen Form gestattet, so bilden sich freie Formen; wenn hingegen kein solcher verfügbarer Raum vorhanden ist, werden erborgte Formen entstehen; wenn endlich krystallinische Minerale nach ihrer Bildung durch äussere Umstände Formenveränderungen erfahren, so werden sie zufällige Formen annehmen.

Die freien Formen, welche Mohs nachahmende Gestalten genannt hat, schliessen sich den Krystallgruppen und Krystalldrusen an. Der Krystallgruppe entsprechen die kugeligen Bildungen, wie sie an dem Erbsenstein zu beobachten sind. Sie haben eine doppelte Textur, da sie zugleich radialfaserig und concentrisch schalig sind. Hierher gehören die Oolithe, Pisolithe, Sphärolithe. Minerale, welche die Tendenz haben, derlei kugelige Formen anzunehmen, bilden öfters Gruppen und Anhäufungen rundlicher Einzelkörper, so dass die mannigfaltigsten Formen entstehen. Der Kalkspath ist es namentlich, welcher derlei Concretionen bildet, die im Thon und Mergel häufig angetroffen werden. Sie ahmen oft verschiedene Gegenstände, besonders organische Formen, nach, und in der Zeit, welche noch keine wissenschaftliche Auffassung der Mineralformen kannte, standen diese Naturspiele bei den Sammlern in besonderem Ansehen. Die anderen freien Bildungen entsprechen zumeist der Druse. Die halbkugeligen Bildungen, wie sie am Natrolith und an manchen faserigen Mineralen vorkommen, sind nicht so häufig, als die complicirteren Vereinigungen, deren einzelne Theile sich mit der Tendenz gebildet haben, Halbkugeln zu bilden. Es sind die nierförmigen und die traubigen Vereinigungen, wie sie schön am Chalcedon, an dem sogenannten braunen und rothen Glaskopf, am Malachit zu sehen sind. Die letzteren zeigen zugleich die doppelte Textur sehr deutlich, während sie der Chalcedon öfters kaum wahrnehmen lässt. Die nierförmigen Gestalten setzen sich aus Ausschnitten grösserer Kugeln, die traubigen aus Ausschnitten kleinerer Kugeln zusammen. Wenn man derlei Bildungen zerbricht, erhält man oft an der Grenze der einzelnen Ausschnitte ebene Zusammensetzungsflächen, besonders schön an den Glasköpfen. Andere freie Formen sind die cylindrischen oder die keulenförmigen, wie sie der Kalkspath öfters bildet, oder die zähnigen, drahtförmigen, wie sie am Silber und am Kupfer oft gesehen werden, oder die haarförmigen oder moosförmigen am Silber und am Gold. An den Ausblühungen oder Efflorescenzen von Eisenvitriol, die an verwittertem Schwefelkies entstehen, oder von Kalksalpeter, welche sich am Boden oder an porösem Gestein bilden, treten derlei haar- oder moosförmige Gestalten häufig auf.

Eigenthümlich sind die dendritischen Bildungen mit ihren baumförmigen, strauchförmigen und farnkrautähnlichen Umrissen. Sie finden sich in Klüften, wo sie wenigstens in Bezug auf ihren Umriss als freie Bildungen zu gelten haben, aber auch flach gestreckt als Ueberzüge und nach allen Seiten fr[ei] entwickelt, wo sie zweifellos freie Bildungen sind. Sie nähern sich in ihre[m] Wesen den gestrickten Formen, welche theils Krystallstücke, theils Zwilling[s]stücke sind. Dendriten zeigt das Kupfer sehr schön, ebenso zeigen sie mehre[re] Manganerze.

Zu den freien Bildungen gehören auch die Krusten, Schalen un[d] Ueberzüge krystallinischer Minerale. Wenn derlei Ueberzüge sich auf früh[er] gebildeten Krystallen abgesetzt haben, so zeigen sie nach Entfernung d[er] letzteren deren Abdrücke, wie solche Abformungen schon bei den drusige[n] Ueberzügen erwähnt worden. Ueberzüge von Limonit, welche Calcitkrystal[le] abformen oder Ueberzüge von Schwefelkies, welche Barytkrystalle abforme[n] sind Beispiele.

Die grösste Mannigfaltigkeit freier Formen bieten die tropfsteinartige[n] (stalaktitischen) Bildungen. Bei diesen sind es die besonderen Umstände, d[ass] beständige Nachfolgen neuer Tropfen und Lösungsmengen, welche seltener ei[ne] Bildung deutlicher Krystalle gestatten, dagegen häufiger die Entstehung vo[n] Zapfen und Cylindern, von Kolben und zuweilen auch von Röhren begünstige[n]. Derlei Zapfen und Zäpfchen stehen oft mit traubigen und nierförmigen Gestalt[en] in Verbindung und bezeugen deren ähnliche Bildung. Oefter sieht man parale[le] Systeme von Zapfen und Cylindern und diese wieder durch Querverbindunge[n] vereinigt. Anstatt einfacher Cylinder bilden sich öfter knospenförmige od[er] staudenförmige Gestalten oder auch zackige Formen, wie solche an der Eisen[b]lüthe, einer Art des Aragonits, vorkommen.

Die erborgten Formen entstehen zum Theil dadurch, dass Hohlräum[e] oder Spalten der Gesteine von krystallinischen Mineralen eingenommen werde[n]. Diese bilden sich im beschränkten Raume und sind auf solche Weise gehinde[rt] Krystalle zu bilden oder jene Formen darzustellen, wie die freien Bildunge[n]. Das krystallinische Mineral nimmt dadurch die Form der Umgebung an, welch[e] im Allgemeinen eine unregelmässige ist. Ausfüllungen von Klüften geben Platte[n] die Ausbreitung derselben gibt im Querschnitte oft Formen, die als Adern b[e]zeichnet werden. Ausfüllungen sehr dünner Klüfte geben nach dem Blossleg[en] dünne Lamellen, die Anflüge heissen.

Die Ausfüllung rundlicher Räume im Gestein erscheint kugelig od[er] knollenförmig. Beispiele sind die Achatknollen. Zuweilen ist eine solche A[us]füllung ein einziges Individuum, was man bei dem im Mandelsteine vorkommende[n] Kalkspath durch die einheitliche Spaltbarkeit erkennt. Auch andere unrege[l]mässige Räume im Gestein erscheinen zuweilen durch ein einziges Individuu[m] ausgefüllt, was bei allen häufigern Mineralen zu beobachten ist.

Das Vorkommen krystallinischer Minerale, welches nicht zu den vorgenannte[n] gehört, also keine Kluftausfüllung und keine scharfbegrenzte kugelige Ausfüllun[g] ist, wird kurzweg als derb bezeichnet, nur wenn die Masse klein ist, etwa w[ie] eine Haselnuss oder kleiner, so wird das Vorkommen als eingesprengt bezeichne[t]. Die Ausfüllungen, die derben und die eingesprengten Massen, kommen gewöhn[n]lich in einem fremdartigen Gestein vor, z. B. Schwefelkies oder Quarz im Tho[n] schiefer, zuweilen aber ist das umgebende Gestein gleichartig, z. B. beim Vorkommen von körnigem Kalkspath im dichten Kalksteine.

Zu den Bildungen mit erborgten Formen gehören auch die Pseudomorphosen und die Versteinerungen von denen später die Rede sein wird.

Die krystallinischen Minerale kommen so wie die amorphen sehr häufig in Formen vor, welche sie durch zufällige mechanische Vorgänge erhalten haben, also in der Form von Bruchstücken, von Geschieben und Geröllen, von Sand und Staub. Aus diesen losen Bruchstücken, Körnern etc. können sich wieder compacte Massen zusammenfügen, welche sodann theils im Bruche, theils bei der Untersuchung der Dünnschliffe ihre klastische Natur erkennen lassen.

76. Formen der amorphen Minerale. Hier kann von den flüssigen Mineralen nicht viel die Rede sein, ausser dass man die Tropfenform, die unter Umständen allen zukommt, und die Nebelform beim Wasser hervorhebt. Die starren amorphen Minerale zeigen freie Formen und erborgte Formen unter denselben Umständen, wie die krystallinischen. Die amorphen Minerale z. B. der Opal bilden demnach kugelige oder halbkugelige, cylindrische, zapfenförmige oder knollige Gestalten, krustenartige oft wellige Ueberzüge und Vereinigungen verschiedener solcher Formen. Die freie Oberfläche erscheint öfter schön traubig oder nierenförmig, beim Zerbrechen zeigt sich manchmal ein grobes Gefüge zufolge wiederholten Absatzes, also eine deutliche Schichtenbildung oder ein verworrenes Flechtwerk. Ein regelmässigeres Gefüge, eine Textur, fehlt natürlich ganz und gar. Demzufolge sind die amorphen Minerale auf ihren Bruchflächen meistens leicht als solche zu erkennen. Sie haben krumme glänzende Bruchflächen, wie Glas oder Harz, während die dichten Minerale, welche eine verschwindende Textur besitzen, durch die mehr oder weniger matte Bruchfläche sich verrathen. Bleibt man über den Amorphismus eines Minerales im Zweifel, so gibt die mikroskopische und optische Untersuchung den gewünschten Aufschluss.

Bei der Bildung im beschränkten Raume nehmen die amorphen Minerale auch die Form von Platten und von Adern an, sie bilden zuweilen knollige Massen, rundliche Ausfüllungen, sie erscheinen derb und eingesprengt. Oefter finden sich die Opale und opalähnlichen (porodinen) Minerale als Imprägnation von krystallinischen Mineralen und geben diesen zuweilen das Ansehen eines völlig amorphen Minerals.

Die glasartig amorphen Körper gehen leicht in den krystallinischen Zustand über. Ein bekanntes Beispiel, welches nicht der Mineralogie angehört, ist der geschmolzene Zucker, welcher durch blosses Liegen allmälig zu krystallinischem Zucker umsteht. Die Bonbons zeigen öfters den Uebergang, indem ihre Rinde aus krystallinischem und zwar faserigem Zucker besteht, während das Innere noch den amorphen Zustand erkennen lässt. Gewöhnliches Glas wird durch andauerndes Erhitzen in einen porzellanartigen Körper (Réaumur'sches Porzellan) verwandelt, es wird entglast und ist nun krystallinisch.

Die in der Natur vorkommenden Gläser, welche im Obsidian, Bimstein, Rhyolith etc. vorkommen, zeigen häufig solche Trübungen und krystallinische

Bildungen, dass man auf eine im Laufe der Zeit eingetretene Entglasung schliesst. Dieser Schluss ist dadurch gerechtfertigt, dass bei der mikroskopischen Untersuchung jene krystallinische Beschaffenheit wahrgenommen wird, welche bei den künstlichen Entglasungen auftritt. Diese amorphen Minerale verhalten sich nach Lagorio wie innige Mischungen, wie Legirungen von Feldspath, Quarz, Augit u. s. w., welche bei der Entglasung allmälig sichtbare Individuen bilden. Logorio in Tschermak's Min. u. petr. Mitth. Bd. 8, pag. 421; Rutley Proceedings of the Royal soc. 1885 pag. 87 und 1886 pag. 430.

Manche Minerale kommen in der Gestalt eines amorphen Pulvers oder thoniger, oder gallertartiger Massen vor. Diese zeigen unter dem Mikroskope Flocken oder Körnchen oder Kügelchen, welche oft in einander verfliessen. Beispiele sind Bergmilch, Kaolin und die gallertartige Kieselsäure.

77. Pseudomorphosen. Das Auftreten der Minerale in erborgten Formen ist besonders auffallend an jenen merkwürdigen Gebilden, welche schon von Werner als unechte Krystalle erkannt und Afterkrystalle genannt wurden. Sie zeigen eine Krystallform und diese zuweilen in grosser Schärfe, aber ihre innere Beschaffenheit widerspricht ihrer äusseren Gestalt, denn sie sind im Innern fast immer unregelmässig krystallinisch oder amorph. Das Mineral oder das Mineralgemenge, aus welchem sie bestehen, hat sich nicht ursprünglich mit dieser Form gebildet wie ein echter Krystall, sondern es hat die Form eines früher vorhandenen Krystalls überliefert erhalten. Naumann definirt demnach die Pseudomorphosen als krystallinische oder amorphe Minerale, welche, ohne selbst Krystalle zu sein, die Krystallform eines anderen Minerales zeigen.

Die Pseudomorphosen werden ihrer Bildung nach eingetheilt in Ausfüllungs- und in Veränderungs-Pseudomorphosen, die letzteren noch weiter in Umwandlungs- und in Verdrängungs-Pseudomorphosen.

Wenn der hohle Abdruck eines Krystalls durch irgend ein Mineral ausgefüllt wird, so kann sich ein Abguss, eine positive Abformung bilden, welche die Gestalt eines Krystalls nachahmt. Solche seltene Bildungen werden Ausfüllungs-Pseudomorphosen genannt. Kenngott schlägt die Bezeichnung Pleromorphosen vor. Die Abgussformen aus Thon, welche die Würfelform des Steinsalzes erkennen lassen, gehören in diese Abtheilung. Sie werden damit erklärt, dass Steinsalzkrystalle im Thon gebildet, später aber aufgelöst wurden, wobei sich allmälig eine feine Thonmasse in den Hohlraum einschlämmte.

Die Ausfüllungen sind von keiner weitergehenden Bedeutung. Sie sind nur uneigentliche Pseudomorphosen. Die zweite Abtheilung hingegen, welche die Veränderungs-Pseudomorphosen umfasst, eröffnet ein weites, ausserordentlich interessantes Gebiet, in welchem die wichtigsten Thatsachen einer Physiologie der Minerale enthalten sind.

Diese Gebilde bezeichnen eine Metamorphose, welche vorhandene Krystalle erlitten, und zwar kann die letztere entweder nur das Gefüge betroffen haben (Paramorphosen) oder wie es in den meisten Fällen geschieht, auch die Substanz ergriffen haben, also eine chemische Veränderung sein. Von dieser chemischen

Umbildung wird erst nach Betrachtung der substantiellen Eigenschaften der Minerale die Rede sein und gezeigt werden, dass dabei öfters ein Theil der Substanz erhalten bleibt (Umwandlung) oder die Substanz völlig ausgetauscht wird (Verdrängung).

Die Krystallform des ursprünglichen Minerales ist an den Pseudomorphosen bisweilen vortrefflich erhalten, so dass die Winkel nur eine geringe Veränderung verrathen. Pseudomorphosen, aus Serpentin bestehend, gaben Haidinger Winkel, welche jenen der Olivinkrystalle sehr nahe kommen. Die grünen, aus Malachit bestehenden Pseudomorphosen, welche die Krystallform des Atakamits erkennen lassen, lieferten v. Kokscharow und dem Autor bei der Beobachtung der Winkel Zahlen, welche mit den für Atakamit geltenden beinahe übereinstimmen. Auch die feine Zeichnung und Riefung der Flächen ist bisweilen schön erhalten, wie an den Brauneisenkörpern mit der Form des Eisenkieses oder an den aus Speckstein bestehenden Pseudomorphosen, welche die Formen von Quarzkrystallen bis auf die feinste Riefung der Säulenflächen wohl erhalten an sich tragen. Die Form schwebender Krystalle wird durch die umhüllende Matrix conservirt, die Form sitzender Krystalle aber dadurch gut erhalten, dass sich zuerst ein dünner Ueberzug bildet und hierauf die Veränderung beginnt. So erhält sich nach Bischof die Form sitzender Cupritkrystalle zuweilen dadurch, dass die Umwandlung in Malachit unter einem Ueberzug von Brauneisenerz vor sich geht.

Die Textur der Pseudomorphosen ist in der Regel dicht bis feinkörnig oder wirr-blätterig, oder verworren-faserig. Gröber körnige oder parallel blätterige oder parallel faserige Textur ist seltener. Die parallele Stellung der neu gebildeten Blättchen oder Fasern ist eine merkwürdige Erscheinung. Da wir annehmen, dass in jedem Krystall die Theilchen der Molekel gegen einander parallel orientirt sind und da auch in dem veränderten Krystalle die parallele Stellung der Theilchen erkannt wird, so beschränkt sich in einem solchen Falle die Erhaltung nicht blos auf die äussere Form, sondern mehr oder weniger deutlich auch auf die Lagerung der Theilchen. Es wird sich später zeigen, dass damit eine chemische Aehnlichkeit des ursprünglichen Krystalls und der Neubildung Hand in Hand geht. Man kann solche Pseudomorphosen als homoaxe bezeichnen, wogegen alle anderen heteroaxe heissen würden. Bei den homoaxen ist öfters die Spaltbarkeit des ursprünglichen Minerals ziemlich gut erhalten und manchmal wird die Spaltbarkeit sogar deutlicher, wie z. B. beim Schillerspath. Ein Beispiel einer homoaxen Pseudomorphose ist ausserdem der Uralit, welcher Augitform zeigt und im Inneren aus parallelen Hornblendefasern besteht.

Manche Pseudomorphosen bestehen aus einem einfachen Mineral, andere enthalten ausser dem herrschenden Mineral eine geringe Beimengung eines zweiten, manche endlich bestehen aus einem Gemenge zweier oder mehrerer Minerale. Man pflegt die Pseudomorphosen nach dem in ihnen herrschenden Minerale zu classificiren, also diejenigen, welche aus Kalkspath bestehen, in dieselbe Abtheilung, die aus Quarz bestehen, zusammen genommen in eine andere Abtheilung zu stellen. Man kann aber auch die Eintheilung nach dem ursprünglichen Minerale treffen, also z. B. diejenigen Pseudomorphosen, welche aus Augit entstanden sind, zusammenstellen, jene, welche aus Eisenkies hervorgegangen sind, nebeneinanderstellen u. s. f. Bei der Anführung der Pseudomorphosen pflegt man nach dem Vorgange von Blum das Mineral, aus welchem die Pseudomorphose besteht, zuerst und hierauf das ursprüngliche zu nennen und beide Namen durch das Wörtchen »nach« zu verbinden. So wird eine der früher genannten als »Pseudomorphose von Serpentin nach Olivin«, eine andere als »Pseudomorphose von Speckstein nach Quarz«, eine dritte als »Pseudomorphose von Schillerspath nach Bronzit« bezeichnet. Pseudomorphosen, die aus einem Gemenge von Mineralen bestehen, erhalten eine entsprechende Bezeichnung, z. B. Kaolin und Quarz nach Feldspath.

Oft lässt sich die Verwandlung eines krystallisirten Minerals, also die Pseudomorphosenbildung, genau verfolgen. Dabei leistet, wie begreiflich, die

Fig. 241.   Fig. 242.   Fig. 243.   Fig. 244.

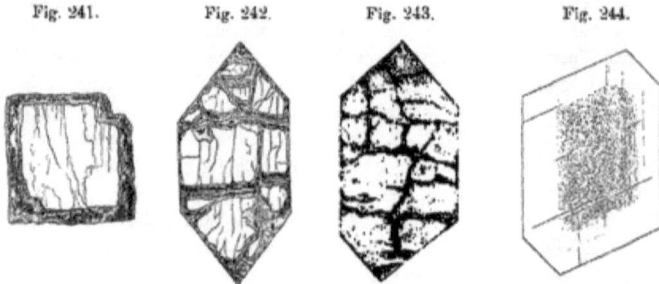

mikroskopische Untersuchung ganz Ausserordentliches. In vielen Fällen bildet das Umwandlungsproduct nur die äussere Schichte, während im Inneren noch ein frischer Kern sichtbar ist. Die Umwandlung schreitet in solchen Fällen entweder unregelmässig, also nach krummen Flächen vor oder sie dringt nach ebenen Flächen gegen das Innere. Diese Art der Veränderung zeigen die rhomboëdrischen Krystalle von Eisenspath, welche sich in gewöhnliches Brauneisenerz (Limonit) verwandeln, oder Krystalle von Eisenkies, die sich in ein anderes Brauneisenerz (Göthit) verwandeln. Fig. 241 zeigt den Querbruch eines Würfels von Eisenkies, der noch einen frischen Kern enthält, im Uebrigen aber in dichten Göthit verwandelt ist.

Oefters schliessen Kern und die neugebildete Rinde nicht eng aneinander, sondern es existirt ein Zwischenraum, ja der Kern verschwindet früher, bevor die von aussen vordringende Pseudomorphosenbildung zum Inneren gelangt, und es entstehen hohle Pseudomorphosen, die man schon oft für blosse Umhüllungen gehalten hat. Dies geschieht häufig bei der Bildung der Pseudomorphose von Quarz nach Calcit.

Die Umbildung schreitet zuweilen in der Weise vor, dass das zersetzende Medium in die feinen Sprünge des Krystalls eindringt. Diese Sprünge verlaufen gewöhnlich nach der Spaltbarkeit. Das neu entstehende Mineral bildet sich demzufolge in den Sprüngen und an den Wänden derselben. Hat es ein grösseres Volum als das ursprüngliche, so zersprengt es den Krystall von Neuem, die Verwandlung schreitet in gleicher Weise fort, bis die Sprünge wieder zusammentreffen und bis ein ganzes Netzwerk von Sprüngen, zugleich aber auch ein Netz des neuen Minerals entstanden ist. Endlich werden auch die Maschen des Netzes umgewandelt. Derart ist die Umwandlung des Olivins in Serpentin (Autor, Sitzungsber. d. W. Akad. Bd. 56). Fig. 242 gibt den mikroskopischen Durchschnitt eines Olivinkrystalls, an welchem nicht blos eine Rinde von Serpentin entstanden, sondern die Serpentinbildung auch netzartig fortgeschritten ist. Weil bei dieser Umwandlung häufig auch etwas Magneteisenerz gebildet wird, so sieht man die schwarzen Körnchen desselben an den Stellen, wo sich früher Sprünge gebildet haben, nicht selten. Die folgende Fig. 243 zeigt den Durchschnitt der vollendeten Pseudomorphose, die ihre Bildungsweise an der netzförmigen Zeichnung deutlich erkennen lässt.

Bisweilen beginnt die Umwandlung im Innern des Krystalls, wie bei manchen Feldspathkrystallen, die in der äusseren Schichte noch kaum angegriffen sind, im Inneren aber eine erdige Masse, wahrscheinlich Kaolin enthalten, wovon Fig. 244 eine Vorstellung gibt. Dieser sonderbare Anfang der Pseudomorphosenbildung wird nach Zirkel dadurch erklärt, dass im Innern der ursprünglichen Krystalle viele Lücken mit dampfförmigen oder flüssigen Einschlüssen vorhanden waren, so dass dem zersetzenden Medium, welches durch feine Sprünge in das Innere drang, dort eine grosse Oberfläche geboten war, also der Angriff daselbst rascher erfolgen konnte, als an der Oberfläche des Krystalls.

Da nicht nur Krystalle, sondern auch krystallinische Massen der Umwandlung unterliegen, so kömmt es nicht selten vor, dass die durch Umwandlung entstandenen Minerale zwar keine Krystallform zeigen, aber durch ihr Gefüge den Ursprung verrathen. Der rothe Glaskopf, welcher eine traubige oder nierförmige Oberfläche hat und jene doppelte Textur (Glaskopftextur) zeigt, die zugleich radialfaserig und concentrischschalig ist, geht aus dem braunen Glaskopf, einer Art des Limonits hervor, wobei Oberfläche und Textur erhalten bleiben. Haidinger sprach sich also dahin aus, dass der rothe Glaskopf eine Pseudomorphose nach braunem Glaskopf sei. Blätterige Massen von Aragonit, welche noch die Spaltflächen von Gyps erkennen lassen (Schaumkalk), sind als Pseudomorphosen von Aragonit nach Gyps bezeichnet worden u. s. f. Hält man diese Bezeichnung fest, so muss dementsprechend die Naumann'sche Definition der Pseudomorphose erweitert und gesagt werden: Pseudomorphosen sind krystallinische oder amorphe Minerale, welche entweder die Form oder die Textur eines von ihnen verschiedenen Minerales oder auch beides an sich tragen.

Scheerer hat den Gedanken ausgesprochen, dass es Pseudomorphosen gebe, welche von Mineralarten herrühren, die gegenwärtig nicht mehr existiren, die gleichsam ausgestorben sind. Obwohl die Möglichkeit zugegeben werden muss, so ist es doch bisher nicht gelungen, hierfür einen beweisenden Fall anzuführen.

Als ältere Schriften über Pseudomorphosen sind hervorzuheben: Breithaupt, Ueber die Echtheit der Krystalle. Freiberg 1815. Haidinger in Pogg.

Annalen, Bd. 11, pag. 173 und 366. Bd. 62, pag. 161; als neuere Schriften: Scheerer, Ueber Afterkrystalle. Handwörterbuch der reinen und angewandten Chemie. 2. Aufl. 1837. L. Bischof, Lehrbuch der chemischen Geologie, erste Aufl. 1847 und in der 2. Auflage 1863—66. Bemerkungen über Ps. Delesse in den Annales de mines. [5] Bd. 16, pag. 317. E. Geinitz, N. Jahrbuch f. Mineralogie. 1876, pag. 449. Eine Zusammenstellung eigener und fremder Beobachtungen sammt Angabe der Literatur gab R. Blum in dem sehr verdienstlichen Werke über die Pseudomorphosen des Mineralreiches. Stuttgart 1843, nebst erstem bis viertem Nachtrag aus den Jahren 1847, 1852, 1863, 1879, und auch Roth, Chemische Geologie. Berlin 1879.

78. Versteinerungen. So bezeichnet man im Allgemeinen jene Formen einfacher Minerale und Gemenge, welche von Organismen herrühren, ob sie nun blos äussere Formen oder blos das Gefüge von organisirten Wesen oder beides erkennen lassen. Da in den Versteinerungen ebenfalls Minerale mit erborgten Formen auftreten, so zeigt sich eine wesentliche Aehnlichkeit mit den Pseudomorphosen, daher auch wieder Abdrücke und Producte der Veränderung unterschieden werden können.

Hohle Abdrücke (Spurensteine) finden sich besonders häufig im Kalkstein, sonst auch im Dolomit, im Sandstein u. s. w. Sie entstehen durch die Abformung von Organismen, deren Substanz später in gelöster Form weggeführt wurde. Bei diesem Vorgange bleibt öfters der Abguss der Innenseite hohler Formen erhalten, wie dieses die Abgüsse des Innenraumes von Schnecken und Muscheln zeigen, welche Steinkerne genannt werden. Die eigentlichen Versteinerungen entstehen durch Veränderungen der Substanz, aus welcher die Organismen zusammengesetzt sind. Die Schalen und kalkigen Gerüste niederer Thiere liefern den grösseren Theil der Versteinerungen, wobei nur eine verhältnismässig geringe Veränderung platzgreift, indem die Versteinerung wieder aus Kalkspath, seltener aus Aragonit besteht. Pflanzen und Thierkörper geben oft flachgedrückte Ueberreste, wie die Abdrücke von Blattpflanzen, Fischabdrücke, welche meist aus einer dünnen Schicht von Kohle bestehen. Die Anhäufung grösserer Mengen von Pflanzenresten gibt schliesslich die verschiedenen Braun- und Schwarzkohlen, in welchen oft noch direct oder nach geschicktem Präpariren die pflanzliche Textur zu erkennen ist.

Das versteinerte Holz ist meistens verkieselt, aus Opal oder Quarz bestehend. Im ersteren Falle ist die ursprüngliche Textur so deutlich erkennbar, dass der Dünnschliff unter dem Mikroskop denselben Anblick gewährt, wie ein wohlgerathener Schnitt aus dem frischen Holze, und doch ist alles vollständig durch Opal ersetzt und von der Holzsubstanz nichts mehr vorhanden.

Man unterscheidet öfters zwischen recent und fossil, indem jener Ausdruck auf die wenig veränderten Reste jetzt noch lebender Organismen, dieser auf die stärker veränderten Ueberbleibsel ausgestorbener Wesen angewandt wird.

Das Mineral, aus welchem die Versteinerung besteht, ist in vielen Fällen unbestimmt körnig, schuppig, dicht u. s. f. Manchmal gibt sich eine besondere

Form des neu eintretenden Minerals kund, wie die »Kieselringe« des Chalcedons und Opals bei manchen Verkieselungen. Sehr häufig hat das versteinerungsbildende Mineral seine sichtbare Textur von dem organischen Ueberreste entlehnt. Hierher gehört das schalige Gefüge vieler Muschelversteinerungen, die radialfaserige Textur der Belemniten und als ein besonders auffallendes Beispiel die Orientirung der Kalkspathindividuen in jenen Versteinerungen, welche von Echiniden, Seesternen, Crinoiden herrühren. Jeder Stachel des Seeigels, jedes Stengelglied der Seelilie, jede Platte ihres Kelches etc. ist ein Kalkspathindividuum, dessen Hauptaxe entweder der Längsaxe des Stachels etc. parallel ist oder überhaupt eine bestimmte Stellung zu der Körperaxe einnimmt. Vgl. Hessel, Einfluss des organischen Körpers auf den unorganischen. Marburg 1826.

Früher wurde schon erwähnt, dass manche krystallinische selbständige Bildungen Aehnlichkeit mit Versteinerungen besitzen. Die dendritischen oder die moosförmigen Bildungen sind früher einigemale als Pflanzenreste gedeutet worden.

Die erwähnten Minerale Kalkspath, Aragonit, Opal, Quarz, Kohle bilden hauptsächlich das Material der Versteinerungen, bisweilen aber treten Gyps, Baryt, Cölestin etc. an ihre Stelle. Wenn Minerale, die ein schweres Metall enthalten, wie Eisenkies, Brauneisenerz, Zinkspath, Rotheisenerz, Eisenspath in der Form von Versteinerungen auftreten, so spricht man von Vererzung. Sowohl Thier- als Pflanzenreste finden sich öfter durch Eisenkies vererzt. Literatur über die Minerale der Versteinerungen in dem vorerwähnten Werke von Blum über die Pseudomorphosen des Mineralreiches.

II. Mineralphysik.

79. Elasticität. Cohärenz. Aeussere Einwirkungen vermögen die Gestalt der starren Körper vorübergehend zu verändern. Dabei setzen die letzteren jedoch einen Widerstand entgegen, dessen Grösse und Beschaffenheit unter den Begriff der Elasticität fällt.

Werden die Körper in die Form von Stäbchen gebracht, so lässt sich durch Anhängung von Gewichten ein Zug, durch Auflage von Gewichten ein Druck auf dieselben ausüben und die Verlängerung oder Verkürzung messen. Stäbchen, die an einem Ende geklemmt werden, erfahren durch Gewichte, die am freien Ende senkrecht zur Längsaxe wirken, eine Biegung, ebenso Stäbchen, die an beiden Enden unterstützt und in der Mitte belastet werden. Auch die Drehung, welche das freie Ende eines einseitig geklemmten Stäbchens erfährt, lässt sich durch Gewichte hervorbringen. Je grösser das Gewicht ist, welches nöthig erscheint, um eine bestimmte Verlängerung oder Biegung oder Drehung vorübergehend hervorzurufen, desto grösser ist die Elasticität des untersuchten Körpers. Für das mineralogische Gebiet ist die Elasticität, welche Stäbchen zeigen, die aus Krystallen geschnitten sind, von Interesse. Nach den Versuchen von Baumgarten zeigt sich in Kalkspathkrystallen die grösste Elasticität parallel den Rhomboëderkanten und die geringste parallel den horizontalen Kanten des zugehörigen Prisma. Voigt und Groth bestimmten die Elasticität des Steinsalzes senkrecht zur Würfelfläche und zur Oktaëderfläche, und fanden beide im Verhältnisse 1 : 0·763.

Savart bestimmte die Elasticität einiger Krystalle durch Beobachtung der Tonhöhe und der Klangfiguren an Platten, welche in verschiedenen Richtungen aus denselben geschnitten wurden. Platten von Bergkrystall gaben verschiedene Töne, je nachdem sie parallel R oder $-R$ oder parallel den Prismenflächen u. s. w. geschnitten waren. Der Unterschied ging bis auf eine Quinte. Von den Platten, welche der Hauptaxe parallel geschnitten waren, zeigten sich immer je drei unter einander gleich, welchen eine um 120° verschiedene Lage entsprach. Platten aus Calcit gaben ähnliche Resultate, indem sich jene Platten gleich verhielten, welche gemäss der Symmetrie des Rhomboëders krystallographisch gleichen Flächen parallel waren. Gypsplatten befolgten monokline Symmetrie. Amorphe Körper lieferten nach jeder Richtung gleiche Platten. Holz, welches nach drei Richtungen verschiedenen Bau hat, zeigte demgemäss nach verschiedenen Richtungen verschiedene Elasticität. Platten von Holz boten daher Analogie mit Krystallplatten. Aus der Tonhöhe schwingender Stäbe von Eis und Steinsalz hat auch Reusch deren Elasticität zu bestimmen gesucht.

Lit. Baumgarten in Poggendorff's Annalen, Bd. 152, pag. 369. Voigt ebendas. Ergänzungs-Bd. 7, pag. 177. Savart, Pogg. Ann., Bd. 16, pag. 206. Angström, ebendas. Bd. 86, pag. 206. Neumann ebendas. Bd. 31. pag. 177. Reusch ebendas. Neue Reihe, Bd. 9, pag. 329.

80. Wenn Minerale solchen Angriffen ausgesetzt werden, welche ihre Gestalt bleibend ändern, so zeigen sie sich in ihrem Verhalten oft ungleich und man sagt daher, dass ihre Cohärenz oder ihre Tenacität verschieden sei.

Versucht man dünne Blättchen oder Stäbchen zu biegen, so werden einige wie z. B. Glimmer, Asbest, nach der Einwirkung wieder in ihre frühere Lage zurückspringen und sich als elastisch erweisen, während andere Minerale wie Chlorit, Gyps oder Talk in der neuen Lage verharren. Man nennt letztere biegsam. In der Natur kommen zuweilen gebogene Krystalle von Gyps oder von Chlorit vor. Zuweilen finden sich aber auch gebogene Krystalle von solcher Mineralen, welche sonst beim Biegen zerbrechen würden, wie z. B. gebogene Säulchen von Epidot, Blättchen von Eisenglanz.

Beim Schaben, Theilen und Kratzen der Minerale beobachtet man gewöhnlich unter knisterndem Geräusch ein Fortspringen der Splitter und des Pulvers ferner ein häufiges Ausbrechen des Schnittes und freiwilliges Fortsetzen der entstandenen Sprünge. Minerale dieses Verhaltens sind spröde, z. B. Flussspath, Feldspath, während man als milde solche bezeichnet, deren Pulver nicht heftig wegspringt, sondern beim Schaben auf der Klinge liegen bleibt, wie z. B. Speckstein, Graphit. Entstehen gar keine Sprünge, bilden sich gar keine Splitter kein Pulver, sondern gibt das Mineral dem eindringenden Messer oder der Spitze vollständig nach, so wird das Mineral geschmeidig genannt, wie das Gold Silber, der Silberglanz. Die hierher gehörigen Minerale sind meistens auch dehnbar oder ductil, da sie sich zu dünnen Blechen hämmern oder zu Draht ausziehen lassen. Wenn ein Mineral sich entweder gar nicht, oder nur sehr schwierig zerschlagen lässt, so wird es zähe genannt, wie z. B. Eisen und alle dehnbaren Metalle; ferner im geringeren Grade Nephrit, Chalcedon und mehrere wirrfaserige Minerale.

81. Die Festigkeit der Körper äussert sich am einfachsten bei Anwendung eines durch Gewichte hervorgebrachten Zuges bis zum endlichen Zerreissen. Sohncke prüfte die Zugfestigkeit des Steinsalzkrystalls und fand, dass, wofern ein Stäbchen, das senkrecht zur Würfelfläche genommen war, durch ein Gewicht von 1 Kilogramm zerrissen wurde, ein gleiches zur Oktaëderfläche senkrechtes Stäbchen das Doppelte und ein zur Fläche des Rhombendodekaëders senkrechtes 2·6mal so viel bedurfte, um zu zerreissen; die Zerreissungsflächen waren immer die Würfelflächen, nach welchen auch die Spaltung erfolgt (Pogg. Ann. Bd. 137, pag. 177).

Die Festigkeit, welche die Minerale beim Zerdrücken erkennen lassen, (rückwirkende Festigkeit) hat nur bei den Krystallen und amorphen Körpern eine bestimmte Grösse, während sie bei den krystallinischen Aggregaten von der Art der Verbindung abhängt, in welcher sich die Individuen befinden. Dasselbe Mineral zeigt grössere rückwirkende Festigkeit, wenn es dicht ist, als wenn es körnig erscheint. Würfel von Kalkstein, welche alle aus demselben Minerale, nämlich Kalkspath bestehen, wurden durch aufgelegte Gewichte zerdrückt, wobei für je einen Quadratmillimeter die folgende Zahl von Kilogrammen erforderlich waren:

Dichter dunkelfarbiger Kalkstein . . 14·03
Weisser körniger Kalkstein . . . . 10·41
Matter erdig aussehender Kalkstein . 3·06
Weicher erdig aussehender Kalkstein 1·05

Ebenso verhält es sich mit den krystallinischen Mineralgemengen. Ein dichter Porphyr erforderte 24·78 Kilogr., während ein körniger Granit, welcher aus denselben Mineralen besteht, 17·31 und ein anderer Granit 10·1 Kilogr. erforderte. Die rückwirkende Festigkeit kommt bei der Schätzung des Werthes der Baumateriale in Betracht.

82. **Spaltbarkeit.** Bei der Betrachtung der Krystallformen ist schon wiederholt auf die Eigenschaft vieler Krystalle, nach ebenen Flächen spaltbar zu sein, aufmerksam gemacht worden. Die Spaltflächen werden entweder absichtlich durch Anwendung eines Messers, eines Meissels etc. hervorgerufen, oder sie erzeugen sich ohne unsere Absicht durch Druck oder Erschütterung, welchen die Krystalle oder Individuen ausgesetzt sind. Zuweilen kommen die Minerale schon zerspalten in unsere Hände, wie z. B. mancher Glimmer, Gyps, Bleiglanz, so dass dieselben so aussehen, als ob sie aus Blättern oder Würfeln zusammengesetzt wären, die ohne Anstrengung auseinander genommen werden könnten. Unveränderte Individuen und Krystalle hingegen zeigen die Blätterung nicht,

und sind frei von Sprüngen. Die Spaltfläche bildet sich also an dem unveränderten Individuum erst im Augenblicke des mechanischen Eingriffes und die Spaltung kann hierauf zu der einmal erhaltenen Fläche parallel wiederholt werden. Geht die Spaltung gut von statten, so erhält man den Eindruck, dass dieselbe immer weiter fortgesetzt werden könne und dass nur unsere mechanischen Hilfsmittel hindern, dieselbe bis ins unendlich Kleine zu verfolgen. Die Theorie sagt uns jedoch, dass dieselbe nur soweit getrieben werden könne, bis das erhaltene Blättchen eine einzige Molekelschichte enthält oder bis die einzelnen Molekel von einander getrennt werden.

Den Ebenen der Spaltbarkeit entsprechen Maxima, den dazu senkrechten Richtungen aber Minima der Cohäsion, was durch die genannten Erscheinungen beim Zerreissen bestätigt wird.

Die Spaltflächen liegen immer bestimmten Krystallflächen parallel. Wird ein Krystall gespalten, so sind die Spaltflächen entweder solchen Flächen parallel, die auch äusserlich am Krystall wahrgenommen werden, oder solchen, die am selben Krystall möglich sind. Bleiglanzwürfel sind parallel den äusseren Flächen spaltbar. Oktaëder von Bleiglanz spalten nach Flächen, welche die Ecken des Oktaëders abstumpfen und welche als dem Hexaëder entsprechend am selben Krystall möglich sind.

An einem krystallinischen Individuum ohne Flächenausbildung erfährt man daher durch Spaltung die Lage möglicher Krystallflächen, und man kann in solchem Falle durch die Beobachtung der Spaltflächen öfter das Krystallsystem oder sogar eine einfache Combination erkennen. Gleichen Krystallflächen sind auch gleiche Spaltungsflächen parallel, daher verrathen Spaltflächen, welche nicht im gleichen Grade eben sind, die Ungleichheit der zu ihnen parallelen Krystallflächen. Man kann daher die Spaltbarkeit zur Classification der Krystallflächen benutzen oder die Richtigkeit der Auffassung einer Krystallform durch die Spaltbarkeit controliren.

Durch Spalten lässt sich zuweilen eine geschlossene Form, eine Spaltungsform erhalten. Dieselbe kommt in ihrer Beschaffenheit einem Krystalle gleich, doch wird sie meistens verzerrt aussehen. Bleiglanz liefert verzerrte Würfel, bei einiger Sorgfalt wird man ziemlich ebenmässige Würfel erhalten. Calcit gibt rhomboëdrische Spaltungsstücke oder auch Rhomboëder. Aus Flussspath kann man Oktaëder oder auch scheinbare Tetraëder erhalten. Blende, welche nach dem Rhombendodekaëder spaltbar ist, liefert nur bei grosser Sorgfalt die letztere Form, sonst aber verschiedene Gestalten, die weniger als zwölf Flächen haben. Glimmer, der blos nach einer einzigen Fläche spaltbar ist, gibt keine Spaltungsform. Die monokline Hornblende, welche nach dem aufrechten Prisma spält, gibt, weil dieses eine offene Form, auch keine eigentliche Spaltungsgestalt.

Wenn die erhaltenen Spaltflächen so glatt und eben sind, dass sie das Licht ausgezeichnet oder vollkommen reflectiren, so wird die Spaltbarkeit als höchst vollkommen bezeichnet, wie am Gyps und Glimmer, oder als sehr vollkommen, wie am Baryt oder Calcit, oder als vollkommen, wie am Augit, Fluorit, dagegen als unvollkommen, wenn die erhaltenen Flächen nicht eben erscheinen, wie am ranat und Vesuvian. Bisweilen lassen sich noch Spuren einer Spaltbarkeit erkennen, wie am Turmalin, dessen Spaltung sehr unvollkommen genannt wird. Die erhaltenen Flächen erscheinen in manchen Fällen fein gerieft, indem äusserst schmale Flächentheile unter ein- und ausspringenden Winkeln zusammentreffen. Dies rührt von wiederholter Zwillingsbildung her und ist vorzüglich am Plagioklas (triklinen Feldspath) zu beobachten. Zähe Minerale lassen sich schwieriger, spröde hingegen leichter spalten. Geschmeidigkeit und Biegsamkeit ist auch oft beim Spalten hinderlich, wie man beim krystallinischen Eisen und beim Chlorit wahrnimmt.

83. Die Spaltflächen liegen im tesseralen Systeme den primären Flächen parallel. Man beobachtet am häufigsten die Spaltbarkeit parallel dem Würfel (100) wie beim Steinsalz und Bleiglanz, seltener jene nach dem Rhombendodekaëder (110), wie bei der Blende, und nach dem Oktaëder (111), wie am Rothkupfererz.

Der Analogie wegen pflegt man auch in den übrigen Krystallsystemen dort, wo verschiedene Deutungen möglich sind, die Spaltebenen als primäre Flächen anzunehmen, doch ist dies zugleich eine Forderung der Theorie, welche schon Hauy dazu führte, die Spaltungsform als Grundform zu betrachten, und welche nach dem heutigen Ausdrucke die primären Molecularebenen, besonders die Endflächen, als Ebenen der grössten Cohäsion hinstellt (28).

Im tetragonalen System findet sich öfter die Spaltbarkeit nach der Endfläche (001), wie am Uranit, ferner nach einem aufrechten Prisma, welches als (100) oder als (110) aufgefasst wird, wie am Zinnerz, Rutil, Skapolith. Seltener ist die Spaltbarkeit nach (101) z. B. am Scheelit.

Das hexagonale System zeigt wieder als häufigste Spaltbarkeit die nach der Basis (0001), wie am Beryll und nach einem Prisma, welches als Protoprisma (10$\bar{1}$0) aufgefasst wird, wie am Apatit, Nephelin. Nach der hexagonalen Pyramide bemerkt man selten eine Spaltbarkeit (Pyromorphit). Die rhomboëdrische Hemiedrie bringt eine eigenthümliche Spaltbarkeit, nämlich jene parallel dem Rhomboëder mit sich. (Calcit, Dolomit.)

Im rhombischen Systeme beobachtet man am häufigsten Spaltbarkeit nach einer der drei Endflächen, wie z. B. am Topas, Diaspor. Selten zeigt sich Spaltbarkeit nach allen drei Endflächen, wie beim Anhydrit. Eine grössere Anzahl von Mineralen ist nach einem Prisma spaltbar, welches entweder als aufrechtes oder als Längs- oder als Querprisma genommen werden kann. Bronzit, Weissbleierz, Baryt sind Beispiele. Selten ist die Spaltbarkeit nach einer Pyramide, welche man als (111) annehmen wird, wie am Schwefel.

Von den monoklinen Krystallen bieten viele die Spaltbarkeit nach der Symmetrieebene (010) dar, wie der Gyps, der Orthoklas. Spaltungen senkrecht zur Symmetrieebene kommen auch häufig vor. Man wird ihre Richtungen als (100) oder (001) betrachten. Beim Gyps wird sie als (100) genommen, während man sie beim Orthoklas als (001) bezeichnet. Ein Spaltungs-Prisma, welches parallel zur Symmetrieebene gestreckt ist, wird entweder als aufrechtes Prisma

(110), wie bei Hornblende und Augit, oder als Längsprisma (011), oder als Grundpyramide (111) betrachtet, wie beim Gyps, an welchem die letztere Spaltbarkeit faserig erscheint.

Im triklinen Systeme werden die Spaltebenen vor Allem als Endflächen gedeutet, wie z. B. bei den Plagioklasen, welche in der Form Aehnlichkeit mit dem Orthoklas und die entsprechende Spaltbarkeit zeigen. Die beiden Ebenen der deutlicheren Spaltbarkeit werden hier als (010) und (001) aufgefasst, während eine dritte, weniger deutliche als Prismenfläche (110) genommen wird, da sie eine ähnliche Lage besitzt, wie die Fläche des aufrechten Prisma beim Orthoklas.

Hauy hat in seinen Krystallbildern die Flächen deutlichster Spaltbarkeit mit P, M, T bezeichnet (pri-mi-tif), was zugleich an die angenommene Grundform erinnert. Ein Beispiel ist Fig. 73 auf pag. 48.

Die Minerale derselben Art haben gleiche Spaltbarkeit. Diese anfangs überraschende Constanz, wie sie besonders schön am Kalkspath zu beobachten ist, hat schon die älteren Mineralogen auf den Bau der Krystalle aufmerksam gemacht und Hauy zur Begründung der Krystallographie angeregt. Die verschiedensten Rhomboëder und Skalenoëder, die sechsseitigen Säulen und Tafeln, alle die verschieden combinirten Krystalle des Kalkspathes lassen sich in gleicher Weise nach einem Rhomboëder von 105° Flächenwinkel spalten, dessen Hauptaxe parallel der Hauptaxe der ganzen Form ist. Aber auch die Individuen des körnigen und stengeligen Kalkspathes geben beim Spalten dasselbe Rhomboëder, und in vielen Versteinerungen lässt sich dieselbe Spaltbarkeit verfolgen. Wie in diesem Beispiele verhält sich die Spaltbarkeit in allen anderen Mineralgattungen, daher sie ein ganz vorzügliches Merkmal ist, welches nicht blos für Krystalle, sondern für alle krystallinischen Ausbildungen gilt und nur bei dem dichten Zustande eine Grenze findet, welche schliesslich noch durch die mikroskopische Beobachtung überschritten werden kann.

Obgleich nun aber durch sehr viele Fälle gezeigt ist, dass die Spaltbarkeit bei derselben Mineralart constant sei, kommen doch wieder solche Fälle vor, welche als Abweichungen von dieser Regel erscheinen. Diese scheinbaren Ausnahmen werden durch eine schalige Zusammensetzung hervorgebracht, welche ihren Grund in einer Zwillingsbildung oder in der schichtenförmigen Einlagerung eines fremden Minerales hat. Magneteisenerz, welches keine Spaltbarkeit besitzt, umfasst Varietäten, welche eine schalige Zusammensetzung parallel den Oktaederflächen darbieten. Zur Gattung Pyroxen gehört eine Art (Diallag), welche eine ausgezeichnete schalige Zusammensetzung parallel der Querfläche zeigt, während andere Arten, wie der Salit, eine schalige Zusammensetzung nach der Endfläche zeigen. Durch Zersetzung des Minerals wird die schalige Zusammensetzung öfters noch deutlicher wie beim Diallag und Bronzit, worauf die Verwechslung mit Spaltbarkeit noch leichter möglich ist. Da jedoch die schalige Zusammensetzung bei einer bestimmten Dicke ihr Ende erreicht, während die Spaltung sich ins Unmerkliche fortsetzt, so lässt sich der Zweifel in den meisten Fällen lösen.

84. Druckzwillinge. Manche krystallisirte Minerale zeigen bei Anwendung von Druck solche Verschiebungen der Theilchen, welchen zufolge dieselben in eine neue Gleichgewichtslage kommen, die einer Zwillingsstellung entspricht. Die Flächen, nach welchen die Verschiebung erfolgt, nennt Reusch Gleitflächen.

Die Verschiebung mit Umstellung der Theilchen wurde zuerst am Kalkspath beobachtet. Wie Pfaff und Reusch gezeigt haben, entstehen in einem Kalkspathindividuum durch Druck dünne Lamellen, welche parallel der Fläche $-\tfrac{1}{2}R$ lagern und sich gegen die Hauptmasse des Individuums in Zwillingsstellung befinden, nach dem Gesetze, dass $-\tfrac{1}{2}R$ die Zwillingsebene. S. Fig. 245.

So wie hier einzelne Schichten in Zwillingsstellung gerathen, so kann durch Verschiebung vieler aufeinanderfolgender Schichten ein vollständiger Zwilling erzeugt werden, wie H. Baumhauer gefunden hat. Wenn ein Spaltungsstück klaren Kalkspathes mit einer stumpfen Kante auf eine feste Unterlage gestützt wird, während die dazu parallele stumpfe Kante zu oberst erscheint, und wenn

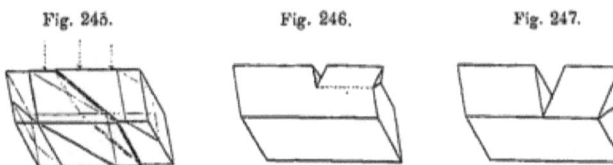

Fig. 245.   Fig. 246.   Fig. 247.

die Schneide einer Messerklinge senkrecht gegen die letztere Kante in das Mineral gedrückt wird, so dringt die Klinge so ein, wie in einen geschmeidigen Körper. Die Sprödigkeit des Kalkspathes scheint verschwunden. Die vordringende Klinge schiebt fortwährend neue Schichten zur Seite, und zwar in beistehender Figur nach rechts, daher dort bald ein einspringender Winkel sichtbar wird, Fig. 246, bis endlich ein grosser Theil des Spaltungsstückes sich derart verschoben hat, dass das Ende rechts als ein richtiger Zwilling erscheint, Fig. 247. Man kann auf diese Weise und nach dem Wegspalten des Theiles links von dem Einschnitte vollständige künstliche Zwillinge erhalten. So wie der Kalkspath verhält sich nach den Beobachtungen des Autors auch der rhomboëdrische Natriumsalpeter. Dass auch in mehreren anderen rhomboëdrischen Mineralen, ferner auch im Anhydrit (rhombisch) und Diopsid (monoklin) bei Anwendung von Druck solche Verschiebungen hervorgebracht werden und dass Zwillingslamellen entstehen, wurde von Mügge beobachtet.

Man kann die Erscheinung der Molekulartheorie gemäss dahin erläutern, dass der geübte Druck, welcher parallel der stumpfen (hier horizontalen) Kante wirkt, sowohl eine Verschiebung der Molekel als auch gleichzeitig eine halbe Drehung derselben um eine horizontale Axe hervorbringt, oder dass derselbe die Molekel umformt. Später wird erwähnt werden, dass auch bisweilen durch Erwärmung Zwillingslamellen entstehen und verschwinden.

85. Schlagfiguren. Durch Druck werden in vielen krystallisirten Mineralen ebenflächige Trennungen hervorgebracht, deren Lage von jener der Spaltflächen verschieden ist. Drückt man Krystalle oder Spaltungstücke von Steinsalz in einer Schraubenpresse, so erhält man leicht Risse parallel einer Fläche des Rhombendodekaëders, während die Spaltbarkeit nach den Würfelflächen verläuft. Die Glimmer lassen keine andere Spaltbarkeit als jene parallel der Endfläche erkennen und doch zeigen grössere Individuen von Glimmer, welche durch die wellige Oberfläche den erlittenen Druck verrathen, häufig Trennungen schief zur Spaltung, die man schon öfter für Krystallflächen gehalten hat.

Man kann die durch Druck entstehenden regelmässigen Risse leicht im kleinen Maasstabe hervorbringen, wenn man nach dem Vorschlage von Reusch

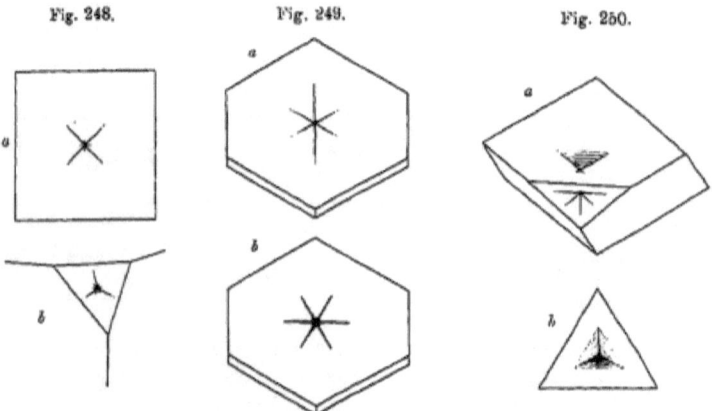

Fig. 248.   Fig. 249.   Fig. 250.

einen zugespitzten Stahlstift (Körner der Metallarbeiter oder auch eine Gravirnadel der Lithographen) auf die zu prüfende Krystall- oder Spaltungsfläche setzt und hierauf durch einen leichten Schlag die Spitze eindringen macht. Die entstehenden Sprünge treten oft zu mehreren auf, welche sich in dem Schlagpunkte kreuzen und Sternchen bilden. Die so entstehenden Figuren wurden Schlagfiguren genannt.

Am Steinsalze ist die Schlagfigur ein vierstrahliger Stern, aus zwei sich kreuzenden Rissen bestehend, welche gegenüber dem Quadrate der Würfelfläche diagonal gestellt sind. Fig. 248a. Da die Risse ausserdem auf der geprüften Würfelfläche senkrecht stehen, so liegen sie den Flächen des Rhombendodekaëders parallel, wie dies schon früher bei jenen durch Druck entstandenen Sprüngen bemerkt wurde. Auf der Oktaëderfläche ist die Schlagfigur dreistrahlig, indem Risse normal zu den Kanten (111) : (100) entstehen, welche wiederum zu Flächen (110) parallel sind. Fig. 248b.

Glimmerblättchen liefern als Schlagfigur einen sechsstrahligen Stern, aus drei sich kreuzenden Rissen bestehend, wovon einer einfach ist und der Symmetrieebene des monoklinen Minerales parallel liegt, während die beiden anderen treppenartig verlaufen und mehreren Flächen entsprechen, welche in der Zone zwischen Endfläche 001 und dem aufrechten Prisma 110 liegen. Fig. 249 a. M. Bauer fand ferner, dass beim Drücken mit einem abgestumpften Stifte in den Glimmerplatten Risse entstehen, welche zusammen auch einen sechsstrahligen Stern geben, aber von den Rissen der Schlagfigur um je 30° abweichen. Die Risse dieser Druckfigur liegen einem Querprisma (102) und zwei Pyramidenflächen (133) parallel, genau so wie dies an den in der Natur vorkommenden Trennungen am Glimmer zu sehen ist. Fig. 249 b.

Am Calcit erhält man auf den Spaltflächen eine monosymmetrische Schlagfigur, welche aus zwei den Rhomboëderkanten parallelen Sprüngen und einem zwischenliegenden System feiner Zwillingslamellen nach $-\frac{1}{2}R$ besteht, Fig. 250 a. Hier hat man gleichzeitig Trennung und Verschiebung der Theilchen in die Zwillingsstellung. Auf der Prismenfläche erhält man eine fünfstrahlige Schlagfigur mit Trennungen parallel OR, R und $\infty P2$. Auf der Endfläche ist die Schlagfigur dreistrahlig mit Rissen parallel dem verwendeten Prisma und feinen Zwillingslamellen zwischen denselben. Fig. 250 b. Die Figuren entsprechen hier wie überall dem Charakter der Flächen, da die Rhomboëderfläche und Prismenfläche monosymmetrisch, die Basis trisymmetrisch ist.

Am Gyps erhielt Reusch sowohl durch Schlag als durch Verschiebung bestimmte Trennungsflächen.

Die Versuche bezüglich der Schlagfiguren haben ein begrenztes Gebiet, da sie nur an den weicheren Mineralen mit Erfolg ausgeführt werden können.

Literatur über die Erscheinungen bei Anwendung von Druck und Schlag: Reusch, Poggendorff's Ann. Bd. 132, pag. 441, Bd. 136, pag. 130. M. Bauer, ebendas. Bd. 138, pag. 337. Zeitschrift der deut. geolog. Gesellsch. 1874, pag. 137. Jahrb. für. Min. 1882, Bd. I, pag. 138. H. Baumhauer, Zeitschr. für Krystallogr. Bd. 3, pag. 588. Aut. ebendas. Bd. 2, pag. 14, und Mineralog. Mitth. Bd. 4, pag. 99. Mügge, Jahrb. f. Min. 1882, Bd. I, pag. 32, und ff. Bde. Liebisch, Nachrichten d. Ges. der Wissensch. zu Göttingen. 1887, pag. 435.

86. Bruch. Durch Zerbrechen oder Zerschlagen der Minerale werden entweder ebene Flächen erhalten, welche als Spaltflächen früher besprochen wurden, oder es entstehen unebene Flächen, welche man den Bruch nennt. Je vollkommener die Spaltbarkeit, desto schwieriger ist es, den Bruch wahrzunehmen, während an den unvollkommen spaltbaren Individuen beim Zerbrechen vorwiegend Bruchflächen erhalten und die Spaltflächen erst bei aufmerksamer Beobachtung erkannt werden.

Betrachtet man in erster Linie die Krümmung der Bruchflächen, so zeigt sich, dass die Mehrzahl der Minerale Bruchflächen mit muschelähnlichen Vertiefungen und Erhabenheiten liefern, welche der muschelige Bruch genannt werden und wobei flach- und tiefmuscheliger, gross- und kleinmuscheliger Bruch, wohl auch vollkommen und unvollkommen muscheliger Bruch unterschieden werden. Die Ausdrücke ebener und unebener Bruch sind ohne weiteres verständlich. Bezüglich der anderen Eigenschaften der Bruchflächen unterscheidet man ausser dem glatten Bruche noch den splittrigen, wofern an der Bruchfläche

kleine halbabgelöste Splitter haften, wie beim Feuerstein, ferner den hakige
wofern die Bruchfläche viele feine hakenförmige Theilchen zeigt, wie dies n
bei den dehnbaren Mineralen vorkommt, endlich erdig bei matter staubig
Bruchfläche, wie beim Thon und der Kreide.

87. Härte. Die Grösse der Cohärenz macht sich in sehr bestimmter Wei
geltend, wenn die Körper auf ebenen Flächen geritzt, oder wenn sie gescha
werden. Der Widerstand, welchen ein Körper der Trennung seiner Theilch
beim Ritzen oder Schaben entgegensetzt, wird seine Härte genannt. Die Prüfu:
durch Ritzen wird in den Fällen, welche keine grosse Genauigkeit beansprucht
mit freier Hand ausgeführt, indem eine Spitze von Stahl oder das scharfe E
eines Minerals mit mässigem Drucke über die ebene Fläche des zu prüfend
Minerals geführt wird. Hierauf hat man sich zu überzeugen, ob ein Ritz e
standen ist oder ob nicht vielleicht die gebrauchte Spitze ein Pulver hinterlass
hat, weil dieselbe weicher ist als die zu prüfende Fläche. Ist die letztere ni
genug eben, so kann man bei der Härteprüfung leicht getäuscht werden, w
durch die bewegte Spitze Theilchen der Oberfläche abgerissen werden und
merkliches Pulver entsteht, obwohl die Fläche härter ist als die verwende
Spitze. Körnige, blätterige und faserige Minerale sind für diese Härteversuc
wenig geeignet, weil die prüfende Spitze zwischen die einzelnen Individuen e
dringt und sie voneinander reisst, anstatt sie zu ritzen. Erdige Minerale könn
gar nicht auf diese Weise geprüft werden. In solchen Fällen gewinnt man jedo
ein ziemlich sicheres Urtheil durch den Polirversuch, indem das Pulver des
untersuchenden Minerals unter gelindem Drucke auf einer glatten Fläche v
bekannter Härte verrieben wird, worauf die Fläche feine Ritze erhält, wenn
weicher ist als das in Frage stehende Mineral.

Man kann über die Härte eines Minerals auch durch Schaben desselb
mit einem Messer ein beiläufiges Urtheil gewinnen. Das Resultat wird ab
genauer, wenn man, wie dies zuerst Werner gethan, das Mineral auf eine Fe
streicht, wobei das weichere mehr Pulver abgeben wird, als das härtere. Wi
die Feile auf einer Tischplatte oder auf einem Resonanzkästchen befestigt,
erzeugt sich beim Streichen auch ein Ton, welcher bei Anwendung des härter
Minerals heller sein wird, als beim Streichen mit einem weicheren. Zum Zwec
des Vergleiches muss man aber beiläufig gleich grosse und gleich geforn
Stückchen der Minerale verwenden. Für Körper, welche härter sind als
Feile, ist die Methode natürlich nicht mehr anwendbar.

Um die Härte eines Minerals in bestimmter Weise angeben zu könn
wird ein Mineral aufgesucht, welches dem untersuchten Mineral in der Hä
gleicht. Ausdrücke, wie Kalkspathhärte, Quarzhärte geben die gefundene Glei
heit an. Wird die Härte durch Ritzen bestimmt, so ist zu berücksichtigen, d
die Spitze oder das scharfe Eck auf einer Fläche von gleicher Härte blos ein
sehr schwachen Ritz hervorbringt. Kehrt man jetzt den Versuch um, d. h. nimr
man jetzt von dem geritzten Mineral ein spitzes Eck und prüft damit eine ebe
Fläche des anderen Minerals, so wird man wieder ein schwaches Ritzen beobachte

Man könnte zum Zwecke der Härtevergleichung eine grössere Reihe von Mineralen angeben, welche so aufeinander folgen, dass das vorangehende immer von dem folgenden geritzt wird, dass also die Härte mit jedem Gliede der Reihe steigt, worauf die Härte jedes Minerals durch die Nennung eines Minerals aus dieser Reihe oder Skale charakterisirt würde. Eine vielgliederige Skale wäre jedoch bei der geringen Genauigkeit, welche die gewöhnlichen Versuche an sich tragen, unpraktisch. Mohs hat daher mit richtiger Würdigung des vorliegenden Zweckes eine blos zehngliedrige Skale aufgestellt, deren man sich allgemein bedient:

Härtegrad 1 = Talk   Härtegrad 6 = Orthoklas
» 2 = Steinsalz   » 7 = Quarz
» 3 = Kalkspath   » 8 = Topas
» 4 = Flussspath   » 9 = Korund
» 5 = Apatit   » 10 = Diamant.

Um die Härte durch Ritzen prüfen und nach dieser Skale angeben zu können, hält man Stücke der genannten Minerale bereit, an welchen sowohl ebene Flächen als scharfe Ecken auftreten. Beim Versuche beginnt man immer in der Weise, dass man, um die weicheren Glieder der Skale mehr zu schonen, mit dem zu prüfenden Mineral jenes Glied der Skale zu ritzen versucht, welches muthmasslich etwas härter ist, worauf man in der Skale abwärts geht. Für die Versuche mit der Feile hat man Stückchen von geringer Grösse in Bereitschaft. Findet man die Härte genau gleich der eines Gliedes der Skale, so kann man dies durch Angabe der Nummer dieses Gliedes ausdrücken, z. B. $H = 4$ anstatt Härte des Flussspathes. Zeigt es sich, dass die gefundene Härte nicht genau gleich ist einem der aufgestellten Härtegrade, sondern zwischen zweien liegt, so kann man zur Ziffer des unteren Härtegrades ein halb hinzufügen. So heisst 3·5 ein Härtegrad, welcher zwischen dem des Kalkspathes und des Flussspathes liegt. Alle die Ziffern für die Härtegrade haben blos den Sinn von Nummern. Sie geben wohl die Steigerung der Härte an, doch sind die Unterschiede der Härte zwischen den einzelnen Stufen ungleich. Breithaupt wollte deshalb in die Skale zwei fernere Glieder einschalten, jedoch fand der Vorschlag keinen Anklang, weil die Mohs'sche Skale dem praktischen Bedürfnisse vollkommen genügt.

88. Zur genaueren Bestimmung der Härte dient ein Apparat, welcher zuerst von Seebeck construirt wurde und den man Sklerometer genannt hat. Fig. 251 und 252. Ein gleicharmiger Hebel trägt an einem Ende oberhalb eine Schale zur Aufnahme von Gewichten und unterhalb derselben eine abwärts gerichtete Spitze von Stahl oder Diamant. Die zu prüfende Mineralplatte wird auf der Unterlage m horizontal befestigt und bei dem Versuche durch Schiebung des Wagens w unter der Spitze vorbeigezogen, indem man ein constantes Gewicht bei g wirken lässt. Bei jeder Wiederholung des Versuches wird die Spitze durch Vermehrung der Gewichte auf p stärker belastet, bis endlich ein Ritz entsteht. Auf diese Weise lässt sich das Gewicht bestimmen, welches nöthig ist, um einen Ritz hervorzubringen, die Härte lässt sich also durch Gewicht ausdrücken. Bei

der Untersuchung von Krystallplatten werden dieselben zuerst so eingestellt, dass die Ritzung parallel einer Krystallkante geschieht. Ein Vollkreis erlaubt nach Beendigung des ersten Versuches die Krystallplatte um einen bestimmten Winkel zu drehen und so die Richtung anzugeben, nach welcher in der neuen Versuchsreihe die Ritzung erfolgt. Um die Krystallplatte parallel verschieben und den gleichen Versuch an mehreren Stellen wiederholen zu können, ist eine durch die Schrauben *s* verstellbare Schlittenvorrichtung angebracht.

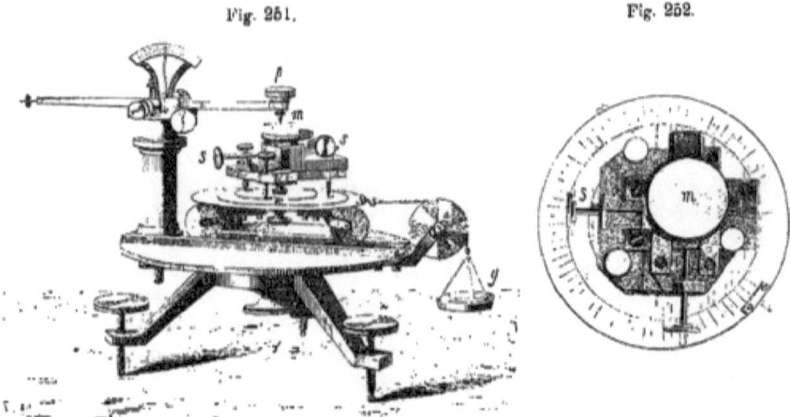

Fig. 251.   Fig. 252.

Die Beobachtungen mit dem Sklerometer gestatten vor Allem eine Beurtheilung der in der Mohs'schen Skale angenommenen Härtestufen. In dieser Beziehung sind die von Calvert und Johnson erhaltenen Resultate hervorzuheben. Sie verglichen die beobachteten Härten mit jener des Gusseisens, welche sie = 1000 setzten. Ihre Zahlen liefern folgenden Vergleich mit den Härtegraden nach Mohs:

	Sklerometer	Härtegrad		Sklerometer	Härtegrad
Stabeisen	948	5	Gold	167	zwischen 3 u. 2·5
Platin	375	zwischen 4·5 u. 4	Wismut	52	2·5
Kupfer	301	» 3 u. 2·5	Zinn	27	2
Silber	208	» 3 u. 2·5	Blei	16	1·5

Man sieht hieraus, dass der Unterschied der Härte zwischen den Anfangsgliedern der Härteskale viel geringer ist, als zwischen den höheren Gliedern. Der Unterschied zwischen den höchsten Gliedern ist ein sehr grosser. Die Edelsteinschleifer schätzen nach der Zeit, welche zum Poliren erforderlich ist, den Unterschied der Härte von Diamant und Korund viel grösser, als die Unterschiede der folgenden Härtegrade.

An manchen Krystallen und Spaltungsstücken wurde, lange bevor das Sklerometer in Gebrauch kam, die Wahrnehmung gemacht, dass krystallographisch verschiedene Flächen einen verschiedenen Härtegrad besitzen. Die älteren

Mineralogen kannten schon die merkwürdige Eigenschaft des Disthens (Cyanits), auf der einen Fläche, welche der vollkommensten Spaltbarkeit entspricht, viel leichter geritzt zu werden, als auf den anderen, und zwar fand man die Härte im ersten Falle = 5, während sie andererseits bis 7 steigt. Ebenso war es bekannt, dass der Gyps und Glimmer auf den Flächen der vollkommensten Spaltbarkeit eine viel geringere Härte darbieten, als auf den übrigen Flächen. Frankenheim verfolgte die Sache weiter, indem er mit feinen Nadeln, deren Spitzen aus Kupfer, Stahl, Sapphir etc. bestanden, die Krystallflächen mit freier Hand zu ritzen versuchte. Dabei zeigte sich, was ehedem schon Huyghens am Kalkspath wahrgenommen hatte, dass auch öfter auf derselben Krystallfläche verschiedene Härtegrade auftreten, je nach der Richtung des Ritzens.

Von Seebeck, welcher das Sklerometer angab, ferner von Franz, Grailich und Pekarek, endlich von F. Exner sind seither viele Beobachtungen in dieser Richtung angestellt worden. Dieselben lassen den Zusammenhang erkennen, der zwischen dem Auftreten verschiedener Härtegrade auf den Krystallflächen (Flächenhärte) und der Spaltbarkeit besteht. Die allgemeinen Resultate sind folgende:

1. Härteunterschiede kommen blos an solchen Krystallen vor, welche eine Spaltbarkeit besitzen. An diesen zeigen jene Flächen, welche der Spaltbarkeit parallel sind, die geringste, und jene Flächen, welche zur Spaltbarkeit senkrecht sind, die grösste Härte.

2. Ist eine Fläche zur Spaltrichtung senkrecht, so zeigt diese Fläche parallel zur Spaltung die geringste, senkrecht zur Spaltung die grösste Härte. Diese beiden Sätze harmoniren damit, dass parallel der Spaltebene ein Maximum, senkrecht dazu ein Minimum der Cohäsion existirt (82).

3. Ist eine Fläche schief zur Spaltebene, so ergibt sich sogar ein Unterschied der Härte auf derselben Linie, indem sich die grössere Härte zeigt, wenn die Spitze sich von dem stumpfen Spaltungswinkel gegen den scharfen zu bewegt (Richtung $a\,c$ in Figur 253), die geringere Härte hingegen, wenn die Spitze sich von der scharfen Kante gegen die stumpfe zu bewegt. (Richtung $a\,b$.)

4. Werden beim Ritzen gleichzeitig mehrere Spaltrichtungen getroffen, so addiren sich die denselben entsprechenden Widerstände.

5. Ist eine Fläche parallel zur Spaltung und wird sie von gar keiner ferneren Spaltrichtung getroffen, so zeigt sich auf derselben kein Härteunterschied.

Um die Grösse der Härte und die zugehörige Richtung auf die gedachte Krystallfläche auftragen zu können, drückte Franz das Gewicht durch Länge aus, so zwar, dass in der Richtung, welche zur Bildung eines Ritzes 3 Gramm erforderte, eine dreimal so lange Linie aufgetragen wird, als in einer anderen Richtung, welche zum Ritzen blos 1 Gramm erforderte. Wenn die Linien alle von demselben Punkte her strahlenförmig ausgezogen und ihre Endpunkte mit einander verbunden werden, so entsteht eine Härtecurve. Sie ist ein Kreis, wenn keine Härteunterschiede auftreten, sie ist eine Ellipse, wofern eine einzige zur untersuchten Fläche senkrechte Spaltbarkeit existirt, sie ist eine gelappte Figur, wofern die Fläche von mehreren Spaltrichtungen getroffen wird. In diesem Falle ist die Symmetrie der Härtefigur dieselbe, wie jene der geritzten Fläche.

Der monokline Glimmerkrystall in Fig. 254 zeigt blos nach der Fläche 001 vollkommene Spaltbarkeit, demgemäss ist die Härtecurve auf der Seitenfläche 010 eine Ellipse, welche durch ihre längere Axe anzeigt, dass die Härte senkrecht zur Spaltung am grössten ist. Auf der Endfläche 001 ist die Härtefigur ein Kreis, weil hier kein Unterschied zu beobachten ist.

An dem Barytkrystall in Fig. 255 herrscht eine vollkommene Spaltbarkeit parallel dem horizontalen Prisma, ebenso eine parallel der Querfläche, die hier als Rhombus erscheint. Dementsprechend ist die Härtefigur auf der letzteren Fläche vierlappig, indem parallel zu den Prismenflächen Minimalrichtungen existiren.

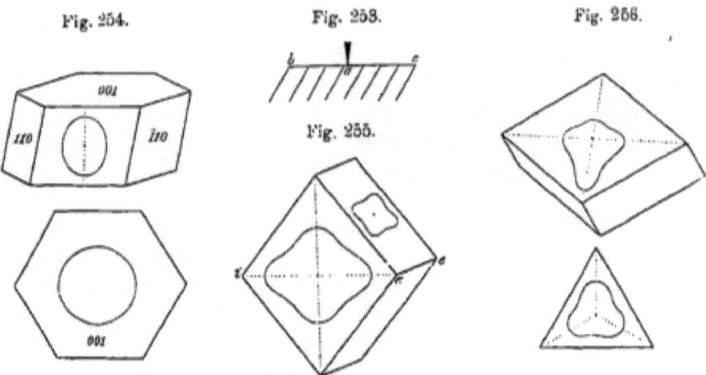

Fig. 254.   Fig. 253.   Fig. 256.

Fig. 255.

In der aufrechten Diagonale ergeben sich zwei Maxima, doch ist hier die Härte geringer als in den horizontalen Richtungen. Auf den Prismenflächen ist die Härtefigur auch vierlappig, Fig. 255, doch sollten die gegen die Kante e e gekehrten Lappen kürzer sein, weil nach diesen Richtungen die ritzende Spitze sich von der scharfen Spaltungskante gegen die stumpfe bewegt. Die Beobachtungen geben aber keinen deutlichen Unterschied.

Der Kalkspath, Fig. 256, zeigt die geringste Härte auf den Rhomboëderflächen, nach welchen er spaltbar ist. Die Härtecurve dieser Fläche ist vierlappig der schwächste Lappen ist gegen den Pol des Rhomboëders gekehrt. Auf der Endfläche, die man durch Abstumpfen des Rhomboëderpoles erhält, ist die Härtefigur dreilappig.

Das Steinsalz hat vollkommene Spaltbarkeit parallel den Würfelflächen. Demnach ist die Härtefigur auf diesen Flächen vierlappig, indem die Maxima der Härte den Diagonalen parallel sind, Fig. 257. Schleift man eine Oktaëderfläche an, so zeigt sich auf dieser dreieckigen Fläche die Härte am grössten beim Ritzen gegen die Würfelkanten zu, in entgegengesetzter Richtung am geringsten.

An dem Flussspath, Fig. 258, welcher eine andere Spaltbarkeit besitzt, indem er nach den Oktaëderflächen spält, sind die Härteverhältnisse andere. Auf 100 ist die Härte senkrecht zu den Kanten am grössten, und auf einer Oktaëderfläche findet man die grösste Härte, wenn man senkrecht gegen die Combinationskante von Oktaëder und Würfel ritzt.

Die Verschiedenheit der Härte prägt sich oft in der mikroskopischen Beschaffenheit der erhaltenen Ritze aus. Auf der Querfläche des Baryts (vergl. Fig. 255) erscheinen die Ritze in den horizontalen Richtungen, welche die grösste Härte darbieten, fast wie einfache Rinnen, in den beiden senkrechten Richtungen aber mit feinen Sprüngen besetzt, Fig. 259. Auf den Spaltflächen des Calcits erscheinen die nach den horizontalen Richtungen erhaltenen Ritze

Fig. 259.   Fig. 257.   Fig. 258.   Fig. 260.

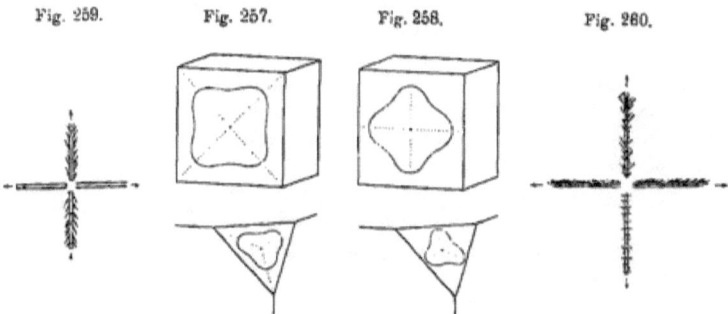

gleich und mit einem einseitigen Bart besetzt. Fig. 260. Dem Härtemaximum nach abwärts entspricht eine Rinne mit zarter monosymmetrischer Zeichnung, das Ritzen nach aufwärts liefert hingegen eine mit losgesprengten Täfelchen besetzte Rinne.

Pfaff hat anstatt der Methode des einfachen Ritzens eine andere versucht, indem er aus der Menge des bei wiederholtem Ritzen gebildeten Pulvers die Tiefe der erhaltenen Rinne berechnete und daraus auf die Härte schloss.

Das Auftreten von merklichen Härteunterschieden an demselben Krystall ist für die Bestimmung des Härtegrades keine willkommene Erscheinung, denn die Angabe der Härte soll eine einfache sein, wenn sie als Merkmal beim Bestimmen der Minerale dient. Bei den Mineralen mit vollkommener Spaltbarkeit wird daher für letzteren Zweck die mittlere Härte angegeben, welche am besten an den dichten Varietäten des bezüglichen Minerals ermittelt wird. Pfaff gab hiefür ein bohrendes Instrument an, das er Mesosklerometer nannte und bestimmte aus der Zahl der Umdrehungen, welche zum Bohren gleich tiefer Löcher nöthig sind, die mittlere Härte.

Literatur: Frankenheim, De crystallorum cohaesione. Vratislav. 1829, ausserdem in Baumgartner's Zeitschr. f. Physik. Bd. 9, pag. 94 u. 194. Seebeck, Programm des Cöln. Realgymnasiums. Berlin 1833. Franz, Pogg. Ann. Bd. 80, pag. 37. Grailich und Pekarek, Sitzungsber. d. Wiener Akad. Bd. 13, pag. 410. (1854). Exner, Untersuch. üb. d. Härte an Krystallflächen. Wien 1873. Pfaff, Sitzungsb. d. bair. Akad. 1883, pag. 55 und 1884, pag. 255.

89. Aetzung. Die Art der Cohärenz in krystallinischen Mineralen gibt sich in eigenthümlicher Weise zu erkennen, wenn glatte Flächen derselben durch auflösende Flüssigkeiten oder Dämpfe eine schwache Einwirkung erfahren. In diesem Falle bilden sich Vertiefungen, welche nach vorsichtiger Ausführung des Versuches oft scharfe Umrisse darbieten und von ebenen Flächen begrenzt erscheinen, während bei der gewöhnlichen raschen Ausführung der Aetzung häufig krummlinige Figuren entstehen. Die Form und Lage der Figur entspricht bei Krystallen immer genau der Symmetrie der geätzten Fläche, daher sie ein vorzügliches Mittel ergibt, das Krystallsystem und die hemiëdrische, tetartoëdrische oder hemimorphe Abtheilung zu erkennen, in welche der untersuchte Krystall gehört. Wofern die ursprüngliche Form des Krystalles keine charakteristischen Flächen zeigt, welche die genaue Einreihung ermöglichen, ist die Beobachtung der Aetzungsformen besonders zu empfehlen. Wenn die letzteren vertieft sind, so werden sie gegenüber den natürlichen Erhabenheiten (Subindividuen) um 180^0 verwendet erscheinen.

Die Regelmässigkeit der Aetzfiguren folgt aus der bestimmten Orientirung der Cohäsion. Die Form und das Auftreten dieser Figuren hängt jedoch nicht direct mit der Spaltbarkeit zusammen. Auch solche Minerale, die keine Spaltbarkeit erkennen lassen, zeigen oft die schönsten Aetzfiguren.

Hat man den Charakter der künstlich geätzten Flächen kennen gelernt, so wird man Spuren der Aetzung auch an manchen Mineralen, wie sie in der Natur gefunden werden, leicht wahrnehmen. Krystalle von Calcit, Orthoklas, Quarz, Topas zeigen die Erscheinung nicht selten. In vielen Fällen ist aber die Aetzung schon weiter vorgeschritten, so dass die feinen Aetzfiguren verwischt sind, ja sogar die ganze Form des früheren Krystalls verändert und wie zernagt erscheint.

Man erhält die Aetzfiguren, wenn man die Flüssigkeit durch Uebergiessen, Eintauchen, oder den Wasserdampf durch Anhauchen etc. auf die zu ätzende Fläche wirken lässt. Diese Figuren sind oft sehr klein, so dass sie erst unter dem Mikroskop wahrgenommen werden können, zuweilen sind sie auch für das unbewaffnete Auge leicht sichtbar. Auf derselben Krystallfläche liegen sie alle einander parallel. Dadurch entsteht auf geätzten Krystallflächen ein orientirter Schimmer, welchen Haidinger als Krystalldamast bezeichnete. Wenn in derselben Fläche zwei Individuen aneinanderstossen, was bei Zwillingsverwachsungen häufig vorkommt, so ist die Lage der Aetzfiguren auf den beiden Individuen häufig eine verschiedene und es sind die letzteren oft schon durch den genannten Schimmer unterscheidbar. Die Beobachtung der Aetzfiguren geschieht mittels des Mikroskopes entweder direct an der geätzten Fläche oder an Abdrücken, welche mittels Hausenblase oder Gelatine erhalten werden.

Als Beispiele mögen folgende Beobachtungen von Aetzfiguren dienen: Der Muscovit (Kaliglimmer), welcher früher für ein rhombisches Mineral gehalten wurde, zeigt nach dem Aetzen mit Flusssäure auf der Fläche vollkommener Spaltbarkeit 001 monosymmetrische Figuren, die meist von krummen Linien eingeschlossen sind, Fig. 261, jedoch bilden sich auch solche mit geradlinigen Umrissen, wovon eine unterhalb vergrössert dargestellt ist. Durch diese Beobachtung ist das monokline System des Minerals angedeutet, welches auch durch andere Beobachtungen bestätigt wird. Krystalle von Baryt, welche zuerst mit einer heissen Lösung von kohlensaurem Natron und nachher mit Salzsäure behandelt werden, zeigen auf den Rhombenflächen, Fig. 262, vierseitige oder sechsseitige disym-

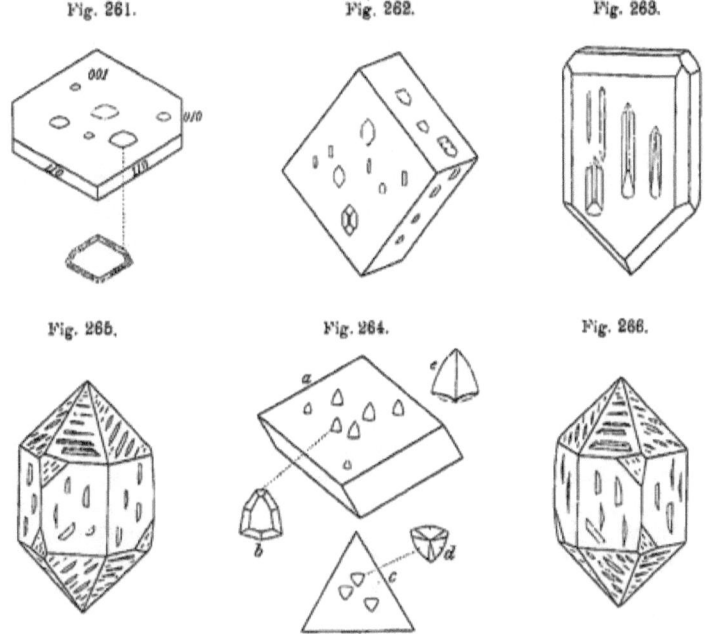

Fig. 261. Fig. 262. Fig. 263.

Fig. 265. Fig. 264. Fig. 266.

metrische Figuren, auf den Flächen des horizontalen Prisma, welche einen monosymmetrischen Charakter haben, dementsprechend auch monosymmetrische Aetzfiguren. Die hemimorphen Krystalle des Kieselzinkerzes, Fig. 263, geben auf den Quer- und Längsflächen Figuren, welche oben und unten ungleich sind, was wiederum dem Charakter dieser Flächen, welche zufolge des Hemimorphismus monosymmetrisch sind, entspricht. Spaltungsstücke von Calcit geben beim Aetzen mit Salzsäure auf den Rhomboëderflächen Figuren, welche oft von krummen Linien eingeschlossen sind, Fig. 264, aber stets eine monosymmetrische Form haben. Die oft vorkommenden Figuren mit geradlinigen Umrissen haben die Form b, welche Flächen dreier verschiedener Skalenoëder und eines Rhomboëders nebst der dem Grundrhomboëder parallelen Fläche aufweisen. Geschieht die Aetzung mit verdünnter Schwefelsäure, so haben die Aetzfiguren eine etwas verschiedene Form, nämlich die unter c, welche aber gleichfalls monosymmetrisch ist. Wird an das Spaltungsrhomboëder eine Endfläche angeschliffen und diese geätzt, so erhält man Figuren, welche, wie in c und d erkennbar, trisymmetrisch sind, was wiederum dem Charakter der geätzten Fläche entspricht. Anders als der Calcit verhält sich der Dolomit, dessen durch Salzsäure hervorgerufene asymmetrische Aetzfiguren auf R in der Fig. 267 dargestellt sind. Sie entsprechen wie die folgenden der trapezoëdrischen Tetartoëdrie. Aetzt man Quarzkrystalle mit Flusssäure, so bedecken sich die Flächen mit feinen Figuren, welche durch die Form oder durch ihre Lage den asymmetrischen Charakter aller Flächen darthun und zugleich den Unterschied der beiden Romboëder $+R$ und $-R$ hervorheben. Die Fig. 265 zeigt das Verhalten eines linken Krystalls. Ein rechter, Fig. 266, zeigt dieselben Figuren in

Fig. 267.   Fig. 268.   Fig. 269.

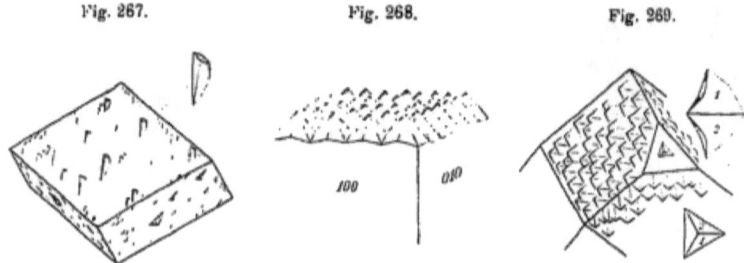

der anderen Stellung. Würfel von Steinsalz, welche feuchter Luft ausgesetzt waren, zeigen häufig vierseitige Vertiefungen, deren Umrisse den Würfelkanten parallel sind und deren Flächen einem Tetrakishexaëder entsprechen. Diese Erscheinung wurde schon von Mohs beobachtet. Aehnliche Figuren geben die Spaltungswürfel des gediegenen Eisens bei der Behandlung mit Säuren.

Die beim Aetzen entstehenden Vertiefungen schliessen bisweilen in solcher Weise aneinander, dass die zwischenliegenden Erhabenheiten eine selbständige charakteristische Form annehmen und als Aetzhügel erscheinen, die sich wie Subindividuen verhalten. Becke, welcher die Aetzhügel zuerst constatirte, beobachtete am Bleiglanz beim Aetzen mit Salzsäure auf den Würfelflächen zuerst Vertiefungen und nach längerer Einwirkung der Säure die Bildung achtseitiger Pyramiden, wie sie Fig. 268 auf 001 vergrössert darstellt. An der Blende fand er bei gleicher Behandlung auf den positiven Tetraëderflächen dreiseitige trisymmetrische Vertiefungen, Fig. 269, auf den Flächen des Rhombendodekaëders hingegen monosymmetrische Aetzhügel. Die Flächen beider haben aber, wie die Ziffern andeuten, dieselbe Lage, welche einem Trigondodekaëder entspricht.

90. Die verschiedenen Flächen und Kanten desselben Krystalls werden durch auflösende Mittel ungleich stark angegriffen. So zeigt sich am Calcit auf

R ein rascheres Fortschreiten der Aetzung als auf OR. Beim Eintauchen eines Aragonitkrystalls in verdünnte Säure beobachtet man eine raschere Aetzung der Prismenflächen gegenüber der Längsfläche 010. An den Quarzkrystallen mit sechsflächiger Endigung werden die abwechselnden Polkanten sehr stark, die andern wenig angegriffen u. s. w. Auch bilden sich öfters an den Kanten der Krystalle, die ja beiderseits dem Einflusse des lösenden Mediums ausgesetzt sind, Abstumpfungen, welche bei sorgfältiger Ausführung des Versuches als ebene Flächen auftreten: Aetzflächen. Die Lage derselben entspricht nach den bisherigen Messungen dem Parametergesetze, wenngleich die Indices öfter grössere Zahlen sind. Am Quarz wurden solche Flächen zuerst von Leydolt erkannt. Es sind die in Fig. 270 mit 1, 2, 3 bezeichneten Abstumpfungen. Natürliche Quarzkrystalle, welche Spuren der Aetzung erkennen lassen, zeigen auch derlei

Fig. 270.   Fig. 271.   Fig. 272.

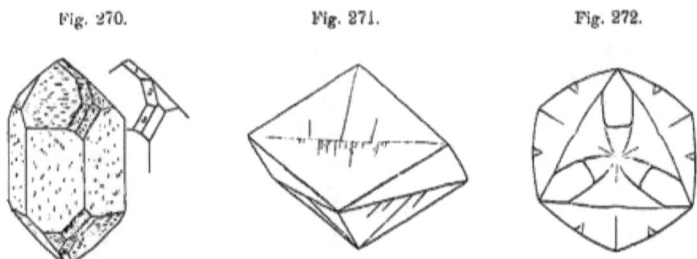

Flächen, wie die Krystalle von Palombaja auf Elba, welche G. v. Rath beschrieb, und in auffallender Weise die von Groth beschriebenen Amethyste aus Brasilien. Rhomboëder R von Calcit verwandeln sich durch starkes Aetzen mit Salzsäure oder Salpetersäure in die Fig. 271 gezeichnete Combination eines Skalenoëders mit einem Rhomboëder.

Am interessantesten sind die Versuche mit Kugeln, welche aus Krystallindividuen geschnitten werden, weil hier keine vorhandenen Krystallflächen ein specielles Resultat bedingen, sondern alle die möglichen Aetzflächen gleichzeitig zum Vorschein kommen. Eine Calcitkugel verwandelt sich bei starker Aetzung in eine Combination, welche die Fig. 272 von oben gesehen darstellt. Es sind mehrere Skalenoëder, verwendete Rhomboëder und eine verwendete Pyramide zu erkennen, doch erscheinen die Flächen meist gekrümmt.

Wenn künstliche Durchschnitte von Krystallen oder Individuen dem Aetzen unterzogen werden, so bilden sich Aetzfiguren, deren Symmetrie von der Lage des Schnittes abhängt. Trifft der Schnitt eine regelmässige Zwillingsverwachsung, so wird dieselbe nach der Aetzung sehr deutlich erkennbar. Krystalle mit isomorpher Schichtung zeigen häufig eine verschiedene Angreifbarkeit der einzelnen Schichten. Parallele Verwachsungen geben sich ebenfalls nach dem Aetzen leicht als solche zu erkennen, wie denn auch das Vorhandensein eines netzförmigen Krystallbaues durch die Aetzung scharf hervortritt. Ein merkwürdiges Beispiel liefert die Mehrzahl der Exemplare von Meteoreisen. Nach dem Poliren einer

Schnittfläche und nachherigem Aetzen mit einer Säure trit Platten, welche Oktaëderflächen parallel sind, deutlich hervor im Anhang.) Eine ungemein wichtige Anwendung der Aetzun Baumhauer bei der Untersuchung mimetischer Krystalle, nar Boracits und Perowskits.

Krystallinische oder amorphe Minerale, welche beim Ar nicht erkennen lassen, offenbaren dieselbe häufig bei der A Achat zeigen geätzt einen Aufbau aus concentrischen, höchs wie er vordem nicht so deutlich zu sehen war.

Literatur: Die merkwürdigen Aetzfiguren des schaligen M 1808 von Widmannstädten in Wien entdeckt. Schreibers, meteorischer Stein- und Metallmassen. Wien, 1820, pag. 70. Spä seine Beobachtungen über die Aetzung von Eisen, Kalks Schweigger's Jour. Bd. 19, pag. 38. Leydolt beschrieb 1855 an geätzten Achaten, später die am Aragonit und Quarz. Sitz Akad., Bd. 15, pag. 59 und Bd. 19, pag. 10. Hirschwald's l letzteren Mineral: Poggendorff's Ann., Bd. 137, pag. 248. H öffentlichte 1874 und 1875 in den Sitzungsber. der bair. Ak: Jahrb. f. Min. und seit 1877 in der Zeitschr. f. Krystallogra seiner hierher gehörigen Arbeiten; d. Autor in Tschermak's Mitth. Bd. 4, pag. 99. Becke ebendas. Bd. 5, pag. 457 un Sitzungsber. d.Wiener Akad. II. Abth. Bd. 87, p. 368 und Bd. die Ergebnisse am gediegenen Eisen und Meteoreisen bericht Schrift: Beschreibung und Eintheilung der Meteoriten, Berlin Autor i. d. Sitzgsber. der Wiener Akad., Bd. 70, Abth. 1 figuren: F. Exner, ebendas. 69, Abth. 2, über die Erschei flächen etc. auch Lavizzari, Nouveaux phénomènes des Lugano 1865.

91. Verstäubung. Manche wasserhaltige Minerale verlie trockenen Luft ausgesetzt sind, das enthaltene Wasser theilweis sie sich zuerst mit einer trüben Rinde bedecken und schliessli Masse verwandeln oder zu Pulver zerfallen. Dieser Vorgang stäubung bezeichnet werden[1]). Der Beginn der Erscheinung Krystallen oft in der Art, dass einzelne unregelmässig vertheilt oder Flecke auftreten, die sich allmälig vergrössern. Der U zwar meistens krummlinig und nähert sich oft einem Kreise jedoch entspricht derselbe einer abgerundeten Aetzfigur und der verstäubten Partikelchen findet sich darunter ein Aetzgrübe die schärfere Form der Verstäubungsfiguren auf der Krysta

---

[1]) Man bezeichnet ihn gewöhnlich als Verwitterung. Da jedoch di für die chemische Veränderung der Minerale durch die Atmosphärilien in V ist, so wurde für die obgenannte Erscheinung ein anderes Wort gebraucht.

daher immer mit der Symmetrie der letzteren. Beispiele für das Auftreten dieser Erscheinung liefern Krystalle von Borax, Zinkvitriol etc. Man hat nur selten Gelegenheit, die Verstäubungsfiguren an Mineralen zu beobachten, weil die bezüglichen Minerale nicht häufig in ausgebildeten Krystallen gefunden werden.

Pape in Pogg. Ann., Bd. 124, pag. 329, Bd. 125, pag. 513, Sohncke in d. Zeitschrift f. Kryst. Bd. 4, pag. 225. Blasius ebenda Bd. 10, pag. 221.

92. Lichtreflexion. Ebene, glatte Flächen reflectiren das Licht in der Weise, dass 1. der einfallende und der zurückgeworfene Strahl in einer Ebene (Einfallsebene) liegen, welche auf der spiegelnden Fläche senkrecht ist, und dass 2. beide Strahlen mit einer im Reflexionspunkte auf der spiegelnden Fläche senkrecht gedachten Linie (Einfallsloth) gleiche Winkel bilden. Die Gesetze der Reflexion finden Anwendung bei der Messung der Krystallwinkel mittels des Reflexionsgoniometers, von welchem früher die Rede war.

Flächen, welche zwar glatt sind, aber feine Riefen oder Leistchen tragen, zeigen verschiedene Abänderungen der Reflexion. Geht ein einziger Zug paralleler Riefen, d. i. rinnenförmiger Vertiefungen, über eine Fläche, so wird man eine Lichtflamme gut reflectirt sehen, wenn die Einfallsebene der Riefung parallel ist, dagegen wird das Lichtbild verzerrt und in die Länge gezogen erscheinen, wenn die Fläche eine andere Lage hat, und zwar erscheint das Lichtbild senkrecht zur Riefung verlängert. Durch diesen Umstand wird gar manche Messung am Reflexionsgoniometer gehindert. Wenn eine Fläche nach zwei Richtungen gerieft erscheint, so wird die Reflexion noch mehr verändert. Hält man eine Krystallfläche von solcher Beschaffenheit nahe ans Auge und betrachtet nun das Bild einer Lichtflamme, die nicht zu nahe gerückt sein darf, so sieht man einen vierstrahligen Stern, bestehend aus zwei sich kreuzenden Lichtstreifen, deren Richtung senkrecht zu den Riefensystemen. Man hat häufig Gelegenheit, an natürlichen Krystallflächen die erstere Erscheinung wahrzunehmen, während das Auftreten des Sternes wegen der geringen Häufigkeit der mehrfachen Riefung seltener ist.

Ist eine natürliche Krystallfläche mit regelmässigen feinen Erhabenheiten (Subindividuen) bedeckt, so erzeugt sie, wie Brewster zuerst beobachtet hat, Reflexe von mannigfacher Form, also Lichtfiguren von verschiedener Gestalt, welche stets der Symmetrie der bezüglichen Krystallfläche entsprechen.

An den geätzten Flächen krystallisirter Minerale kann man ähnliche Erscheinungen, jedoch oft in grosser Schönheit wahrnehmen. Brewster benützte die Beobachtung dieser durch orientirte Reflexion hervorgerufenen Lichtfiguren zum Studium der durch Aetzung erzeugten Veränderung der Krystallflächen. Da die vertieften Aetzfiguren von kleinen, ebenen Flächen gebildet werden, deren Lage immer der Symmetrie der geätzten Fläche entspricht, und da alle Aetzfiguren einander parallel sind, so müssen bei der Beobachtung des Reflexes einer Flamme mit genähertem Auge Lichtfiguren wahrgenommen werden, deren Gestallt ebenfalls der genannten Symmetrie gehorcht. Jede Fläche der Aetzfigur erzeugt einen Reflex, daher besitzt die Lichtfigur so viele Aeste, als die durch Aetzung entstandenen Ver-

tiefungen Seiten haben. Da beim Aetzen jene kleinen Flächen, welche un
stumpfen Winkeln zusammenstossen, häufig zu krummen Flächen verschmelzen,
zeigen die Lichtfiguren auch öfter krumme Formen, das Auge erblickt Lichtbög
oder Figuren, die aus bogenförmigen Elementen zusammengesetzt sind. Die Lic
figuren werden entweder direct an der geätzten Krystallfläche oder an d
durchsichtigen Abdrücken, welche mit Hausenblase erhalten werden, beobacht
An diesen letzteren, sowie an geätzten durchsichtigen Krystall-Lamellen, erb
man auch im durchfallenden Lichte die entsprechenden Figuren.

Die nachstehenden Beispiele von Lichtfiguren beziehen sich auf die früh
bei der Aetzung angeführten Krystallflächen, und haben Stellungen, welche jer
der dort bezeichneten Aetzfiguren entsprechen.

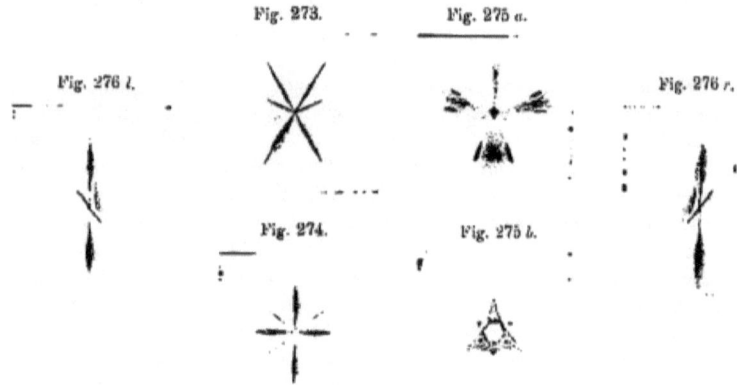

Fig. 273.   Fig. 275 a.
Fig. 276 l.   Fig. 276 r.
Fig. 274.   Fig. 275 b.

Der Muscovit zeigt auf 001 eine sechsstrahlige Lichtfigur von monosy
metrischer Form, Fig. 273, jeder Strahl ist senkrecht zu einer Seite der Aetzfig
Der Baryt lässt auf jener Endfläche, nach welcher er spaltbar ist, nach der Aetzu
eine achtstrahlige Lichtfigur erkennen, Fig. 274, welche man leicht mit d
Gestalt der Aetzfigur in Zusammenhang bringt. Der Calcit bietet auf der Fläche
nach der Aetzung mit Salzsäure eine monosymmetrische Lichtfigur, welche
manche Blumen erinnert, Fig. 275 a. Jede stumpfe Kante der Aetzfigur lief
zwei Flammenbilder, welche durch einen Bogen verbunden sind. Die geätz
Endfläche liefert eine trisymmetrische Lichtfigur, Fig. b, welche wiederum d
in Fig. 264 d abgebildeten Aetzfigur entspricht. Der Quarz gibt auf der r
Flusssäure geätzten R-Fläche eine asymmetrische Lichtfigur, und zwar liefert c
linker Krystall die erste, ein rechter Krystall die zweite Figur in 276, die geätz
Steinsalzfläche gibt einen rechtwinkeligen vierstrahligen Stern mit gleich
Strahlen.

93. Eine den Lichtfiguren verwandte Erscheinung ist der Asterismu
Mancher Sapphir zeigt einen sechsstrahligen Stern, wofern man durch ei

zur Hauptaxe dieses rhomboëdrisch krystallisirten Minerales senkrechte Platte eine Lichtflamme betrachtet. Auch beim Daraufsehen auf den Sapphir erblickt man den Stern, und zwar besonders deutlich, wofern der Stein halbkugelig über die Hauptaxe geschnitten ist. Dieser Effect, welchen schon A. Quist im Jahre 1768 beschrieb, rührt höchst wahrscheinlich von ungemein feinen röhrenförmigen Hohlräumen her, welche parallel den Seiten des sechsseitigen Prisma auftreten. Mancher Glimmer lässt nach G. Rose ebenfalls einen sechsstrahligen Stern wahrnehmen, wenn man durch denselben gegen eine Lichtflamme sieht. Hier kann man sich aber durch mikroskopische Untersuchung überzeugen, dass feine stabförmige oder leistenförmige Einschlüsse, wahrscheinlich von Rutil, welche in drei Richtungen lagern, die sich unter 60^0 schneiden, in grosser Anzahl darin auftreten. S. Fig. 239. Senkrecht zu diesen Richtungen erblickt man die Lichtstreifen, und es bleibt kein Zweifel, dass die Einschlüsse das Phänomen veranlassen.

Jeder Zug von parallelen stabförmigen Einschlüssen bringt in der dazu senkrechten Richtung eine Verzerrung des Lichtbildes hervor. Daher sieht man in Mineralen, welche blos ein System von feinen gestreckten Einschlüssen enthalten, blos einen Lichtstreif. Ebenso verhalten sich parallelfaserige Minerale. Wird eine Platte senkrecht gegen die Fasern geschnitten, so bemerkt man beim Durchsehen gegen die Lichtflamme einen Lichthof oder Halo. Faserige Minerale, welche über die Fasern rundlich oder halbkugelig geschliffen sind, zeigen einen wogenden Lichtschein, wie man dies am Fasergyps, am Katzenauge und am brasilianischen Chrysoberyll wahrnehmen kann.

Das Schillern, welches an manchen Krystallen auftritt, ist ebenfalls eine Reflexionserscheinung. Im Sonnenstein und im rothen Carnallit sind es parallel gelagerte Schüppchen von Eisenglanz oder Göthit, im Bronzit und Diallag feine Täfelchen von Mineralen oder Ausfüllungen von negativen Krystallen; im Adular, Mondstein, im Apatit sind es parallele tafelförmige oder prismatische Hohlräume (negative Krystalle), welche das Schillern verursachen. Somit ist unter dem Ausdrucke Schillern eine Lichtreflexion an kleinen Flächen zu verstehen, welche in krystallisirten Körpern parallel gelagert sind.

Literatur über Lichtfiguren: Brewster in d. Edinburgh Transactions Bd. 14. (1837) und im Philosophical Magazine 1853. F. v. Kobell, Sitzungsber. d. bair. Akademie, 1863, pag. 60. Haushofer, Asterismus und Lichtfiguren des Calcits, München 1865. — Ueber Asterismus: Haüy, Traité de Minéralogie, 2. éd. 1822. II., pag. 90. Babinet, Comptes rend. 1837, pag. 762, und Pogg. Ann. Bd. 41. Volger, Sitzungsber. d. Wiener Akad. 1856, Bd. 19, pag. 103. G. Rose, Monatsberichte der Berliner Akad. 1862, pag. 614 und 1869, pag. 344. Autor, Zeitschr. für Krystallogr. Bd. II, pag. 36. — Ueber das Schillern: Scheerer, 1845. Pogg. Ann. Bd. 64, pag. 153. Reusch ebendas. 1862, Bd. 116, pag. 392 und 118, pag. 256. Bd. 120, pag. 95. Judd, Quarterly Journ. of the geol. Soc., Bd. 41 pag. 354.

94. Eine besondere Art der Reflexion wird öfters beobachtet, wenn der Strahl sich in einem dichteren Medium bewegt und die Grenze gegen das dünnere Medium erreicht. Hält man bei geeigneter Beleuchtung ein mit Wasser gefülltes Glas so, dass man von unten her auf die Grenzfläche des Wassers gegen die Luft blickt, so findet man leicht eine Richtung, in welcher diese Fläche wie Silber glänzt.

Der Effect rührt daher, dass das einfallende Licht total reflectirt wird und kein Theil desselben in die Luft übergeht. Von letzterem kann man sich überzeugen, wenn man das Wasser in der jetzigen Stellung belässt und hierauf von oben her gegen das einfallende Licht hinsieht. Die Grenzfläche erscheint nur schwarz und undurchsichtig.

Die totale Reflexion erzeugt die grellen blitzenden Lichteffecte geschliffener Edelsteine, besonders des Diamants. In optischen Instrumenten spielt sie zuweilen eine Rolle. Für die mikroskopische Beobachtung ist ihre Kenntnis ebenfalls von Wichtigkeit. Früher wurde schon erwähnt, dass die schwarzen Ringe, welche die Gas- und Dampfbläschen unter dem Mikroskope zeigen, eine hierhergehörige Erscheinung seien, ausserdem kommen noch manche andere Wirkungen der totalen Reflexion vor, welche leicht missdeutet werden können. Da feine Sprünge in den Dünnschliffen von Gesteinen und Krystallen in bestimmten Lagen schwarz erscheinen, so werden dieselben manchmal für undurchsichtige Körper gehalten. Sind die Sprünge krumm, so glaubt man öfter haarförmige Einschlüsse zu sehen, liegen die Sprünge den Gleitflächen parallel, so bemerkt man schwarze Striche, welche wie krystallisirte Einschlüsse aussehen. Ein Beispiel liefern die Druckflächen im Glimmer, wenn derselbe in Dünnschliffen beobachtet wird.

95. Glanz. Das Licht wird umso vollständiger nach derselben Richtung zurückgeworfen, je glatter und ebener die Oberfläche ist, welche die Reflexion bewirkt. Minerale mit glatter Oberfläche zeigen demnach einen Glanz, der aber verschiedene Grade haben kann, welche man mit den Worten **stark glänzend**, **glänzend** und **wenig glänzend** bezeichnet. Ist nur noch ein höchst geringer Glanz bemerklich, so ist die Oberfläche **schimmernd**, wie die Bruchfläche des dichten Kalksteins oder Alabasters. Die Abwesenheit jeden Glanzes wird durch das Wort **matt** ausgedrückt. Erdige Minerale, wie Kreide oder Kaolin sind Beispiele dafür.

Das Licht erleidet bei der Reflexion mancherlei Veränderung, auch mischt sich solches bei, welches in das Mineral eingedrungen und von dort wieder zurückgekehrt ist. Das Zusammenwirken dieser Lichtarten ergibt verschiedene Arten des Glanzes, von welchen man folgende unterscheidet:

Metallglanz, der stärkste Glanz, wie er an glatten Metallflächen zu beobachten ist. Man bezeichnet als Abstufungen den vollkommenen und den unvollkommenen Metallglanz.

Diamantglanz, ein sehr lebhafter Glanz, wie er am Diamant, an der Zinkblende vorkommt. Er nähert sich zuweilen schon dem Metallglanz und wird dann als metallartiger Diamantglanz bezeichnet.

Glasglanz, die gewöhnlichste Art des Glanzes, welchen das gemeine Glas, der Quarz, der Baryt zeigen.

Fettglanz, der Glanz eines mit fettem Oele bestrichenen Körpers, wie er auf Bruchflächen des Schwefels zu sehen ist. Minerale, welche viele krystallinische Einschlüsse enthalten oder Gemische aus amorphen und krystallinischen Theilchen sind, haben häufig diesen Glanz. Beispiele sind der Eläolith, der Pechstein.

Perlmutterglanz, nach dem eigenthümlichen Glanze der Perlmutter. Minerale, welche aus durchsichtigen Blättchen bestehen, die sich nicht vollkommen berühren, zeigen Perlmutterglanz, wie der Talk. Eine Glimmertafel, welche vordem Glasglanz zeigte, wird durch Druck und Biegung, welche ein Aufblättern erzeugen, perlmutterglänzend. Auf den Flächen vollkommener Spaltbarkeit zeigt sich Perlmutterglanz, wofern schon eine Trennung der Schichten eingetreten ist, so am Glimmer, am Gyps. Hat das perlmutterglänzende Mineral zugleich eine Farbe, so entsteht der metallartige Perlmutterglanz, wie z. B. an manchem braunen Glimmer.

Seidenglanz, an feinfaserigen Mineralen, wie am Fasergyps, Asbest vorkommend, wie die vorige Art des Glanzes von der Textur des Minerals herrührend.

Lit. Haidinger i. d. Sitzungsber. d. Wiener Akad., 1848, November 9, pag. 137, Brücke, ebendas. Bd. 43 (1861). Wundt, Heidelberger Jahrb. Bd. 54 (1861).

96. Durchsichtigkeit. Ein Mineral, welches in dicken Schichten so klar ist, dass man eine Schrift durch dasselbe erkennen kann, wird durchsichtig genannt. Wenn aber die Färbung eines Minerals intensiv ist, so wird eine dickere Schichte desselben die Schriftzeichen nicht mehr erkennen lassen und das Mineral wird undurchsichtig erscheinen. So z. B. ist eine dünne Platte von Augit oder Epidot grün und durchsichtig, eine dickere dunkelgrün, ein mässig dicker Krystall schwarzgrün und undurchsichtig. Verschieden von den undurchsichtigen sind die trüben Minerale. Wenn eine an sich durchsichtige Masse in Folge ihres Gefüges oder durch beigemengte Theilchen oder durch feine Hohlräume, welche eine Reflexion an ihrer Begrenzung veranlassen, getrübt ist, so wird sie auch in dünnen Schichten keine Klarheit zeigen, sondern sich blos durchscheinend erweisen, wie z. B. der Chalcedon, der Milchquarz, Feuerstein. Wenn blos an den scharfen Kanten etwas Licht hindurchgeht, nennt man sie kantendurchscheinend. Wenn feine Risse die Ursache der Trübung sind, so wird das Mineral zuweilen durch Flüssigkeiten durchscheinend, wie der Hydrophau, welcher im Wasser auffallend durchscheinend gemacht werden kann.

Die Minerale, welche einen deutlichen Metallglanz besitzen, lassen auch in solchen dünnen Schichten, wie sie durch Schleifen erzeugt werden können, gar kein Licht hindurch. Körper von dieser Eigenschaft nennt man opak. Echter Metallglanz und Opacität sind mit einander enge verbunden.

In ganz ausserordentlich dünnen Schichten lassen auch die Metalle eine geringe Menge Licht hindurch, wie dies an den Metallhäutchen von Gold, Platin, Silber zu sehen ist, welche bei bestimmten chemischen Operationen erhalten werden können.

97. Lichtbrechung. Von dem Lichte, welches an die Grenze zweier Medien gelangt, wird im Allgemeinen blos ein Theil reflectirt. Ein anderer Theil dringt in das neue Medium ein, in welchem, wofern es durchsichtig ist, der Lichtstrahl weiter verfolgt werden kann. Fällt der einfallende Strahl schief auf die Grenzfläche, so erfährt derselbe bekanntlich eine Ablenkung von seiner früheren Richtung, er wird gebrochen. Der Winkel, welchen der einfallende Strahl mit dem Einfallsloth bildet, heisst Einfallswinkel e, der Winkel des gebrochenen Strahles mit dem Einfallsloth aber Brechungswinkel r. Anfänglich kannte man blos das Verhalten durchsichtiger Flüssigkeiten und des Glases bei der Brechung. Für solche Körper gelten die von Snell aufgefundenen Gesetze:

1. Der gebrochene Strahl liegt in der Einfallsebene. 2. Der Einfallswinkel und der Brechungswinkel haben für denselben Körper ein constantes Verhältnis ihrer Sinus, welches Brechungsexponent oder Brechungsquotient n heisst.

$$\frac{\sin e}{\sin r} = n$$

Der Brechungsquotient ist immer so aufzufassen, dass er für Licht gilt, welches aus dem leeren Raume in den bezüglichen Körper gelangt. Beim Eintritt in Luft erfolgt eine äusserst schwache Brechung. Brechungsqu. für Luft 1.000294. Für alle flüssigen und starren Körper ist er bedeutend grösser als 1, z. B. bei 19° C.

Wasser	= 1.3336	Steinsalz	= 1.5448
Schwefelkohlenstoff	= 1.6272	Diamant	= 2.4195

Der Theorie nach rührt die Ablenkung des Lichtstrahls beim Eintritt in ein dichteres Medium von dem Widerstande des letzteren her, welcher die Geschwindigkeit des Lichtes verringert. In der That ergibt sich aus den Versuchen von Foucault, dass das Licht im Wasser eine Geschwindigkeit hat, welche blos $\frac{3}{4}$ von derjenigen in Luft beträgt. Da der Brechungsquotient des Wassers fast genau $\frac{4}{3}$ ist, so erkennt man hier ein Beispiel für den allgemeinen Satz: dass die Lichtgeschwindigkeiten sich umgekehrt verhalten wie die Brechungsquotienten.

98. Die Bestimmung des Brechungsquotienten wird an einem starren Körper in der Weise ausgeführt, dass der letztere in die Form eines Prisma gebracht, dieses mit der scharfen Kante gegen einen Limbus senkrecht gestellt und nun die Minimalablenkung beobachtet wird, welche das Prisma auf einfallendes Licht ausübt. Man kann dazu eines der beiden Goniometer Fig. 16 und 17 benutzen. Ist V der Limbus oder Theilkreis, Fig. 277, so erscheint das senkrecht dazu gestellte Prisma als ein Dreieck P. Hat man nun mit Zuhülfenahme eines Fernrohres die Richtung des einfallenden Lichtes LA bestimmt, so findet man durch

Probiren die Stellung, in welcher das Prisma die geringste Ablenkung hervorbringt. Nun wird mit Hilfe des Fernrohres die Richtung des gebrochenen Strahles PB bestimmt und so der Betrag der Minimumablenkung $a = AB$ gefunden. Kennt man den brechenden Winkel w des Prisma, so ergibt sich der Brechungsexponent aus:

$$n = \frac{\sin \frac{1}{2}(a+w)}{\sin \frac{1}{2} w}$$

Hat man den Brechungsquotienten einer Flüssigkeit zu bestimmen, so wendet man ein hohles Glasprisma mit planparallelen Wänden an, in welches die zu untersuchende Flüssigkeit gegossen wird, und verfährt, wie zuvor angegeben wurde.

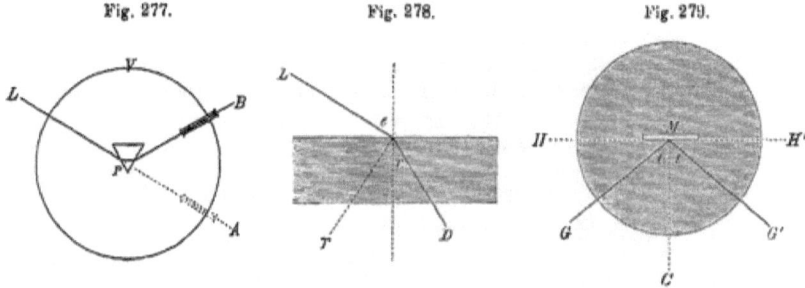

Fig. 277. Fig. 278. Fig. 279.

Der Brechungsquotient lässt sich auch an durchsichtigen Platten nach der Methode des Duc de Chaulnes annähernd genau bestimmen. Man stellt ein Mikroskop möglichst scharf auf einen feinen Punkt ein, legt hierauf die Platte, deren Dicke E man kennt, auf jenen Punkt, worauf die Mikroskopröhre um die Grösse h emporgeschoben werden muss, um den Punkt wieder mit derselben Schärfe zu sehen. Die Verschiebung wird an einer Mikrometerschraube abgelesen und es gilt annäherungsweise:

$$\frac{1}{n} = 1 - \frac{h}{E}.$$

Auch durch die Beobachtung der Totalreflexion kann der Brechungsexponent an vielen Mineralen ermittelt werden.

Ein Lichtstrahl D, der im Innern einer Flüssigkeit gegen die Oberfläche unter dem Winkel r einfällt, wird in die Luft mit einem grösseren Winkel e austreten, Fig. 278, während gleichzeitig ein Theil seines Lichtes nach T reflectirt wird. Denkt man sich beide Winkel, r und e, grösser werdend bis $e = 90°$, so würde das austretende Licht die Oberfläche streifen, während r einen bestimmten Werth t erreicht, welcher die Grenze oder den Anfang der totalen Reflexion angibt. Wird r noch grösser als die Zahl t, so tritt kein Licht mehr durch die Oberfläche in die Luft, sondern alles einfallende Licht wird im Innern total reflectirt.

Verwendet man als Flüssigkeit ein Medium von hohem Brechungsverhältnis, so wird ein eingetauchtes glattes Mineral, das einen geringeren Brechungsquotient besitzt, wie Luft wirken und Totalreflexion hervorrufen. Hierauf gründet sich das Totalreflectometer von Kohlrausch. Ein rundes Glasgefäss mit matter durchscheinender Wand, welches die Fig. 279 von oben gesehen darstellt, wird mit Schwefelkohlenstoff, Methylenjodid oder einer anderen stark brechenden Flüssigkeit gefüllt, ferner die glatte Fläche des Minerales M in der Mitte des Gefässes vertical gestellt. Ringsum kann Licht durch die Wand auf jene Fläche einfallen. Von G und von G' angefangen, also in den Räumen GMH und $G'MH'$ beobachtet man totale Reflexion. Die Hälfte des Winkels GMG' ist demnach $= t$. Kennt man den Brechungsexponenten des Schwefelkohlenstoffs s, so berechnet sich der Brechungsexponent des angewandten Minerals n aus:

$$n = s \sin t.$$

Anstatt von G und G' aus auf die Fläche M zu visiren, kann man auch in einer fixen Richtung, z. B. CM beobachten, hingegen das Mineral M, welches an einem horizontalen Limbus hängend befestigt ist, in der einen und der anderen Richtung drehen und die Stellungen bestimmen, bei welchen die Grenze der totalen Reflexion am Verticalfaden des Fernrohres erscheint. Wie M. Bauer zeigte, lässt sich das Reflexionsgoniometer, sowie der später zu besprechende Axenwinkelapparat als Totalreflectometer gebrauchen. Pulfrich hat ein besonderes Instrument für diesen Zweck angegeben.

Ein anderer Fall, in welchem die totale Reflexion in Betracht kommt, wurde schon früher (68) erwähnt. Die kleinen kugelrunden Blasen, welche häufig als Einschlüsse in durchsichtigen Mineralen beobachtet werden, erscheinen in dem Mikroskope als breitere oder schmälere dunkle Ringe. Diese entstehen dadurch, dass die parallelen Lichtstrahlen, welche durch das Mineral, dessen Brechungsquotient n ist, gehen, an der Wand der Blase, deren Inhalt den Brechungsquotient b besitzt, zum Theile total reflectirt werden.

Man kann nach der Methode von Wiesner den scheinbaren Durchmesser D des runden Bläschens mittelst einer im Ocular des Mikroskopes angebrachten durchsichtigen Skale (Mikrometer) bestimmen, ebenso nach der Einstellung auf den unteren Theil der Blase den scheinbaren Durchmesser d des hellen und runden Theiles, welcher von dem dunklen Ringe eingeschlossen ist, und kann nach der Formel $\dfrac{D}{d} = \dfrac{n}{b}$ den Brechungsquotienten n bestimmen, wofern b bekannt ist.

Wenn der eingeschlossene Dampf oder das enthaltende Gas keinen merklich grösseren Brechungsquotienten als die Luft besitzt, so kann man $b = 1$ setzen, wornach sich n aus jenen Messungen, freilich nur sehr beiläufig, berechnen lässt.

Lit. Wüllner, Lehrb. d. Experimentalphysik, 2. Bd. Kohlrausch, Zeitschr. f. Kryst., 4. Bd., pag. 451 und 621. Bauer, Jahrb. f. Min. 1882, Bd. 1, pag. 132. Mallard, Krystallographie, 2. Bd. Wiesner, Einleitung i. d. technische Mikroskopie, Wien 1867, pag. 191. Pulfrich, Wiedemann's Ann. d. Phys. Bd. 30, pag. 193 und Bd. 31, pag. 724.

99. Während alle amorphen, sowie die tesseral krystallisirten Minerale die bisher betrachtete einfache Lichtbrechung zeigen, verursachen die übrigen krystallisirten Minerale im Allgemeinen eine Spaltung des eintretenden Lichtstrahles in zwei Theile, sie lassen eine **doppelte Lichtbrechung** erkennen, welche Erscheinung bekanntlich am Kalkspath, dessen Doppelbrechung eine sehr starke ist, zuerst von Erasmus Bartholin beobachtet wurde[1]). Die einfach brechenden Körper nennt man **isotrop**, die doppeltbrechenden **anisotrop**.

Ein durchsichtiges Spaltungsstück von Kalkspath (isländischem Doppelspath) auf ein weisses Papier gelegt, worauf ein schwarzer Punkt, lässt diesen

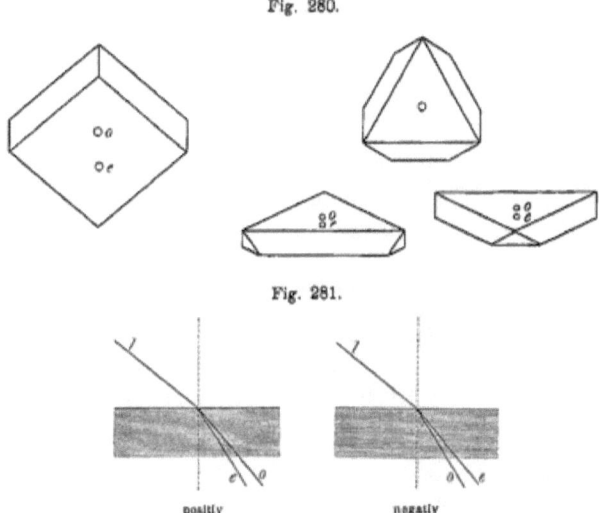

Fig. 280.

Fig. 281.

doppelt erscheinen. Die durch einen Nadelstich in einem Papierblatt erzeugte helle Oeffnung erscheint, durch jenes Spaltungsstück gesehen, als ein doppeltes Lichtbild. Das eintretende Lichtbündel wird also in zwei Strahlen zerlegt. Dreht man nun die doppelt brechende Kalkspathplatte so, dass sie immer das Papier berührt, so zeigt sich ein verschiedenes Verhalten in beiden Strahlen. Während der eine an derselben Stelle verharrt, als ob er durch eine Glasplatte gesehen würde, wandert der andere bei der Drehung um den ersten herum. Daraus ist zu schliessen, dass der eine Strahl o, welcher der ordentliche oder ordinäre genannt wird, dem gewöhnlichen Brechungsgesetze folgt, während der andere e, der ausserordentliche oder extraordinäre Strahl, einem anderen Gesetze gehorcht. Verfolgt man den Weg beider Strahlen genauer, oder bestimmt man die Brechungsquotienten beider, also ω und ε, so zeigt sich, dass der ordinäre Strahl einen

---

[1]) Experimenta crystalli islandici disdiaclastici quibus mira et insolita refractio detegitur. Havniae 1669.

grösseren Brechungsquotienten hat, als der extraordinäre, dass also $\omega > \varepsilon$, ferner dass der letztere Brechungsquotient nicht constant, sondern mit der Richtung des einfallenden Lichtes variabel ist. Für gelbes Licht ist nämlich $\omega = 1\cdot 6585$, während ε von diesem Betrage bis zu $1\cdot 4864$ herabgeht. Endlich bemerkt man, dass der extraordinäre Strahl oft aus der Einfallsebene heraustritt.

Schleift man an einem Spaltungsrhomboëder von Kalkspath die beiden Polecke weg, so dass die angeschliffenen Flächen zur Hauptaxe senkrecht sind, und blickt man geradeaus durch eine solche Basisplatte gegen die helle Oeffnung im Papierblatte, so bemerkt man blos ein einziges Lichtbild, dagegen erscheinen wiederum zwei Lichtbilder, wofern man schief hindurchsieht. Der Kalkspath besitzt also eine Richtung oder Axe einfacher Brechung, welche der krystallographischen Hauptaxe parallel ist, in allen übrigen Richtungen aber zeigt er doppelte Lichtbrechung.

So wie der Kalkspath verhalten sich alle durchsichtigen Minerale, deren Individuen einen wirteligen Bau besitzen, also jene, welche dem tetragonalen oder dem hexagonalen Systeme angehören. Sie sind optisch einaxig. Dabei zeigt sich nur der Unterschied, dass zwar viele dem Kalkspath entsprechend $\omega > \varepsilon$ haben, dass aber in anderen, wie z. B. im Quarz $\omega < \varepsilon$ ist. Die Doppelbrechung mit $\omega < \varepsilon$ wird positiv oder attractiv, die andere mit $\omega > \varepsilon$ wird negativ oder repulsiv genannt.

Die Minerale, deren Krystallform einem einfacheren Baue entspricht, also die triklinen, monoklinen und rhombischen zeigen gleichfalls eine doppelte Lichtbrechung, doch besitzen dieselben zwei Richtungen oder Axen einfacher Brechung. Sie sind optisch zweiaxig. Diese Körper liefern keinen ordentlichen Strahl, denn beide Strahlen haben variable Brechungsquotienten, sind also ausserordentliche Strahlen. Dennoch unterscheidet man in Folge einer Analogie, die später zu besprechen ist, auch hier positive und negative Krystalle.

Nur wenige der doppelt brechenden Minerale erlauben die Prüfung mittels ebener Platten, wie der Kalkspath, denn nur wenige vermögen die beiden Strahlen so weit von einander zu trennen, wie es in diesem Minerale geschieht. Schleift man jedoch Prismen und beobachtet durch dieselben einen Lichtspalt, wie es bei der Bestimmung des Brechungsquotienten geschieht, so kann man die doppelte Brechung an allen Körpern ausser den tesseralen und amorphen durch die Verdopplung des Lichtbildes erkennen, und so die beiden Brechungsquotienten für bestimmte Richtungen ermitteln oder auch die einfache Brechung nach den optischen Axen constatiren. Letzteres geschieht jedoch einfacher nach dem später zu besprechenden Verfahren im polarisirten Lichte.

Die entstandene doppelte Brechung kann auch wieder aufgehoben werden. Legt man auf ein Spaltungsstück von Calcit ein zweites von gleicher Dicke, jedoch in einer um 180^0 verschiedenen Stellung, bildet man also einen künstlichen Zwilling nach dem Gesetze: Zwillingsebene die Fläche R, so wird ein Punkt bei gerader Durchsicht durch diese Doppelplatte einfach erscheinen. Sind die beiden Platten von ungleicher Dicke, so wird die Doppelbrechung wenigstens geschwächt. Man sieht zwei Punkte, aber nahe beisammen.

Die Brechungsquotienten der doppelt brechenden Körper werden so wie jene der einfachbrechenden an Prismen mittels des Goniometers bestimmt, doch lässt sich, wie Kohlrausch gezeigt hat, auch eine andere Methode mit Erfolg anwenden. Da jedem Brechungsquotienten eine bestimmte Grenze der totalen Reflexion entspricht, so geben Platten von doppelt brechenden Mineralen auch eine zweifache Grenze der totalen Reflexion, wofern der Strahl so auffällt, dass der gebrochene Strahl sich verdoppelt. Man kann daher mittels des Totalreflectometers an vielen Mineralen, selbst an undurchsichtigen, die beiden Brechungsquotienten bestimmen.

100. Farbenzerstreuung. Ein Strahlenbündel weissen Sonnenlichtes, welches durch ein Glasprisma geleitet worden, erscheint nicht nur von seiner früheren Richtung abgelenkt, sondern auch in Farben aufgelöst. Auf einem weissen Schirm aufgefangen, liefert es ein Spectrum, in welchem die rothen Strahlen am schwächsten, die violetten am stärksten abgelenkt erscheinen. Werden die einzelnen Strahlen des Spectrums mit einem ferneren Prisma untersucht, so zeigt sich, dass dieselben verschiedene Brechbarkeit besitzen, indem dem Roth der geringste Brechungsquotient zukommt, worauf orange, gelb, grün, blau, indigo, violett folgen, welches letztere den grössten Brechungsquotienten hat.

Werden die Strahlen des Spectrums durch eine Linse wieder vereinigt, so entsteht wieder weisses Licht, werden aber Theile des Spectrums vor der Vereinigung weggelassen, so bildet sich ein farbiges Licht. Nach Wegnahme von roth entsteht grün, nach Wegnahme von violett und blau entsteht gelb, nach Wegnahme des Grün entsteht roth. Die weggenommene und die hernach entstandene Farbe würden einander zu weiss ergänzen, sie sind complementär.

Die Zerstreuung des Lichtes in Farben oder die Dispersion spielt auch bei der doppelten Lichtbrechung eine wichtige Rolle. Ein Kalkspathprisma, dessen Kante parallel der Hauptaxe, liefert zwei Spectra von gleicher Farbenfolge und dementsprechend verhalten sich alle übrigen doppelt brechenden Körper. Der Betrag der Dispersion wird mittels des Reflexionsgoniometers bestimmt, nach Soret lässt sich auch das Totalreflectometer dazu benutzen.

Wenn man ein ausgedehntes Spectrum des Sonnenlichtes betrachtet, so bemerkt man eine Anzahl schwarzer Linien (Fraunhofer'sche Linien) darin. Es fehlen also im Sonnenspectrum einige Lichtarten. Das Spectrum glühender Körper, z. B. des glühenden Platins, ist frei von solchen Linien, es zeigt alle Lichtarten. Das Licht einer Alkoholflamme, deren Docht mit Kochsalz eingerieben ist, gibt ein Spectrum, welches blos aus einer gelben Doppellinie besteht und daneben einige Linien enthält, welche vom verbrennenden Alkohol herrühren. Der Dampf des Kochsalzes gibt also einfaches gelbes Licht, er erzeugt monochromatisches Licht. Lithiumsalze geben ziemlich einfaches rothes, Thalliumsalze einfaches grünes Licht.

101. Absorption. Das weisse Licht wird von vielen Körpern beim Durchgange in der Weise verändert, dass eine oder mehrere Bestandtheile desselben verlöscht werden, während der Rest als farbiges Licht hindurch geht. Die verschiedenen Medien vermögen also bestimmte Lichtarten zu verschlucken oder zu absorbiren, während sie andere durchlassen. Das Sonnenlicht, welches durch Kobaltglas gegangen ist, zeigt bei der Untersuchung mit dem Prisma ein Spectrum, in welchem alle Farben ausser roth und blau geschwächt erscheinen. Bei grösserer Dicke des Kobaltglases bleiben nur roth und blau übrig. Das rothe Glas, welches durch Kupferoxydul gefärbt ist, liefert ein Spectrum, in welchem alle Farben ausser roth fehlen. Das durchfallende Licht ist fast monochromatisch. Platten, welche aus manchem Granat oder Zirkon geschnitten sind, liefern bei demselben Versuche ein Spectrum, welches viele Unterbrechungen in der Form dunkler Bänder zeigt. Es sind also beim Durchgange durch diese Platten eine Anzahl verschiedener Lichtarten vollständig absorbirt worden. Die Mehrzahl der farbigen Minerale geben bei dieser Behandlung Spectra, in welchen die verschiedenen Theile sehr ungleichartig geschwächt oder ausgelöscht erscheinen. In allen diesen Fällen bleiben verschiedene Lichtarten übrig, welche nach dem Austreten eine Mischfarbe erzeugen.

Literatur: Theoretisches: M. Voigt, Wiedem. Annalen, Bd. 23, pag. 577. S. ferner: Pleochroismus.

102. Farben. Da bei der Beobachtung im auffallenden Lichte, wofern der Glanz nicht stört, Strahlen wahrgenommen werden, welche in das Mineral eingedrungen und daraus wieder zurückgekehrt sind, so werden sich dabei im Allgemeinen dieselben Farben zeigen wie im durchgehenden Lichte. Dieselben lassen sich aber, weil sie meistens Mischfarben sind, nicht nach den Spectralfarben classificiren. Bei ziemlich gleichförmiger Absorption aller Lichtarten wird grau, schliesslich schwarz entstehen, welche also hier nebst weiss auch zu den Farben gezählt werden.

Die eigentlichen Farben zeigen drei verschiedene Hauptcharaktere, je nachdem sie an opaken Körpern auftreten, also metallische Farben sind, oder an trübe Medien gebunden sind, oder an durchsichtigen Medien vorkommen (Deckfarben und Lasurfarben der Maler). So ist goldgelb eine metallische Farbe, während ockergelb für trübe, weingelb für durchsichtige Körper gilt. Man pflegt aber nur die metallischen Farben schärfer von den übrigen zu trennen.

Von den metallischen Farben unterscheidet man:

Rothe: kupferroth; gelbe: bronzegelb, messinggelb, goldgelb, speisgelb; braune: tombackbraun; weisse: silberweiss, zinnweiss; graue: bleigrau, mit den Abarten reinbleigrau, weisslich-, röthlich-, schwärzlich-bleigrau; schwarze: eisenschwarz.

Die nicht metallischen Farben werden nach dem Vorgange von Werner unter die acht Abtheilungen, weiss, grau, schwarz, blau, grün, gelb, roth und braun gebracht und wird die reinste Farbe als Charakterfarbe hervorgehoben.

Weiss: schneeweiss, röthlichweiss, gelblichweiss, grünlichweiss, bläulichweiss, graulichweiss.

Grau: aschgrau, grünlichgrau, bläulichgrau, röthlichgrau, gelblichgrau, rauchgrau oder bräunlichgrau, schwärzlichgrau.

Schwarz: graulichschwarz, sammtschwarz, bräunlichschwarz oder pechschwarz, röthlichschwarz, grünlichschwarz oder rabenschwarz, bläulichschwarz.

Blau: schwärzlichblau, lasurblau, violblau, lavendelblau, pflaumenblau, berlinerblau, smalteblau, indigoblau, himmelblau.

Grün: spangrün, seladongrün, berggrün, lauchgrün, smaragdgrün, apfelgrün, pistaciengrün, schwärzlichgrün, olivengrün, grasgrün, spargelgrün, ölgrün, zeisiggrün.

Gelb: schwefelgelb, strohgelb, wachsgelb, honiggelb, citrongelb, ockergelb, weingelb, isabellgelb, erbsengelb, pomeranzengelb.

Roth: morgenroth, hyacinthroth, ziegelroth, scharlachroth, blutroth, fleischroth, carminroth, cochenilleroth, rosenroth, carmoisinroth, pfirsichblüthroth, colombinroth, kirschroth, bräunlichroth.

Braun: röthlichbraun, nelkenbraun, haarbraun, kastanienbraun, gelblichbraun holzbraun, leberbraun, schwärzlichbraun.

Die Abstufung oder Sättigung der Farbe wird durch die Worte hoch, tief, licht, dunkel, blass ausgedrückt, welche der Farbenanzeige beigegeben werden. Um die Farben, welche durch specifische Bezeichnungen angegeben werden, wie ölgrün, isabellgelb, colombinroth, kennen zu lernen, ist es nöthig, eine Farbenskale, am besten durch ausgewählte Mineralstücke dargestellt, zu studiren. Derjenige, welcher Andeutungen von Farbenblindheit an sich wahrnimmt, wird bei der Bestimmung der Farbe besonders vorsichtig sein müssen und eine Farbenskale, sowie das Urtheil Anderer zu benützen haben.

Ueber Farben: Haidinger, Sitzungsber. d. Wiener Akad. Bd. 8. Brücke, Physiologie der Farben. Leipzig 1866.

103. Da die farbigen Medien nicht alle Lichtarten, welche sie absorbiren, in gleicher Weise vernichten, so tritt zuweilen die Erscheinung ein, dass ein Medium in dünneren Schichten eine andere Farbe hat als in dickeren, wie z. B. mancher Granat.

An Krystallen bemerkt man zuweilen zwei oder mehrere Farben an demselben Individuum, was von der isomorphen Schichtung (65) herrührt. Beispiele liefern manche Krystalle von Flussspath, welche entweder Schichten verschiedenartiger Färbung erkennen lassen oder an welchen die Würfelecken anders gefärbt sind, wie der übrige Krystall. Der ungleiche Ansatz der isomorphen Schichten bedingt bei säulenförmigen Krystallen, welche vorzugsweise nach einer Richtung wachsen, die Bildung heller oder dunkler Köpfe, wie am Beryll, Diopsid vom Zillerthal, Turmalin von Elba (Mohrenköpfe).

Krystallinische Minerale können entweder zufolge ihrer Bildung oder in Folge späterer Veränderungen verschiedene Farbenzeichnungen haben, die man als punktirt, gefleckt, wolkig, geflammt, geadert, gestreift, gebändert, wellig, ringförmig, festungsartig, breccienartig u. s. w. bezeichnet.

104. Manche Minerale kommen jederzeit mit derselben bestimmten Farbe vor und sind niemals farblos. Sie werden eigenfarbig oder idiochromatisch genannt. Beispiele sind Gold, Bleiglanz, Kupferlasur. Andere Minerale hingegen finden sich bei sonst gleichen Eigenschaften in verschiedenen Farben und kommen auch farblos vor. Ihre Farbe ist also nichts Eigenthümliches, daher solche in Farben auftretende Minerale gefärbt oder **allochromatisch** genannt werden. Ihre Farbe ist nicht mit der Substanz untrennbar verbunden, sondern rührt von einem beigemischten Pigment her. Beispiele sind der Flussspath, welcher in vielerlei Farben vorkommt, der Baryt, der Quarz. Das Pigment ist zuweilen durch das Mikroskop zu erkennen, wie z. B. das Rotheisenerz in dem Heulandit, zuweilen aber höchst fein vertheilt, wie im Flussspath.

Ein Uebergang zwischen der farbigen und gefärbten Beschaffenheit wird durch manche isomorphe Mischung (65) hervorgebracht, indem farblose und farbige Mineralarten zu einem gleichartig aussehenden Individuum zusammenkrystallisiren, welches eine mittlere Farbe zeigt; so z. B. mischt sich der farblose Spinell mit dem schwarzen opaken Magneteisenerz und liefert den Pleonast, welcher in dünnen Schichten braun erscheint.

Das Pigment einiger gefärbter Minerale ist so zart, dass es am Lichte vernichtet wird und die Minerale verblassen. So verliert mancher Topas, Rosenquarz, Chrysopras allmälig die Farbe. Einige der eigenfarbigen Minerale verändern, dem Lichte ausgesetzt, an der Oberfläche ihre Farbe, wie z. B. das Realgar und Rothgiltigerz. Die chemische Veränderung, welche hier stattfindet, greift dann allmälig tiefer. Endlich tritt auch zuweilen der Fall ein, dass farblose oder blass gefärbte Minerale zufolge der Einwirkung der Luft und Feuchtigkeit von der Oberfläche aus verändert werden und eine dunklere Farbe annehmen, sich verfärben, wie der Eisenspath, Manganspath und Braunspath.

105. Strich. Farblose Minerale liefern beim Zerreiben weisses Pulver, gefärbte geben ein weisses oder schmutzigweisses Pulver, weil das neu entstandene Weiss die Farbe des Pigments ganz oder theilweise verdeckt. So liefert blaues Steinsalz ebenso wie das farblose ein weisses Pulver. Eigenfarbige Minerale von satter Farbe zeigen auch in Pulverform einen entschiedenen Farbenton, und zwar wird derselbe bei durchsichtigen Mineralen wegen des beigemischten Weiss heller sein, als die ursprüngliche Farbe des Minerals, während bei trüben Mineralen die beiden Farben sich wenig oder gar nicht unterscheiden. So gibt der an sich durchsichtige cochenillerothe Zinnober ein scharlachrothes Pulver, der durchsichtige lasurblaue Azurit ein smalteblaues Pulver, während die trübe, apfelgrüne Abänderung des Malachits ein gleichfarbiges Pulver liefert. Die opaken Minerale sind in Pulverform häufig schwarz oder dunkel, weil der Metallglanz fehlt und die Absorption allein wirkt. Der speisgelbe Schwefelkies gibt ein bräunlichschwarzes, der zinnweisse Speiskobalt ein graulichschwarzes Pulver.

Die Farbe des Pulvers wird von den Mineralogen der Strich genannt, weil man sich durch Streichen des Minerals auf eine weisse rauhe Fläche, z. B. eine Platte von Porzellan-Biscuit am leichtesten eine kleine Menge des Pulvers auf geeignetem Hintergrunde verschafft. Da die eigenfarbigen Minerale einen Strich von bestimmter Farbe zeigen, welche zu den Eigenthümlichkeiten des Minerals gehört, so ist der Strich in diesem Falle ein wichtiges Kennzeichen.

Beim Ritzen mit einer stumpfen Spitze wird man den Strich weniger deutlich erkennen, manche Minerale liefern aber dabei eine glänzende Rinne und man sagt, sie seien im Striche glänzend.

106. Interferenz. Glimmerblättchen von ausserordentlich geringer Dicke zeigen im auffallenden Lichte prachtvolle Farben, welche denen gleichen, die man an dünnen Seifenblasen sieht. Ebensolche Farben treten häufig an den feinen Spaltungsrissen von Kalkspath, Orthoklas und anderen Mineralen auf. In bunter Folge zeigen sich dieselben an den feinen Sprüngen im Bergkrystall und an anderen wasserhellen Mineralen. Die Erscheinung heisst das Irisiren.

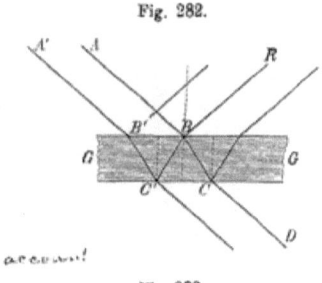

Fig. 282.

Um sich zuerst über die Entstehung der Farben an dünnen Blättchen Rechenschaft zu geben, betrachtet man den Weg des reflectirten Lichtes. Von den parallelen Strahlen, welche auf das Blättchen GG fallen, Fig. 282, hat der eine den Weg ABR zurückgelegt, indem er an der Oberfläche reflectirt wird, während stets ein zweiter in Folge der inneren Reflexion den Weg $A'B'C'BR$ nimmt, also zuletzt mit dem vorigen gleichen Lauf hat. Die Wegdifferenz $B'C'B$ in dem anders brechenden Medium, welche dem einen der beiden Strahlen zukommt, ist die Ursache, dass die beiden gleichlaufenden Strahlen auf einander einwirken (interferiren).

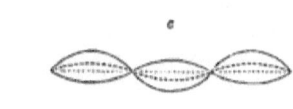

Fig. 283.

Von dieser Einwirkung erhält man eine anschauliche Vorstellung, wenn man die Undulations-Theorie zu Hilfe nimmt, gemäss welcher das Licht als die schwingende Bewegung eines unwägbaren Mediums, des Aethers, aufgefasst wird. Die Aethertheilchen oder Aethermolekel schwingen senkrecht zu der Richtung des Lichtstrahles und ihre Bewegung pflanzt sich wellenförmig in dieser Richtung fort. Die Aethermolekel, welche

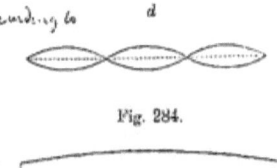

Fig. 284.

sich im Ruhezustande auf der Linie des Strahles neben einander befanden, haben in dem Lichtstrahl eine solche Bewegung, dass ihre Verbindungslinie in jedem Augenblicke eine Wellenlinie darstellt. Die Distanz uw, welche für jede Lichtart eine bestimmte Grösse hat, Fig. 283, heisst Wellenlänge. Die Strecke uv ist sonach eine halbe Wellenlänge.

Wenn Lichtstrahlen gleicher Art denselben Lauf haben, so werden sie auf einander einwirken, indem sich ihre Bewegungen summiren. Haben die Schwingungen beider dieselbe Richtung, wie in Fig. b, so entsteht eine verstärkte Bewegung, die Helligkeit des Strahles nimmt zu; haben die Schwingungen entgegengesetzte Richtung wie in Fig. c, so wird eine Schwächung eintreten. In dem Falle als beide Strahlen von gleicher Intensität sind, jedoch die eine um eine halbe Wellenlänge verspätet erscheint, wie in Fig. d, sind die Schwingungen genau entgegengesetzt, sie heben sich daher auf. Durch das Zusammentreffen zweier solcher Strahlen in gleichem Laufe entsteht Dunkelheit. Dasselbe geschieht aber auch, wenn die Verspätung des einen Strahles drei, fünf, überhaupt eine ungrade Zahl von halben Wellenlängen beträgt.

Diese Verspätung kann dadurch eintreten, dass der eine Strahl einen längeren Weg durchläuft als der andere, oder auch dadurch, dass der eine seine Bewegung in einem widerstehenden Medium verzögert. In einem sehr dünnen Glimmerblättchen oder der dünnen Schichte einer Seifenblase wirken beide Umstände zusammen. Denkt man sich aber statt des Blättchens GG eine dünne Luftschichte wie sie in den Spaltungsrissen oder Sprüngen vorhanden ist, so kommt vorzugsweise die erste Ursache in Betracht. Wenn das Blättchen oder die Luftschichte keilförmig ist, so wird ein Strahl, welcher der Schärfe des Keiles nahe liegt, eine Verzögerung um eine halbe Wellenlänge haben, ein anderer, welcher schon durch eine dickere Stelle des Keiles geht, eine Verzögerung von zwei halben Wellenlängen, ein folgender eine solche von drei, ein anderer von vier halben Wellenlängen und so fort. Die Stellen für die ungeraden Zahlen werden immer eine Auslöschung geben und es werden sich Interferenzstreifen zeigen. Hat die Luftschichte eine solche Form, dass ihre Dicke rings um einen Punkt allmälig zunimmt, so entstehen um diesen Punkt Interferenzringe.

Wenn Tageslicht angewandt wird, so geschieht an den bestimmten Punkten die Auslöschung nur in einer bestimmten Lichtart oder Farbe, die anderen Farben bleiben übrig und geben für jede solche Stelle eine bestimmte Mischfarbe. Im auffallenden Tageslichte haben daher parallelwandige Blättchen und Luftschichten eine einzige Mischfarbe, andere von wechselnder Dicke hingegen zeigen Farbenstreifen oder verschiedene Farbenzeichnungen. Im durchfallenden Lichte zeigen sich ebenfalls Farben, sie sind complementär zu den vorigen, doch viel blasser. Dieselben erklären sich daraus, dass (Fig. 282) immer ein Strahl den Weg $ABCD$, ein anderer den Weg $A'B'C'BCD$ nimmt, worauf beide denselben Lauf haben, aber, eine Wegdifferenz aufweisen, die zweimal die Strecke BC beträgt.

Man kann die Farbenringe, wie Newton gezeigt hat, am leichtesten hervorrufen, wenn man auf eine ebene Glasplatte eine convexe Glaslinse legt, worauf um den Berührungspunkt eine Luftschichte vorhanden ist, deren Dicke nach aussen regelmässig zunimmt, Fig. 284. So erhält man im auffallenden Lichte von dem schwarz erscheinenden Berührungspunkte gezählt, nachstehende Farbenfolge:

1. Ordnung: schwarz, bläulichgrau, weiss, strohgelb, braungelb, orange, roth.
2. Ordnung: purpur, violett, indigo, himmelblau, hellgrün, gelb, orange, roth.

3. Ordnung: purpur, violett, indigo, blau, meergrün, grün, gelbgrün, isabellgelb, blass fleischroth.

4. Ordnung: carmoisin, bläulichgrün, grün, graugrün, blass fleischroth.

5. Ordnung: schwachgrün, weiss, schwachroth.

Die folgenden Ringe haben schwach blaugrüne und blass fleischrothe Farben und verblassen immer mehr. Eine keilförmige Luftschichte gibt nicht Ringe, sondern Farbenstreifen von derselben Farbenfolge.

107. Die Farben dünner Blättchen kommen an den Mineralen in verschiedenen Formen vor. Ausser dem Irisiren feiner Sprünge an durchsichtigen Mineralen gehört vor Allem das Farbenspiel hieher, welches am Edelopal zu beobachten ist. Man sieht die prächtigen Farben in jeder Richtung, in welcher man auf den Stein blickt. Brewster nahm an, dass die Erscheinung von höchst feinen Poren herrühre, welche in der Masse des Opals regelmässig vertheilt sind, doch konnte Behrens bei der mikroskopischen Untersuchung nichts davon wahrnehmen, und glaubte die Farben von feinen Opal-Lamellen ableiten zu können, welche eine etwas andere Brechbarkeit haben, als die Umgebung. Die Farben können aber nur von Lamellen herrühren, welche unregelmässig vertheilt sind und einen Brechungsquotienten haben, welcher von jenem der Umgebung sehr verschieden ist. Man wird sie daher am sichersten von feinen Sprüngen abzuleiten haben, umsomehr, da das Vorkommen feiner Risse im Opal eine bekannte Erscheinung ist.

Ein anderes hierhergehöriges Phänomen ist die Farbenwandlung, als welche man das Auftreten schöner Farben in krystallographisch bestimmter Richtung bezeichnet. An manchem Labradorit und Orthoklas erblickt man auf bestimmten Flächen entweder leuchtende Farben oder doch einen bläulichen Lichtschein, an manchem Chrysoberyll immer nur den letzteren. Brewster erklärte die Erscheinung durch die Annahme feiner viereckiger Hohlräume, Bonsdorff, Vogelsang glaubten sie von Einschlüssen herleiten zu können. In diesem Falle scheint es, dass Brewster der richtigen Auffassung am nächsten gekommen sei und die Farben von äusserst feinen Hohlräumen, welche von Krystallebenen begrenzt sind, also von negativen Krystallen herrühren.

Die Anlauffarben sind ebenfalls Farben dünner Blättchen, und zwar solcher dünner Schichten, die sich an der Oberfläche mancher Minerale abgesetzt haben. Das Wismut, der Eisenglanz von Elba, mancher Magnetit sind oft mit schönen Farben angelaufen. Das Anlaufen des Stahles gehört auch hieher. In allen diesen Fällen ist es der Beginn einer chemischen Veränderung, welche die Bildung einer äusserst dünnen Schichte eines neuen Körpers hervorgerufen hat. Von dem Eisenspath, dem Kalkspath, welche zuweilen zart angelaufen sind, weiss man, dass die dünne Schichte aus Brauneisenerz besteht. Krystalle sind zuweilen auf den gleichen Flächen gleich, auf den ungleichen aber verschieden angelaufen, wie manche Bleiglanzkrystalle, welche auf den Oktaëderflächen blau, auf den Würfelflächen aber nicht angelaufen sind.

Die Farben trüber Medien erklärt man ebenfalls durch Interferenz. Durchsichtige Körper, welche eine feine Trübung zeigen, in welchen also ungemein kleine Partikelchen die Trübung veranlassen, erscheinen im auffallenden Lichte bläulich, namentlich deutlich auf dunklem Grunde, im durchfallenden aber gelblich bis bräunlich. Der bläuliche Rauch der Cigarren ist im durchfallenden Lichte bräunlich, die Strahlen der untergehenden Sonne, welche einen langen Weg durch die zartgetrübte Atmosphäre zurückgelegt haben, besitzen eine rothe Farbe. Das Blau des Himmels ist die Farbe der zartgetrübten Luft auf dem dunklen Grunde des Weltraumes; bei stärkerer Trübung durch grössere Wasserkügelchen und Bläschen verschwindet es. An Mineralen werden die Farben trüber Medien häufig beobachtet. Der bläuliche Opal, Chalcedon, sind im durchfallenden Lichte gelblich oder röthlich, die trüben Krystalle von Feldspath, Nephelin etc. zeigen bei der Untersuchung im Dünnschliffe, im durchfallenden Lichte eine bräunliche Farbe. Bei farbigen Mineralen mischen sich die durch Trübung entstandenen blassen Farbentöne mit der eigentlichen Farbe.

Ueber Farbenspiel: Brewster, Optics. Behrens, Sitzungsber. d. Wiener Akad. Bd. 64, December 1871. Farbenwandlung: Brewster, Optics. Hessel, Kastner's Archiv f. ges. Naturlehre, Bd. 10, pag. 273. Vogelsang, Archives Néerlandaises. Tome III (1868). Reusch, Poggendorff's Ann., Bd. 116, pag. 392, Bd. 118, pag. 256, Bd. 120, pag. 95. Anlauffarben: Hausmann, Neues Jahrb. f. Min. 1848, pag. 326. Farben trüber Medien: Brücke, Sitzungsber. d. Wiener Akad. 1852, Juli. Tyndall, das Licht.

108. Polarisation. Das Licht erlangt durch eine bestimmte Art der Reflexion seitliche Eigenschaften. Der Strahl verhält sich nachher nicht mehr rings um seine Fortpflanzungsrichtung gleich, wie im ursprünglichen Zustande, sondern in einer bestimmten Ebene anders, als in der dazu senkrechten, er ist polarisirt.

Nimmt man eine Platte von farbigem Turmalin, welche parallel zur Hauptaxe des Krystalls geschnitten ist, Fig. 285, und betrachtet durch dieselbe eine weisse Wolke, ein Lampenlicht etc., so zeigt sich keine Aenderung, wenn man die Platte vor den Augen nach links oder nach rechts dreht. Untersucht man jedoch Licht, welches von einer horizontalen Glastafel oder von einer Tischplatte reflectirt wird, so bemerkt man bei der Drehung der vor das Auge geschobenen Turmalinplatte einen auffallenden Wechsel der Helligkeit. Die Glastafel oder die Tischplatte erscheint hell und glänzend, wenn die Hauptaxe des Turmalins horizontal ist, hingegen verdunkelt, wenn die Platte so gedreht wurde, dass die Hauptaxe vertical zu stehen kommt. Das reflectirte Licht hat also von 90^0 zu 90^0 wechselnde Beschaffenheit, es ist polarisirtes Licht.

Die Einfallsebene, welche bei diesem Versuche vertical ist, wird Polarisationsebene genannt. Man sagt demnach: wenn die Turmalinplatte so steht, dass ihre Hauptaxe zur Polarisationsebene senkrecht ist, so lässt sie das polarisirte Licht hindurch, wenn aber ihre Hauptaxe zur Polarisationsebene parallel ist, verlöscht sie den polarisirten Strahl, Fig. 286.

Um die Sache anschaulicher zu machen, darf man sich den Turmalin wie ein Gitter vorstellen, dessen Stäbe zur Hauptaxe parallel sind. Den polarisirten Strahl denkt man sich aus Theilchen bestehend, welche parallel zu der reflectirenden Ebene hin- und herschwingen. In dem genannten Experimente ist die Schwingung des polarisirten Strahles horizontal, die Theilchen können also ihre Bewegung durch das Gitter hindurch fortsetzen, wenn dessen Stäbe auch horizontal sind, dagegen nicht, wofern diese vertical sind.

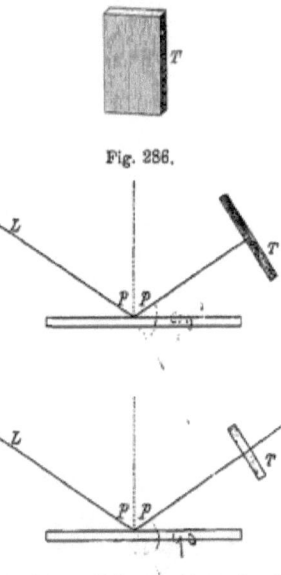

Fig. 285.

Fig. 286.

Wenn man bei einem zweiten Versuche die spiegelnde Glastafel vertical stellt und den reflectirten Strahl untersucht, so findet man Helligkeit wofern die Hauptaxe des Turmalins vertical ist, hingegen Verdunkelung, wenn dieselbe horizontal ist. Das Verhältnis zwischen der Polarisationsebene und der Stellung des Turmalins bei der Verdunkelung bleibt immer dasselbe.

Bei mehrfacher Wiederholung solcher Versuche findet man, dass beim Einfallen des Lichtes unter einem bestimmten Winkel das reflectirte Licht vom Turmalin bei geeigneter Stellung nicht blos verdunkelt, sondern total ausgelöscht wird. Der reflectirte Strahl ist jetzt vollständig polarisirt. Der zugehörige Einfallswinkel wird Polarisationswinkel genannt. Für gewöhnliches Glas beträgt derselbe 56°, für Wasser 53°. Nach dem von Brewster gefundenen Gesetze berechnet sich dieser Winkel p, wofern der Brechungsquotient des reflectirenden Mediums n bekannt ist, aus der Formel $\tang p = n$, woraus folgt, dass die vollständige Polarisation eintrifft, sobald der reflectirte und der gebrochene Strahl auf einander senkrecht sind. Doppeltbrechende Medien haben demnach zwei Polarisationswinkel.

Wenn man das Licht, welches von metallglänzenden Flächen wiederkehrt, mit dem Turmalin untersucht, so findet man kaum Spuren von der Verdunkelung. Die Körper mit Metallglanz verhalten sich also verschieden von den nicht metallischen.

109. Das Licht wird nicht nur bei einer bestimmten Reflexion polarisirt, sondern auch bei einer bestimmten Art der Brechung. Hat man eine Glastafel gegen das einfallende Licht so gestellt, dass der reflectirte Strahl vollständig polarisirt ist, so gibt auch das gebrochene, durch das Glas kommende Licht bei der Untersuchung mit dem Turmalin einen Wechsel, und zwar gibt es Helligkeit, wenn die Hauptaxe des Turmalins zur Einfallsebene parallel ist, und Dunkelheit, wenn sie dazu senkrecht ist. Der durch Brechung polarisirte Strahl ist also um 90° anders polarisirt, wie der reflectirte. Dies übersetzt man sich in die früher gebrauchte Sprache, wie folgt: Wenn ein Lichtstrahl unter dem geeigneten Winkel auf einen glatten durchsichtigen Körper fällt, so theilen sich viele seiner Schwingungen in solche, welche zur reflectirenden Ebene parallel sind und den reflectirten Strahl bilden, und in solche, welche in einer zur vorigen senkrechten Ebene stattfinden und in den gebrochenen Strahl übergehen.

Eine einzige Glasplatte gibt bei diesem Versuche noch keine vollständige Auslöschung des durchgehenden Strahles; dieser ist noch nicht vollständig polarisirt, jedoch erhält man durch Wiederholung der Erscheinung, indem das Licht durch eine grössere Anzahl parallel gelagerter Glasplatten, durch einen Glassatz gebrochen wird, das gewünschte Resultat. Ein Paket von Glastafeln ist also ein geeignetes Mittel, polarisirtes Licht zu erhalten.

Fig. 287.

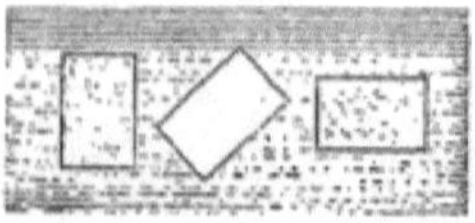

Fig. 288.

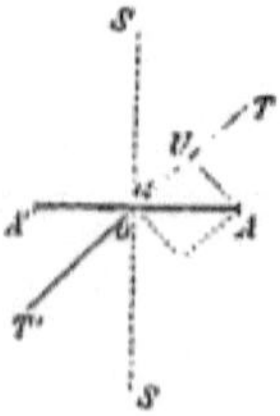

Fig. 289.

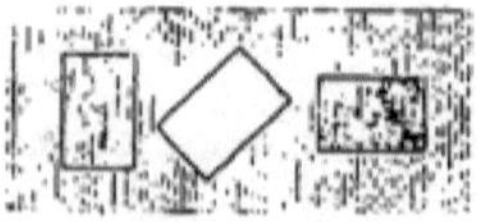

Fig. 290.

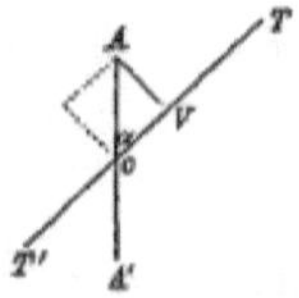

110. In dem früher beschriebenen Versuche wird vollkommen polarisirtes Licht, welches von einer horizontalen Glasplatte kommt, von einem Turmalin, dessen Hauptaxe vertical ist, ausgelöscht. Sobald man aber den Turmalin in derselben Ebene ein wenig dreht, so dass nun seine Hauptaxe nicht mehr vertical ist, so fängt derselbe an, etwas heller zu werden, er lässt also etwas Licht hindurch. Die Helligkeit nimmt mit der Drehung zu, bis endlich bei der Horizontalstellung des Turmalins die grösste Helligkeit auftritt, Fig. 287.

Wie es kommt, dass der Turmalin, welcher nur solche Schwingungen durchlässt, die parallel zu seiner Hauptaxe gerichtet sind, doch auch demjenigen Lichte einen beschränkten Durchgang gestattet, welches schief gegen seine Hauptaxe schwingt, wird aus Folgendem erklärlich.

Ist in Fig. 288 TT' die Richtung dieser Hauptaxe und wird angenommen, dass die Schwingungen des polarisirten Lichtes horizontal stattfinden, nämlich zwischen A und A' durch O hindurch, so werden die Schwingungen wohl nicht in dieser Form durch den Turmalin gelangen können, wohl aber nach einer bestimmten Anpassung an diese Stellung der Turmalinplatte. Wie jede Bewegung kann auch die Schwingung zwischen O und A in zwei Componenten zerlegt gedacht werden. Fällt man von A aus eine Senkrechte auf TT' und ist deren Fusspunkt U, so erscheint jetzt OA als Diagonale eines Kräfteparallelogrammes, und OU als die eine Componente, welche den Schwingungen parallel TT' entspricht, die also durchgelassen werden, während AU als die andere Componente zu betrachten ist, welche den zu TT' senkrechten Schwingungen entspricht und durch Absorption vernichtet wird. Die neue Schwingung OU ist kürzer als die ursprüngliche OA, dementsprechend ist die Helligkeit geringer. Das Verhältnis von OU zu OA ist aber wie $\sin \alpha : 1$.

Das Licht, welches aus dem schief gestellten Turmalin kommt, schwingt demnach nicht mehr in der früheren Richtung, sondern seine Polarisationsebene ist geändert, das Licht ist umpolarisirt worden. Daraus ist zu ersehen, dass das polarisirte Licht durch Zerlegung in Componenten seine Schwingungsebene zu ändern vermag, wofern das neue Medium nur bestimmte Schwingungen gestattet.

Benutzt man zu dem Versuche vollständig polarisirtes Licht, welches von einer verticalen Glasplatte kommt, so wird ein Turmalin, dessen Hauptaxe vertical ist, Helligkeit zeigen. Dreht man jetzt den Turmalin, so wird seine Helligkeit abnehmen und endlich Dunkelheit eintreten, sobald die Hauptaxe in horizontale Stellung kommt, Fig. 289. Die Erklärung ist ähnlich wie vorhin. Die beiden Componenten sind jetzt OV, welche den durchgehenden Schwingungen entspricht, und AV, welche jene Schwingungen repräsentirt, die verlöscht werden. OV und OA verhalten sich wie $\cos \alpha : 1$. Fig. 290.

111. Die beiden Strahlen, welche ein doppeltbrechender Körper liefert, sind vollständig polarisirt und zwar im einfachsten Falle senkrecht gegen einander. Schiebt man, wie bei einem früheren Versuch (99), zwischen das Auge und den Doppelspath ein durchbohrtes Papierblatt, so erblickt man zwei Strahlenbündel, o und e, Fig. 291. Werden dieselben mittels eines Turmalins geprüft, so wird der ordentliche Strahl o hell erscheinen, sobald die Hauptaxe des Turmalins zum Hauptschnitte des Doppelspathes senkrecht ist. Der ausserordentliche Strahl ist jetzt verlöscht. Wird nun der Turmalin gedreht, bis seine Hauptaxe zu jenem Hauptschnitt parallel ist, so erscheint der ausserordentliche Strahl hell, während der ordentliche verlöscht ist. Nach der früheren Ausdrucksweise wird man sagen, der ordentliche Strahl schwingt senkrecht zum Hauptschnitt, der ausserordentliche parallel zu demselben.

Fig. 291.

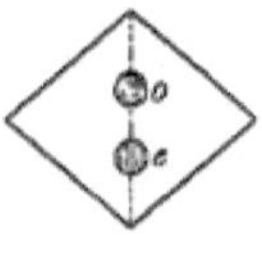

Wird eine Platte von Doppelspath, welche senkrecht zur Hauptaxe geschnitten ist, angewandt, so zeigt sich der einfache Strahl, welcher beim senkrechten Durchsehen beobachtet wird, nicht polarisirt, die beiden Strahlen aber, welche man beim schiefen Durchsehen erhält (vergl. Fig. 280), erweisen sich wiederum polarisirt, und zwar in dem Sinne, dass man sagen würde: der ordentliche Strahl schwingt senkrecht, der ausserordentliche schwingt parallel zu einer durch den Strahl und die Hauptaxe gelegten Ebene.

So wie die beiden Strahlen des Kalkspathes sind auch die Strahlen polarisirt, welche die übrigen Krystalle von wirteligem Baue liefern. Platten, die aus einem Krystall von einfacherem Baue genommen sind, liefern im allgemeinen zwei ausserordentliche Strahlen. Auch diese bestehen aus polarisirtem Lichte, und zwar ist wiederum der eine senkrecht gegen den andern polarisirt. Man hat daher auch in diesen Platten, wofern das Licht vertical einfällt, zwei bestimmte zu einander senkrechte Schwingungsrichtungen anzunehmen.

112. Polarisirtes Licht zeigt beim Durchgange durch einen Doppelspath zum Theile andere Erscheinungen als gewöhnliches Licht. Lässt man vollständig polarisirtes Licht, welches von einer horizontalen Glasplatte kommt, durch die Oeffnung eines Papierblattes gehen und bringt zwischen dieses und das Auge ein Spaltungsstück von Doppelspath, und zwar so, dass der Hauptschnitt vertical steht, so sieht man blos einen einzigen Strahl, es ist der ordentliche, Fig. 292.

Das in den Doppelspath eintretende Licht schwingt horizontal, kann sich also hier nur als ordentlicher Strahl fortpflanzen, die zweite Art der Schwingung, nämlich die verticale, existirt nicht. Das polarisirte Licht wird demnach hier einfach gebrochen. Dreht man jetzt den Doppelspath um einen Winkel α, so taucht auch der ausserordentliche Strahl auf und nimmt bei fernerer Drehung an Helligkeit zu, während sich der ordentliche verdunkelt. Nach der Drehung

Fig. 292.

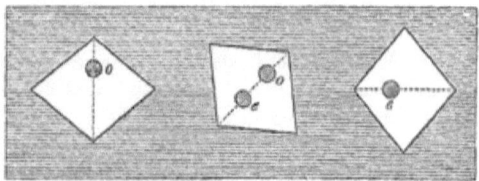

um 45° haben beide gleiche Helligkeit. Bei fortgesetzter Drehung nimmt der ausserordentliche beständig an Helligkeit zu, bei 90° ist er allein sichtbar, der ordentliche ist verschwunden.

Das polarisirte Licht, welches in den in schiefer Stellung befindlichen Doppelspath gelangt, wird hier getheilt, wird hier doppelt gebrochen. Der Doppelspath, welcher blos Schwingungen parallel und senkrecht zum Hauptschnitte durchlässt, kann die schief gerichtete Schwingung nur so fortpflanzen, dass er dieselbe in zwei Componenten zerlegt, welche den beiden Schwingungsarten besitzen. Geht man auf Fig. 288 zurück, so erkennt man, dass der ordentliche Strahl nach der Drehung des Doppelspathes um den Winkel α die Componente AU, der ausserordentliche Strahl die Componente OU zugetheilt erhält, welche beiden sich wie $\cos \alpha : \sin \alpha$ verhalten. Für $\alpha = 45°$ sind also beide gleich, für $\alpha = 90°$ verschwindet die erstere Componente. Ist also der Hauptschnitt horizontal, so geht das polarisirte Licht, dessen Schwingung horizontal ist, blos als ausserordentlicher Strahl hindurch, die Brechung ist jetzt wieder eine einfache.

Bei verticaler und bei horizontaler Stellung des Hauptschnittes herrscht also einfache, in allen Zwischenstellungen doppelte Brechung. Das entsprechende Resultat ergibt sich, wenn man polarisirtes Licht anwendet, das von einer verticalen Glasplatte kommt.

Liegen also die Schwingungsrichtungen der Mineralplatte schief zu jenen des einfallenden polarisirten Lichtes, so ergibt sich doppelte, sonst aber einfache Brechung. Diese Regel befolgen alle doppelt brechenden Körper.

113. Wenn das Instrument, welches zur ersten Erkennung des polarisirten Lichtes dienlich war, nämlich die gefärbte Turmalinplatte für sich betrachtet wird, so erscheint dieselbe als ein Medium, welches blos Schwingungen parallel der Hauptaxe hindurchlässt, also einen ausserordentlichen Strahl gibt. Die Turmalin ist demnach ein doppelt brechender Körper, welcher den ordentlichen Strahl vernichtet und blos den ausserordentlichen durchlässt. Dieser ist aber polarisirt. Die Turmalinplatte bietet also ein einfaches Mittel, polarisirtes Licht zu erhalten. Bei den Versuchen, welche Farbenerscheinungen veranlassen, würde es aber als eine unangenehme Beigabe des polarisirten Lichtes erscheinen, dass dasselbe schon selbst gefärbt ist. Man kann aber leicht ungefärbtes polarisirtes Licht erhalten, wenn man einen der beiden Lichtstrahlen, welche der farblose Doppelspath liefert, für sich auffängt.

Fig. 293. Fig. 294.

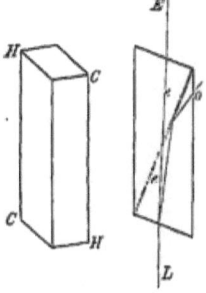

Das Instrument, welches dies gestattet, ist das Nicol'sche Prisma. Dasselbe ist aus einem länglichen Spaltungsstück von Doppelspath so angefertigt, dass anstatt des Flächenpaares CH, Fig. 293, welches die kleinsten Flächen bildet, in der Zone $R:OR$ ein neues Flächenpaar angeschliffen wird, welches gegen die Hauptaxe um 3^0 weniger steil geneigt ist, und dass hierauf das Spaltungsstück nach einer in derselben Zone liegenden, auf dem vorigen Paar senkrechten Fläche durchschnitten wird. Die beiden so erhaltenen Stücke werden mittels Canadabalsam wieder zusammengekittet. Dieser Einrichtung zufolge wird ein Lichtstrahl L, welcher in das Prisma, Fig. 294, eintritt, in zwei Strahlen zerlegt, wovon der eine, der ordinäre o unter dem Winkel der totalen Reflexion auf die Balsamschichte trifft und von da zur Seite reflectirt wird, wo ihn die geschwärzten Flächen absorbiren, während der ausserordentliche Strahl e in der Richtung LE durch das Prisma geht.

Das Nicol'sche Prisma liefert also, gerade wie der Turmalin, blos den ausserordentlichen Strahl, es liefert polarisirtes Licht, dessen Schwingungen parallel der kürzeren Diagonale des Prisma stattfinden. Diese ist aber einem Hauptschnitt des dazu benutzten Calcitindividuums $CHCH$ parallel. Wenn daher vom Nicolhauptschnitt gesprochen wird, so ist immer jene durch die kürzere Diagonale und längs des Nicols gelegte Ebene zu verstehen. Gegenwärtig benutzt man häufig auch ein von Prazmowsky angegebenes polarisirendes Prisma, welches Leinölkitt enthält und zwei horizontale Endflächen besitzt.

Literatur. Ueber die Anwendung des polarisirten Lichtes bei der Untersuchung der Krystalle, sowie über die Krystalloptik überhaupt kann man sich des Genaueren in folgenden Werken unterrichten: Brewster, Treatise on optics, London 1832, deutsch von Hartmann, Quedlinburg 1835. Beer, Einleitung in die höhere Optik, 2. Aufl., bearb. von V. v. Lang, Braunschweig 1882. Dove, Darstellung der Farbenlehre und optische Studien, Berlin 1853. Grailich, Krystallographisch-optische Untersuchungen, Wien 1858. Descloizeaux, Mémoire sur l'emploi du microscope polarisant etc., Paris 1864. Schrauf, Lehrbuch der physikal. Mineralogie, 2. Bd., Wien 1868. Rosenbusch, Mikroskopische Physiographie der petrograph. wichtigsten Mineralien, Stuttgart 1885. Wüllner, Lehrbuch der Experimentalphysik, 2. Bd., Leipzig 1875. Groth, Physikalische Krystallographie, Leipzig 1885. Mallard, Traité de Cristallographie, Paris 1884, 2. Bd.

Ueber Apparate und Beobachtungsmethoden ausserdem: V. v. Lang, Sitzungsber. d. W. Akad. Bd. 55 (1867), Carl, Repertorium f. physikal. Technik, Bd. 3, pag. 201. Groth, Pogg. Ann., Bd. 154, pag. 34 (1871). Ueber Nicol. Prismen: Feussner, Zeitschr. f. Instrumentenkunde, Bd. 4, pag. 42. Ueber ein Mikroskop mit Refractometer, Axenwinkel-Apparat etc. Bertraud, Comptes rend. Bd. 99, pag. 538.

114. Orthoskop. Für Untersuchungen im polarisirten Lichte können Vorrichtungen mit zwei Turmalinplatten oder mit zwei Nicol'schen Prismen dienen.

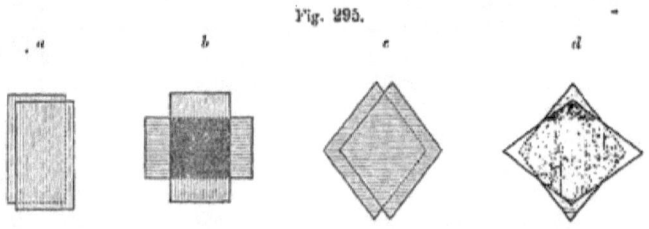

Fig. 295.

Der erstere Apparat, welcher blos aus zwei parallelen Turmalinplatten und einer Fassung besteht, wird Turmalinzange genannt. Er eignet sich aus dem früher angegebenen Grunde blos zu rohen Versuchen und wird daher wenig mehr angewendet. Dagegen werden Instrumente, welche im Wesentlichen aus zwei Nicols zusammengesetzt sind, gegenwärtig in verschiedenen Formen allgemein von den Mineralogen für optische Untersuchungen benutzt.

Stellt man die beiden Platten der Turmalinzange mit den Hauptaxen parallel, Fig. a, und blickt durch dieselbe gegen eine Lichtquelle, so wird man Helligkeit wahrnehmen, denn der aus der ersten Platte austretende Strahl schwingt parallel zur Hauptaxe und kann diese Schwingungsart auch in der zweiten Platte ungestört fortsetzen. Dreht man jetzt die eine Platte gegen die andere, so wird das Gesichtsfeld, soweit sich die Turmaline bedecken, allmälig dunkler und bei einer Drehung von 90° werden die nunmehr gekreuzten Turmaline Dunkelheit geben, Fig. b. Das polarisirte Licht, welches die erste Platte verlässt, hat jetzt eine Schwingung, welche zur Hauptaxe der zweiten Platte senkrecht ist, also absorbirt wird.

Entsprechend verhalten sich parallele, Fig. c, und gekreuzte Nicols, Fig. d. Die letzteren geben ein dunkles Gesichtsfeld, weil der polarisirte Strahl, welcher den ersten Nicol verlässt, in den zweiten mit einer solchen Schwingung eintritt, welche dem dortigen ordentlichen Strahl entspricht, wonach er seitlich reflectirt und vernichtet wird. Gekreuzte Turmaline und gekreuzte Nicols verhalten sich wesentlich gleich, es wird also genügen, weiter von den Nicols allein zu sprechen.

Der eine Nicol, welcher das gewöhnliche Licht in polarisirtes verwandelt, heisst Polarisator, der zweite, welcher zur weiteren Prüfung der im polarisirten Lichte auftretenden Erscheinungen dient, Analysator. Um auch kleine Plättchen prüfen zu können, setzt man die Nicols mit einem Mikroskop in Verbindung. Der Polarisator wird unter dem Tisch des Mikroskops angebracht, der Analysator über dem Ocular. In einem solchen Instrumente, Fig. 296 (Modell Fuess), gelangt das gewöhnliche Tageslicht nach der Reflexion am Spiegel S in parallelen Strahlen durch den Polarisator P in die Mineralplatte, hierauf durch die Mikroskopröhre in den Analysator A. Der Tisch T des Mikroskopes ist kreisrund, drehbar und am Rande mit einer Kreistheilung versehen. Ausserhalb des Tisches neben dieser Theilung befindet sich eine fixe Marke. Die Platte des zu prüfenden Minerales, welche auf die Oeffnung des Tisches gelegt worden, dreht sich mit diesem und kann daher in verschiedene Lagen gegen die Schwingungsebenen der Nicols gebracht und es kann erforderlichen Falles der Drehungswinkel abgelesen werden. Um die beiden Nicols in bestimmter Weise gegen einander stellen zu können, ist sowohl an dem Polarisator als auch an dem kleinen Limbus p des Analysators eine Kreistheilung und ausserhalb eine Marke angebracht. Damit das Mikroskop centrirt, d. h. die Axe des Tubus oder der Mikroskopröhre mit der Drehaxe des Tisches in Uebereinstimmung gebracht werden könne, ist durch zwei rechtwinkelig gegeneinander gestellte Schrauben, von welchen im Bilde blos die eine s erscheint, eine genaue Stellung des Tubus ausführbar. Nach richtiger Centrirung bleibt bei der Drehung des Tisches auch ein sehr kleines Krystallblättchen in der Mitte des Gesichtsfeldes. Eine Zugabe, von der später gesprochen wird, ist die kleine Quarzplatte v, welche oberhalb des Objectivlinsensystems, das hier nicht gezeichnet

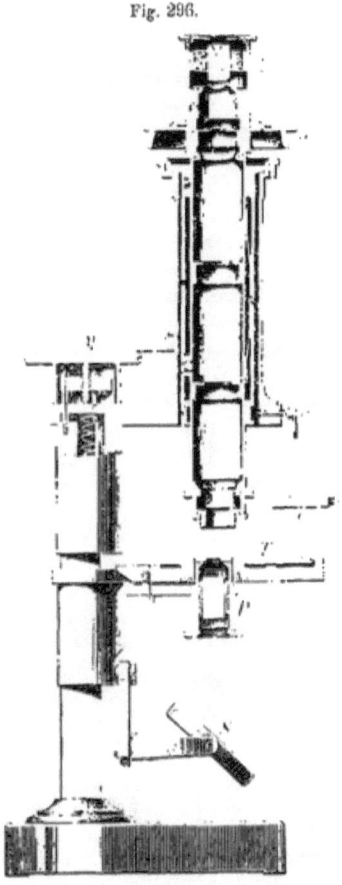

Fig. 296.

ist, horizontal eingeschoben wird. Von der Mikrometerschraube M, durch welche die Hebung und Senkung des Tubus genau bestimmt werden kann, ist schon früher pag. 151 die Rede gewesen. Weil in diesem Instrumente paralleles polarisirtes Licht in senkrechter Richtung durch die zu prüfende Platte geht, wird dasselbe hier als Orthoskop bezeichnet, wonach die Untersuchung im parallelen polarisirten Lichte orthoskopische Prüfung genannt wird [1]).

115. Erkennung der Doppelbrechung. Die erste wichtige Anwendung des Orthoskopes ist die Unterscheidung der einfach brechenden und der doppelt brechenden Minerale.

Wird der Apparat auf Dunkel gestellt und wird auf den Tisch des Instrumentes eine Mineralplatte gelegt, so befindet sich dieselbe zwischen gekreuzten Nicols. Gehört die Platte einem einfach brechenden, also einem tesseralen oder einem amorphen Mineral an, so wird der polarisirte Strahl in der Platte ebenso wenig eine Aenderung erfahren, wie in der Luft, folglich wird das Gesichtsfeld dunkel bleiben, auch die Drehung der Platte wird keine Aenderung hervorbringen. Gehört jedoch die Platte einem doppelt brechenden Mineral an, so wird dieselbe bei der Drehung mittels des Tisches abwechselnd hell und dunkel erscheinen. Eine Ausnahme von letzterem Verhalten machen nur jene Platten, welche senkrecht zur optischen Axe geschnitten sind. Sie geben Dunkelheit, weil der durchgehende Strahl nur einfache Brechung erfährt.

Die Aufhellung der doppelt brechenden Platte wird immer eintreten, wenn die Schwingungsebenen der beiden Strahlen gegen die Nicolhauptschnitte schief liegen. In diesem Falle, Fig. 297, wird der aus dem Polarisator kommende Strahl, welcher parallel PP schwingt, in der Mineralplatte, deren Schwingungsebenen parallel und senkrecht zu SS sind, in zwei Strahlen zerlegt, welche parallel und senkrecht zu SS schwingen. Beide gelangen an den Analysator, welcher diese Schwingungen, welche schief gegen seinen Hauptschnitt AA erfolgen, in dieser Form nicht hindurch lässt, wohl aber jene Componenten, welche zu AA parallel sind, während er die anderen Componenten vernichtet. Dadurch wird Helligkeit erzeugt.

Fig. 297.

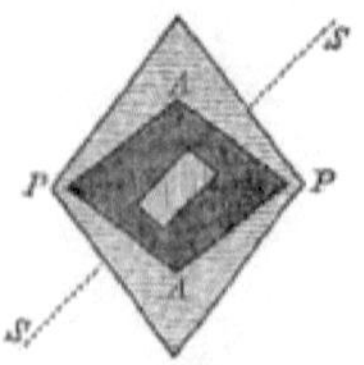

Die Dunkelheit wird bei der Drehung der Platte dann eintreten, sobald die Schwingungsebenen des Minerals zu den beiden Nicolhauptschnitten parallel sind. Das vom Polarisator kommende, parallel PP schwingende Licht findet jetzt die Platte in der Stellung, in welcher sie dieser Schwingung ungestörten Durchgang gestattet, worauf dieselbe an den Analysator gelangt und darin ausgelöscht wird.

---

[1]) Man hat früher das mit Nicols versehene Mikroskop als »Mikroskop mit Polarisation« bezeichnet, ferner den Namen Polarisationsmikroskop auf ein später zu besprechendes Instrument angewandt. Es wurde aber mehrfach der Wunsch ausgesprochen, zwei besser unterscheidbare kurze Namen zu besitzen, daher der Autor die Worte Orthoskop und Konoskop in Vorschlag bringt.

116. Auslöschungsrichtungen. Aus der Dunkelstellung zwischen gekreuzten Nicols kann man die Lage der Schwingungsrichtungen in der doppelt brechenden Platte erkennen, weil in diesem Augenblicke die Schwingungsebenen in der Mineralplatte mit den Nicolhauptschnitten zusammenfallen. Die Schwingungsrichtungen werden daher auch **Auslöschungsrichtungen** genannt.

Eine sehr häufig vorkommende Aufgabe ist nun die Bestimmung des Winkels, welchen die Auslöschungsrichtungen auf einer Krystallfläche oder Schnittfläche mit einer sichtbaren Kante bilden. Sie wird in folgender Weise ausgeführt: Man nimmt zuerst einen Krystall, der optisch bekannt ist, z. B. ein Prisma ∞R von Kalkspath oder ein Säulchen von Baryt etc. und wählt eine Kante desselben

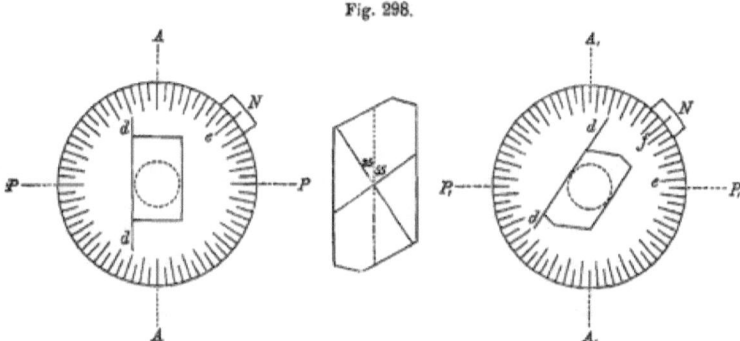

Fig. 298.

aus, welche zu einer Auslöschungsrichtung parallel ist. Dieser Krystall wird auf dem Tische T des Orthoskopes so aufgeklebt, dass jene Kante mit der daselbst eingerissenen Linie dd genau übereinstimmt. Nun wird durch Drehen des Tisches jene Stellung aufgesucht, welche Dunkelheit gibt, und wird an der fixen Marke N der dort befindliche Theilstrich e der Gradeintheilung abgelesen. Dieser Theilstrich gibt also die Stellung des Tisches an für den Fall, als die Nicolhauptschnitte PP und AA parallel und senkrecht zu der Linie dd sind. Nun wird an Stelle des bekannten Krystalls die zu untersuchende Krystallplatte mit einer ausgewählten Kante an dd geklebt und hierauf der Tisch bis zur Dunkelstellung gedreht, endlich bei der fixen Marke der jetzt daselbst befindliche Theilstrich f abgelesen. Die Auslöschungsrichtungen sind in diesem Falle, welchen die zweite Figur angibt, schief zu der Kante, welche an dd liegt, und zwar entspricht der Bogen ef dem Winkel, welchen die eine Auslöschungsrichtung mit jener Kante bildet. Die zweite Auslöschungsrichtung ist, wie bekannt, senkrecht zur vorigen. Ist der Bogen $ef = 35^0$, so bildet, wie die mittlere Figur angibt, die eine Auslöschungsrichtung mit der betrachteten Kante 35^0 und die andere 55^0. Das hier beschriebene Verfahren kann in mannigfacher Weise modificirt werden, worüber noch später Angaben folgen.

Ist die Kante dd einer Krystallaxe parallel, so ist der spitze Winkel ef die **Auslöschungsschiefe** auf der gegebenen Krystallfläche. Zeigt sich keine solche Schiefe, sondern sind die Auslöschungen, so wie in dem bekannten Krystall parallel und senkrecht zu einer Axenkante, so ist die Auslöschung eine gerade.

Die Lage der Auslöschungsrichtungen auf Krystallflächen folgt dem Grundsatze, dass die einer Fläche zukommende Symmetrie niemals durch die Auslöschungsrichtungen gestört wird. Demzufolge gibt die Linie, in welcher eine Krystallfläche von dem dazu senkrechten Hauptschnitte getroffen wird, also die Symmetrielinie der Krystallfläche (16) immer eine Auslöschungsrichtung an.

Im hexagonalen und im tetragonalen System zeigen demnach alle Prismenflächen gerade Auslöschung, die Flächen der hexagonalen und tetragonalen Pyramide haben die eine Auslöschung parallel zur horizontalen Kante, die Flächen der Rhomboëder haben die Auslöschungen parallel den Diagonalen.

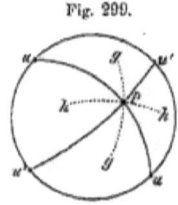

Fig. 299.

Im rhombischen Systeme bieten die Prismen- und Endflächen gerade Auslöschung, ebenso im monoklinen Systeme die Querprismen, die Quer- und Endfläche, während die Längsfläche schiefe Auslöschung zeigt. Im triklinen Systeme gibt es keine Fläche mit gerader Auslöschung.

Wenn es sich darum handelt, die Auslöschungsrichtungen auf einer beliebigen Krystallfläche oder Schnittfläche specieller anzugeben, so benützt man folgende Regel: Man legt durch die Flächennormale und die beiden optischen Axen zwei Ebenen und halbirt den Winkel, welchen sie bilden, durch eine dritte Ebene. Diese ist die eine Schwingungsebene. Ist also p der Durchschnitt der Flächennormale mit der Kugel, Fig. 299, und sind u und u' die Durchschnittspunkte der beiden optischen Axen mit derselben Kugelfläche, so schneiden die hiedurch gelegten Ebenen die Kugel in zwei grössten Kreisen. Wird nun der Winkel $u p u'$ halbirt, ebenso der anliegende stumpfe Winkel, so hat man die beiden Hauptschwingungsebenen gg und hh, welche auf der Fläche p die beiden Auslöschungsrichtungen angeben.

Bei den optisch einaxigen Krystallen (Axenwinkel = 0) gibt dieses Verfahren die schon bekannte Regel, dass die eine Auslöschungsrichtung stets in der durch die Hauptaxe und die Flächennormale gehenden Ebene liegt.

In triklinen und in monoklinen Krystallen sind die Auslöschungsrichtungen für verschiedene Farben etwas verschieden. Bei genauen Untersuchungen muss man daher die Auslöschung für jede Farbe besonders bestimmen.

117. Erscheinungen dünner Platten. Bei der Beobachtung im Orthoskope zeigen dünne Platten doppelt brechender Körper in den entsprechenden Lagen Dunkelheit und Helligkeit, im letzteren Falle aber schöne Farben, welche mit denjenigen übereinstimmen, welche schon früher bei den Erscheinungen der Interferenz angeführt wurden. Ist die Krystallplatte gleichförmig dick, so zeigt sie eine einzige Farbe, ist sie keilförmig, so folgen der Dicke entsprechend mehrere Farben in Uebergängen auf einander. Ist die Platte treppenartig und ungleich dick, wie es bei Spaltblättchen vorkommt, so treten die verschiedenen Farben unvermittelt neben einander auf. Die Platte muss, wenn sie Farben zeigen soll, umso dünner sein, je stärker die Doppelbrechung in der Richtung des durchgehenden Lichtes, also je mehr die beiden Brechungsquotienten von einander abweichen.

Die hier genannten Farben sind eine Interferenzerscheinung. Die vom Polarisator kommenden Lichtstrahlen werden in der Mineralplatte in je zwei Strahlen verschiedener Brechung gespalten. Der Strahl AB zerlegt sich in die Strahlen BCD und $BC''D'$, Fig. 300, ein zweiter $A'B'$ in die beiden $B'C'D'$ und $B'C''D''$. Zu jedem Strahl AB wird nun ein zweiter sich so verhalten, dass der stärker gebrochene Antheil BC' des einen mit dem schwächer gebrochenen $B'C'$ des andern zuletzt gleichen Lauf hat, während sie einen Gangunterschied aufweisen, denn BC' ist länger als $B'C'$, auch sind die Brechungsquotienten, also die Geschwindigkeiten verschieden. Bei dem Austritte aus der Mineralplatte haben aber die beiden gleichlaufenden Strahlen Schwingungen, welche zu einander senkrecht sind, sie können daher noch nicht interferiren. Werden jetzt durch den Analysator die Schwingungen beider auf dieselbe Ebene gebracht, so vollzieht sich hier eine Interferenz, welche bei Anwendung weissen Lichtes eine Farbe ergibt. Diese ist wie bei der Interferenz im gewöhnlichen Lichte von der Dicke der Platte abhängig, zugleich aber auch von der Lage derselben zu den optischen Axen.

Fig. 300.

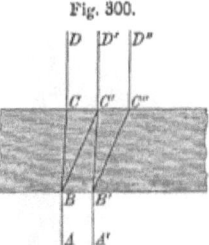

Dünne Platten von Gyps und Glimmer, dickere von Quarz zeigen die Farben sehr schön. Oft werden derlei Platten in das Orthoskop eingeschaltet, um, anstatt die Beobachtung der Auslöschungsrichtungen mit Hell und Dunkel auszuführen, bestimmte Farbentöne zum Anhaltspunkte zu gewinnen. In der Figur 296 ist die kleine Quarzplatte, welche oberhalb des Objectivsystems eingeschoben wird, mit v bezeichnet.

Eine häufige Anwendung der Methode dünner Platten findet bei der Prüfung von Zwillingsbildungen statt. Aber auch jede andere Aggregation durchsichtiger doppeltbrechender Individuen lässt sich im polarisirten Lichte stets mit Leichtigkeit wahrnehmen. Ueberhaupt dienen die prächtigen Farben, welche die Durchschnitte vieler Minerale in den Gesteinsdünnschliffen zeigen, zugleich mit der Beobachtung der Auslöschungsrichtung sehr häufig zur genaueren Bestimmung. Die schwächer doppeltbrechenden, wie Quarz und Feldspath, geben nämlich Farben, während stark doppeltbrechende, wie Kalkspath, bei gleicher Dicke keine geben.

Ueb. d. Prüfung d. Kryst. in Dünnschliffen: Autor, Sitzungsber. d. Wiener Ak., Bd. 59. Mai 1869. Rosenbusch, Mikroskopische Physiographie 1885.

118. Interferenzfiguren. Man kann die Erscheinungen im polarisirten Lichte bedeutend verändern, wenn man statt des einfallenden parallelen Lichtes **convergentes Licht** in die zu untersuchende Platte gelangen lässt. Bei der

Beobachtung mit der Turmalinzange geschieht es in der Weise, dass man die letztere nach Einschiebung der Platte nahe an das Auge bringt. Dieses empfängt jetzt schief einfallende Strahlen, es beobachtet im Lichtkegel.

Einen praktischen Apparat, in welchem der Lichtkegel durch stark convexe Linsen hervorgebracht wird, hat zuerst Nörremberg angegeben. Derselbe ist seither durch Anwendung der Nicol'schen Prismen modificirt und auch sonst umgestaltet worden und dient jetzt zur Prüfung von grösseren Krystallplatten. Der Apparat soll hier als Konoskop angeführt werden. S. Fig. 301. Die Untersuchung im convergenten polarisirten Lichte bezeichnet sich demnach als konoskopische Prüfung [1].

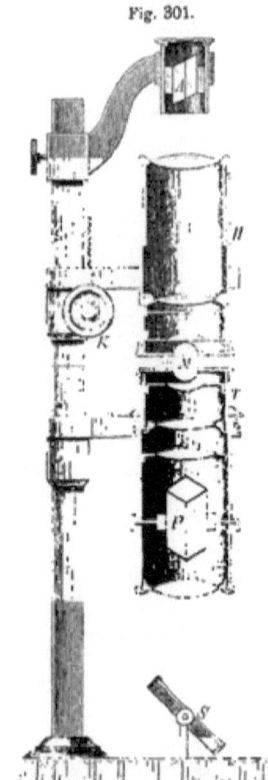

Fig. 301.

Die von dem Spiegel S in das Instrument eintretenden Strahlen gelangen durch eine Linse in den Polarisator P und werden hierauf durch ein Linsensystem, besonders aber durch eine halbkugelige Linse convergent gemacht, worauf sie durch die zu prüfende Platte M, ferner durch eine zweite halbkugelige Linse und ein ferneres Linsensystem in den Analysator A sich fortpflanzen. Das Stück T ist drehbar und am Rande mit einer Gradeintheilung versehen. Der obere Theil H kann durch den Trieb bei K auf- und abgeschoben werden, so dass die Platte M zuerst mit freier Hand zurechtgelegt werden kann, worauf sie, nachdem H gesenkt worden, knapp zwischen den beiden halbkugeligen Linsen zu liegen kommt. Ist die Platte aus einem optisch einaxigen Individuum senkrecht zur optischen Axe geschnitten, so erscheint nach dem Zusammenschieben des Instrumentes eine Inteferenzfigur aus einem schwarzen Kreuz und concentrischen farbigen Ringen bestehend; Taf. I, Fig. A. Die Balken der Kreuzes sind den beiden Nicolhauptschnitten parallel, also senkrecht zu einander. Stellt man die beiden Nicols zu einander parallel, so ist die Erscheinung verändert und es ergibt sich die zur vorigen complementäre Fig. B. Statt des schwarzen Kreuzes bemerkt man ein helles. Farbenringe sind vorhanden, jedoch in complementärer Lage und Färbung.

---

[1] Der Apparat wurde früher als Polarisationsmikroskop oder als Polarisationsinstrument bezeichnet.

Wird in das Instrument mit gekreuzten Nicols eine Platte geschoben, welche aus einem optisch zweiaxigen Körper, z. B. einem Aragonitkrystall, so geschnitten ist, dass die Schnittfläche zur Halbirungslinie des spitzen Winkels der optischen Axen senkrecht ist, so erscheint die Fig. E, wofern die Ebene der optischen Axen mit einem der beiden Nicolhauptschnitte parallel ist. Man sieht ein schwarzes Kreuz, dessen Arme wiederum den beiden Nicolhauptschnitten parallel sind; jedoch ist der eine merklich breiter, der andere schmäler. An letzterem liegen symmetrisch zum vorigen zwei Systeme von Farbenringen, deren Mittelpunkte den optischen Axen entsprechen. Bringt man die Platte durch Drehung des Tisches T aus der vorigen Lage, so trennt sich das Kreuz und bildet zwei gekrümmte Schweife. Sobald aber die Ebene der optischen Axen mit den beiden Nicolhauptschnitten einen Winkel von 45^0 bildet, also eine Diagonalstellung einnimmt, ergibt sich die Fig. F, in welcher zwei dunkle Hyperbeln die Ringsysteme durchschneiden und die Ringe sich zum Theil in der Mitte des Gesichtsfeldes vereinigen, wodurch lemniscatenähnliche Figuren entstehen. Bringt man die Aragonitplatte wiederum in die Normalstellung, dreht aber jetzt den einen Nicol bis zur Parallelstellung mit dem anderen, so ergibt sich anstatt der früher erhaltenen Figur E die dazu complementäre.

Wenn der Winkel der optischen Axen sehr gross ist, so erscheinen die beiden Ringsysteme nicht im Gesichtsfelde, sondern es zeigt sich dort blos der mittlere Theil der Figur E oder F. Wenn hingegen der Winkel der optischen Axen klein ist, wie im Glauberit, so zeigt sich im mittleren Theile der erhaltenen Figur nichts von einem farbigen Ringe, weil die beiden Ringsysteme sich aussen zu elliptischen Formen vereinigen. In der Normalstellung gibt also der Glauberit die Figur C, welche sich dem Bilde nähert, das ein optisch einaxiger Körper liefert. In der Diagonalstellung aber zeigt er die Erscheinung in Figur D, welche durch die Trennung der beiden Hyperbeln die Existenz zweier optischer Axen anzeigt. Aus Individuen mit grossem Axenwinkel können Platten senkrecht gegen eine optische Axe geschnitten werden, welche blos ein einziges Ringsystem mit einem dunklen Schweif zeigen, die Form entspricht aber ganz den Figuren E und F.

Fig. 302.

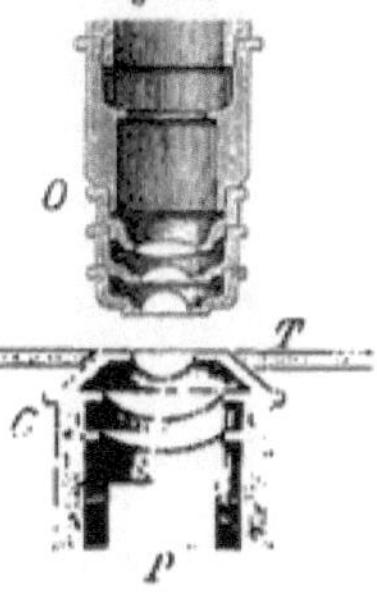

Zur Prüfung von kleinen Mineralblättchen und von Krystüllchen, welche frei liegen oder in Dünnschliffen enthalten sind, wird dasselbe Mikroskop Fig. 296 verwendet, welches zur orthoskopischen Untersuchung dient. Es bedarf nur einer leicht ausführbaren Veränderung desselben, um das in das Mineralblättchen einfallende polarisirte Licht convergent zu machen. Zu diesem Zwecke schiebt man in die Oeffnung des Tisches T von unten her ein Linsensystem, einen Condensor C, welcher auf den Polarisator P passt, und nimmt das Ocular, welches sich unter dem Analysator befand, heraus. Jetzt gibt das Instrument dieselben Erscheinungen wie das vorher beschriebene Konoskop, denn das Mineralblättchen befindet sich wiederum zwischen halbkugeligen Linsen und gekreuzten Nicols.

Das Orthoskop ist in ein Konoskop verwandelt. Diese bequeme Modification wurde von A. von Lasaulx angegeben. (Jahrb. f. Min. 1878, pag. 377.)

Um die Entstehung der Interferenzfiguren zu begreifen, kann man zuerst die Farbenringe, welche die optisch einaxige Platte liefert, berücksichtigen. Das von der unteren halbkugelförmigen Linse des Instrumentes kommende polarisirte Licht bildet in der Mineralplatte einen Doppelkegel, Fig. 304, und in dem einfacheren Falle, wie z. B. in der Turmalinzange, bildet das Licht einen einfachen Kegel, Fig. 303, daher die meisten Strahlen schief einfallen, in der Platte doppelt gebrochen und umpolarisirt werden. Demzufolge ist hier, wie bei der Anwendung parallelen Lichtes (117), eine Farbenerscheinung durch Interferenz zu erwarten. Den einfallenden Lichtkegel kann man sich aus ungemein vielen Kegelmänteln zusammengesetzt denken, welche alle dieselbe Höhe, aber verschiedene Weite haben. Die Strahlen desselben Kegelmantels haben gleiche Neigung gegen die

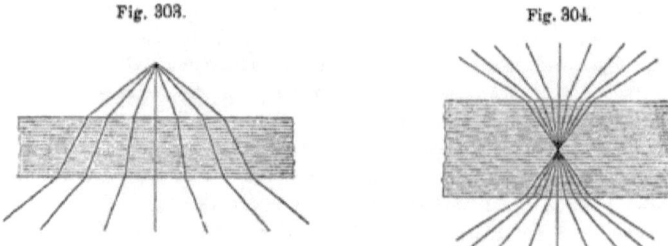

Fig. 303. Fig. 304.

optische Axe des Minerals, geben also bei der Interferenz dieselbe Farbe. Die Strahlen des folgenden inneren Kegels fallen schon steiler auf die Platte, haben in derselben einen kürzeren Weg zurückzulegen und liefern demgemäss eine andere Farbe u. s. f. In einer optisch einaxigen Platte müssen daher Farben entstehen, welche um die Hauptaxe ringförmig angeordnet und von derselben Art sind, wie die mittels des Newton'schen Glases erzeugten Interferenzringe (106). Eine optisch zweiaxige Platte, welche senkrecht gegen eine der beiden Axen geschnitten ist, gibt aus demselben Grunde wie die vorige ein Ringsystem. Eine Platte hingegen, welche, wie die früher bezeichneten Platten von Aragonit und Glauberit, gegen beide optische Axen gleich schief geneigt ist, wird eine etwas andere Betrachtung erfordern. Unter den Strahlen des Lichtkegels, welche sehr verschiedene Neigungen haben, wird es solche geben, welche der einen und der anderen optischen Axe parallel sind, aber auch solche, die rings um eine und dieselbe Axe gleich geneigt sind. Diese werden bei dem früher geschilderten Vorgange je einen Ring von gleicher Farbe geben, der aber jetzt etwas verzerrt erscheinen muss, und ebenso werden noch fernere concentrische Farbenringe entstehen.

Um nunmehr die Auslöschungen in der einaxigen Platte zu verfolgen, wird man wiederum zuerst einen einzigen Kegelmantel des einfallenden Lichtes ins Auge fassen. Bestünde derselbe aus gewöhnlichem Lichte, so würden beim Eintritte in die Platte alle Strahlen doppelt gebrochen, so dass daraus zwei Kegelmäntel entstünden, die auf der Platte zwei concentrische Kreise geben. Bei einem negativen Mineral, wie Calcit, bestünde der äussere Kreis durchwegs aus ordinären Strahlen, deren Schwingungen tangential, der innere aber aus extraordinären Strahlen, deren Schwingungen radial wären. Da jedoch das einfallende Licht polarisirt ist, so wird, wenn dessen Schwingungsrichtung parallel PP ist, Fig. 305, ein bei A eintretender Strahl ungetheilt als ordinärer Strahl durchgehen, während die folgenden Strahlen des Mantels gespalten und unpolarisirt werden, so dass jeder einen ordinären und einen extraordinären Strahl bildet. An der Stelle b jedoch wird der eintretende Strahl wieder ungetheilt, und zwar als ausserordentlicher Strahl durchgehen. Die zerlegten Strahlen kommen im Analysator zur Interferenz und liefern Ringe, die einfachen bei A und b werden ausgelöscht.

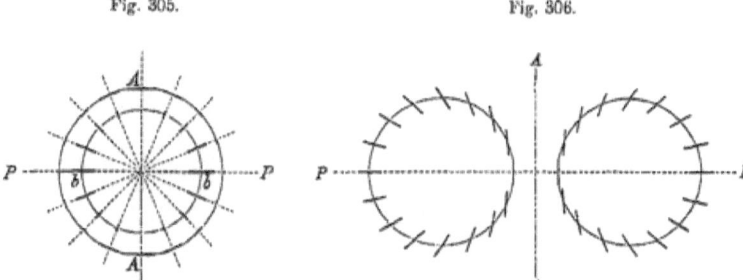

Fig. 305.   Fig. 306.

So entstehen in jedem Kegelmantel vier dunkle Stellen, in allen Mänteln zusammengenommen entsteht das dunkle Kreuz.

Bei der zweiaxigen Platte sind ebenfalls die Strahlen zu betrachten, welche um jede Axe herum gleich geneigt sind, also auf der Platte zwei ovale Ringe ergeben, Fig. 306. Wird für einzelne Punkte jedes Ringes je eine Schwingungsrichtung in blos beiläufiger, aber für den vorliegenden Zweck ausreichender Weise bestimmt, indem Linien nach jeder Axe gezogen und die entstandenen Winkel halbirt werden (116), so erhält man die in der Figur dicker ausgezogenen Striche; senkrecht zu denselben wäre immer die zweite Schwingungsrichtung hinzuzudenken. Ist nun wieder die Schwingung des einfallenden polarisirten Lichtes parallel PP, so werden die Stellen auf der Linie PP Dunkelheit geben, nicht aber die übrigen Stellen der Ringe. Alle um die Axen gedachten concentrischen Ringe haben sonach zwei dunkle Stellen, wodurch der horizontale Balken der Fig. C und E auf Tafel I entsteht. Prüft man ferner die Schwingungsrichtungen auf der punktirten Linie AA in Fig. 306, so erkennt man, dass alle Punkte derselben Dunkelheit geben, woraus der verticale Balken in den Figuren D und F entsteht. Es ist nun auch leicht, die Form der dunklen Hyperbeln abzuleiten, welche bei der Diagonalstellung entstehen, ebenso die übrigen abgebildeten Erscheinungen.

119. Dispersion der Axen. An dem Axenbilde der optisch zweiaxigen Körper, wie es im Konoskop erscheint, bemerkt man oft Farbenvertheilungen, welche an die Farbenzerstreuung der Prismen erinnern, und welche oft als Dispersion der Axen bezeichnet werden. Man erkennt dieselben besonders deutlich an dem Saume der dunklen Hyperbeln und an den ersten Farbenringen. So erscheinen in Fig. *F* auf Tafel I, welche das Axenbild des Aragonits darstellt, die Hyperbeln dort, wo sie die Axenpunkte durchsetzen, gegen die Mitte des Gesichtsfeldes blau, nach aussen roth gesäumt. Das Blau ist also gegen die Mitte des Gesichtsfeldes oder Axenbildes geschoben, das Roth aber nach aussen hin gerückt. Dementsprechend sind auch an der Innenseite der ersten Ringe sowohl in der Normalstellung *E* als in der Diagonalstellung *F* die Farben verschoben, und zwar ist in beiden Fällen das Roth in dem gegen die Mitte der Figur gewendeten Theile des Ringes stärker entwickelt.

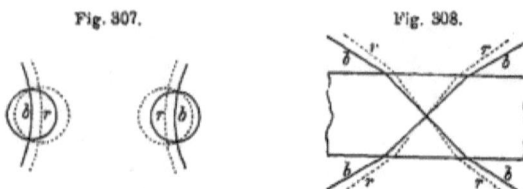

Fig. 307. Fig. 308.

Um den Grund der Verschiebung einzusehen, hat man sich zuerst daran zu erinnern, dass die Erscheinung im gewöhnlichen weissen Lichte auftritt, welches alle Lichtarten enthält. Wendet man monochromatisches, z. B. rothes Licht an, so erhält man schwarze Hyperbeln und blos schwarze Ringe. (Punktirte Linien in beistehender Fig. 307.) Wendet man sodann monochromatisches blaues Licht an, so erhält man wiederum schwarze Hyperbeln und schwarze Ringe, aber nicht mehr genau an derselben Stelle, wie vorhin im rothen Lichte, sondern um etwas verschoben. (Ausgezogene Linien der Figur.) Die Axenpunkte, für roth *r* und für blau *b*, liegen demnach an verschiedenen Stellen.

Bei Anwendung von Tageslicht wird nun dort, wo die punktirten Linien angegeben sind, rothes Licht vernichtet, die übrigen Lichtarten aber bleiben erhalten und geben ein complementäres Blau. An der Stelle, wo die ausgezogenen Linien liegen, wird nun blaues Licht vernichtet, die übrigen Lichtarten liefern ein complementäres Roth. Die an den Hyperbeln und am ersten Ring verschoben auftretenden Farben sind also gleichsam verkehrt zu deuten. Wo roth erscheint, dort ist eigentlich die Hyperbel und der Ring für blau, wo blau erscheint, dort ist eigentlich die Hyperbel und der Ring für roth.

Wo die Hyperbel auch im Tageslichte grau ist, dort werden alle Lichtarten vernichtet.

Genau genommen hat also jede Lichtart ihren besonderen Ring und ihre besondere Hyperbel, also ihr besonderes Axenbild. Weil aber die einzelnen Hyperbeln etwas breiter sind, so fallen sie zum Theil über einander. Da jede Farbe ihr Axenbild an einer anderen Stelle hat, so wird im Allgemeinen auch die Distanz zwischen den Mittelpunkten beider Axenbilder und somit der Axenwinkel für jede Farbe ein anderer sein. Fig. 308. In dem vorigen Beispiele ist der Axenwinkel für roth kleiner als für violett, was man durch $\rho < \upsilon$ ausdrückt. Man erkennt dieses daran, dass die Hyperbeln gegen aussen roth gesäumt und die ersten Ringe immer gegen die Mitte des Axenbildes roth gefärbt sind. Wenn hingegen die Ringe innen nach jener Seite hin blau gefärbt sind und ebenso die Hyperbeln nach aussen blau gesäumt sind, wie in Fig. A und B auf Taf. II, (Adular) so wird man schliessen, dass der Axenwinkel für roth grösser sei als für blau, was durch $\rho > \upsilon$ ausgedrückt wird.

Was nun weiter die Vertheilung der Farben in dem ganzen Bilde betrifft, so kann dieselbe symmetrisch oder unsymmetrisch sein und zwar herrscht auch hier das Gesetz, dass die Anordnung der Farben dem Charakter der Flächen entspricht, zu welchen die untersuchte Platte parallel ist. Da in dem rhombischen, monoklinen und triklinen Systeme nur disymmetrische, monosymmetrische und asymmetrische Flächen möglich sind, so wird die Dispersion im ganzen Bilde entweder disymmetrisch, monosymmetrisch oder asymmetrisch sein.

Die Aragonitplatte (rhombisch), welche die Bilder E und F auf Taf. I gibt, ist einer Endfläche parallel, also disymmetrisch. Zieht man in den genannten Bildern eine Linie durch die Axenpunkte, eine zweite senkrecht zur vorigen durch die Mitte des Bildes, so sind dieselben Symmetrielinien. Beide Bilder sind disymmetrisch.

Eine Platte von **Gyps** (monoklin), welche die Bilder C und D auf Taf. II liefert, ist senkrecht gegen die Symmetrieebene geschnitten. Dementsprechend ist das Farbenbild monosymmetrisch, die Symmetrielinie geht durch beide Axenpunkte. Diese Art der Dispersion nennt Neumann geneigte Dispersion.

Der **Adular** (monoklin) liefert die Bilder A und B auf Taf. II. Die Platte ist senkrecht zur Symmetrieebene, die Dispersion dementsprechend monosymmetrisch. Die Symmetrielinie ist aber senkrecht zur Verbindungslinie der Axenpunkte. Diese Art der Dispersion wird die horizontale genannt.

Die asymmetrische Dispersion ist ebenfalls von zweierlei Art. Eine Platte von **Borax** (monoklin), welche der Symmetrieebene parallel ist, hat einen antimetrischen Charakter (pag. 50, Anmerkung). Sie gibt die Bilder E und F auf Taf. II, deren Farbenvertheilung antimetrisch ist. Diese Art der Dispersion wird die gedrehte genannt.

Der **Oligoklas** (triklin) liefert die Bilder G und H auf Taf. II, welche eine asymmetrische Dispersion zeigen.

Die Erklärung der verschiedenen Dispersionen ist in den umstehenden schematischen Zeichnungen, Fig. 309, angedeutet, welche beiläufig angeben, wie die Bilder der Axen für verschiedene Farben zu liegen kommen, doch sind die Abweichungen übertrieben dargestellt. Die Ringe für roth sind wiederum punktirt, jene für blau ausgezogen.

Im Aragonit sind die Axen für alle Farben parallel der Querfläche und zugleich symmetrisch zur Längsfläche b angeordnet, daher die disymmetrische Zeichnung und Farbenvertheilung des Doppelbildes. Im Gyps liegen alle Axen in der Symmetrieebene, bei B sind aber die Axen für roth und blau stärker abweichend als bei A, daher die Axenbilder von einander verschieden. Denkt man sich die Mitte zwischen den Axen für roth, sodann die Mitte zwischen jenen für blau, so sind beide in der Symmetrieebene, weichen aber von einander ab. Die Halbirungen der Axenwinkel erscheinen gleichfalls dispergirt. Im Adular bilden die Axen für jede Farbe mit der Symmetrieebene gleiche Winkel, im übrigen sind sie verschieden gelagert, daher geben sie wiederum eine monosymmetrische Anordnung. Von Borax muss man eine Platte parallel zur Symmetrieebene nehmen, um die Axen zu sehen. Sowohl jene für blau, als jene für roth bilden mit der Normale auf b gleiche Winkel, im übrigen ist ihre Lage

Fig. 309.

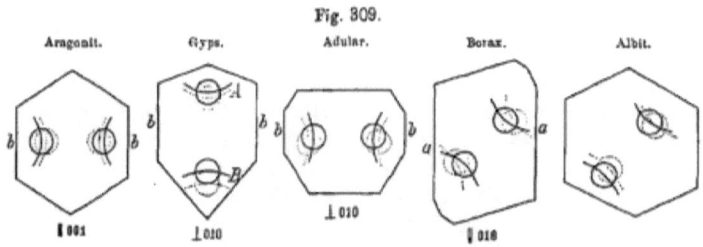

verschieden, daher die antimetrische Anordnung. Im Adular sind die Halbirungen der spitzen Axenwinkel für verschiedene Farben dispergirt, im Borax fallen sie zusammen. Der Albit als triklines Mineral zeigt für jede Farbe eine andere Lagerung der Axen ohne Regel, daher die Anordnung eine unsymmetrische, die Axenbilder sind verschieden, die Halbirungen der Axenwinkel für verschiedene Farben sind dispergirt.

Eine besondere Art der Dispersion entsteht dadurch, dass die Abweichung der Axenebene für einige Farben 90^0 beträgt. Fig. C und D auf Taf. I geben die Erscheinung am Glauberit an, in welchem die Axen für roth in einer Ebene liegen, die in den Figuren horizontal ist, die Axen für blau aber in einer zur vorigen verticalen Ebene. Eine ähnliche Erscheinung zeigt auch der Brookit. Hier nimmt das Interferenzbild in Folge des grösseren Axenwinkels die Fig. 9, Taf. I abgebildete Form an.

Lit. über die Interferenzfig. etc. in v. Lang, Einleitung i. d. theoret. Physik.

120. Axenwinkelapparat. Die Beobachtung der Interferenzfiguren dient nicht nur zur Unterscheidung der optisch einaxigen und zweiaxigen Minerale und zur Erkennung der Dispersion, sondern auch zur Messung des Winkels der optischen Axen. Zu diesem Zwecke spaltet oder schneidet man eine Platte senkrecht zur Halbirungslinie des spitzen Winkels der optischen Axen Fig. 310. In dieser bildet jede der beiden Axen mit jener Linie denselben Winkel V und es ist $2V$ der Winkel, welchen die optischen Axen thatsächlich mit einander einschliessen und welcher der wahre Winkel der optischen Axen heisst. Der Lichtstrahl aber, welcher in der Richtung einer optischen Axe durch die Platte MM gegangen ist, wird beim Austritte in die Luft von dem Einfallsloth abgelenkt und bildet nun mit demselben den Winkel E. Ebenso verhält sich der Strahl, welcher parallel zur zweiten Axe hindurchgeht. Demgemäss ist $2E$ der Winkel, den man bei der Beobachtung in Luft erhält. Er ist der scheinbare Winkel der optischen Axen in Luft und ist immer grösser als der wahre. Im Folgenden wird nach dem Vorschlage von Descloizeaux die Hälfte des wahren spitzen Winkels mit V_a, die Hälfte des wahren stumpfen Winkels mit V_o, ferner die Hälfte des scheinbaren Winkels in Luft mit E_a und E_o bezeichnet.

Um den scheinbaren Winkel zu messen, bringt man die Platte in ein Instrument, welches wie ein Konoskop gebaut ist und ein Fadenkreuz im Ocular

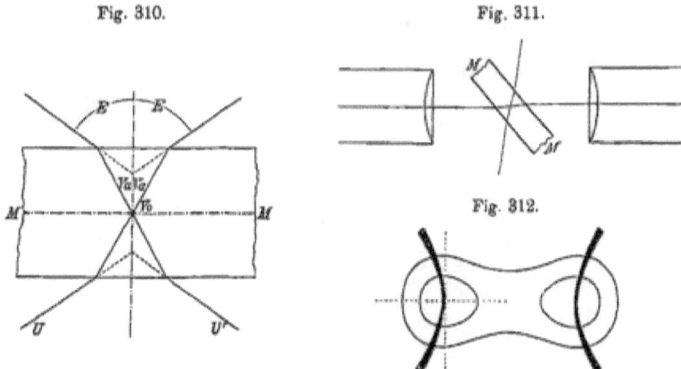

Fig. 310.   Fig. 311.

Fig. 312.

hat, und stellt in diesem zuerst das eine, dann das zweite Axenbild an dem Kreuzpunkte ein. Die zwischen beiden Einstellungen erfolgte Drehung wird an dem Limbus oder Vollkreis V, mit welchem die untersuchte Platte in Verbindung steht, abgelesen.

Die Fig. 311 zeigt die Stellung der Platte von oben gesehen in dem Augenblicke der Beobachtung der einen Axe, die Fig. 312 gibt die entsprechende Coincidenz des Fadenkreuzes mit dem Centralpunkte des Axenbildes an. Fig. 313 liefert die Ansicht des Axenwinkelapparates nach der v. Lang'schen Construction. Die verticale drehbare Axe hat oberhalb des Limbus V einen Zeiger, unterhalb desselben eine Vorrichtung C zum Centriren und eine solche J zum Justiren der in der Pincette befindlichen Platte[1]).

---

[1]) Man kann an jedem Konoskop einen Limbus mit drehbarer Axe anbringen und dadurch die Messung des Axenwinkels ermöglichen. In dem Apparat von G. Adams und E. Schneider sind die beiden halbkugeligen Linsen sammt Mineralplatte drehbar. Man erhält hier den Axenwinkel in Glas. Der Apparat gestattet die Messung sehr stumpfer Axenwinkel und ist für die erste Orientirung sehr brauchbar. (Becke in Tschermak's Mineral. u. petr. Mitth. Bd. 2, pag. 430.) Eine annähernde Bestimmung des Axenwinkels gelingt in jedem Konoskop einfach dadurch, dass eine in Glas geätzte Skale an geeigneter Stelle eingelegt wird, nachdem die Theilung empirisch ausgewerthet worden.

Um den Axenwinkel auch bei höheren Temperaturen zu bestimmen, setzt man auf den Träger T einen durchsichtigen Luftkasten, in welchen man das Mineralplättchen hinabsenkt. Fig. 314. Die Temperatur, welche die Umgebung des letzteren in Folge der Erhitzung durch die Flammen FF angenommen hat, wird an zwei Thermometern abgelesen.

Wenn der Axenwinkel so gross ist, dass V_a den Winkel der totalen Reflexion erreicht oder überschreitet, so sieht man in der Luft kein Axenbild mehr. Man kann sich aber in vielen Fällen damit helfen, dass man die Platte in Oel

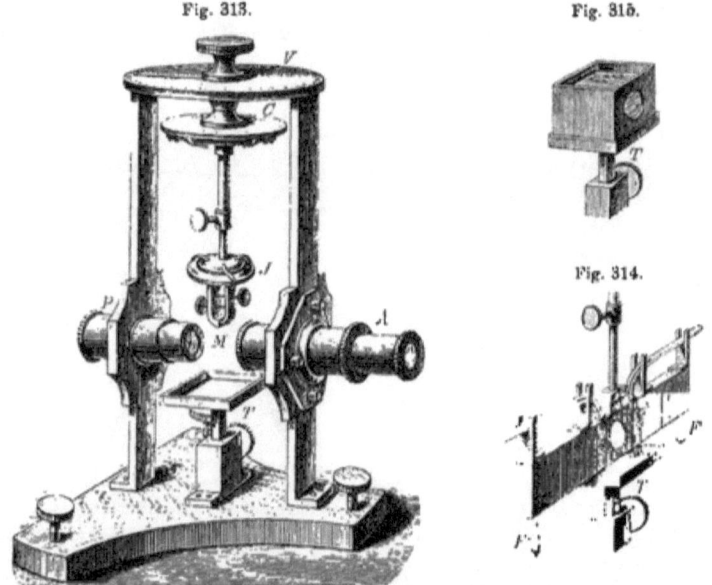

Fig. 313. Fig. 315.

Fig. 314.

taucht, welches in einem durchsichtigen Behälter eingefüllt ist und welches die totale Reflexion an der Grenze von Mineral und Luft aufhebt. Fig. 315. Die hier beobachteten Winkel werden H_a und H_o bezeichnet.

Um in sehr kleinen Mineralblättchen den Axenwinkel bestimmen zu können, wird auf den Tisch des Mikroskopes, Fig. 296, nachdem der Condensor eingeschoben worden, ein kleiner Apparat aufgestellt, welcher aus einer horizontalen drehbaren Axe besteht, an welcher das Blättchen befestigt wird, ferner aus einem getheilten Halbkreis, welcher vertical auf den Tisch des Instrumentes zu stehen kommt.

In der Richtung der optischen Axen herrscht einfache Brechung. Der zugehörige Brechungsquotient wird β genannt. Man kann den wahren Winkel der optischen Axen aus dem scheinbaren berechnen, wofern man die Formel:

$$\sin V_a = \frac{1}{\beta} \sin E_a$$

benutzt. Ist der scheinbare Winkel in Oel gemessen worden, dessen Brechungsquotient n, so kann man nach der Formel:

rechnen.
$$\sin V_a = \frac{n}{\beta} \sin H_a$$

An zwei Platten, die aus demselben Krystallindividuum geschnitten sind, kann man öfter sowohl H_a als auch H_o bestimmen und aus diesen Werthen, ohne β zu kennen, den wahren Winkel der optischen Axen berechnen, da:

$$tg\, V_a = \frac{\sin H_a}{\sin H_o}.$$

Der Winkel der optischen Axen hat bei jeder optisch zweiaxigen Mineralart eine bestimmte Grösse, die meist nur geringen Schwankungen unterliegt. Dieser Winkel ist daher für die meisten einfachen Mineralarten ein brauchbares Kennzeichen. Wenn aber mehrere Mineralarten in isomorpher Schichtung auftreten, so hat jede anders geartete Schichte auch einen anderen Axenwinkel. Eine isomorphe Mischung hingegen zeigt einen Axenwinkel, dessen Grösse von der Art und Menge der gemischten Minerale abhängt. Derlei Krystalle haben also keinen bestimmten Axenwinkel, sondern die Grösse desselben ist schwankend.

Sénarmont hat in dieser Richtung Versuche angestellt, von welchen jene am wichtigsten sind, welche er an isomorphen Mischungen von weinsaurem Natronkali und von weinsaurem Natronammoniak, welche auch Seignettesalze genannt werden, ausführte. Die beiden einfachen Salze haben ungefähr gleichen Axenwinkel und $\rho > v$, jedoch liegen die Axenebenen in dem einen und in dem anderen Salze senkrecht zu einander. Die Mischkrystalle zeigen nun bei steigendem Gehalte an dem Ammonsalze immer kleinere Axenwinkel, bis bei einem bestimmten Gehalte der Axenwinkel für roth, dann jener für violett gleich Null wird und hierauf die Axen in der zur vorigen senkrechten Ebene wieder auseinander gehen. (Pogg. Ann. Bd. 86, pag. 35 und 70.)

Die Dispersionserscheinungen an den Axenbildern haben schon erkennen lassen, dass der Axenwinkel für verschiedene Farben nicht genau dieselbe Grösse habe, daher ist bei genaueren Bestimmungen der Axenwinkel für jede einzelne Farbe zu ermitteln. In diesem Falle verwendet man für die Beobachtung solche Vorrichtungen, welche möglichst monochromatisches Licht in den Apparat senden. Gewöhnliches Licht durch gefärbte Gläser gehen zu lassen, ist nur für wenige Glassorten zu empfehlen. Das Kupferoxydulglas gibt fast monochromatisches Roth, das grüne Glas ist schon weniger geeignet, die blauen Gläser noch weniger, die gelben gar nicht. Dagegen erhält man vollständig oder nahezu vollständig monochromatisches Licht durch gefärbte Flammen. Die Flamme des Bunsen'schen Gasbrenners mit Lithiumsalz gefärbt, liefert ziemlich reines Roth, mit Natriumsalz, z. B. Kochsalz gefärbt, monochromatisches Gelb, mit Thalliumsalz gefärbt, monochromatisches Grün.

Die auf solche Weise beobachteten Axenwinkel geben die Dispersion der optischen Axen zahlenmässig an und controliren die vorhin geschilderten Wahrnehmungen an der Farbenvertheilung im Axenbilde.

121. Stauroskop. Eine andere Anwendung der Interferenzfiguren wird in dem zuerst von Kobell construirten Stauroskop gemacht. Dieses Instrument ist so gebaut, dass ausser den im Orthoskop wesentlichen Stücken, nämlich den beiden Nicols und einigen Linsen, noch bei K eine Kalkspathplatte, welche senkrecht zur optischen Axe geschnitten wurde, angebracht ist und zwar an einer Stelle, wo ein Lichtkegel entsteht. Fig. 316. Wird nun oberhalb K ein doppelt brechendes Mineral so eingeschoben, dass es ohne den Kalkspath Dunkelheit gäbe, so wird jetzt die Interferenzfigur des Kalkspathes auftreten. Diese

Fig. 316.

Figur wird aber gestört, sobald das Mineral aus jener Stellung gebracht wird. Man kann also mittels des Stauroskopes die Auslöschungsrichtungen bestimmen und zwar etwas genauer als mit dem Orthoskop, jedoch ist die Methode des Stauroskopes nur dann vorzuziehen, wenn die zu untersuchende Platte völlig klar ist. Anstatt der einfachen Kalkspathplatte empfiehlt Brezina zwei derlei Platten zu nehmen, welche gegen einander etwas schief liegen, weil diese eine Interferenzfigur liefern, welche noch empfindlicher ist, als die einfache Figur des Kalkspathes, indem die Störung mehr auffällt.

Um auch gefärbte Minerale prüfen zu können, wendet L. Calderon eine Calcitplatte an, welche aus einem künstlichen Zwilling nach R so geschnitten ist, dass die Zwillingsebene vertical zu stehen kommt, und entfernt die Sammellinse, daher nun der Apparat in ein Orthoskop verwandelt erscheint. Die Einstellung geschieht auf genau gleiche Dunkelheit der beiden Hälften der Calcitplatte. (Zeitschr. f. Kryst., Bd. 2, pag. 69.) Die Genauigkeit der Resultate ist grösser als bei dem einfachen Orthoskop und dem vorgenannten Stauroskop. Bertrand wendet ein Plattensystem an, welches aus zwei rechtsdrehenden und zwei linksdrehenden Quarzplatten von gleicher Dicke besteht, deren Grenzen ein rechtwinkeliges Kreuz bilden.

122. Bestimmung des Charakters der Doppelbrechung. Um an optisch einaxigen Mineralen zu erkennen, ob dieselben positive oder negative Doppelbrechung haben, schiebt man die zur optischen Axe senkrecht geschnittene Platte in das Konoskop, wodurch die Interferenzfigur A auf Taf. I entsteht. Hierauf wird in den freien Raum unterhalb des Analysators eine Glimmerplatte (Viertelundulations-Glimmerplatte) gebracht. Dieselbe ist aus Kaliglimmer (Muscovit) so dünn gespalten, dass sie die nachstehende Erscheinung veranlasst. An der Glimmerplatte hat man sich die Ebene der optischen Axen durch einen Pfeil angemerkt. Sie wird horizontal so eingeschoben, dass der Pfeil in der Diagonalstellung erscheint. Jetzt ist die Interferenzfigur gestört, das Kreuz ist geöffnet und es treten zwei Hyberbeln auf, welche an ihren Scheiteln zu grauen

Punkten angeschwollen sind. Fig. 317. Die Ringe sind innerhalb jeder Hyperbel hinausgeschoben, während sie in dem Raume zwischen beiden Hyperbeln hereingeschoben und verengert erscheinen.

Wenn die Verbindungslinie der beiden grauen Punkte so liegt, dass ihre Richtung den Pfeil senkrecht kreuzt, so ist die untersuchte Platte positiv, wenn aber jene Verbindungslinie dieselbe Lage hat, wie der Pfeil, ist die untersuchte Platte negativ.

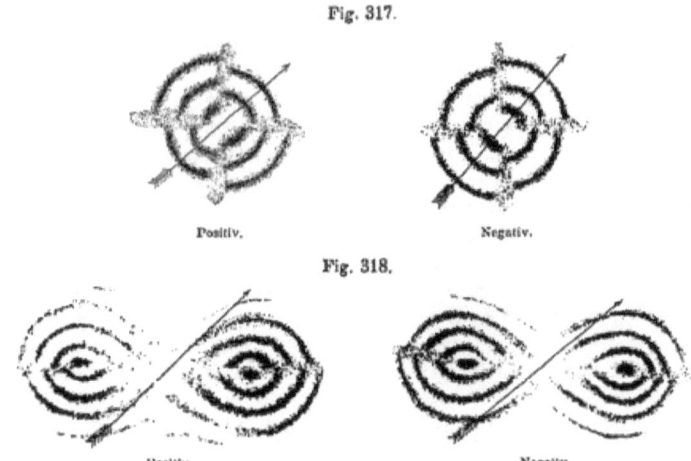

Fig. 317.

Positiv.   Negativ.

Fig. 318.

Positiv.   Negativ.

Optisch zweiaxige Medien können auch als positive und negative unterschieden werden, weil von den beiden Strahlen, welche sich den Halbirungslinien des spitzen und des stumpfen Axenwinkels entlang bewegen, der eine sich zu dem andern verhält wie ein ordentlicher Strahl zum ausserordentlichen.

Hat man die Interferenzfigur der optisch zweiaxigen Platte erzeugt und ist diese in der Normalstellung, wie Fig. E auf Taf. I, so schiebt man die vorgenannte Glimmerplatte so ein, wie im vorigen Falle, also in der Diagonalstellung. Auch hier erscheint nunmehr die Interferenzfigur gestört. In zweien der Quadranten sind die Ringe erweitert, in den abwechselnden Quadranten aber verengert. Fig. 318. Die Unterscheidung erfolgt entsprechend der früheren. Geht die Richtung des Pfeiles durch die Quadranten der verengerten Ringe, so ist die untersuchte Platte positiv, geht sie durch die Quadranten der erweiterten Ringe, so ist die untersuchte Platte negativ.

Auch mit Quarzkeilen und Quarzplatten kann die Unterscheidung der optisch zweiaxigen Platten ausgeführt werden. Man hat zur optischen Axe senkrecht geschnittene Quarzplatten von verschiedener Dicke vorräthig, aus welchen man in jedem Falle eine solche auswählt, welche die folgende Erscheinung am deutlichsten zeigt. Nachdem die Interferenzfigur, aber diesmal in der Diagonalstellung, also wie Fig. F auf Taf. I, erzeugt worden, wird die Quarzplatte in den Raum unterhalb des Analysators horizontal eingeschoben. Die Figur erscheint verändert. Jetzt wird die Quarzplatte mit freier Hand ein wenig um eine horizontale Axe gedreht, so dass die Lichtstrahlen durch eine immer dickere Quarzschichte gehen müssen. Man macht nun den Versuch zweimal, und zwar einmal so, dass die Drehungsaxe senkrecht zur Ebene der optischen Axen ist, und einmal so, dass die Drehungsaxe zu dieser Ebene parallel ist. In einem der beiden Versuche zeigt sich eine deutliche Vergrösserung der Ringe in der Interferenzfigur, so dass dieselben in der Mitte des Gesichtsfeldes zusammenlaufen. Diese Vergrösserung ist entscheidend. Erfolgt sie, wenn die Drehungsaxe senkrecht zur Ebene der optischen Axen, so ist die untersuchte Platte positiv, tritt sie aber ein, wenn die Drehungsaxe parallel zur Ebene der optischen Axen, so ist die untersuchte Platte negativ.

Zuweilen lässt sich die Prüfung eines Minerals sowohl im spitzen, wie im stumpfen Axenwinkel anstellen. In dem ersteren zeigt sich immer ein anderes Verhalten als im zweiten, gibt der eine das Resultat positiv, so gibt der andere das Resultat negativ. Wenn man aber im Allgemeinen von positiv oder von negativ spricht, so bezieht sich dies immer auf den spitzen Axenwinkel.

Der Charakter der Doppelbrechung ist für die Minerale ein sehr wichtiges Kennzeichen, doch kommen ausnahmsweise auch Fälle vor, in welchen die Anwendung desselben eine Grenze findet. Wenn zwei Minerale, von welchen das eine optisch positiv, das andere negativ ist, in isomorpher Schichtung auftreten, so kann derselbe Krystall an einem Punkte positiv, an einem anderen aber negativ erscheinen. Bei inniger isomorpher Mischung hingegen werden einige Mischkrystalle positiv, die anderen negativ sein, je nach dem Vorwiegen der einen oder der anderen Mineralart. Beispiele sind Pennin, Apophyllit.

Ausserdem ist für alle Fälle zu berücksichtigen, dass der positive und der negative Charakter nicht so verschieden sind, als es die Worte ausdrücken, was namentlich bei den optisch zweiaxigen Krystallen in die Augen fällt. Bei diesen hängt der genannte Charakter von der Grösse des Axenwinkels ab. Von zwei Krystallen derselben Mineralgattung wird der eine positiv, der andere aber negativ sein, wenn bei ganz gleicher Aufstellung beider der eine einen Axenwinkel von 89°, der andere einen solchen von 91° hat, was bei isomorphen Mischungen zuweilen vorkommt. Der Axenwinkel von 90° ist eben bei sonst gleichen Verhältnissen die Grenze zwischen dem positiven und dem negativen Verhalten. Ein Beispiel gibt der Bronzit (rhombisch), von welchem einige Exemplare positiv sind, weil die optischen Axen oben um die aufrechte Axe c einen spitzen Winkel bilden, während andere, durch grösseren Eisengehalt dunkler gefärbte Exemplare negativ sind, weil jener Axenwinkel ein stumpfer ist.

123. Optische Orientirung. Um bei den optisch zweiaxigen Körpern sowohl die Lage der optischen Axen gegen die Krystallform angeben, als auch den optischen Charakter bezeichnen zu können, bedient man sich der in der theoretischen Optik üblichen Hilfsmittel und Ausdrücke. Die Halbirungslinie des spitzen Winkels der optischen Axen heisst erste Mittellinie oder Bisectrix, die Halbirungslinie des stumpfen Winkels der optischen Axen heisst zweite Mittellinie oder Bisectrix. Diese beiden Mittellinien liegen in der Ebene der optischen Axen und sind senkrecht zu einander. Fig. 319. Eine Linie, welche zu den beiden Mittellinien, also auch zur Ebene der optischen Axen senkrecht ist, wird die optische Normale genannt. Die drei Ebenen, welche durch die drei genannten Linien gehen, heissen optische Hauptschnitte. Der eine davon ist also die Ebene der optischen Axen, der zweite geht durch die eine Mittellinie und die Normale, der dritte geht durch die andere Mittellinie und die Normale.

Die vorher benannten drei Linien werden auch Elasticitätsaxen und Hauptschwingungsrichtungen genannt. Man unterscheidet eine Axe der grössten Elasticität a, eine der mittleren Elasticität b, und eine der kleinsten Elasticität c. Die Normale ist immer zugleich Axe der mittleren Elasticität. Die beiden Mittellinien kommen mit den beiden übrigen Elasticitätsaxen überein, und zwar entsprechend dem Charakter der Doppelbrechung. Fig. 320.

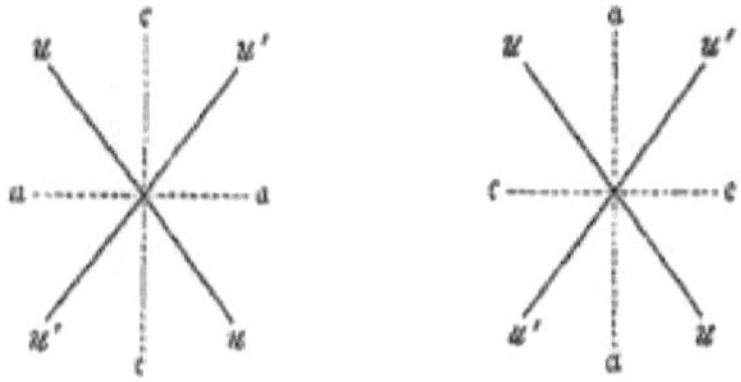

Fig. 319.

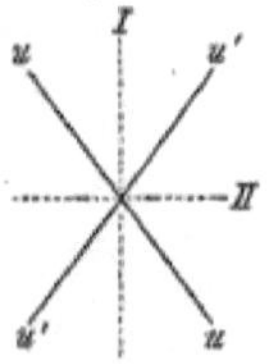

Fig. 320.

Positiv. Negativ.

1. Bei den optisch positiven Körpern ist die erste Mittellinie zugleich Axe der kleinsten Elasticität, also erste Mittellinie $= c$, zweite Mittellinie $= a$, Normale $= b$.

2. Bei den negativen Krystallen ist die erste Mittellinie zugleich Axe der grössten Elasticität, also erste Mittellinie $= a$, zweite Mittellinie $= c$, Normale $= b$.

Die Ebene der optischen Axen enthält demnach immer die Elasticitätsaxen a und c. Man bezeichnet häufig a als negative, c als positive Mittellinie.

Denkt man sich in einem positiven zweiaxigen Krystall den Axenwinkel kleiner werdend, bis zur Grenze Null, so gelangt man zur Vorstellung eines optisch positiven einaxigen Körpers. In diesem ist die Hauptaxe zugleich Axe der kleineren Elasticität c, und die beiden anderen Elasticitätsaxen bieten hier keinen Unterschied, sie sind einander gleich. Wird in einem negativen zweiaxigen Krystall der Axenwinkel bis zur Grenze Null verfolgt, so ergibt sich das Schema des negativen einaxigen Krystalls, dessen Hauptaxe eine Axe grösserer Elasticität a ist, während senkrecht dazu allenthalben gleiche, aber kleinere Elasticität herrscht.

124. Theoretische Erläuterung. Um den Zusammenhang zwischen der Art der Lichtbrechung und der Bauweise der Krystalle zu erkennen, denkt man sich der von Fresnel begründeten Theorie gemäss den Aether in den

Krystallen so vertheilt, wie es der Anordnung der Krystallmolekel in denselben entspricht, und berücksichtigt, dass die Lichtbewegung wellenförmig fortgepflanzt wird.

In den tesseralen Krystallindividuen, die einen regulären Bau besitzen, herrscht eine gleichförmige Vertheilung des Aethers, daher Licht, welches von einem Punkte im Inneren ausgehend gedacht wird, sich kugelförmig ausbreiten wird. Die Welle ist in diesem Falle eine einfache, demgemäss die Lichtbrechung eine einfache, wie in den amorphen Körpern, in welchen zwar die Vertheilung des Aethers keine vollkommen regelmässige, doch im Ganzen und Grossen eine solche ist, dass keine Richtung vor der anderen einen Vorzug hat.

Die Krystalle von wirteligem Baue besitzen in allen Ebenen parallel zur Basis eine reguläre, senkrecht dazu eine andere Anordnung. In jenen Ebenen ist der Aether gleichförmig vertheilt, daher Licht, welches in einer solchen Ebene schwingt, sich so fortpflanzt, wie in einem tesseralen Krystall. Denkt man sich nun Licht von einem Punkte im Innern ausgehend, so wird nur jener Strahl, welcher zur Hauptaxe parallel ist, als gewöhnlicher Strahl fortschreiten, weil seine Schwingungen sämmtlich der Basis parallel sind. Jeder der übrigen Strahlen aber wird sich zerlegen müssen, weil den Schwingungen, welche parallel zur Basis erfolgen, eine andere Fortpflanzungs-Geschwindigkeit zukommt als den anderen. Diese Strahlen werden demnach durchwegs gespalten und polarisirt. Die einen (ordentlichen) Strahlen schreiten als kugelförmige Welle fort. Durch die Pole der Kugel geht die Hauptaxe, die Schwingungen erfolgen alle parallel zu den Ebenen der Parallelkreise. Die anderen (ausserordentlichen) Strahlen geben eine ellipsoidische Welle. Die Axe des Ellipsoides liegt in der Hauptaxe, die Schwingungen erfolgen alle parallel den Meridianebenen.

In den Krystallen von einfacherem Baue ist die Vertheilung des Aethers nach den drei Richtungen des Raumes verschieden. Ein gewöhnlicher Strahl, welcher in ein solches Medium eintritt, wird sich zerlegen müssen, weil seine Schwingungen ungleichen Richtungen im Krystall entsprechen. Demgemäss wird Licht, welches von einem Punkte im Inneren ausgeht, in der Form einer Doppelwelle fortschreiten. Dieselbe wird auf jeder durchschneidenden Ebene zwei krumme Linien, die Wellenlinien erzeugen.

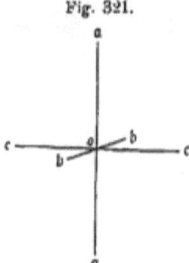

Fig. 321.

Um die Gestalt dieser Welle zu erkennen, wird man darauf Rücksicht nehmen, dass den Grundsätzen der Mechanik zufolge der Aether in solchen Krystallen stets in drei aufeinander senkrechten Richtungen, den optischen Elasticitätsaxen, sich verschieden verhalten muss. Nach einer bestimmten Richtung aa ist die Elasticität am grössten, nach einer zur vorigen senkrechten Richtung cc am kleinsten und eine zu den beiden vorigen senkrechte Richtung besitzt einen Grad der Elasticität, welcher zwischen jenen Grenzen liegt. Die drei Elasticitätsaxen aa, bb und cc haben demnach eine Lage, wie die drei Krystallaxen im rhombischen System. Fig. 321. Die Bezeichnung der Elasticitätsaxen ist in den folgenden vier Figuren hinzuzudenken.

Denkt man sich nun Fig. 322 von einem Punkte o innerhalb des Krystalls einen Lichtstrahl in der Richtung oa fortschreitend, so würden dessen Schwingungen, wenn er sich als gewöhnliches Licht fortpflanzen könnte, senkrecht zur Linie oa in allen Azimuthen stattfinden. Hier aber, wo der Strahl zweierlei Elasticitäten antrifft, schwingt derselbe, jeder der beiden Elasticitäten entsprechend, erstens parallel cc, wobei er in der Zeiteinheit von o bis c fortschreitet, zweitens aber schwingt er parallel bb, wobei er in derselben Zeit bis b fortschreitet. Somit besteht der Strahl eigentlich aus zwei polarisirten Strahlen von verschiedener Geschwindigkeit. Ferner würde ein Strahl, welcher die Richtung ob einschlägt, aus zwei Theilen bestehen, von welchen der eine wiederum parallel cc schwingt und in der Zeiteinheit bis c gelangt, während der andere, parallel aa schwingend, die Geschwindingkeit oa besitzt. Ein jeder Strahl, welcher sich von o aus zwischen

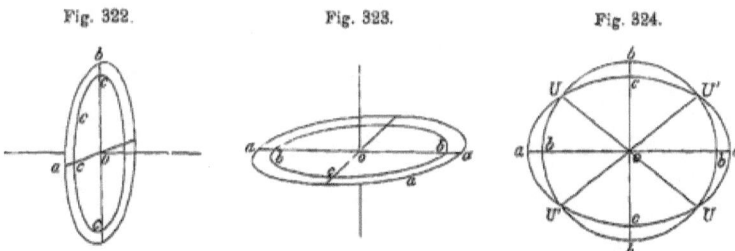

Fig. 322.   Fig. 323.   Fig. 324.

den beiden Linien oa und ob fortpflanzt, zerfällt in zwei Theile, wovon der eine wiederum parallel cc schwingt und in der Zeiteinheit einen Weg macht, welcher so lang als oc ist, während der andere in einer Zwischenrichtung zwischen aa und bb schwingt und demgemäss eine zwischen oa und ob liegende Geschwindigkeit hat. Strahlen also, welche, von o ausgehend, nach allen Richtungen in der Ebene ab sich fortpflanzen, bilden mit ihren Endpunkten zwei Wellenlinien, eine innere kreisförmige mit dem Radius oc, und eine äussere elliptische mit den Halbaxen oa und ob.

Jeder Strahl, welcher von o aus zwischen den Linien ob und oc sich bewegt, Fig. 323, wird in zwei Theile zerfallen, deren einer parallel aa schwingt und die Geschwindigkeit oa besitzt, während der andere eine zwischen bb und cc liegende Schwingungsrichtung hat und demgemäss eine Geschwindigkeit, welche zwischen den Grenzen ob und oc liegt. Ein Strahl hingegen, welcher in der Richtung oc fortgeht, gibt wiederum einen parallel aa schwingenden Antheil mit der Geschwindigkeit oa und einen parallel bb schwingenden von der Geschwindigkeit ob. Strahlen also, welche von o ausgehen und in der Ebene boc sich fortpflanzen, erzeugen eine doppelte Wellenlinie, eine äussere kreisförmige mit dem Radius oa, und eine innere elliptische mit den Halbaxen ob und oc.

Jeder Strahl, welcher von o aus zwischen den Linien oa und oc sich bewegt, Fig. 324, wird in zwei Theile zerlegt, wovon der eine parallel bb schwingt, also in der Zeiteinheit den Weg ob zurücklegt, während der andere in einer zwischen aa und cc liegenden Richtung schwingt und eine entsprechende Geschwindigkeit hat. Wird nun dasjenige hinzugenommen, was über die Richtung oa und oc gesagt ist, so ergibt sich, dass Strahlen, welche von o aus in der Ebene aoc sich verbreiten, zwei Wellenlinien bilden, wovon die eine wieder kreisförmig ist, mit dem Radius ob, während die zweite elliptisch ist, mit den Halbaxen oa und oc. Diese beiden Wellen schneiden sich aber in vier Punkten U, welche auf zwei durch o gehenden Linien liegen.

Strahlen, welche sich nicht in einer der drei bisher besprochenen Ebenen sondern in anderen Richtungen bewegen, werden sich in ihrem Verhalten im Allgemeinen den früher betrachteten anschliessen. Jeder derselben wird in zwei Theile zerfallen, welche einer inneren und einer äusseren Welle entsprechen.

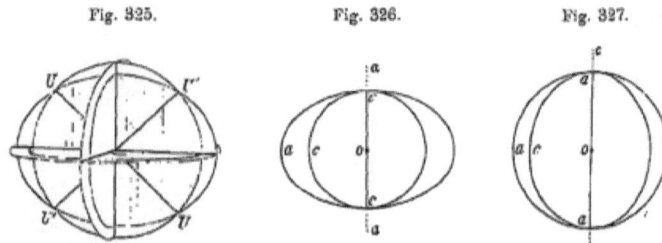

Fig. 325.   Fig. 326.   Fig. 327.

Denkt man sich also vom Inneren des Krystalls, und zwar von o aus nach allen Richtungen des Raumes Licht ausgehend, so wird sich dasselbe in einer doppelten Welle, einer inneren und einer äusseren, fortpflanzen, welche sich in vier Punkten durchschneiden. Beide durch eine Zeichnung darzustellen ist nicht möglich, jedoch gibt die Figur 325, welche drei Durchschnitte der Doppelwelle darstellt, eine ausreichende Vorstellung. Die beiden Linien UU und $U'U'$ sind die Richtungen der sogenannten secundären optischen Axen. Sie entsprechen in ihrer Lage nahezu den wahren optischen Axen, nach welchen das Licht in einfacher Welle fortschreitet [1]).

Das Gesagte macht es erklärlich, dass die Krystalle von einfacherem Baue zwei Richtungen einfacher Brechung besitzen, ferner zeigt es, wie der Unterschied der positiven und der negativen Krystalle aufzufassen sei, endlich lässt es erkennen, dass man aus den drei Geschwindigkeiten oa, ob und oc den Winkel der optischen Axen berechnen könne. Da nun die Lichtgeschwindigkeiten den Brechungsquotienten umgekehrt proportional sind, so ist die Kenntnis jener Brechungsquotienten erforderlich, die sich ergeben, wofern man polarisirte Strahlen

---

[1]) Um die Richtungen der wahren optischen Axen zu construiren, legt man an die Fig. 324, in welcher $oa = \frac{1}{\alpha}$, $ob = \frac{1}{\beta}$, $oc = \frac{1}{\gamma}$ Linien, welche den Kreis und die Ellipse gleichzeitig berühren. Dies gibt zwei Linienpaare. Senkrecht zu diesen werden hierauf durch o zwei Linien gezogen, welche die Richtungen der Axen sind.

beobachtet, welche den Elasticitätsaxen aa, bb und cc parallel schwingen. Werden diese drei Brechungsquotienten α, β, γ genannt, so lautet die Formel bezüglich des Winkels, welchen die eine optische Axe mit cc bildet:

$$\cos V = \sqrt{\frac{\frac{1}{\beta^2} - \frac{1}{\gamma^2}}{\frac{1}{\alpha^2} - \frac{1}{\gamma^2}}}$$

Die Zahlen α, β, γ werden bestimmt, wofern man aus dem Krystall Prismen parallel den drei Elasticitätsaxen schneidet und an jedem dieser doppelt brechenden Prismen den Brechungsquotienten jenes Strahles ermittelt, welcher sichtbar bleibt, wofern die austretenden Strahlen durch einen Nicol betrachtet werden, dessen Hauptschnitt parallel der Prismenkante. Die Brechungsquotienten werden aber selten so genau ermittelt, dass der beobachtete Axenwinkel mit dem berechneten völlig übereinstimmt. Meistens ist diese Controle eine beiläufige.

Aus der Gestalt der Wellenfläche zweiaxiger Körper lässt sich auch die Wellenfläche einaxiger ableiten, welche blos zweierlei Elasticität a und c besitzen, wonach b wegfällt. Macht man dementsprechend ob gleich oc, so erhält man die Wellenfläche eines negativen einaxigen Krystalls, und zwar als innere Fläche eine Kugel, als äussere ein abgeplattetes Ellipsoid, welche beide in der Axe a sich berühren, Fig. 326. Macht man hingegen ob gleich oa, so erhält man die Wellenflächen eines positiven einaxigen Krystalls, und zwar als innere Fläche ein gestrecktes Ellipsoid, als äussere eine Kugel, beide in der Axe c sich berührend, Fig. 327.

125. Rotationspolarisation. Manche Krystalle haben die Eigenschaft, die Polarisationsebene des Lichtes zu drehen. Von den Mineralen kennt man bisher nur den Quarz und den Zinnober, welche die hieher gehörigen Erscheinungen zeigen. Da die Krystalle beider dem hexagonalen Systeme entsprechen, so wäre das Verhalten einaxiger Körper zu erwarten. Nimmt man jedoch eine zur Hauptaxe senkrechte Quarzplatte und betrachtet dieselbe im Orthoskope zwischen gekreuzten Nicols, so erscheint sie nicht dunkel, sondern hell. Benutzt man einfarbiges Licht, z. B. Natriumlicht, so zeigt sich ebenfalls Helligkeit, dreht man aber jetzt allmälig den oberen Nicol, so tritt nach einer bestimmten Drehung, z. B. um 22^0 Dunkelheit ein, wofern die Platte 1 Millimeter dick ist. Nimmt man vom selben Quarzkrystall eine doppelt so dicke Platte wie vorhin, so tritt erst nach der Drehung um 44^0 Dunkelheit ein. Daraus ist zu ersehen, dass die Polarisationsebene des Lichtstrahles, welcher sich parallel der Hauptaxe bewegt, im Quarz gedreht wird, und zwar proportional der Dicke der Quarzschichte. Für jede Farbe ist aber der Betrag der Drehung ein anderer. Platten aus Rechtskrystallen (42) drehen rechts, Platten von Linkskrystallen in gleichem Grade links. Das Verhalten ist derart, als ob die Polarisationsebene im Quarz schraubenartig gewunden wäre. Die optische Theorie erklärt die vorgenannte und die folgende Erscheinung daraus, dass die parallel der Hauptaxe einfallenden und auch die wenig davon abweichenden Strahlen polarisirten Lichtes eine kreisförmige (circuläre) Schwingung annehmen, daher der Ausdruck Circularpolarisation.

Wird die Quarzplatte in das Konoskop gebracht, so erzeugt sie eine Interferenzfigur, welche im Centrum anders gebildet ist, als bei den gewöhnlichen einaxigen Körpern. Fig. H. auf Tafel I. Der innere Theil der Figur wird nämlich, wofern man im Tageslicht beobachtet, von einer farbigen Scheibe gebildet; die Farben aber sind, je nach der Dicke der Platte, verschieden.

Dreht man jetzt den oberen Nicol (Analysator) nach rechts, so verändert sich die Farbe des Mittelfeldes und beginnen die Ringe zu wandern. Ist die Platte rechtsdrehend, so verändert sich die Farbe in dem Sinne von gelb durch blau, violett zu roth und die Ringe erweitern sich, ist aber die Platte linksdrehend, so verändert sich die Farbe des Mittelfeldes bei der gleichen Drehung in dem Sinne von gelb durch roth, violett zu blau und die Ringe verengen sich.

Legt man eine linksdrehende und eine rechtsdrehende Platte von gleicher Dicke über einander und schiebt diese Combination in das Konoskop so erscheinen die sogenannten Airy'schen Spiralen.

126. Pleochroismus. Die doppelt brechenden Krystallindividuen zeigen, wenn sie farbig oder gefärbt sind, im durchfallenden Lichte nach verschiedenen Richtungen nicht immer dieselbe, sondern häufig verschiedene Farben. Ist die Erscheinung deutlich, so geben optisch einaxige Minerale in allen Richtungen senkrecht zur Hauptaxe dieselbe, parallel zur Hauptaxe aber eine andere Farbe: Dichroismus. Optisch zweiaxige Minerale geben beim Durchsehen in drei aufeinander senkrechten Richtungen drei verschiedene Farben: Trichroismus. Unter den Krystallen von Beryll (hexagonal) finden sich manche grüne Exemplare, welche beim Durchsehen parallel zur Hauptaxe eine blaue, in allen Richtungen senkrecht zur Hauptaxe aber eine grüne Farbe liefern. Der Cordierit von Bodenmais (rhombisch) liefert oft Krystalle, welche dunkelblau erscheinen. Wird aus einem derselben ein Würfel geschnitten, dessen Flächen den krystallographischen Endflächen parallel sind, so gibt derselbe beim Durchsehen durch die Querflächen (100) eine blaugraue, durch die Längsflächen (010) eine gelbe und durch die Endflächen (001) eine indigoblaue Farbe. Blickt man durch den Beryll oder Cordierit nicht in den vorgenannten Richtungen, sondern in einer Zwischenrichtung, so beobachtet man die entsprechenden Uebergangs- oder Mischfarben. Jene Farben, welche man beim Durchsehen durch die bestimmten Flächen mit freiem Auge wahrnimmt, nannte Haidinger Flächenfarben.

Die Erscheinungen im gewöhnlichen Lichte zeigen schon, dass in den krystallographisch verschiedenen Richtungen eine verschiedene Absorption herrscht, denn die Farben kommen hier durch Absorption zu Stande (101). Demnach ist vorauszusehen, dass bei Anwendung von polarisirtem Lichte für verschiedene Schwingungsrichtungen auch verschiedenartige Absorptionen eintreten, also verschiedene Farben zur Erscheinung kommen werden. In der That ergeben die Versuche, dass in jenem Beryll die Schwingungen parallel zur Hauptaxe grün, die zur Hauptaxe senkrechten aber blau liefern, wie dies Fig. 328 a schematisch

Mineralphysik. 193

angibt. Man kann die Farben für bestimmte Schwingungsrichtungen ermitteln, wenn man von dem Orthoskop (Fig. 296) den oberen Nicol (Analysator) entfernt und die zu prüfende Mineralplatte auf den Tisch des Instrumentes bringt. Die Untersuchung wird also blos mit einem Nicol ausgeführt. Nimmt man von jenem Beryll eine zur Hauptaxe parallel geschnittene Platte, so erscheint dieselbe blau, wenn der Hauptschnitt des Nicols, also die Schwingungsebene des polarisirten

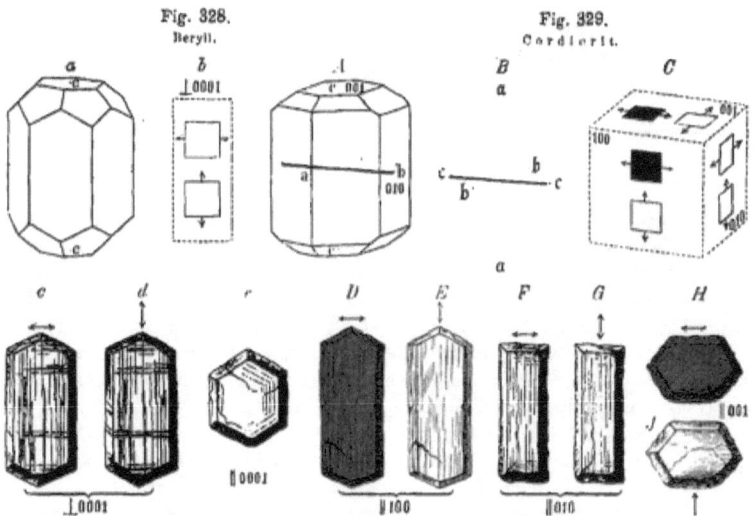

Fig. 328. Beryll. Fig. 329. Cordierit.

Lichtes zur Hauptaxe des Berylls senkrecht ist und grün, wenn der Nicolhauptschnitt zur Hauptaxe parallel ist. Fig. 328 c und d.

Anders ist die Erscheinung, wenn man eine senkrecht zur Hauptaxe geschnittene Platte in das Instrument bringt. Nun kann man den Nicol, also den Nicolhauptschnitt beliebig drehen, die erhaltene Farbe bleibt immer blau, Fig. e. Alle zur Hauptaxe senkrechten Richtungen verhalten sich also bezüglich der Absorption gleich.

Prüft man Platten des genannten Cordierits in derselben Weise, so erhält man für jede der drei Platten, welche parallel zu den Endflächen geschnitten wurden, je zwei Farben. Ein Blick auf die Fig. 329 A, welche einen Krystall von Cordierit vorstellt und angibt, welche Farben den drei Hauptschwingungsrichtungen entsprechen, macht dies leicht verständlich. Die Platte
(100) gibt für Schwingungen . . . . . ∥b dunkelblau ∥c blassgelb, Fig. D, E
(010) » » » ∥a graublau, ... ∥c blassgelb, » F, G
(001) » » » ∥a graublau, ∥b dunkelblau . . . . . » H, J.

Man reicht bei der Prüfung des Pleochroismus mit zwei Platten aus, weil diese schon sämmtliche drei Farben liefern. Haidinger hat jene Farben, welche

Tschermak, Mineralogie. 3. Auflage. 13

den Hauptschwingungsrichtungen entsprechen, Axenfarben genannt. Die Flächenfarben sind aus den Axenfarben zusammengesetzt.

Die beiden Farben, welche von derselben Platte geliefert werden, kann man auch nebeneinander erhalten, wenn man statt des Nicols ein Spaltungsstück von Calcit benutzt, welches zwei Lichtbündel, deren Schwingungen gegen einander senkrecht sind, liefert. Jetzt hat man die Farben, welche der einen und der anderen Schwingungsrichtung entsprechen, gleichzeitig vor sich. Haidinger brachte dies in dem einfachen Instrumente, welches Dichroskop genannt wird, zur Anwendung. Dieses besteht aus einem länglichen Spaltungsstück von Calcit, welches in einer Röhre enthalten ist. Letztere hat an dem einen Ende eine quadratische Oeffnung und an dem zweiten Ende, welches gegen das Auge gewendet wird, eine runde Oeffnung mit einer schwachen Linse. Beim Durchsehen erscheint die quadratische Oeffnung doppelt. Fig. 330. Nach der Verbesserung, welche v. Lang angab, ist das Stück mit der quadratischen Oeffnung drehbar, so dass die daran befestigte Mineralplatte in jede Lage zu den Schwingungsrichtungen des Calcits gebracht werden kann.

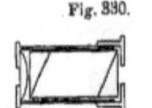

Fig. 330.

Vor der Anwendung des Dichroskops bestimmt man die Schwingungsrichtungen der beiden quadratischen Lichtbilder am raschesten durch Visiren auf eine glänzende horizontale Fläche, z. B. eine Tischfläche. Stellt man das Dichroskop so, dass die Lichtbilder wie in Fig. 330 angeordnet sind, so ist das Bild, welches bei diesem Versuche heller erscheint, aus ordentlichen und horizontal schwingenden Strahlen zusammengesetzt. Schiebt man hierauf die Mineralplatte vor die quadratische Oeffnung, so wird das Licht, welches durch die Platte gegangen ist, im Calcit analysirt, es wird in zweierlei Schwingungen zerlegt, welche zu einander senkrecht sind. Man dreht die Mineralplatte bis zu jener Stellung, bei welcher die erhaltenen Farben den grössten Unterschied zeigen. Die zur Hauptaxe parallele Beryllplatte gibt jetzt blau und grün. Fig. 328 *b*. Die zur Hauptaxe senkrecht geschnittene Beryllplatte liefert zwei gleich blaue Bilder. Der Würfel von Cordierit, dessen Flächen den drei Endflächen parallel sind, liefert die in Fig. 329 *C* angegebenen Farbenbilder.

Bei der Prüfung jener Farben, welche den Hauptschwingungsrichtungen entsprechen, mit dem Glasprisma zeigt sich nach H. Bequerel, dass in deutlichen Fällen die optisch einaxigen Minerale zwei, die optisch zweiaxigen drei verschiedene Absorptionsspectra zeigen, wodurch die Ausdrücke Dichroismus und Trichroismus gerechtfertigt erscheinen.

Jene zwei oder drei Farben können, obwohl sie verschieden sind, doch ungefähr gleiche Helligkeit zeigen, die Absorption für die verschiedenen Schwingungsrichtungen kann von verschiedener Art und doch von ungefähr gleicher Stärke sein. Häufig ist aber der Grad der Absorption merklich oder bedeutend verschieden, wie schon das Beispiel der dunkelfarbigen Turmaline zeigte (113). In dünnen Platten derselben wird der zur Hauptaxe senkrecht schwingende, der ordentliche Strahl, viel stärker absorbirt als der ausserordentliche, in etwas dickeren Platten wird er ganz vernichtet. Man kann also für den Turmalin als Schema der

Absorption $\omega > \epsilon$ schreiben. Für den Cordierit, dessen Elasticitätsaxen in Fig. 329 B bezeichnet sind, kann man das Farbenschema: $\mathfrak{a}$ gelb, $\mathfrak{b}$ graublau, $\mathfrak{c}$ dunkelblau, und weil die Farbentöne merklich verschieden sind, für die Stärke der Absorption das Schema $\mathfrak{c} > \mathfrak{b} > \mathfrak{a}$ schreiben.

Das Maximum oder das Minimum der Absorption trifft in den optisch einaxigen Körpern mit der Hauptaxe, in den rhombischen mit je einer Elasticitätsaxe zusammen. Die Absorptionsaxen haben hier dieselbe Lage wie die Elasticitätsaxen. In monoklinen Krystallen zeigt sich öfters dieselbe Uebereinstimmung, doch fanden Laspeyres und Ramsay in zwei Arten von Epidot zwischen den Absorptionsaxen der Symmetrieebene und den Elasticitätsaxen daselbst eine merkliche Abweichung. In triklinen Krystallen würde die Abweichung an allen drei Elasticitätsaxen stattfinden.

Fig. 331.

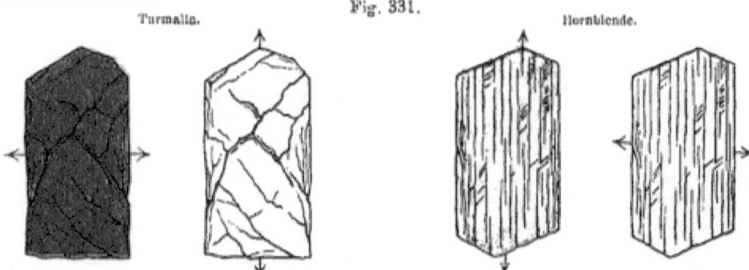

Turmalin.   Hornblende.

Bei mikroskopischen Untersuchungen kann man den Pleochroismus in der Weise prüfen, dass man auf das Ocular ein Dichroskop stellt, es empfiehlt sich jedoch anstatt dessen so vorzugehen, wie es vorher angegeben wurde, und in der Art zu beobachten, dass man einen einzigen Nicol, und zwar denjenigen, welcher unter dem Tisch des Mikroskopes angebracht ist, dreht, oder auch so, dass man bei ruhendem Nicol den Tisch dreht, auf welchem die Mineralplatte liegt. Nach dieser Methode, welche vom Autor vorgeschlagen wurde, beobachtet man dieselben Farbentöne nach einander, welche das Dichroskop neben einander zeigt. In der Fig. 331 sind die Farbenerscheinungen angegeben, welche bei solcher Beobachtung an zwei Beispielen und zwar an manchen Krystallen von Turmalin und von Hornblende, welche in einem Dünnschliffe enthalten sind, wahrgenommen werden. Die Stellung des Nicolhauptschnittes ist jedem Bilde beigefügt.

In den allochromatischen Mineralen rührt der Pleochroismus von der regelmässigen Einfügung idiochromatischer Partikelchen her, doch gelingt es selten, eine solche Beimischung künstlich zu erzeugen. Sénarmont vermochte Krystalle von salpetersaurem Strontian durch beigemischtes Pigment aus Fernambukholz pleochroitisch zu machen.

Ueber d. Pleochroismus: Haidinger in Pogg. Ann., Bd. 65, pag. 1, und Sitzber. d. Wiener Akad., Bd. 13, pag. 3 und 306; Sénarmont, Pogg. Ann., Bd. 91, pag. 491. Autor in d. Sitzungsber. d. Wiener Akad. Bd. 59, Mai. Lang, ebendas., Bd. 82, pag. 174; Laspeyres, Zeitschr. f. Kryst., Bd. 4, pag. 444; Pulfrich, ebenda, Bd. 6, pag. 142; Ramsay, ebenda, Bd. 13, pag. 97; Voigt,

Jahrb. f. Min. 1885, I. pag. 117; Mallard, Bull. soc. min. Bd. 6, pag. 45; H. Bequerel, ebenda, Bd. 10, pag. 120.

127. Zu den Erscheinungen, bei welchen die orientirte Absorption im Spiele ist, gehören auch die dunklen Büschel und Ringe, welche manche Krystalle im durchfallenden Lichte mit freiem Auge wahrnehmen lassen und welche Axenbilder in veränderter Form sind. Man kann dieselben, mit Benützung eines Ausdruckes von Haidinger, idiophane Axenbilder nennen [1]. Man beobachtet die dunklen Büschel an manchen Platten von Kaliglimmer (Muscovit) oder von Epidot, Andalusit, Cordierit, und zwar in den Richtungen der optischen Axen. Sie haben die Lage der dunklen Hyperbeln, welche im Konoskop erhalten werden und auch so ziemlich deren Gestalt, jedoch erscheinen sie viel breiter und sind an den Axenpunkten unterbrochen. An einem einaxigen Körper, dem Magniumplatincyanür, wurde von Bertrand eine andere Erscheinung, nämlich ein kreisrunder, violetter Fleck auf rothem Grunde, beobachtet. So lässt sich also an manchen Krystallen schon mit freiem Auge die Lage der optischen Axen erkennen. Alle diese Krystalle haben eine ziemlich starke Färbung, daher die theilweise Absorption des durchgehenden Lichtes hier die Hauptursache ist.

Haidinger hat sich mit dieser Erscheinung mehrfach beschäftigt und auch einen merkwürdigen Fall am Amethyst beobachtet; in letzter Zeit hat Bertin mehrere Fälle beschrieben.

Lit. Haidinger, Handb. d. Mineralogie, pag. 378. Bertin, Zeitschr. f. Kryst., 3. Bd., 449. Bertrand, ebendas. 645. Mallard, ebendas. 646.

128. Verhalten der einzelnen Krystallsysteme. Die optischen Axen und mit ihnen die Elasticitätsaxen sind in den Krystallindividuen stets der Symmetrie des inneren Baues entsprechend gelagert. Hieraus folgt, dass die optische Orientirung in den einzelnen Systemen eine verschiedene ist, dass jedoch für die hemiëdrischen Abtheilungen immer dasselbe gilt wie für die holoëdrischen.

Triklines System. Die optischen Axen, sowie die Mittellinien haben keine voraus bestimmte Lage; für jede Mineralart gilt daher eine besondere Orientirung aller optischen Richtungen. Das Aufsuchen der Axen und Mittellinien erfolgt durch blosses Probiren. Die Dispersion der Axen ist eine asymmetrische. Genau genommen haben also die Axen für jede Farbe eine andere Lage in verschiedenen Ebenen und zugleich eine andere Mittellinie. Man sagt daher, im triklinen Systeme sind sowohl die Axen, als auch die Axenebenen und die Mittellinien dispergirt.

Als Beispiel mag der Albit dienen. Fig. 332 stellt einen einfachen Krystall dar. Fig. 333 gibt eine Projection der Flächen auf die Kugel. Die optischen Axen, welche durch den Mittelpunkt der Kugel gelegt gedacht werden, treffen deren Oberfläche in Punkten, welche in der Zeichnung durch kleine Kreise an-

---

[1] Diese Erscheinung wird öfters mit den zuerst von Brewster beschriebenen epoptischen Figuren zusammengeworfen, welche mit freiem Auge am Calcit, Aragonit etc. beobachtet werden, wenn durch den Reflex an eingeschalteten Zwillingslamellen farbige Axenbilder entstehen. (Müller, Pogg. Ann. Bd. 41, pag. 110.)

gedeutet werden, und zwar so, dass die punktirten den Axen für rothes Licht, die ausgezogenen Kreise den Axen für blaues Licht entsprechen, wobei die Abweichung beider etwas übertrieben dargestellt ist. Die Ebene der optischen Axen schneidet die Kugel in einem grössten Kreise. (Ausgezogene Linie.) Beim Albit weicht die erste Mittellinie c nur wenig von der Normalen auf M ab. Die Axen sind verschieden dispergirt, ihr wahrer Winkel $2V = 58^0$. Optischer Charakter positiv, da c erste Mittellinie ist.

Fig. 332.   Fig. 333.   Fig. 334.   Fig. 335.

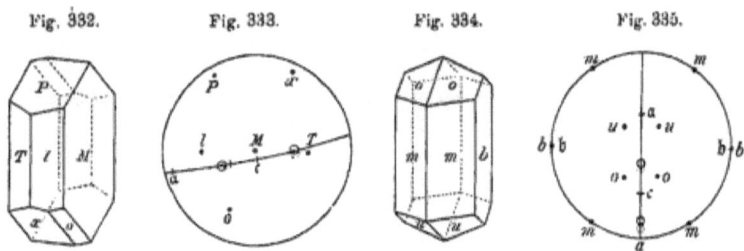

Monoklines System. Eine Elasticitätsaxe liegt senkrecht zur Symmetrieebene, folglich der Krystallaxe b parallel, die beiden anderen liegen in der Symmetrieebene. Die Ebene der optischen Axen ist daher entweder parallel oder senkrecht zur Symmetrieebene, so dass es hier nur zwei wesentlich verschiedene Orientirungen gibt.

Bestimmt man an einer Platte, welche zur Längsfläche parallel ist, die Auslöschungsrichtungen, so hat man damit die Lage der zwei Elasticitätsaxen ermittelt, welche der Symmetrieebene parallel sind, und es erübrigt nur noch, an Platten, welche senkrecht zu den Elasticitätsaxen geschnitten sind, die Axenebene und den Charakter der ersten Mittellinie zu bestimmen. Ist die erste Mittellinie parallel zur Symmetrieaxe b, so zeigt schon die zur Längsfläche parallele Platte das Axenbild, ist das nicht der Fall, dann gibt eine der beiden anderen Platten, welche senkrecht zur Symmetrieebene geschnitten werden, die gesuchten Erscheinungen.

a) Ist die Ebene der optischen Axen parallel zur Symmetrieebene, so ist die Normale b parallel der Symmetrieaxe b, während a und c zur Symmetrieebene parallel sind, aber weiter keine vorausbestimmte Lage haben. Demgemäss sind die optischen Axen und die Mittellinien in einer Ebene dispergirt: Geneigte Dispersion.

Ein hieher gehöriges Beispiel hat man am Gyps. In einem Gypskrystall, Fig. 334, bildet die Elasticitätsaxe c mit der Normale zu a, nach welcher eine ziemlich vollkommene Spaltbarkeit herrscht, einen Winkel von $36^0\ 20'$. Die optische Axe, welche in diesem spitzen Winkel c a liegt, ist stärker dispergirt, als die andere[1]). Der optische Charakter ist positiv. $2V = 57^0\ 18'$ für roth, $2V = 56^0\ 13'$ für violett, also $\rho > \upsilon$. Die geneigte Dispersion, welche die zu c

---

[1]) Die stärker dispergirte erscheint auf Taf. II in der Fig. D links. Ueber die hier herrschende anomale Dispersion: V. v. Lang, Sitzungsber. d. Wiener Akad., Bd. 86, Dec. 1877.

senkrechte Platte darbietet, ist auf Taf. II in den Fig. C und D dargestellt, wobei jedoch die Axen mehr genähert wurden, als sie es in der That sind, um das Bild in diesen Raum zu bringen.

b) Ist die Ebene der optischen Axen senkrecht zur Symmetrieebene, so hat die eine Mittellinie eine fixe Lage parallel der Symmetrieaxe, die andere Mittellinie aber eine nicht vorausbestimmte Lage innerhalb der Symmetrieebene und ist in derselben dispergirt. Die optischen Axen bilden mit der Symmetrieebene gleiche Winkel und sind gleich dispergirt. Ist die Platte, welche das Axenbild zeigt, senkrecht zur Symmetrieebene, so ist die Dispersion eine monosymmetrische: Horizontale Dispersion, wie in Fig. 337, ist aber jene Platte parallel zur Symmetrieebene, so ist die Dispersion antimetrisch: Gedrehte Dispersion, wie in Fig. 338.

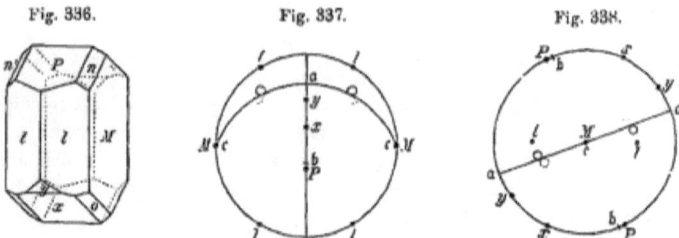

Fig. 336.   Fig. 337.   Fig. 338.

Als Beispiel des ersteren Falles kann der Adular, Fig. 336, angeführt werden. Die zweite Mittellinie c ist parallel der Symmetrieaxe, während die erste Mittellinie a mit einer Normale zu 100 einen Winkel bildet, der, über $P = 001$ gemessen, für roth $159^0\ 11'$, für violett $159^0\ 37'$ beträgt. Der Charakter der Doppelbrechung ist negativ. $2V = 69^0$. Die horizontale Dispersion um die Mittellinie a ist auf Taf. II in den Fig. A und B dargestellt. Dieselbe ist auch aus der Projection in beistehender Fig. 337 ersichtlich. Eine Platte von Adular, parallel M geschnitten und in einem geeigneten Apparate geprüft, zeigt hingegen gedrehte Dispersion, wie aus Fig. 338 erkennbar.

Der Borax, welcher die erste negative Mittellinie a parallel der Symmetrieaxe b und einen Axenwinkel von $59^0\ 30'$ hat, liefert parallel der Längsfläche Platten, die im Konoskop ohne weiteres das Axenbild und dementsprechend gedrehte Dispersion zeigen. Fig. E und F auf Taf. II.

Der Gleichförmigkeit wegen wird auch in der Folge bei Angaben der optischen Orientirung monokliner Krystalle zuerst die Lage der Axenebene und hierauf der Winkel angeführt werden, welchen die Normale auf 100 mit den folgenden Mittellinien a oder c bildet, indem dieser Winkel in der Richtung von 100 über 001 gezählt wird. Also für Gyps 100. $c = 36^0\ 30'$, Fig. 335; für Adular aber 100. $a = 159^0\ 11'$, Fig. 338.

Rhombisches System. Die Elasticitätsaxen sind den drei Krystallaxen parallel, die Ebene der optischen Axen ist demnach einer der drei Endflächen parallel. Die optischen Axen erscheinen gleich dispergirt. Disymmetrische Dispersion.

Werden von einem Krystallindividuum dieses Systemes Platten parallel zu den drei Endflächen geschnitten, so liefert eine derselben das Axenbild. Denkt man sich alle Krystalle des rhombischen Systems so aufgestellt, dass die längste krystallographische Axe als c-Axe aufrecht, die kürzeste als a-Axe auf den Beobachter zulaufend gedacht wird, so kann die Ebene der optischen Axen drei verschiedene Lagen haben.

In dem Krystall von Aragonit, Fig. 339, ist die Ebene der optischen Axen parallel der Querfläche, also senkrecht zu b und k. Die erste Mittellinie a ist parallel der aufrechten Axe, Fig. 340. Charakter der Doppelbrechung demnach

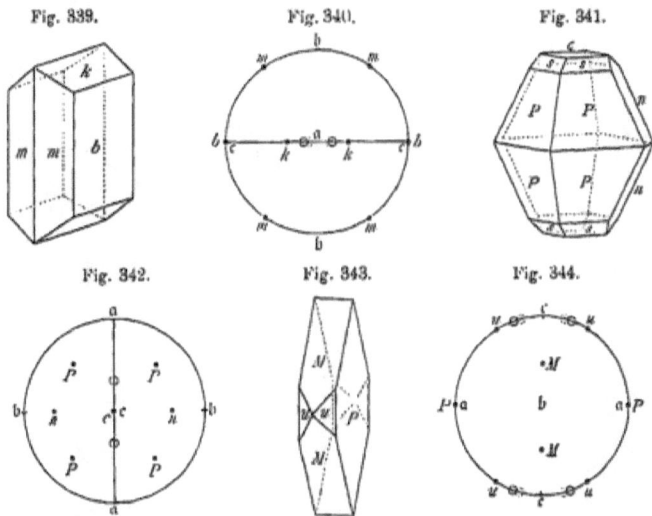

Fig. 339.   Fig. 340.   Fig. 341.

Fig. 342.   Fig. 343.   Fig. 344.

negativ. $2V = 18^0\, 5'$ für roth, $18^0\, 40'$ für violett, also $\rho < v$, wie dies auch aus der Dispersion ersichtlich, welche die Fig. E und F auf Taf. I darstellen.

Der Schwefel, Fig. 341 und 342, zeigt die Ebene der optischen Axen parallel der Längsfläche. Die aufrechte Axe ist zugleich erste Mittellinie und zwar c, daher Charakter der Doppelbrechung positiv. $2V = 69^0\, 40'$.

Der Krystall von Baryt, Fig. 343 und 344, hat die Ebene der optischen Axen parallel zur basischen Endfläche, also senkrecht zu P und u. Parallel der Längsaxe liegt die erste Mittellinie. Diese ist c. Charakter der Doppelbrechung also positiv. $2V = 37^0\, 2'$ roth, $38^0\, 30'$ blau, demnach $\rho < v$.

Tetragonales und hexagonales System. Die Symmetrie dieser Systeme erlaubt blos die Existenz einer einzigen optischen Axe, welche der Hauptaxe parallel sein muss. In den Krystallen von positiver Doppelbrechung herrscht parallel zur Hauptaxe zugleich die kleinste Elasticität c, senkrecht dazu aber ringsum die grösste a. Bei den Krystallen von negativer Doppelbrechung ist es umgekehrt.

Tesserales System. Die Krystalle dieses Systems haben, wie schon früher ausgesprochen wurde, einfache Lichtbrechung.

129. Erscheinungen an Zwillingen und mimetischen Krystallen. Im parallelen polarisirten Lichte lassen alle Zwillingsbildungen die Zusammensetzung aus mehreren Individuen durch Unterschiede der Helligkeit oder durch Farbenunterschiede erkennen. Die Grenzen der Individuen sind oft scharf und geradlinig, zuweilen aber krumm und manchmal undeutlich, wofern an der Grenze

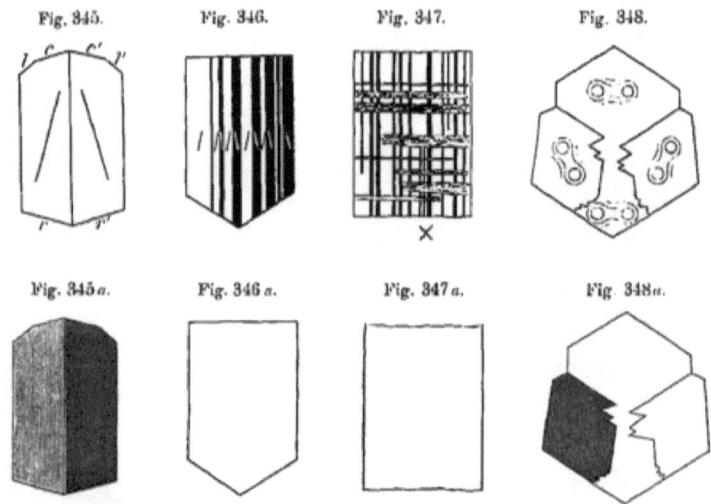

Fig. 345. Fig. 346. Fig. 347. Fig. 348.

Fig. 345a. Fig. 346a. Fig. 347a. Fig. 348a.

mehrere Individuen über einander zu liegen kommen. Ist die Platte senkrecht zur Zwillingsebene, so liegen die Auslöschungsrichtungen symmetrisch zu derselben, wie in Fig. 345, die eine Platte angibt, welche parallel 010 aus einem Zwillingskrystall von Hornblende genommen ist. Zwillingsebene 100. Je eine Auslöschung erscheint durch einen Strich angezeigt.

Die Wiederholungszwillinge liefern Platten, welche im polarisirten Lichte gestreift sind, z. B. die Albitplatte in Fig. 346, die senkrecht zu M geschnitten ist (vergl. Fig. 174). Die abwechselnden Individuen erscheinen bei der Nicolstellung, welche durch helle Striche angegeben ist, dunkel, die anderen hell. Bei einer anderen Stellung der Nicols erscheinen sie bei geringer Plattendicke in complementären Farben (117).

Wendezwillinge geben Platten, die oft aus dreiseitigen Theilen oder kreisförmig angeordneten Sectoren zusammengesetzt erscheinen, wie in Fig. 350 und 351. Sind die Individuen gleichzeitig nach verschiedenen Zwillingsebenen mit einander verwachsen, so entstehen gitterartige oder parquettirte Zeichnungen. Ein Beispiel gibt die parallel 100 geschnittene Platte aus einem Individuum des triklinen Labradorits. Fig. 347. Dieselbe zeigt erstens die wiederholte Zwillingsbildung, wie der Albit in voriger Figur, zweitens noch eine Schaar von dünnen Platten, welche nach einem anderen Zwillingsgesetze, und zwar nach dem in Fig. 176 auf pag. 82 angegebenen eingeschaltet sind.

Um in jedem Falle die einzelnen Individuen eines Zwillings nicht durch die Grade der Helligkeit, sondern durch Farben unterscheiden zu können, schaltet man unter dem Analysator eine dünne Platte von Gyps oder Quarz ein. Die Fig. 345 a bis 348 a geben die Farbenerscheinungen an, welche die vorher abgebildeten Präparate bei einer bestimmten Stellung des Nicols und einer bestimmten Dicke der angewandten Quarzplatte darbieten.

Im Konoskope geben die Zwillinge nur dann bestimmte Erscheinungen, wenn die einzelnen Individuen gross genug sind, um für sich Axenbilder zu liefern, z. B. die Individuen der Aragonitplatte in Fig. 348. Bei genügender Dicke der Platte treten hier Interferenzfiguren in drei Stellungen auf, welche dem früher, pag. 85, Fig. 185, dargestellten Gesetze folgen.

130. Bei den mimetischen Krystallen ergeben sich im Allgemeinen dieselben Erscheinungen wie an Zwillingskrystallen, doch erweist sich die Zusammensetzung meistens viel feiner und scheinbar weniger regelmässig. Ein Beispiel ist der Mikroklin, von welchem eine Platte parallel 001 das in Fig. 349 dargestellte Verhalten zeigt. Im Orthoskop wird eine feine Zeichnung durch die schon früher, pag. 91, bezeichneten Lamellen parallel M hervorgebracht, jedoch treten auch querlaufende Streifen auf, die oft eine gitterartige Zeichnung veranlassen.

Eine Durchdringung mehrerer Systeme von Lamellen ergeben Durchschnitte von Leucit, wie jener in Fig. 352, welcher parallel der Würfelfläche genommen ist und die Lagerung der Zwillingsblättchen in der früher, pag. 92, angeführten Regelmässigkeit erkennen lässt. Brewster hat schon 1821 das Gewebe doppelt brechender Lamellen im Leucit bemerkt, später hat Zirkel dasselbe beschrieben. Auch der Boracit, dessen mimetische Natur von Mallard erwiesen wurde, zeigt im polarisirten Lichte die vielfache Zusammensetzung sehr deutlich und gibt im Konoskop die Bilder optisch zweiaxiger Medien.

Die mimetischen Krystalle von rhomboëdrischer oder hexagonaler Symmetrie sind gewöhnlich Wendezwillinge, wie dies eine Platte von Chabasit, Fig. 350, zeigt. Der Schnitt ist senkrecht zur Hauptaxe unterhalb der Spitze des Krystalls (pag. 91) geführt. Die Axenebenen der sechs Individuen sind schematisch angegeben. Die Krystalle des Milarits, welche hexagonale Symmetrie darbieten und die Form eines sechsseitigen Prisma mit verwendeter Pyramide und Basis nachahmen, zeigen im polarisirten Lichte die Anordnung eines Wendezwillings ähnlich wie Aragonit, jedoch ist die Zusammensetzung complicirter, wie der senkrecht zur Hauptaxe geführte Schnitt in Fig. 351 angibt, worin je eine Auslöschungsrichtung durch einen einfachen Strich angegeben ist. Der Kern ist nach einem anderen Zwillingsgesetze gebaut als die Rinde.

Die regelmässige Wiederholung von Lamellen in bestimmter Stellung veranlasst aber auch besondere Erscheinungen. In manchen der Krystalle finden sich Richtungen einfacher Brechung oder die Doppelbrechung ist sehr geschwächt. So zeigt die Platte von Milarit in der Mitte einen Kern, welcher zwischen gekreuzten Nicols stets dunkel bleibt, obwohl im Uebrigen die Doppelbrechung eines optisch zweiaxigen Krystalls herrscht. Diese und ähnliche Erscheinungen sind darauf zurückzuführen, dass die durch eine Platte hervorgerufene Doppelbrechung durch eine zweite Platte von gleicher Dicke, aber verwendeter Lage aufgehoben wird. **(99)**.

Manche der mimetischen Krystalle geben Interferenzfiguren, welche dem Krystallsystem entsprechen, das in der Form nachgeahmt wird. Dies kommt beim Apophyllit und beim gelben Blutlaugensalz vor, welches letztere ein Kunstproduct ist. Dünne tafelförmige Krystalle beider sind optisch zweiaxig, dem monoklinen System entsprechend. Grössere und dickere Krystalle hingegen sind einaxig und ihre Form ist mimetisch-tetragonal. An manchen Platten sieht man

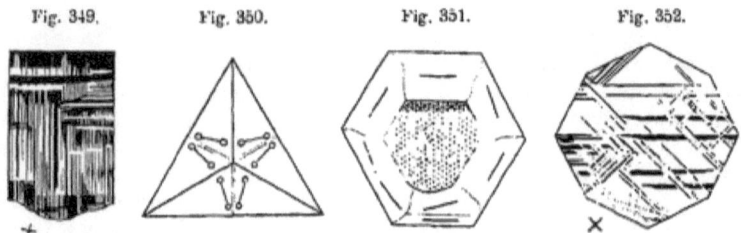

Fig. 349.   Fig. 350.   Fig. 351.   Fig. 352.

übrigens an verschiedenen Stellen beiderlei Figuren. Es gibt auch Platten von Leucit, welche hier zweiaxig, dort einaxig erscheinen.

Nörrenberg hat gezeigt, dass dünne Glimmerblättchen, deren jedes für sich zweiaxig ist, nach Aufschichtung in abwechselnd gekreuzter Lage ein Säulchen liefern, welches das schwarze Kreuz und die Farbenringe optisch einaxiger Körper fast vollkommen darbietet. Da nun ein solcher Wechsel von Blättchen in den mimetischen Krystallen anzunehmen ist, so stimmt die eben genannte Erscheinung mit dem Baue der Krystalle überein.

Lit. Ausser den früher, pag. 93, angeführten Schriften: Brewster, Edinburgh Philos. Journ. Bd. 5, pag. 218, Zirkel, Zeitschr. geol. Ges. Bd. 20, Reusch, Pogg. Ann. Bd. 148, pag. 628. Aut. in Tschermak's Min. Mitth. 1877, pag. 350.

131. Doppelbrechung durch Druck und Spannung. Brewster hat durch viele Versuche gezeigt, dass tesserale und amorphe Körper durch Zusammenpressen, sowie durch Spannung doppelt brechend werden. Wenn ein Glaswürfel oder eine Glasplatte in einer Schraubenpresse zusammengedrückt werden, so liefern sie zwischen gekreuzten Nicols die Erscheinungen doppelter Brechung und im convergenten Licht Interferenzcurven, jedoch von anderer Form als die zweiaxigen Krystalle. Wenn ein Glascylinder oder eine runde Glasscheibe durch einen um den runden Umfang gelegten Draht, welcher zusammengezogen wird, einem central wirkenden Drucke ausgesetzt sind, so geben dieselben ähnliche

Erscheinungen wie ein negativer, optisch einaxiger Körper. Versuche mit Steinsalz lieferten dieselben Resultate.

In allen diesen Fällen kann man aber leicht den Unterschied gegenüber den Krystallen wahrnehmen. Verschiebt man den gepressten Körper im Instrument in jener Weise, welche bei einem Krystall keine Veränderung hervorbringt, so bewegt sich hier das ganze Bild und man merkt, dass die dunklen Streifen und Ringe an bestimmten Stellen des Präparates haften. Die Doppelbrechung ist vorübergehend und hört auf, sobald der Druck nachlässt.

Leim, Kautschuk und alle Harze, überhaupt alle Colloide, d. i. jene Körper, welche nicht krystallisirbar sind und beim Eintrocknen amorphe Producte liefern, zeigen schon durch geringen Druck oder Zug Doppelbrechung.

Auch in doppelt brechenden Mineralen werden die optischen Erscheinungen durch Anwendung von Druck modificirt. Bei der Pressung senkrecht zur Hauptaxe wird der optisch positive Quarz zweiaxig, wobei die Axenebene der Druckrichtung parallel ist. Der optisch negative Turmalin wird auch zweiaxig, wobei die Axenebene senkrecht zur Druckrichtung ist. Am Kalkspath werden ähnliche Veränderungen beobachtet, jedoch treten hier leicht Umlagerungen ein (84).

Glasstücke, welche zuerst erhitzt, hierauf rasch abgekühlt wurden, zerspringen beim Ritzen oder Brechen in unzählige Partikel, was eine Spannung der oberflächlichen Theile verräth. Solches rasch gekühltes Glas zeigt eine deutliche Doppelbrechung, ähnlich wie die gepressten amorphen Körper. Auch einfachbrechende Krystalle, z. B. solche von Steinsalz, Fluorit werden durch Erhitzen und rasches Abkühlen doppelbrechend, so zwar, dass nun Platten derselben eine Theilung in verschieden orientirte Felder darbieten. Viele Colloide sind in Folge der beim Eintrocknen entstehenden Spannungen schon ursprünglich doppelbrechend. Die fossilen Harze, der Opal, der Kieselsinter zeigen daher oft energische Doppelbrechung.

Liter. Brewster, Optics. Bücking, Jahrb. f. Min. 1881, Bd. I, pag. 177 (Referat). Brauns, Jahrb. f. Min. 1887, Bd. I. pag. 47.

132. Anomale Krystalle. Von den mimetischen Krystallen abgesehen gibt es auch solche, die äusserlich nichts von einer Zwillingstextur erkennen lassen, doch aber ein anomales, d. i. ein solches optisches Verhalten zeigen, welches nicht mit der Symmetrie der Krystallform übereinstimmt. Hieher gehören aus der Reihe der tesseralen Krystalle jene von Grossular, Senarmontit, welche eine energische Doppelbrechung zeigen, jene von Alaun und Analcim, die nur eine schwache Doppelbrechung darbieten. Unter den tetragonalen sind hervorzuheben jene von Vesuvian, Mellit, von hexagonalen jene von Apatit, Beryll, welche öfters optisch zweiaxig erscheinen.

Viele dieser Krystalle erscheinen im polarisirten Lichte aus mehreren verschieden orientirten Theilen regelmässig zusammengesetzt, ohne dass aber ein solches zwillingsartiges Gewebe hervortritt, wie es in den meisten mimetischen Krystallen beobachtet wird.

Manche dieser Anomalien, z. B. jene am Senarmontit, werden sich nach genauer Prüfung wohl durch Mimesie erklären lassen. In anderen Fällen wird gegenwärtig von vielen Beobachtern das Vorhandensein von Spannungen angenommen, ähnlich wie bei den eingetrockneten Colloïden und als Ursache derselben wurde im Alaun von Brauns das Stattfinden einer isomorphen Mischung verschiedener Gattungen, im Analcim von Klein der eingetretene theilweise Verlust des Krystallwassers erkannt.

Liter. Rensch. Pogg. Ann. Bd. 132, pag. 618. Klocke, Jahrb. f. Min. 1880, Bd. I, pag. 53, Brauns, ebendas. 1883. II. 102, 1885. I. 96 (Alaun, Arsenit etc.) Klein, ebendas. 1883, Bd. I, pag. 87 (Granat). 1884. I. 250. Arzruni, Zeitschr. f. Kryst. Bd. 5, pag. 483 (Analcim). Grosse-Bohle, ebendas. pag. 222. (Senarmontit.)

133. Durch Textur bedingtes Verhalten. Parallelfaserige oder krummfaserige Minerale, welche durchsichtig und für sich doppelbrechend sind, geben im Orthoskop meist gerade oder wellig gekrümmte Auslöschung. Durchsichtige Minerale, welche radialfaserige Kugeln oder Halbkugeln bilden, liefern Schnitte, in welchen schmale Krystalle radial angeordnet sind. Dieselben geben sowohl im parallelen, als im convergenten polarisirten Lichte ein dunkles Kreuz, dessen Aeste von dem Mittelpunkte der Faserung ausgehen. Auch die ganzen Kügelchen zeigen das Kreuz. Beispiele sind die Sphärolithe im Obsidian.

Alle Minerale, welche diese Anordnung zeigen, sind an sich doppelt brechend. Unter den Fasern, welche radial gestellt sind, werden immer vier, welche um 90° verschieden liegen, ebenso deren nächste Nachbarn, gleichzeitig dunkel erscheinen müssen, also zusammen ein dunkles Kreuz liefern.

134. Fluorescenz und Phosphorescenz. Eine Erscheinung, welche nur an wenigen Mineralen beobachtet wird, hat nach dem Fluorit oder Flussspath den Namen Fluorescenz erhalten. Brewster, Herschel und Stokes haben sich mit derselben eingehender beschäftigt.

Mancher Fluorit, namentlich solcher aus Cornwall, hat im durchfallenden Lichte eine meergrüne Farbe, während er im auffallenden Lichte schön violblau erscheint. Lässt man im verdunkelten Raume auf einen solchen Fluorit ein Bündel Tageslicht auffallen, so leuchtet dieses beim Eintritt in das Mineral mit schöner blauer Farbe, in tieferen Schichten hört das Leuchten und die Farbe auf. Ein Lichtbündel, welches durch eine Platte solchen Fluorits gegangen ist, vermag beim Eintritt in einen zweiten solchen Fluorit nichts mehr von dem leuchtenden Blau zu erregen. Die Fluorescenzfarbe dieses Fluorits ist also blau oder man sagt, dieses Mineral fluorescirt blau. Die Eigenschaft rührt aber blos von dem Farbstoff her, welcher höchst wahrscheinlich ein Kohlenwasserstoff ist.

Mancher Bernstein, z. B. solcher aus Sicilien, fluorescirt blau, manches Erdwachs und ebenso manches Erdöl fluorescirt grün.

Ueber Fluorescenz im Allgemeinen: Stokes in Pogg. Ann. Bd. 96, pag. 523 und Ergänzungsband 4, pag. 188. Pisko, Die Fluorescenz des Lichtes. Wien 1861.

Eine andere Erscheinung, welche etwas häufiger auftritt, ist die Phosphorescenz, welche zuerst von Placidus Heinrich 1811 etwas aufmerksamer geprüft wurde. Man versteht bekanntlich unter Phosphorescenz das selbstständige Leuchten bei verhältnismässig niederer Temperatur und ohne erkennbare Substanzveränderung. Eingehende Untersuchungen wurden von E. Becquerel angestellt.

Durch Stoss, Reibung oder durch Trennung von Mineralen entstehen öfters ziemlich starke Lichterscheinungen, z. B. an manchem Dolomite und an der Blende von Kapnik durch Kratzen, an Glimmertafeln durch rasche Trennung nach der Spaltrichtung, am Quarz durch Reiben zweier Stücke gegen einander.

Einige Minerale, z. B. manche Diamanten geben im Dunkeln ein blaues Licht, wenn sie vorher den Sonnenstrahlen oder gar nur dem Tageslicht ausgesetzt waren. Mancher Aragonit, Apatit, Kalkspath zeigt auch die Erscheinung. Baryt phosphorescirt sehr merklich, nachdem er gebrannt worden.

Durch Erwärmung werden nicht wenige Minerale phosphorescirend. Mancher Diamant, Topas, Fluorit leuchtet schon in der warmen Hand, mancher grüne Fluorit bei Temperaturen über 60^0, Apatit bei solchen über 100^0 etc. Die nach vorheriger Beleuchtung phosphorescirenden Körper erhalten alle dieselbe Eigenschaft gleichfalls durch Erwärmung.

Auch durch elektrische Entladung werden Minerale wie Sapphir, Diamant im Dunkeln leuchtend. Das ausgestrahlte Licht zeigt nach Crookes ein discontinuirliches Spectrum.

Merkwürdig ist auch die von H. Rose beobachtete Lichterscheinung beim Krystallisiren der arsenigen Säure und das Aufleuchten eines zuvor geschmolzenen und dann gelösten Gemenges von Kali- und Natronsulfat im Augenblicke des Krystallisirens.

Lit. E. Becquerel, Annales de chim. et de physique. 3. Serie, Bd. 55 und dessen Werk: La lumière, sa cause et ses effets 1. Bd., Paris 1867, H. Rose, Pogg. Ann. Bd. 35.

135. Wärmestrahlung. Wenn sich die Wärme strahlenförmig fortpflanzt, so zeigt sie nach den Arbeiten von Melloni und Knoblauch dasselbe Verhalten wie das Licht. Wärmestrahlen erfahren demnach Reflexion, einfache Brechung, doppelte Brechung, Polarisation, Absorption wie die Lichtstrahlen und es sind blos die numerischen Verhältnisse verschieden. Dies erklärt sich durch die Annahme, dass die Wärmestrahlen ebenfalls Aetherschwingungen sind, welche senkrecht zur Fortpflanzungsrichtung stattfinden, die aber auf die Netzhaut des Auges keine Wirkung ausüben.

Um geringe Wirkungen von Wärmestrahlen sichtbar zu machen, construirte Melloni einen Apparat, welcher aus einer Thermosäule und einem Galvanometer besteht. Die auf die Säule fallenden Wärmestrahlen erzeugen einen galvanischen Strom, dessen Existenz durch die Bewegung der Magnetnadel im Galvanometer angezeigt wird. Am leichtesten lässt sich mittels dieses Apparates die verschiedene Durchgängigkeit für Wärme, welche den verschiedenen Graden der

Durchsichtigkeit analog ist, prüfen. Steinsalz erweist sich am meisten durchgängig oder diatherman, weniger der Kalkspath, noch weniger Gyps. Kupfervitriol, Alaun, Wasser sind fast undurchgängig oder adiatherman, Metalle vollständig adiatherman. Die Diathermanie ist von der Durchsichtigkeit unabhängig. Eine Platte dunklen Glimmers ist diatherman, eine ebenso dicke Schichte Wassers ist adiatherman.

Lit. in A. Wüllner, Lehrb. d. Experimentalphysik.

136. Wärmeleitung. Bei der Fortpflanzung der Wärme durch Leitung macht sich bekanntlich jene Ungleichheit bemerkbar, welcher zufolge wir unter den Mineralen gute und minder gute Wärmeleiter unterscheiden. Wiedemann und Franz beobachteten die Leitung an Stäben mittels Anlegung einer Thermosäule und erhielten für Silber den höchsten Werth, welcher hier = 100 gesetzt ist, für andere Metalle aber geringere Zahlen, z. B.:

Silber	100.0	Eisen	11.9
Kupfer	73.6	Blei	8.5
Gold	53.2	Platin	8.4
Zinn	14.5	Wismut	1.8

Marmor und steinartige Minerale gaben anderen Beobachtern noch geringere Zahlen als Wismut.

Die Wärmeleitung ist öfters nach der Richtung verschieden. Um dies zu zeigen, überzog Sénarmont Platten von den zu prüfenden Körpern mit einer dünnen Wachsschichte und steckte durch eine Bohrung einen Draht, welcher erwärmt wurde. Rings um den letzteren erfolgte Schmelzung des Wachses und nach Unterbrechung des Versuches blieb ein kreisförmiger oder elliptischer Wall als Isothermenlinie zurück. Die Durchmesser der Ellipsen gaben das Verhältnis der Leitung in den entsprechenden Richtungen. Röntgen modificirt das Verfahren, indem er auf die angehauchte Krystallplatte eine erhitzte Metallspitze aufsetzt, hierauf, nachdem rings um die Spitze der Hauch verschwunden ist, die Platte mit Lycopodiumsamen bestreut und dann vorsichtig abklopft. Die nun freie kreisförmige oder elliptische Fläche zeigt schärfere Begrenzungen als bei der vorigen Methode.

Tesserale Krystalle gaben auf allen Flächen und Schnittebenen kreisförmige Isothermen, die Krystalle von wirteligem Baue lieferten auf den Pinakoidflächen Kreise, auf den Prismenflächen Ellipsen, die Krystalle von einfacherem Baue auf allen Flächen Ellipsen. Die Wärme pflanzt sich also in den tesseralen Körpern kugelartig fort, die isotherme Fläche ist eine Kugel, in den Krystallen von wirteligem Baue ist sie ein Rotationsellipsoid, in den Krystallen von einfacherem Baue ein dreiaxiges Ellipsoid.

Amorphe Körper geben kreisförmige Isothermenlinien. Sénarmont zeigte aber, dass durch Pressen von Glas und Porzellan die Leitung in der Richtung des Druckes vergrössert wird, daher auf einer Glasfläche während der Pressung eine elliptische Isothermenlinie entsteht.

Lit. Wiedemann u. Franz, Pogg. Ann. Bd. 89. Sénarmont, Annales de chimie et de phys. 3. Ser., Bd. 22, pag. 179. v. Lang. Sitzber. d. Wiener Ak. Bd. 54. Röntgen, Pogg. Ann. Bd. 151, pag. 603. Jannetaz, Zeitsch. f. Kryst. Bd. 3. pag. 637.

137. Wirkungen der Wärme in Krystallen. Die Ausdehnung, welche Krystalle durch die Wärme erfahren, ist viel geringer als jene der Flüssigkeiten. Während bei der Erwärmung von 0^0 auf 100^0 C. das Wasser sich um $\frac{1}{23}$, das Quecksilber um $\frac{1}{55}$ ausdehnt, beträgt die Ausdehnung des Steinsalzes $\frac{1}{247}$, des Diamants $\frac{1}{8300}$. Einzelne Körper lassen eine Zusammenziehung beim Erwärmen erkennen, jedoch nur in bestimmten Regionen der Temperatur, wie z. B. Wasser unter 4^0, der Diamant unter -24^0.

Während die tesseralen und amorphen Minerale sich nach allen Richtungen gleich ausdehnen, ist in den Krystallen der übrigen Systeme die Ausdehnung nach verschiedenen Richtungen oft eine verschiedene. Werden aus derlei Krystallen Stäbchen geschnitten, so wird die Länge derselben bei der Erwärmung von 100^0 um einen Bruchtheil α sich vergrössern, dessen Werth für die gewählte Richtung gilt. In dem seltenen Falle der Verkürzung ist α negativ. Die Versuche von Pfaff und Fizeau, besonders die genauen Messungen des letzteren haben das Resultat ergeben, dass die Ausdehnung bei allen Krystallen innerhalb der gewöhnlich angewandten Temperaturgrenzen so erfolgt, dass die Symmetrie der Krystalle nicht geändert wird.

Tesserale Krystalle erfahren eine gleichförmige Volumänderung. Die Winkel der Flächen bleiben bei allen Temperaturen dieselben. Eine Kugel aus einem solchen Krystall geschnitten, bleibt auch beim Erwärmen eine Kugel. Die Krystalle der übrigen Systeme erfahren eine Gestaltänderung.

Krystalle von wirteligem Baue haben in allen zur Hauptaxe senkrechten Richtungen dieselbe, parallel zur Hauptaxe aber eine andere Ausdehnung. Quarz lieferte parallel der Hauptaxe $\alpha = 0{\cdot}000781$ und senkrecht dazu $\alpha' = 0{\cdot}001419$. Kalkspath lieferte $\alpha = 0{\cdot}002621$ und $\alpha' = -0{\cdot}000540$. Dieser zieht sich also bei der Erwärmung in allen zur Hauptaxe senkrechten Richtungen zusammen, doch vergrössert sich sein Volumen. Wird aus einem Krystall von wirteligem Baue eine Kugel geschnitten, so verwandelt sich dieselbe beim Erwärmen in ein Rotationsellipsoid. Beim Quarz ist es ein abgeplattetes, beim Kalkspath ein verlängertes. An Krystallen dieser Abtheilung ändern sich die Winkel der Prismenzone und die rechten Winkel zwischen dieser und der Basis gar nicht, während die Winkel aller zur Hauptaxe geneigten Formen, also jene der Pyramiden, Rhomboëder etc., sich ändern. Die Polkante des Grundrhomboëders am Kalkspath wird nach Mitscherlich bei der Erwärmung um 100^0 C. um $8\frac{1}{2}$ Minuten, jene des Eisenspathes blos um $2\frac{1}{2}$ Minuten schärfer, die Rhomboëder werden demnach spitzer.

Krystalle von einfacherem Baue dehnen sich nach einer bestimmten Richtung am stärksten, nach einer dazu senkrechten am schwächsten aus. Nimmt man noch eine zu den beiden vorigen senkrechte Richtung von mittlerer Ausdehnung hinzu, so hat man die drei thermischen Axen. Diese liegen in rhombischen Krystallen parallel den Krystallaxen, im monoklinen ist eine davon senkrecht zur Symmetrieebene, also parallel der Queraxe, im triklinen System ist die Lage unbestimmt. Beim Aragonit hat man für α die drei Werthe bezüglich der Axen: 0.001016, 0·001719, 0·003460. Eine Kugel, welche aus Krystallen von einfacherem Baue geschnitten wird, verwandelt sich beim Erwärmen in ein dreiaxiges Ellipsoid. Die Flächenwinkel dieser Krystalle ändern sich im triklinen System insgesammt, im monoklinen Systeme bleiben blos die rechten Winkel erhalten, welche die Längsflächen mit anderen Flächen bilden, im rhombischen Systeme blos die rechten Winkel zwischen den Endflächen unverändert. Dass das Krystallsystem dabei unverändert bleibt, wurde an mehreren Beispielen wie Orthoklas, Augit, Gyps (monoklin) und von Beckenkamp am Anorthit, Axinit (triklin) erwiesen.

Eine merkwürdige Erscheinung, welche manche Krystalle bei der Erhitzung zeigen, ist die Umlagerung von Theilchen in die Zwillingsstellung. Klein beobachtete am Boracit, Mallard am Glaserit, Mügge am Anhydrit das Entstehen von Zwillingslamellen beim Erhitzen. Die Verschiebung der Theilchen, welche durch Druck hervorgebracht werden kann (84), erfolgt demnach auch öfters durch Erwärmung. Umgekehrt wurde im Calcit und Leucit das Verschwinden von Zwillingslamellen beim Erwärmen wahrgenommen. Am Leucit beobachtete Rosenbusch auch äusserlich das Verschwinden der Zwillingsriefung beim Erhitzen.

Zwillingskrystalle verhalten sich wie einfache Krystalle, wofern sich die Individuen an der Zwillingsebene berühren. Ist dies nicht der Fall, sind die Individuen des Zwillings mit anderen Flächen aneinander gelagert, so werden derlei Zwillinge bei Temperaturänderungen sich krümmen, ähnlich wie bei dem Versuche Fresnels, welcher zwei Gypsplättchen in gekreuzter Stellung zusammenleimte und sodann erwärmte.

In den mehrfach zusammengesetzten Zwillingen und in den mimetischen Krystallen, in welchen die Individuen ganz verschränkt sind und keine Krümmungen gestatten, werden bei jeder Temperatur, welche von der Entstehungstemperatur des Krystalles verschieden ist, Spannungen vorhanden sein. Diese würden sich bei grösserer Stärke optisch anzeigen (132).

138. Aenderungen der Temperatur sind auch mit Aenderungen der optischen Elasticität verbunden und dementsprechend wird auch die Lichtbrechung in Krystallen durch die Temperatur beeinflusst. Die Untersuchungen von Rudberg, Fizeau, van der Willigen, Stefan, Arzruni ergeben eine Abnahme der Brechungsquotienten mit dem Steigen der Temperatur bei allen Krystallen mit Ausnahme des Kalkspathes, der eine Zunahme zeigt. Dabei ist ein Zusammenhang zwischen Ausdehnung des Krystalls und Aenderung der Brechungsquotienten keineswegs zu bemerken.

Der Einfluss der Temperatur auf die Verhältnisse der Lichtbrechung zeigt sich namentlich in den Aenderungen, welche die Grösse des Winkels der optischen Axen, die Lage der Axenebene und der Mittellinien erfahren.

Die rhombischen Krystalle erlauben blos Aenderungen im Axenwinkel. Eine merkliche Vergrösserung desselben durch Temperaturerhöhung wurde schon vom älteren Soleil am Cerussit beobachtet. Von den monoklinen Krystallen wurde zuerst der Gyps durch Mitscherlich geprüft. Die Untersuchung wird mit dem auf pag. 182 in Fig. 314 dargestellten Apparate ausgeführt. Descloizeaux, welcher viele Beobachtungen in dem thermisch-optischen Gebiete angestellt hat, erkannte, dass beim Erwärmen einer Gypsplatte jenes Axenbild, welches auf Taf. II. in Fig. D links liegt, sich schneller gegen innen zu bewegt als das andere Axenbild, dass also die erste Mittellinie sich nach rechts bewegt. Bei 115° vereinigen sich beide Hyperbeln zu einem Kreuz und gehen bei höherer Temperatur in einer Ebene auseinander, welche zur vorigen Axenebene senkrecht ist. Beim Eintritt in die neue Ebene gehen die Axen für blau voran, jene für roth folgen nach. Beim Abkühlen folgen alle Erscheinungen umgekehrt. Aehnlich wie der Gyps verhält sich der Glauberit. Im Adular vom Gotthard verkleinert sich der Axenwinkel bei der Erwärmung, wird hierauf Null und bei Temperaturen über 200° sind beide Axen in eine zur vorigen senkrechte Ebene übergetreten, während ihr Winkel sich vergrössert. Die Axen für blau gehen voran. Abkühlung führt Alles in verkehrter Folge zum ursprünglichen Zustande zurück; wenn aber die Erhitzung bis zur Rothgluth getrieben worden ist, bleibt die eingetretene Aenderung permanent und die Platte zeigt jetzt die Axen in der neuen Ebene, es ist die Symmetrieebene. Merkwürdig ist die Thatsache, dass einige Krystalle, deren Form sich einem Krystallsysteme von höherem Symmetriegrade nähert, beim Erhitzen ein optisches Verhalten annehmen, welches dieser letzteren Symmetrie entspricht. Beim Abkühlen kehrt der ursprüngliche Zustand zurück. Nach Mallard wird **Boracit** (mimetisch tesseral) bei 265° einfach brechend, **Glaserit** (rhombisch) bei 650° optisch einaxig, **Kalisalpeter** (rhombisch) beim Erweichen auch einaxig. Nach Klein wird **Leucit** (mimetisch tesseral) beim Erhitzen einfach brechend, nach Merian wird **Tridymit** (mimetisch hexagonal) optisch einaxig.

Demnach werden hier die Krystallmolekel, welche schon bei gewöhnlicher Temperatur ähnlich gelagert sind, wie in einem System höherer Ordnung, durch Erhitzen vorübergehend in die letztere Stellung gebracht. Dass durch Erwärmen auch die Drehung der Polarisationsebene im Quarz beeinflusst wird, haben Fizeau, v. Lang, Sohncke gezeigt.

Lit. Arzruni, Zeitschr. f. Krystallogr. Bd. 1, pag. 165. Fletcher, ebendas. Bd. 4, pag. 337. Beckenkamp, ebendas. Bd. 5, pag. 436. Descloizeaux, Nouvelles recherches sur les propriétés optiques des cristaux. Paris 1867. Klein, Jahrb. f. Min. 1884, Bd. I, pag. 182. Göttinger Nachrichten, 1884, pag. 129. Mallard, Bull. soc. min. Bd. 5, pag. 144 und 216. Mügge, Jahrb. f. Min. 1883, Bd. II, pag. 258 u. 1885, B. pag. 63. Merian, ebendas. 1884, Bd. I, pag. 193. Sohncke, Wiedem. Ann. Bd. 3, pag. 516. Rosenbusch, Jahrb. f. Min. 1885. Bd. II, pag. 59.

139. Schmelzen und Verdampfen. Durch Erwärmen können viele starre Körper in Flüssigkeiten verwandelt werden. Der Uebergang ist meist ein plötzlicher, indem aus dem starren Körper sogleich eine Flüssigkeit entsteht. Die

Temperatur, bei welcher dies geschieht, die Schmelztemperatur oder der Schmelzpunkt ist sehr verschieden, wie dies folgende Beispiele zeigen, in welchen die höheren Temperaturen von Pouillet bestimmt sind:

Schmiedeeisen .	1600°	Blei	334°
Gold	1200	Wismut	270
Kupfer	1090	Schwefel	115
Silber	1000	Eis	0
Antimon	425	Quecksilber . . .	—39.

Die Temperatur beim Schmelzen und jene beim Erstarren sind unter gewöhnlichen Umständen gleich. Quecksilber erstarrt also bei —39°, Wasser bei 0°, flüssiger Schwefel bei 115°.

Minerale von hohem Schmelzpunkte werden in einer bestimmten Flamme schwer oder gar nicht schmelzen, während Minerale von niederem Schmelzpunkte darin zerfliessen. Bei Anwendung derselben Flamme werden sich demnach verschiedene Grade der Schmelzbarkeit ergeben, welche zur Charakterisirung der Minerale ungemein dienlich sind. Als constante Flamme benützt man entweder die Flamme einer Kerze mit starkem Dochte, welche mit dem Löthrohr angeblasen wird, oder wenn man stets Leuchtgas zur Disposition hat, dem Vorschlage Bunsen's gemäss, den blauen Saum der Gasflamme des Bunsen'schen Brenners. Die zu prüfenden Minerale werden in der Form feiner Splitter von möglichst gleicher Grösse angewandt und entweder in eine Pincette mit Platinspitzen gethan oder in das Ohr eines feinen Platindrahtes gefasst. Minerale von metallischem Aussehen werden auf eine Unterlage von Holzkohle gebracht.

Kobell hat eine sehr praktische Scala der Schmelzbarkeit. angegeben:
1. Antimonglanz schmilzt schon in der gewöhnlichen Kerzenflamme.
2. Natrolith, stängliger, schmilzt in der Löthrohrflamme leicht zur Kugel.
3. Almandin, rother Granat, gibt vor dem Löthrohr ein Kügelchen.
4. Strahlstein schmilzt v. d. L. am Ende des feinen Splitters zu einem runden Köpfchen.
5. Orthoklas schmilzt v. d. L. an den Kanten und in feiner Spitze.
6. Bronzit zeigt auch in feinen Splittern kaum Spuren von Schmelzung.
7. Quarz, vollständig unschmelzbar.

In einer stärkeren Flamme werden begreiflicherweise andere Resultate erzielt. In der Knallgasflamme schmilzt Platin, dessen Schmelztemperatur zu 2500° angenommen wird, ebenso schmilzt Quarz darin, Bronzit mit Leichtigkeit. Die gewöhnlichen Angaben bei der Beschreibung der Minerale beziehen sich jedoch immer auf die Löthrohrflamme.

Obwohl das Schmelzen der starren Körper im Allgemeinen von Aussen her beginnt, zeigen doch manche Minerale ein Schmelzen im Innern, wobei oft negative Krystalle gebildet werden. Tyndall beobachtete die Entstehung negativer mit Wasser gefüllter Krystalle im Eise dort, wo die Sonnenstrahlen durch eine Linse vereinigt wurden. Chrustschoff erkannte die Bildung negativer Krystalle im Quarz, welcher stark geglüht worden war.

Manche Minerale lassen sich unverändert schmelzen und kehren nach dem Erstarren wieder in den früheren Zustand zurück, wie das Steinsalz, andere sind nach dem Schmelzen verändert, wie die Granate, welche im ursprünglichen Zustande durch die gewöhnlichen Säuren unzersetzbar sind, umgeschmolzen aber durch Säuren zersetzt werden. Viele Minerale zeigen beim Erhitzen eine auffällige Veränderung, wie der Gyps, welcher dabei trübe wird und Wasserdämpfe ausgibt, oder wie der Pyrit, der Bernstein, welche sich beim Erhitzen an der Luft entzünden und verbrennen.

Die starren Minerale, welche sich unverändert verflüchtigen lassen, liefern einen Dampf, der beim Abkühlen dieselbe Substanz in der Form von Pulver oder von kleinen Krystallen absetzt (10). Der Vorgang wird Sublimation genannt. Schwefel, Arsenit lassen sich sublimiren, bei höheren Temperaturen auch andere Verbindungen, wie Bleiglanz.

Die flüssigen Minerale zeigen bei höheren Temperaturen die Erscheinung des Siedens. Die Siedetemperatur ist bei bestimmtem Drucke eine constante. Bei Normalbarometerstand siedet Quecksilber bei 350°, Schwefel bei 450°, Wasser bei 100°. Lösungen von Salzen in Wasser haben einen höheren Siedepunkt, z. B. eine gesättigte Kochsalzlösung 108°, eine gesättigte Salpeterlösung 115°.

140. Elektricität. Alle starren Minerale, sowie allgemein die starren Körper zeigen die Eigenschaft, nach dem Reiben leichte Körper anzuziehen und überhaupt in den elektrischen Zustand zu gerathen. Der Versuch gelingt jedoch bei den einen, welche die Elektricität schlechter leiten, wie Bernstein, Quarz ohne weiteres, indem das Mineral in der Hand gehalten wird, während die anderen, welche gute Leiter sind, wie die Metalle, zuvor in eine Fassung oder auf eine Unterlage von Harz, Glas u. s. w. gebracht (isolirt) werden müssen. Die ersten genaueren Versuche rühren von Aepinus, Hauy, Brewster her. Der elektrische Zustand ist bekanntlich zweierlei: positiv, wie am geriebenen Quarz und Glas, oder negativ, wie am geriebenen Schwefel und Bernstein. Diese beiden Elektricitäten sind einander entgegengesetzt, heben einander auf.

Um geringe Grade der elektrischen Erregung zu erkennen, bedient man sich nach Hauy des elektrischen Pendels, welcher aus einer isolirten, horizontal beweglichen Metallnadel besteht, oder eines Elektroskops, von welchen das durch Behrens construirte, nach der Modification durch Riess am empfindlichsten ist und zugleich die Art der Elektricität angibt, oder endlich des Thomson'schen Elektrometers.

Sowie durch Reibung, werden die Minerale auch durch Schaben, Spalten, Zerbrechen oder Zerreissen elektrisch. Werden Blättchen von Gyps oder Glimmer abgespalten, so zeigt sich die eine Spaltfläche positiv, die andere negativ elektrisch. Druck erregt ebenfalls Elektricität, wie dies am Aragonit, Flussspath, Quarz, besonders aber am durchsichtigen Kalkspath beobachtet wurde, welcher letztere schon durch den Druck zwischen den Fingern elektrisch wird. Turmalinkrystalle geben nach den Versuchen von J. und P. Curie bei der Pressung an den beiden Enden verschiedene Elektricitäten.

141. Durch Erwärmung oder Abkühlung der Krystalle schlecht leitender Minerale wird ebenfalls eine elektrische Erregung veranlasst. Die Erscheinungen werden als Pyroëlektricität zusammengefasst. Am bekanntesten ist das Verhalten des Turmalins. Durchsichtige und halbdurchsichtige Stücke desselben sind bei gleichbleibender Temperatur unelektrisch, beim Erwärmen wird jeder Krystall an einem Ende positiv, am anderen aber negativ elektrisch. Bei Umschlag der Temperatur ist er wieder unelektrisch, beim Abkühlen aber zeigt sich an jedem der beiden Enden eine Elektricität, welche der beim Erwärmen daselbst auftretenden entgegengesetzt ist. G. Rose nannte hier und in ähnlichen Fällen den beim Erwärmen positiv werdenden Pol analog, den anderen antilog.

Die Beobachtungen von Köhler, G. Rose und von Riess, namentlich aber die ausführlichen, mühevollen Untersuchungen Hankel's haben gezeigt, dass an den Krystallen durch Temperaturwechsel ganz allgemein beide Elektricitäten entstehen, welche auf der Oberfläche oft mannigfach vertheilt sind, jedoch immer so, dass gleiche Flächen, Kanten, Ecken ein gleiches Verhalten darbieten, wonach also die elektrische Erregung genau der Symmetrie des Krystalles folgt.

Der monokline Krystall von Gyps Fig. 334 auf pag. 197, wird auf der Längsfläche negativ, während die anderen Flächen positiv werden. Der monokline Diopsid von Ala (vergl. Fig. 61 auf pag. 41) verhält sich wie Gyps, der Diopsid aus dem Zillerthal hingegen umgekehrt, er wird auf der Längsfläche positiv, auf der Querfläche negativ. Der rhombische Aragonit, Fig. 339 wird auf der Längsfläche negativ, auf der vorderen Kante des aufrechten Prisma positiv. Ein beiderseits ausgebildeter Topaskrystall wird nach Hankel an beiden Enden positiv, ein abgebrochener Krystall, der an einem Ende die Spaltfläche 001 zeigt, wird auf dieser negativ. Vesuvian (tetragonal) wird auf der Endfläche positiv, auf den Säulenflächen negativ. Entsprechend verhält sich der Smaragd (hexagonal). Der Kalkspath (rhomboëdrisch) wird in den meisten Krystallen am Pol des Rhomboëders positiv, seitlich negativ. Manche Krystalle verhalten sich entgegengesetzt. Holoëdrisch tesserale Krystalle zeigen keine Pyroëlektricität, wohl aber die hemiëdrischen. Blende (tetraëdrisch) entwickelt an den Ecken des Tetraëders eine andere Elektricität als auf den Flächen.

Dass die hemimorphen Krystalle wie jene des Turmalins und des Kieselzinkerzes an den Enden entgegengesetzte Elektricitäten zeigen, sich also polar verhalten, folgt schon aus dem allgemeinen Gesetze.

Während bei der Untersuchung mit elektroskopischen Vorkehrungen die Vertheilung der Elektricitäten auf den Krystallen anschaulich zu machen unmöglich ist, gelingt dies nach der von Kundt angegebenen Bestäubungsmethode. Die in Erwärmung oder in Abkühlung begriffenen Krystalle oder Krystallplatten werden mit einem Pulver, das ein Gemenge von Schwefel und Mennige ist und durch ein Sieb von Baumwolle-Mousselin fällt, bestäubt. Dabei wird Schwefel negativ, Mennige positiv elektrisch. An den bestäubten Stellen werden demnach die positiven Stellen gelb, die negativen roth. Die Druckelektricität kann gleichfalls durch Bestäuben ersichtlich gemacht werden.

Fig. 353 zeigt das Ansehen eines abkühlenden Turmalinkrystalles nach dem Bestäuben. Der elektrisch neutrale Gürtel ist frei von Pulver. Fig. 354 gibt das Verhalten eines einfachen Quarzkrystalles unter denselben Umständen an. Die Kanten, an denen die Trapezflächen und Rhombenflächen auftreten, werden beim Abkühlen negativ, die damit abwechselnden positiv elektrisch. Da jedoch die Mehrzahl der Quarzkrystalle aus mehreren Individuen besteht, so ergeben solche Krystalle nach dem Bestäuben oft bunte Zeichnungen. Fig. 355 liefert das Bild eines bestäubten Boracitkrystalles. Die Ecken mit den grösseren glatteren Flächen werden beim Abkühlen positiv, die anderen vier negativ elektrisch. Interessant ist die Beobachtung, dass der mimetische Boracit beim Erwärmen über 265° hinaus, da er einfach brechend, also tesseral geworden (138), keine Elektricitätsentwicklung mehr zeigt.

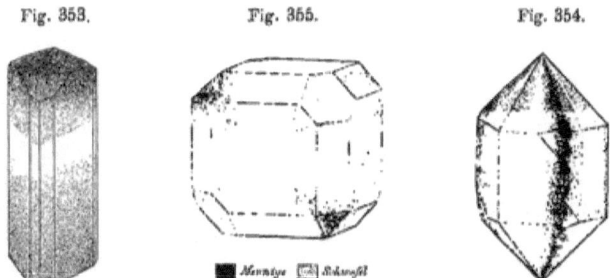

Fig. 353.   Fig. 355.   Fig. 354.

Gaugain fand, dass der Turmalin bei stärkerer Erhitzung nicht mehr elektrisch erscheint, weil er leitend wird und die beiden Elektricitäten sich ausgleichen. Hankel hat auch beobachtet, dass mancher Flussspath durch den Einfluss des Lichtes elektrisch erregt wird, ferner, dass nicht nur die geleitete, sondern auch strahlende Wärme am Bergkrystall Elektricität entwickelt.

Um die Leistungsfähigkeit nach verschiedenen Richtungen an Krystallen zu prüfen, bestreute Wiedemann die einzelnen Flächen derselben mit einem feinen, schlechtleitenden Pulver, z. B. Lycopodiumsamen, und theilte einer darauf gesetzten Nadelspitze Elektricität mit. In der Richtung der besseren Leitung wird das Pulver stärker fortgeschleudert, und so bilden sich um die Nadelspitze entblösste Stellen, die entweder elliptisch oder kreisförmig sind. Es zeigte sich dieselbe Beziehung zur Krystallform wie bei den Sénarmont'schen Versuchen über Wärmeleitung (136).

Lit. Riess, Die Lehre von der Reibungselektricität. Berlin 1853. Kühler, Pogg. Ann. Bd. 17. G. Rose u. Riess, ebendas. Bd. 59. Hankel, Abhandlungen der math.-phys. Classe der k. sächs. Gesellsch. d. Wiss. seit 1857. Friedel, Bulletin d. l. soc. minéralogique. Bd. 2. pag. 31. (1879). Gaugain, Annales de chim. et phys. (3) Bd. 57. pag. 5. (1859). Wiedemann, Pogg. Ann. Bd. 76. pag. 77. J. u. P. Curie, Comptes rend. Bd. 102. pag. 350 (1881). Kundt, Wiedem. Ann. Bd. 20, pag. 592. Mack, Zeitschr. f. Kryst. Bd. 8. pag. 503. (Boracit). Kolenko, ebendas. Bd. 9. pag. 1. (Quarz).

142. Galvanismus. Die Minerale, welche sehr gute Leiter der Elektricität sind, vermögen unter bestimmten Bedingungen einen elektrischen Strom zu erregen. Man erkennt das Vorhandensein des Stromes am leichtesten durch die Ablenkung einer Magnetnadel, daher man sich für die folgenden Versuche eines Galvanometers bedient.

Werden zwei gut leitende Minerale, z. B. von den Mineralen Kupfer, Kupferkies, Eisenkies, Bleiglanz mit einander einerseits in Berührung gebracht andererseits an den freien Enden mit einem Metalldraht verbunden, und wir hierauf die Berührungsstelle der beiden Minerale erwärmt, so erhält man einen Strom, dessen Gegenwart an einem in den Draht eingeschalteten Galvanometer erkannt wird. Auf solche Weise hervorgebrachte Ströme werden Thermoströme genannt.

Wenn zwei der genannten Minerale einerseits mit einander in Berührung gebracht oder durch einen Draht verbunden werden, während die freien Enden derselben in eine Salzlösung oder eine verdünnte Säure getaucht sind, so entsteht ein elektrischer Strom, der wie im vorigen Falle controlirt werden kann.

Da die Berührung leitender Minerale auf Erzgängen nicht selten vorkommt und solche Minerale auf ihrer Lagerstätte von Lösungen bespült werden, so ist die Möglichkeit galvanischer Ströme auf Erzgängen vorhanden. Dies ist von einiger Bedeutung, weil solche Ströme bekanntlich die Lösungen zersetzen also chemische Veränderungen hervorrufen.

Die Leitungsfähigkeit für den galvanischen Strom ist dieselbe wie für die Reibungselektricität. Aus den Zahlen, welche man durch Beobachtungen des Stromes in guten Leitern erhalten hat, ergibt sich, dass die Leitungsfähigkeit für die Elektricität dieselbe ist, wie für Wärme. Wird wiederum die Leitungsfähigkeit des Silbers = 100 gesetzt, so geben die von Matthiessen für die Elektricität erhaltenen Zahlen die erste Columne, während in der zweiten die früher (136) von Wiedemann und Franz für Wärme erhaltenen angeführt sind.

Silber	100.0	100.0	Eisen	14.4	11.9
Kupfer	77.4	73.6	Blei	7.8	8.5
Gold	55.9	53.2	Platin	10.5	8.4
Zinn	11.5	14.5	Wismut	1.2	1.8

Um zu erkennen, ob ein Material zu den guten Leitern gehört, nimmt man nach Kobell ein frisch geschlagenes Stückchen zwischen die Enden eines hufeisenförmig gebogenen Zinkstreifens (Zinkkluppe) und taucht es in eine Lösung von Kupfervitriol. Gute Leiter, wie Schwefelkies, Bleiglanz, Magnetit, bedecken sich mit einer Schichte von gediegenem Kupfer.

143. Magnetismus. Manches Magneteisenerz, und zwar immer solches, das in einer beginnenden Veränderung begriffen ist, hat die Eigenschaft, Eisenfeilspäne anzuziehen und festzuhalten. Wird ein solches Stück an einem Faden aufgehängt, so orientirt sich dasselbe wie eine Magnetnadel. Auch ohne diesen Versuch erfährt man durch Prüfung mit einer Magnetnadel aus der Anziehung und Abstossung, dass ein Nord- und Südpol vorhanden ist, dass also das

Mineral polarmagnetisch ist. Kein anderes Mineral zeigt diese Eigenschaft in solchem Grade. Manches Platin, mancher Magnetkies lassen einen schwachen polaren Magnetismus erkennen.

Einige Minerale wirken auf beide Pole der Magnetnadel anziehend und werden von einem kräftigen Magneten angezogen, verhalten sich also wie Eisen, zeigen einen einfachen Magnetismus. Die Anziehung ist am stärksten am Eisen, gut erkennbar am gewöhnlichen Magneteisenerz und am Magnetkies, schwieriger am Eisenglanz, Rotheisenerz.

Zur Prüfung von geringen Graden des einfachen Magnetismus wird nach Hauy eine Magnetnadel angewandt, deren einem Pol der gleichnamige eines Magnetstabes in der Richtung der Axe genähert wurde, so dass die Nadel auf dem Punkte ist, in Folge der Abstossung umzuschlagen. (Doppelter Magnetismus.) Eine in solcher Art empfindlich gemachte Nadel gibt Ausschläge bei Annäherung sehr schwach magnetischer Körper.

Nach dem Glühen oder Schmelzen werden Minerale von beträchtlichem Eisengehalte, wie z. B. dunkler Granat, Augit, einfach magnetisch, daher bedient man sich öfters der Magnetnadel bei der Bestimmung der Minerale.

Gesteine, in welchen Magneteisenerz in erheblicher Menge vorhanden ist, wirken oft schon in grösserer Entfernung auf die Magnetnadel, zuweilen macht sich an einzelnen Gesteinsblöcken oder in ganzen Bergen ein polarer Magnetismus bemerklich in der Weise, dass zwei oder eine grössere Anzahl von Polen durch die Magnetnadel daran erkannt werden.

Der einfache Magnetismus, welcher nach den früheren Erfahrungen blos einigen wenigen Mineralen eigenthümlich zu sein schien, ist aber, wie Faraday zeigte, eine allgemeine Eigenschaft der Körper, indem die einen vom Magnete angezogen werden, paramagnetisch sind, während die anderen vom Magnete abgestossen werden, diamagnetisch sind. Zur Untersuchung dieses Verhaltens dienen sehr kräftige Elektromagnete, welchen die zu untersuchenden Körper als Krystalle oder in der Form von Kügelchen oder Stäbchen ausgesetzt werden. Kügelchen werden von den einzelnen Polen angezogen oder abgestossen, Stäbchen stellen sich zwischen den Polen im Falle der Anziehung mit ihrer Längsaxe in die Verbindungslinie der Pole (axial) oder im Falle der Abstossung senkrecht zur vorigen Richtung (äquatorial). An einem und demselben Krystall können verschiedene Grade der Anziehung oder Abstossung vorkommen, bisweilen Anziehung in der einen, Abstossung in der anderen Richtung. Durch die Versuche von Faraday, Plücker, Grailich und v. Lang wurde gezeigt, dass die Vertheilung der magnetischen Wirkung in den Krystallen vollständig der Symmetrie des Baues entspricht.

Tesserale Krystalle werden nach allen Richtungen in gleichem Grade angezogen oder abgestossen. So z. B. verhält sich das tesserale Magneteisenerz nach allen Richtungen gleich paramagnetisch. Krystalle von wirteligem Baue verhalten sich in allen zur Hauptaxe senkrechten Richtungen gleich, parallel zur letzteren aber anders. Spatheisenstein (rhomboëdrisch) Turmalin (rhomboëdrisch) und Vesuvian (tetragonal) sind paramagnetisch, doch stellt sich die

Hauptaxe bei dem ersten axial, bei den beiden anderen äquatorial. Wismut und Kalkspath, beide rhomboëdrisch und diamagnetisch, orientiren sich verschieden, das erste stellt die Hauptaxe axial, der zweite äquatorial. Die Krystalle von einfacherem Baue zeigen in drei zu einander senkrechten Richtungen stets verschiedenes Verhalten. Am Aragonit (rhombisch), welcher diamagnetisch ist, wurden die grössten Unterschiede der Abstossung bemerkt, als die Wirkung parallel den drei Krystallaxen geprüft wurde. Die aufrechte Axe c wirkt am stärksten, die Längsaxe a am schwächsten.

Die Ebene, in welcher die Richtung der stärksten und jene der schwächsten Anziehung liegt, ist der Ebene der optischen Axen analog. Sie liegt aber in den rhombischen und den übrigen optisch zweiaxigen Krystallen bald parallel, bald senkrecht zur letzteren.

Amorphe Minerale verhalten sich wie die tesseralen. Durch Pressung erhalten sie jedoch eine bestimmte Orientirung, ähnlich wie bei der Einwirkung der Wärme und des Lichtes.

Eine wichtige Anwendung des Magnetismus findet bei der Trennung von Mineralgemengen statt. Seit langer Zeit bedient man sich des gewöhnlichen Hufeisenmagnetes, um gediegenes Eisen aus dem Pulver der Meteoriten oder um das Magneteisenerz oder den Magnetkies aus dem Pulver der Gesteine herauszuziehen. Fouqué hat zuerst den Elektromagneten angewandt, um nach dieser Operation fernere eisenhaltige Minerale, wie Augit und Olivin, von den eisenfreien, wie die Feldspathe, zu trennen.

Plücker, Poggend. Ann. Ad. 72, 74. Philos. Transactions. f. 1858. Greiss, Pogg. Ann. Bd. 98. Faraday, Experimental researches. Ser. 22. Knoblauch und Tyndall, Pogg. Ann. Bd. 81. Grailich u. v. Lang, Sitzungsber. d. Wiener Akad. Bd. 32, pag. 43. Fouqué, Memoires d. l. Académie fr. Bd. 22, No. 11.

144. Bestimmung des specifischen Gewichtes. Das Gewicht der Volumeinheit: specifisches Gewicht, Eigengewicht, Volumgewicht, ist für jedes einfache Mineral eine bestimmte Grösse, wofern immer bei derselben Temperatur gewogen wird. Nimmt man als Volumeinheit den Kubikcentimeter, als Gewichtseinheit das Gramm, so sind die Zahlen für das specifische Gewicht dieselben, wie für die Dichte, wofern man unter dieser das Verhältnis zwischen dem Gewichte eines Körpers und dem Gewichte eines gleich grossen Volumens reinen Wassers versteht.

Von den Methoden der Bestimmung des specifischen Gewichtes wären vier hervorzuheben, welche durch die Anwendung der hydrostatischen Wage, des Pyknometers, des Aräometers und der schweren Flüssigkeiten bezeichnet sind.

Die hydrostatische Wage erlaubt, das absolute Gewicht M des zu prüfenden Minerals zu bestimmen, ferner das Mineral mittels eines dünnen Fadens an die eine Wagschale zu hängen und nach hergestelltem Gleichgewichte das Mineral in reines Wasser zu tauchen. Da jetzt das Mineral leichter geworden zu sein scheint, so hat man, um wiederum Gleichgewicht herzustellen, auf die

Wagschale, an welcher das Mineral hängt, ein Gewicht a aufzulegen. Das specifische Gewicht ist demnach
$$s = M : a.$$

Bei der Anwendung dieser Methode ist darauf zu achten, dass das angewandte Mineral ein Aussehen besitzt, welches das Vorhandensein von fremden Beimengungen oder von Hohlräumen ausschliesst. An dem eingetauchten Stücke sollen keine Luftbläschen haften. Man vermeidet sie dadurch, dass man das Stück vor dem Eintauchen mit Wasser einreibt. Die Vorschläge von A. Gadolin und vom Autor, statt der Gewichte einen Läufer, wie bei der römischen Wage, anzuwenden, ferner der Vorschlag von Jolly, die Wage sammt Gewichten durch eine schraubenförmige Feder zu ersetzen, haben den Zweck, in den Fällen, da eine beiläufige Bestimmung hinreicht, die hydrostatische Wage und auch die Gewichte zu ersparen.

Die beste und daher am häufigsten benutzte Methode ist die des constanten Glases oder Pyknometers. Letzteres ist ein niederes Fläschchen, welches mit einem eingeschliffenen Stöpsel, der einen feinen Canal hat, genau geschlossen werden kann. Das Gewicht P des mit Wasser gefüllten Pyknometers hat man ein- für allemal bestimmt. Das Mineral wird in der Form feiner Splitter oder in Pulverform angewandt. G. Rose hat gezeigt, dass die Befürchtung, im letzteren Falle zu hohe Zahlen zu erhalten, nicht begründet sei.

Wenn das Mineral, dessen Gewicht $= M$, in das leere Pyknometer eingetragen, der übrige Raum genau mit Wasser gefüllt und das Gewicht G des Ganzen ermittelt wird, so ist:
$$s = \frac{M}{P + M - G}.$$

Bei dieser Art der Bestimmung wird man wieder die Reinheit des Minerales berücksichtigen, doch ist dieselbe durch Auslesen der Splitter zu erreichen, auch werden etwa vorhanden gewesene Höhlungen dadurch unschädlich gemacht. Im Uebrigen wird man vorzüglich darauf achten, dass bei der Bestimmung von P und G genau dasselbe Verfahren und bei den beiden Füllungen mit Wasser dieselbe Temperatur beobachtet wird. Zur Entfernung der dem Mineral anhängenden Luftblasen bringt man das Pyknometer in die Luftpumpe oder kocht aus. Mittels des Pyknometers können auch Minerale, die ein geringeres spec. Gew. als das Wasser besitzen, geprüft, ferner kann auch das spec. Gew. von Flüssigkeiten bestimmt werden. Im letzteren Falle hat man blos das Gewicht F des mit der flüssigen Mineral erfüllten Pyknometers zu bestimmen und auch das leere Pyknometer, dessen Gewicht L wäre, zu wägen; und es ist
$$s = \frac{F - L}{P - L}.$$

In früherer Zeit wurden die Bestimmungen öfters mit der Senkwage oder dem Nicholson'schen Aräometer ausgeführt. Das vertical schwimmende Instrument wird durch ein auf die obere Schale gelegtes Gewicht N bis zu einer Marke eingesenkt. Das angewandte Mineral muss leichter sein als N. Wird es anstatt des Gewichtes auf die obere Schale gelegt, so müssen m Gramme dazu gelegt werden, um das vorige Einsenken zu bewirken. Wenn hierauf das Mineral auf die untere Schale gebracht wird, so dass es von Wasser umgeben ist, so wird man auf der oberen Schale a Gramme zuzulegen haben, um wieder das Eintauchen bis zur Marke hervorzubringen.

$$s = \frac{N-m}{a}.$$

Das spec. Gewicht von Mineralen, welche im Wasser löslich sind, wird nach einem der genannten Verfahren bestimmt, indem man als Flüssigkeit Weingeist oder Steinöl anwendet und die erhaltene Zahl mit dem spec. Gewicht der angewandten Flüssigkeit multiplicirt.

In Folgendem sind einige wichtige Minerale nach steigendem specifischen Gewichte angeordnet:

0·6 ..	1·0	Steinöl, Erdwachs, Wasser.
1·0 ..	1·5	Harze, Kohlen, Soda, Glaubersalz.
1·5 ..	2·0	Alaun, Borax, Salpeter, Salmiak, Eisenvitriol.
2·0 ..	2·5	Gyps, Steinsalz, Leucit, Zeolithe, Graphit, Schwefel.
2·5 ..	2·8	Quarz, Feldspathe, Nephelin, Beryll, Serpentin, Talk, Calcit.
2·8 ..	3·0	Aragonit, Dolomit, Anhydrit, Tremolit, Glimmer, Boracit.
3·0 ..	3·5	Fluorit, Apatit, Hornblenden, Augite, Olivin, Epidot, Turmalin, Topas, Diamant.
3·5 ..	4·0	Siderit, Malachit, Azurit, Limonit, Korund.
4·0 ..	4·5	Baryt, Rutil, Chromit, Kupferkies, Blende.
4·5 ..	5·5	Eisenglanz, Pyrit, Markasit, Antimonit, Fahlerz.
5·5 ..	6·5	Magnetit, Cuprit, Misspickel, Kupferglanz, Rothgiltigerz.
6·5 ..	8·0	Weissbleierz, Zinnstein, Bleiglanz, Silberglanz, Eisen.
8·0 ..	10·0	Zinnober, Kupfer Wismut.
10·0 ..	14·0	Silber, Blei, Quecksilber.
15·0 ..	21·0	Gold, Platin.
21·0 ..	23·0	Iridium.

145. Das spec. Gewicht vieler Minerale lässt sich auch durch Beobachtung des Schwimmens in schweren Lösungen ermitteln. Das Mineral wird in kleinen Stückchen oder in Pulverform in eine solche Lösung gebracht, auf der es anfänglich oben schwimmt. Durch Verdünnen der Lösung und Umrühren gelangt man zu dem Punkte, da das Mineral an jedem Punkte innerhalb der Lösung schwimmt und dabei weder steigt noch fällt. Nunmehr wird die Dichte der Lösung, welche jetzt gleich der des Minerals geworden, pyknometrisch bestimmt. Nach dieser Methode fällt das Abwägen des Minerals weg und es kann die Bestimmung der Dichte auch an winzigen Splittern ausgeführt werden.

Für Minerale bis zu dem spec. Gewichte von 3·19 hat Thoulet nach dem Vorgange von Sonnstadt und Church eine Lösung von Kaliumquecksilberjodid vorgeschlagen, welche im Maximum $s = 3·196$ zeigt, während Klein die Lösung von Cadmiumborowolframiat empfiehlt, welche im concentrirtesten Zustande $s = 3·298$ hat. Letztere ist nicht so giftig, wie die vorige, doch löst sie gediegen

Eisen und zersetzt Carbonate. Baryumquecksilberjodid $s = 3{\cdot}57$ wurde von Rohrbach, Methylenjodid $s = 3{\cdot}3$ von Feussner und Brauns vorgeschlagen.

Die Methode der schweren Flüssigkeiten eignet sich vorzüglich zur Trennung der Mineralgemenge, wie sie in den Felsarten vorkommen. Das Gesteinspulver wird in die Lösung gebracht, welcher man durch Verdünnen allmälig verschiedene Dichten ertheilt. Ist diese 2·6, so wird Orthoklas, dessen $s = 2{\cdot}57$, darauf schwimmen, während Quarz, dessen $s = 2{\cdot}65$, darin untersinkt. Goldschmidt bedient sich zur Anzeige des spec. Gewichtes der Lösung der Indicatoren, kleiner Mineralstückchen von bekanntem spec. Gewichte in absteigender Folge, welche der Reihe nach zum Sinken kommen. Dölter verbindet die Methode der Lösungen mit der von Fouqué angegebenen Scheidung mittels des Elektromagneten.

Lit. Kohlrausch, Praktische Regeln zur genaueren Bestimmung des specifischen Gewichtes, Marburg 1856. G. Rose, Pogg. Ann. Bd. 73, pag. 1. Schröder, ebendas. Bd. 106, pag. 226, Gadolin ebendas. pag. 213, Autor, Sitzb. d. Wiener Ak. Bd. 47. V. Thoulet, Bull. soc. min. Bd. 2, pag. 189. Klein, ebendas. Bd. 4, pag. 149. Goldschmidt, Jahrb. f. Min. 1881, Beilagebd. I, pag. 179. Dölter, Sitzungsb. d. W. Ak. Bd. 85, pag. 47. Eine Uebersicht der Angaben des spec. Gew. der Minerale lieferte Websky in den Mineralog. Studien, I., Breslau 1868.

III. Mineralchemie.

146. Analyse und Synthese. Die Veränderungen, welche die Minerale erfahren können, sind zum Theil solche, bei denen blos die Form oder der Aggregatzustand wechselt, zum Theil aber sind dieselben substanzielle Veränderungen, bei welchen aus den ursprünglichen Mineralen Körper mit neuen Eigenschaften gebildet werden. Manchmal ist der Vorgang derart, dass aus einem Körper, ohne dass etwas hinzukommt oder verloren geht, zwei oder mehrere neue entstehen. So bildet sich aus dem Kalkspath durch Glühen Kohlensäuregas und Aetzkalk, so wird das Wasser durch den galvanischen Strom in Wasserstoffgas und Sauerstoffgas zerlegt. Wir drücken das Resultat dieser Versuche so aus, dass wir sagen, der Kalkspath sei in zwei Bestandtheile: in Kohlensäure und Kalk zerlegt worden, das Wasser sei auch in zwei Bestandtheile: in Wasserstoff und Sauerstoff zerlegt worden. Unter Kohlensäure, Kalk, Wassertoff sind hier blos die Stoffe an sich gemeint, ganz abgesehen davon, ob dieselben gasförmig oder fest oder flüssig erscheinen. Oft ist die Zerlegung eine indirecte. So z. B. liefert Zinnober, wenn man denselben mit viel Eisenfeilspänen mischt und erhitzt, in der Vorlage flüssiges Quecksilber, und man findet ausserdem, dass die Eisenfeilspäne an Gewicht zugenommen haben und schwefelhaltig geworden sind. Die Wägungen zeigen, dass diese Gewichtszunahme mehr dem Gewichte des erhaltenen Quecksilbers so viel betrage, als der angewandte Zinnober wog. Daraus wird man schliessen, dass der Zinnober in Quecksilber und Schwefel zerlegt wurde.

Das Verfahren der Zerlegung im Allgemeinen nennt man chemische Analyse und unterscheidet jene Zerlegung, welche blos den Zweck hat, die Bestandtheile des geprüften Körpers nachzuweisen, als qualitative Analyse, während jene Zerlegung, bei welcher der ursprüngliche Körper und die erhaltenen Producte den Gewichte nach bestimmt werden, um das Gewichtsverhältnis der Bestandtheile zu ermitteln, die quantitative Analyse genannt wird.

Das der Analyse entgegengesetzte Verfahren heisst Synthese. Bei derselben werden die Bedingungen erfüllt, unter welchen Körper sich mit einander verbinden, also aus mehreren Stoffen ein neuer gebildet wird, welcher nun eine höhere Einheit darstellt.

So erhält man durch Vereinigung von Wasserstoffgas und Sauerstoffgas Wasser, durch Ueberleiten von Kohlensäure über Aetzkalk wieder Kalkspath durch Erhitzen von Quecksilber mit Schwefel und nachheriges Sublimiren Zinnober. Auch die Synthese ist sehr oft eine indirecte, wie spätere Beispiele zeigen werden. Da die Gewichtsverhältnisse bei der Analyse und Synthese dieselben sein müssen, so dient die Synthese zur Controle der Analyse und umgekehrt. Durch das Zusammenwirken beider erhalten wir eine Vorstellung von der Zusammensetzung der Körper. Beide Methoden wechseln daher bei den chemischen Operationen beständig ab. So ist die vorerwähnte Analyse des Zinnobers auch von einer Synthese begleitet, indem der Schwefel des Zinnobers mit dem Eisen sich zu Schwefeleisen verbindet.

147. Einfache Stoffe. Durch Fortsetzung der Analyse gelangt man zu einer Grenze, welche weder durch ein directes, noch durch ein indirectes Verfahren überschritten werden kann. Man erhält schliesslich Stoffe, welche unseren Mitteln gegenüber unzerlegbar sind und welche demnach als einfache Stoffe oder als Elemente bezeichnet werden. Die bei der Analyse des Wassers erhaltenen beiden Stoffe, nämlich der Wasserstoff und der Sauerstoff, sind nicht weiter zerlegbar, sind also Elemente. Die Analyse des Kalkspathes liefert Kohlensäure und Kalk. Beide Körper können aber noch weiter zerlegt werden. Man weiss nämlich, dass durch Verbrennung der Kohle, bei welcher die Kohle sich mit Sauerstoff vereinigt, Kohlensäure entsteht, ferner, dass durch Verbindung des Metalles Calcium mit Sauerstoff Kalk gebildet wird. Somit besteht der Kalkspath aus Calcium, Kohlenstoff und Sauerstoff. Diese sind aber einfache Stoffe. Die zuvor erwähnten Bestandtheile des Zinnobers, nämlich Quecksilber und Schwefel, sind auch Elemente.

Bisher sind ungefähr 70 einfache Stoffe aufgefunden worden. Darunter bilden zwei, nämlich der Wasserstoff und der Sauerstoff, gleichsam die Muster und den Massstab für die übrigen. Nach dem Verhalten zu diesen beiden werden die anderen classificirt.

Die gewöhnlicher vorkommenden mögen hier aufgezählt werden:
Wasserstoff (Hydrogenium).
1. Lithium, Natrium, Kalium (Alkalimetalle genannt).
2. Beryllium, Magnesium, Calcium, Strontium, Baryum — Aluminium.
3. Zink, Cadmium, Blei, Zinn, Kupfer.
4. Silber, Quecksilber, Gold, Platin.

5. Eisen, Kobalt, Nickel, Mangan.
6. Chrom, Molybdän, Wolfram, Uran.
7. Wismut, Antimon, Arsen, Vanad, Phosphor, Stickstoff.
8. Titan, Silicium, Kohlenstoff — Bor.
9. Jod, Brom, Chlor, Fluor (Halogene genannt).
10. Tellur, Selen, Schwefel.

Sauerstoff.

Die unter 1 und 2 angeführten Elemente werden Leichtmetalle genannt, die unter 3 bis 6 hingegen Schwermetalle. Wismut, Antimon, Arsen sind Sprödmetalle, die folgenden Stoffe werden öfters als Metalloide bezeichnet.

Alle Elemente sind fähig, mit dem Sauerstoff (Oxygenium) Verbindungen einzugehen, welche Oxyde heissen, doch lassen sich manche Metalle nur schwierig oder indirect mit Sauerstoff verbinden, nämlich die unter 4. genannten Edelmetalle. Der Vorgang der Verbindung heisst Oxydation, jener der Trennung oder Befreiung vom Sauerstoff hingegen Reduction. Der Schwefel spielt eine ähnliche Rolle wie der Sauerstoff, die Verbindungen desselben heissen Sulfide.

Die Ursache der Verbindung zweier Stoffe, mögen diese einfache oder zusammengesetzte sein, wird Verwandtschaft genannt. Daher sagt man, wenn einem Stoffe mehrere andere dargeboten werden, und er sich zuvörderst mit einem derselben verbindet, er habe zu diesem die grösste Verwandtschaft.

148. Prüfung auf trockenem Wege. Das chemische Verhalten der Minerale bietet viele ungemein werthvolle Kennzeichen, weil chemische Versuche immer ein bestimmtes Resultat geben und auch in dem Falle ausführbar sind, als das Mineral dicht oder gar erdig ist, also die Erkennung der Form und die Ermittlung der physikalischen Merkmale nicht zulässt. Die Ausführung einer einfachen chemischen Prüfung ist demnach öfter unumgänglich, daher jeder, der es dahin bringen will, Minerale richtig zu bestimmen, sich mit den gewöhnlichen qualitativen Methoden vertraut machen und sich einige Zeit darin üben muss.

Die Operationen, welche bei der qualitativen Untersuchung in Anwendung kommen, werden entweder mit kleinen Stückchen des starren Minerals vorgenommen, indem dieses einer hohen Temperatur ausgesetzt wird (trockener Weg), oder die Prüfung erfolgt an der flüssigen Auflösung des Minerals, zu welcher meist noch andere Probeflüssigkeiten oder Reagentien hinzugefügt werden (nasser Weg).

Um die Prüfung bei höheren Hitzegraden vorzunehmen, pflegt man entweder eine Kerzenflamme mittels des Löthrohres anzufachen oder die Flamme des Bunsen'schen Gasbrenners zu benutzen. Die blaue Stichflamme, welche das Ende der Löthrohrflamme bildet, hat in Folge des heftigen Zuströmens der Luft nicht nur eine höhere Temperatur als die übrigen Theile der Flamme, sondern auch einen Ueberschuss an Sauerstoff, daher sie oxydirend wirkt, während der leuchtende Theil der Löthrohrflamme wegen der vorhandenen glühenden Kohlentheilchen und wegen Mangels an Sauerstoff als Reductionsflamme dienlich sein kann.

Ebenso ist an der Bunsen'schen Flamme das Ende und der blaue Saum der Oxydationsflamme von dem inneren etwas leuchtenden Kegel, welcher die Reductionsflamme bildet, verschieden.

Als Unterlage für die Mineralprobe, welche etwa hirsekorngross genommen wird, dient Holzkohle oder die Probe wird mit einer Pincette, die Platinspitzen besitzt, gefasst. Bei Benützung der Bunsen'schen Flamme wird das Ende eines feinen Platindrahtes um die Probe gewunden oder es werden Kohlenstäbchen manchmal auch Asbestfäden als Unterlage benutzt.

Wenn Minerale beim Erhitzen zerknistern oder decrepitiren, so wird die Probe zuerst in einem Kölbchen erhitzt, bis dieselbe zu gröblichem Pulver zersprungen ist, hierauf fein gepulvert mit einem Tropfen Wasser zum Teige angemacht und auf Kohle gestrichen und erhitzt, worauf man eine zusammenhängende Masse erhält, die nicht mehr zerspringt.

Oft wird der Versuch gemacht, die Probe im Kölbchen zu erhitzen, um zu sehen, ob nicht ein Stoff sich entwickelt und an den kühleren Wänden des Kölbchens condensirt. Wasserhaltige Minerale geben entweder einen Hauch oder gar Wassertropfen, manche Minerale geben ein gelbes Sublimat von Schwefel oder ein schwarzes, metallisch aussehendes von Arsen u. s. w.

Zuweilen wird ein beiderseits offenes Glasrohr benutzt, um die hineingeschobene Probe in einem Luftstrom zu erhitzen, wobei die Stoffe, welche in vorigen Versuche sublimirten, hier verbrennen und öfters charakteristische Oxydationsproducte liefern. Manche schwefelhaltige Minerale lassen den Geruch der schwefeligen Säure wahrnehmen, arsenhaltige geben öfters einen weissen Rauch, der einen krystallinischen Absatz bildet etc.

Beim Erhitzen auf der Kohle gibt der Rauch, welcher sich aus der Probe entwickelt, zuweilen einen weissen oder farbigen Beschlag, welcher an den Rändern wegen des dunklen Hintergrundes oft bläulich oder grünlich erscheint. Antimonhaltige Minerale liefern einen weissen, Wismut einen gelben Beschlag. Auf der Kohle wird auch öfters das Zusammenschmelzen der gepulverten Probe mit anderen Substanzen, besonders mit Soda ausgeführt. Durch das länger Erhitzen dieser Schmelze kann man aus den bleihaltigen Mineralen Körner von Blei erhalten, aus kupferhaltigen Körner von Kupfer, aus den zinnhaltigen solche von Zinn etc.

Häufig wird der Versuch gemacht, in das Ohr eines Platindrahtes eine kleine Menge von Soda, von Borax oder von Phosphorsalz einzuschmelzen und die so erhaltene Perle durch erneutes Schmelzen mit einer kleinen Menge des gepulverten Minerales zu vereinigen. Die Sodaperle und die Phosphorsalzperle dienen zur Erkennung der Silicate, die Boraxperle und Phosphorsalzperle zur Erkennung vieler Metalle, deren Oxyde diesen Schmelzen charakteristische Färbungen verleihen.

Für den letzteren Versuch müssen Mineralproben, welche flüchtige Stoffe wie Schwefel, Arsen, Antimon enthalten, zuvor einige Zeit im gepulverten Zustande auf Kohle erhitzt (geröstet) werden.

In der Borax- und in der Phosphorsalzperle bilden sich nach dem Zusammenschmelzen mit der Mineralprobe zuweilen Krystalle mit charakteristischen Formen, so dass man bei der mikroskopischen Betrachtung manche Stoffe leicht erkennen kann. G. Rose und später Wunder und A. Knop haben gezeigt, dass diese Methode in vielen Fällen gute Dienste leistet.

Wenn die Mineralprobe für sich in der Pincette oder im Ohr des Platindrahtes erhitzt wird, so gibt sich nicht nur der Grad der Schmelzbarkeit zu erkennen (139), sondern es zeigen sich oft Erscheinungen, die von einer chemischen Veränderung herrühren. Durch Entwicklung flüchtiger Stoffe wird bisweilen ein Aufblähen verursacht, oder das Schmelzen geschieht unter Schäumen und Blasenwerfen. Das Schmelzproduct kann sodann entweder ein durchsichtiges Glas oder eine emailartige oder eine schlackenähnliche Masse sein. Die Veränderung, welche die geglühte Probe erfahren hat, zeigt sich oft dadurch, dass dieselbe, auf geröthetes Lackmuspapier gelegt und befeuchtet, einen blauen Fleck hervorbringt: alkalische Reaction.

Eine Erscheinung, welche schon vor langer Zeit die Aufmerksamkeit der Forscher erregte, ist die Färbung, welche häufig der Löthrohrflamme durch die Mineralprobe ertheilt wird. Natriumhaltige Minerale färben die Löthrohrflamme gelb, kaliumhaltige weisslich-violett. Wenn aber beide Stoffe, nämlich Natrium und Kalium, gleichzeitig vorhanden sind, so ist die Flamme auch gelb, es wird also die violette Färbung durch das gelb verdeckt. Um dennoch beide neben einander zu erkennen, benutzt man in solchem Falle nach Bunsen's Vorschlag eine parallelwandige Flasche mit einer Auflösung von Kupferoxydammoniak oder ein blaues Kobaltglas, welche die gelben Strahlen zurückhalten, aber die violetten durchlassen, also gleichsam als Lichtfilter wirken.

Um die Stoffe, welche sich aus der Mineralprobe entwickeln und der Flamme eine Färbung verleihen, mit Sicherheit sowohl für sich als neben einander zu erkennen, unternimmt man die Analyse der Flammenfarbe mittels eines Glasprisma (100) nach der von Bunsen angegebenen spectral-analytischen Methode.

Das Mineralpulver wird auf einem Platinblech mit ein wenig Salzsäure oder Schwefelsäure befeuchtet, oder im Falle schwieriger Zersetzbarkeit mit etwas Fluorammonium und Schwefelsäure angemacht, dann mit dem Ohr eines Platindrahtes etwas von dem Gemische aufgenommen und in den Saum der Bunsen'schen Flamme gebracht. Die gefärbte Flamme wird mittels eines kleinen Spectroskopes, wie es in den chemischen Laboratorien gebräuchlich ist, beobachtet. Der Anfänger prägt sich zuerst durch Uebungsversuche die Spectra der einfachen Stoffe ein, so dass er dieselben später auch in ihrer Vereinigung wiedererkennt.

Auf solche Art wird beim Bestimmen der Minerale der Gehalt an Lithium, Natrium, Kalium, Calcium, Strontium, Baryum, eventuell an Caesium, Rubidium, Indium erkannt.

Lit. In den eingangs erwähnten Handbüchern, ferner Wunder, Journ. f. prakt. Chemie. 2. Ser. Bd. 1, pag. 452. Bd. 2, pag. 206. A. Knop, Ann. d. Chemie

u. Pharm. Bd. 157, pag. 363 und 159, pag. 36. Kenngott, Jahrb. f. Min. 1867 pag. 77.

149. Prüfung auf nassem Wege. Die Vorbedingung ist hier das Vorhandensein des Minerales in wässeriger Lösung. Bei einigen Mineralen ist diese direct erreichbar, weil sie durch Wasser aufgelöst oder zerlegt werden, wie Steinsalz, Carnallit. Manche sind schwerlöslich in Wasser, wie z. B. Gyps, andere lösen sich langsam, wie der Kieserit.

Viele der Minerale, welche durch Wasser nicht gelöst werden, lassen sich durch Säuren zersetzen und in Lösung bringen. Die gewöhnlich angewandten Säuren sind Salzsäure, Salpetersäure, seltener kommt Schwefelsäure in Verwendung, öfters die Mischung von Salzsäure und Salpetersäure (Königswasser). Die Auflösung, welche häufig durch Erwärmung beschleunigt wird, erfolgt entweder ruhig oder unter Gasentwicklung. Bei Anwendung von Salzsäure entwickeln manche Minerale Kohlensäure als geruchloses Gas unter Aufbrausen schon bei gewöhnlicher Temperatur, wie der Kalkspath, oder beim Erwärmen, wie der Dolomit, Magnesit. Manche schwefelhaltige Minerale werden von Salzsäure unter Entwicklung eines übelriechenden Gases (Schwefelwasserstoffgas) zersetzt, welches feuchtes Bleipapier (Filtrirpapier mit einer Lösung von essigsaurem Blei getränkt) bräunt. Einige Minerale, wie z. B. die Manganerze, geben mit Salzsäure behandelt ein erstickend wirkendes Gas, nämlich Chlorgas.

Salpetersäure zerlegt die kohlensäurehaltigen Minerale ebenso wie die vorige Säure. Mit oxydirbaren Mineralen, wie z. B. mit Metallen, mit Cuprit, Magnetit und den Sulfiden zusammengebracht, entwickelt sie Stickoxydgas, welches an der Luft rothe Dämpfe von Untersalpetersäure bildet. Die schwefelhaltigen Minerale hinterlassen nach der Zersetzung oft einen Körper, der zu schwimmen pflegt und leicht als Schwefel erkannt wird. Die antimonhaltigen geben einen weissen Bodensatz von Antimonoxyden.

Manche Minerale liefern auch bei der Zersetzung durch Salzsäure einen Bodensatz, der aus Titansäure oder Wolframsäure besteht. Manche siliciumhaltige Minerale geben nach der Zersetzung eine leichte, pulverig aussehende Kieselerde, z. B. der Apophyllit, der Leucit, andere liefern, wofern man die Säure nicht zu sehr verdünnt in Anwendung bringt, Kieselerde im gallertartigen Zustande, wie z. B. der Nephelin, das Kieselzinkerz.

Viele Minerale, welche nach der gewöhnlichen Methode durch die genannten Säuren nicht gelöst werden, können durch Einschliessen des mit der Säure angemachten Pulvers in ein zugeschmolzenes Glasrohr und nachheriges Erhitzen auf 100° bis 300° zersetzt werden.

Eine grosse Zahl von Mineralen lässt sich nicht durch Säuren in Lösung bringen, daher man genöthigt ist, andere Methoden anzuwenden, durch welche das Mineral, wie man zu sagen pflegt, aufgeschlossen wird. Am häufigsten lässt sich das Zusammenschmelzen mit kohlensaurem Natron und kohlensaurem Kali und das Zersetzen der Schmelze mit Salzsäure ausführen, besonders bei den siliciumhaltigen Mineralen. Dieselben lassen sich auch durch Zusammenbringen mit Flusssäure oder Fluorammonium und nachheriges Erwärmen unter Zufügung von Schwefelsäure aufschliessen. In diesem Falle verflüchtigt sich das Silicium, indem es als Kieselflusssäure davongeht. Andere Methoden der Aufschliessung bestehen in dem Zusammenschmelzen mit Kalihydrat, z. B. beim Spinell, oder mit saurem schwefelsauren Kali, z. B. beim Korund.

150. Bei der Prüfung auf nassem Wege kommen auch noch einige Erscheinungen von allgemeiner Anwendbarkeit in Betracht:

Die flüssigen Säuren, wie Schwefelsäure und die wässerigen Auflösungen der Säuren, haben die Eigenschaft, blaue Pflanzensäfte roth zu färben. Blaues Lackmuspapier wird beim Eintauchen in Säure roth gefärbt: saure Reaction. Dagegen haben andere Stoffe, z. B. die Oxyde der Alkalimetalle, welche Alkalien genannt werden, die Eigenschaft, in dem durch Säure gerötheten Lackmuspapier die ursprüngliche Farbe wieder herzustellen. Rothes Lackmuspapier wird beim Eintauchen in eine Lösung von Alkalien blau: alkalische Reaction. Eine Auflösung, welche weder alkalische, noch saure Reaction zeigt, heisst neutral. Durch Zusammenfügen saurer und alkalischer Lösungen im bestimmten Verhältnisse wird die Neutralisirung beider bewirkt.

Die meisten Schwermetalle werden aus ihren neutralen Lösungen, manche auch aus ihren sauren Lösungen durch Schwefelwasserstoff als Sulfide gefällt. Manche dieser Niederschläge werden durch Schwefelammonium aufgelöst.

151. Erkennung der Bestandtheile in einfachen Fällen. Die nachfolgenden Angaben können benutzt werden, wenn es sich um einfach zusammengesetzte Minerale handelt, oder wenn in den complicirter zusammengesetzten einzelne Stoffe leicht zu ermitteln sind.

Aluminium. Viele der aluminiumhaltigen Minerale werden durch Befeuchten mit Kobaltsolution und nachheriges Glühen blau gefärbt. In der Auflösung erkennt man das Aluminiumoxyd oder die Thonerde an dem weissen flockigen Niederschlage, welcher durch Ammonflüssigkeit entsteht, und durch Kalilauge, nicht aber durch kohlensaures Ammon gelöst wird.

Antimon. Durch Erhitzen auf Kohle für sich oder nach Zugabe von etwas Soda entsteht ein weisser Beschlag, der in der Nähe der Probe oft krystallinisch ist und durch die Flamme von einer Stelle zur andern verflüchtigt werden kann.

Arsen. Viele arsenhaltige Minerale verbreiten beim Erhitzen auf der Kohle einen charakteristischen knoblauchartigen Geruch und geben einen weissen Beschlag, der sich erst in einiger Entfernung von der Probe absetzt. Alle arsenhaltigen Proben liefern, mit Cyankalium und Soda im Kölbchen erhitzt, einen Metallspiegel, welcher durch Schwefelwasserstoff gelb wird.

Baryum. Spectroskopisch leicht erkennbar. Die Lösung liefert mit Kieselflusssäure einen farblosen krystallinischen, mit Gypslösung sogleich einen weissen, in Säuren unlöslichen Niederschlag.

Beryllium. In der Auflösung entsteht durch Ammoniak ein weisser Niederschlag, welcher sowohl durch Kali als auch durch kohlensaures Ammon gelöst wird.

Blei. Manche Bleiverbindungen geben auf der Kohle einen röthlichgelben Beschlag. Mit Soda auf Kohle geschmolzen liefert jede bleihaltige Probe ein Bleikorn. Die Lösung gibt mit einem Tropfen Schwefelsäure einen weissen, mit chromsaurem Kali einen gelben Niederschlag.

Bor. Das gepulverte Mineral wird mit Schwefelsäure erwärmt, worauf Alkohol zugegossen und dieser angezündet wird. Ist Bor vorhanden, so wird die Flamme grün gefärbt.

Brom. Die in einem Kölbchen mit concentrirter Schwefelsäure übergossene Probe entwickelt Bromdampf, der einen mit Stärkekleister bestrichenen Papierstreifen nach einigen Stunden gelb färbt.

Cadmium. Die Probe gibt im Reductionsfeuer einen braunen bis orangegelben Beschlag. Die saure Lösung liefert mit Schwefelwasserstoff einen citrongelben, in Schwefelammon unlöslichen Niederschlag.

Calcium. Spectroskopisch leicht erkennbar. Die Lösung liefert, auch wenn sie verdünnt ist, mit oxalsaurem Ammon einen weissen Niederschlag, der durch Säuren zerstört wird. Gypslösung gibt keinen Niederschlag.

Chlor. Die salpetersaure Auflösung gibt nach Hinzufügung von salpetersaurem Silber einen weissen, käsigen Niederschlag von Chlorsilber, welcher sich am Lichte schwärzt und in Ammoniak auflöst.

Chrom. Die meisten Verbindungen geben eine schöne smaragdgrüne Borax- oder Phosphorsalzperle. Mit Salpeter geschmolzen geben die Minerale eine Schmelze, welche mit Wasser ausgezogen eine gelbe Lösung liefert, in der essigsaures Blei einen gelben Niederschlag von Bleichromat erzeugt.

Eisen. Manche Verbindungen werden, auf Kohle erhitzt, magnetisch. Die sauerstoffreichen (oxydhaltigen), geben eine rothe, nach dem Erkalten gelbe Boraxperle, welche im Reductionsfeuer grün wird, die sauerstoffärmeren (oxydulhaltigen) geradezu eine grüne Perle. Die Lösung jedes eisenhaltigen Minerales, welche nach Zusatz von Salpetersäure einige Zeit gekocht wurde, gibt mit Ammoniak einen braunen, flockigen Niederschlag, mit einer Lösung des gelben Blutlaugensalzes einen blauen Niederschlag.

Fluor. Das Pulver des Minerales wird in einem Platintiegel mit concentrirter Schwefelsäure erwärmt, nachdem der Tigel mit einer Glasplatte gedeckt worden, welche mit Wachs überzogen, stellenweise aber mittelst eines Holzstiftes von Wachs entblösst worden. Die freien Stellen werden durch die entwickelten Dämpfe geätzt. Es ist gut, in einem zweiten Tiegel ohne Mineral mit der Schwefelsäure die Gegenprobe zu machen.

Gold. Die Probe liefert auf Kohle erhitzt ein Goldkorn. Aus diesem kann etwa beigemischtes Silber durch Erwärmen mit Salpetersäure ausgezogen und in der Lösung nachgewiesen werden.

Jod. Die in einem Kölbchen mit concentrirter Schwefelsäure übergossene Probe entwickelt Joddampf, der einen mit Stärkekleister bestrichenen Papierstreifen blau färbt.

Kalium. Weisslich violette Flammenfärbung. Anwendung des Lichtfilters oder Spectroskops. In der salzsauren Auflösung entsteht durch Zufügen von Platinchlorid ein citrongelber Niederschlag.

Kobalt. Die geröstete Probe liefert mit Borax ein schön blaues Glas, zuweilen erst nach längerem Erhitzen im Reductionsfeuer.

Kohlenstoff. Nur selten ist es nöthig, die Kohle besonders nachzuweisen. Durch Zusammenbringen mit heisser Salpeterschmelze entsteht eine Verpuffung. Bei geringerem Kohlengehalte wird durch den Salpeter die schwarze Farbe zerstört. Die Kohlensäureverbindungen entwickeln, wie schon bemerkt wurde, mit Säuren ein geruchloses Gas.

Kupfer. Die geröstete Probe gibt mit Borax ein blaues Glas, welches im Reductionsfeuer braunroth wird. Mit Soda auf Kohle zusammengeschmolzen liefert die Probe ein Kupferkorn. Die Lösung wird, mit viel Ammonflüssigkeit versetzt, schön blau.

Lithium verursacht, wenn allein vorhanden, eine carminrothe Flammenfärbung, die aber durch Natrium, wenn solches vorhanden, verdeckt wird. Spectroskop.

Magnesium. Manche Verbindungen des Magnesiums, die ursprünglich weiss sind, werden nach dem Befeuchten mit einer Lösung von salpetersaurem Kobalt und nachherigem Glühen lichtroth. In der Auflösung wird die Gegenwart des Magnesiums an dem weissen krystallinischen Niederschlag erkannt, welcher nach Zufügung einer erheblichen Menge von Salmiaklösung, einer kleinen Quantität von Ammonflüssigkeit bis zum deutlichen Ammongeruche und Hinzugabe von einer Lösung von phosphorsaurem Natron entsteht. Der Niederschlag wird durch Säuren gelöst.

Mangan. Das feine Pulver gibt mit Soda und etwas Salpeter auf Platinblech erhitzt eine blaugrüne Schmelze. Meistens darf man nur wenig von dem Mineral nehmen.

Molybdän. Die Probe gibt im Reductionsfeuer mit Phosphorsalz ein grünes, mit Borax ein braunes Glas.

Natrium. Gelbe Flammenfärbung. Spectroskop.

Nickel. Die Probe mit Soda auf dem Kohlenstäbchen erhitzt, nach dem Erkalten zerrieben, mit Wasser gewaschen, liefert magnetische Theilchen von metallischem Nickel. Diese gesondert in einem Tropfen Salpetersäure gelöst, mit Ammon versetzt, liefern eine tiefblaue Lösung.

Phosphor. Die Gegenwart von Phosphorsäure wird in der Auflösung dadurch erkannt, dass nach Hinzufügung von Salmiak und Ammonflüssigkeit, bis ein deutlicher Ammongeruch entsteht, endlich nach Zugabe von Bittersalzlösung ein krystallinischer Niederschlag fällt, welcher durch Säuren zerstörbar ist. (Vergl. Magnesium.) Die Phosphorsäure lässt sich auch dadurch nachweisen, dass man zur Lösung der Probe eine mit Salpetersäure übersättigte Lösung von molybdänsaurem Ammon zusetzt und erwärmt. Es entsteht ein gelber, feinerdiger Niederschlag.

Platin findet sich nur gediegen und wird an seinen physikalischen Eigenschaften leicht erkannt.

Quecksilber. Die Probe liefert mit Soda im Kölbchen erhitzt ein graues Sublimat, aus Tröpfchen von metallischem Quecksilber bestehend.

Sauerstoff. Die Gegenwart dieses Stoffes lässt sich nicht direct, sondern nur indirect nachweisen oder blos erschliessen.

Schwefel. Eine Probe des Minerales wird mit Soda auf Kohle zusammengeschmolzen, die Schmelze auf eine blanke Silbermünze oder ein Silberblech gelegt und mit Wasser befeuchtet, worauf der entstehende braune Fleck den Schwefelgehalt verräth. In der Auflösung wird Schwefelsäure durch den weissen, in Säure unlöslichen Niederschlag erkannt, welcher durch Chlorbaryum hervorgebracht wird.

Selen. Im Oxydationsfeuer erhitzt, geben die Selenverbindungen eine schöne blaue Flamme und entwickeln einen rettigartigen Geruch. Auf Kohle geben sie einen metallisch aussehenden grauen Beschlag. Im Glasrohr bildet sich beim Erhitzen ein rothes Sublimat.

Silber. Die mit Salpetersäure erhaltene Auflösung gibt mit Salzsäure einen weissen, käsigen Niederschlag, welcher sich am Lichte schwärzt, in Ammoniak auflöslich ist.

Silicium. Durch das Zusammenschmelzen der Silicate mit der Phosphorsalzperle werden jene zersetzt und die Kieselerde bleibt als Skelet oder Pulver in der Perle sichtbar. Mit Soda zusammengeschmolzen, geben die Silicate eine Masse, welche, mit Salzsäure behandelt, eine Gallerte liefert. Beim Abdampfen geht diese in Pulver über, welches nach dem Wegwaschen der übrigen Verbindungen weiss und durch die gewöhnlichen Säuren unangreifbar ist, durch eine Mischung von Flussäure und Schwefelsäure gänzlich verflüchtigt wird.

Stickstoff. In der Form von Ammoniak ist der Stickstoff in wenigen Mineralen enthalten. Diese geben, mit Kalilauge erwärmt, Ammoniakgas, welches durch den Geruch erkennbar ist. In der Form von Salpetersäure tritt der Stickstoff gleichfalls in einigen Mineralen auf. Diese verpuffen auf glühender Kohle.

Strontium. Spectroskopisch leicht erkennbar. Die Lösung gibt mit Kieselflusssäure keinen, mit Gypslösung nach einiger Zeit einen weissen Niederschlag.

Tellur. Charakteristisch ist der weisse rothgesäumte Beschlag, welchen Tellur auf Kohle hervorbringt. Die tellurhaltigen Minerale ertheilen concentrirter Schwefelsäure beim ersten Erwärmen eine carminrothe Farbe.

Titan. Die Phosphorsalzperle ist im Reductionsfeuer heiss gelb, kalt violett. Bei Gegenwart von Eisen muss etwas gepulvertes Zink zugesetzt werden, um die violette Farbe hervortreten zu lassen. Ausserdem erkennt man die Titansäure in der platt gedrückten Phosphorsalzperle unter dem Mikroskop an der Krystallform. Die mit saurem schwefelsaurem Kali erhaltene Schmelze, in verdünnter Säure gelöst, gibt, einige Zeit mit Zinn oder Zink in Berührung gelassen, eine violette bis blaue Flüssigkeit.

Uran. Die Phosphorsalzperle ist im Oxydationsfeuer gelb, von der Farbe des Uranglases, im Reductionsfeuer grün.

Vanad. Die Vanadinsäure gibt mit Borax ein Glas, welches im Oxydationsfeuer gelb oder braun, im Reductionsfeuer grün ist.

Wasserstoff in der Form von Wasser. Durch Erhitzen des Minerals im Kölbchen entsteht ein Hauch oder ein Beschlag, der aus feinen Wassertröpfchen besteht.

Wismut. Die Probe gibt auf Kohle einen Beschlag von Wismutoxyd, welches heiss braun, kalt hellgelb erscheint. Die Auflösung gibt auf reichlichen Zusatz von Wasser und einem Tropfen Kochsalzlösung einen weissen Niederschlag von basischem Salz.

Wolfram. Das Pulver giht mit Soda eine Schmelze, welche mit Wasser ausgezogen ein Filtrat liefert, in welchem durch Salzsäure ein weisser Niederschlag von Wolframsäure entsteht. Der getrocknete Niederschlag wird durch Erhitzen gelb.

Zink. Die Probe liefert mit Soda zusammengeschmolzen auf der Kohle einen Beschlag, der in der Wärme gelb, nach dem Erkalten weiss ist, mit Kobaltlösung befeuchtet und geglüht grün gefärbt wird und im Oxydationsfeuer sich nicht verflüchtigt. In der Lösung liefert Kalihydrat, sowie Ammon einen weissen gelatinösen Niederschlag, welcher sich im Ueberschuss beider Fällungsmittel löst. Aus diesen Lösungen wird durch Schwefelwasserstoffwasser weisses Zinksulfid gefällt.

Zinn. Durch Erhitzen auf Kohle entsteht ein Beschlag, welcher weder durch die Oxydations- noch durch die Reductionsflamme zu vertreiben ist. Mit Soda geschmolzen liefert die Probe ein Zinnkorn.

152. Mikrochemische Analyse. Man kömmt öfters in die Lage, die chemischen Bestandtheile eines Minerales zu ermitteln, von welchem nur eine sehr geringe Menge zu Gebote steht. Es ist entweder ein winziges Kryställchen oder ein staubförmiges Körnchen oder aber es ist in einem Dünnschliffe, der aus einem Gemenge von Mineralen besteht, ein Theilchen, das mit freiem Auge angesehen wie ein Pünktchen erscheint, zu prüfen. In diesen Fällen wird das Kryställchen, Körnchen oder der aus dem Dünnschliff isolirte Splitter zuerst unter dem Mikroskope auf seine Reinheit geprüft und wenn diese constatirt ist, die Probe auf nassem Wege unternommen. Es ist eine qualitative Prüfung im kleinsten Massstabe. Zur Auflösung und Zersetzung werden die früher genannten Mittel, besonders Salzsäure, Schwefelsäure, Flussäure auch Kieselflusssäure angewandt. Ein Tropfen reicht oft hin, die nöthige Lösung zu erhalten. Die Zersetzung geschieht zuweilen auf dem gläsernen Objectträger. Bei Anwendung von Flussäure oder Kieselflusssäure wird derselbe mit einer Schichte von Canadabalsam überzogen; besser ist es, ein durchsichtiges Plättchen von Schwerspath zu benutzen. Meistens wird die Zersetzung in einem Platinschälchen vorgenommen, ebenso das Aufschliessen mit Soda und die nachherige Zerlegung der Schmelze durch Säuren. Die erhaltene Lösung wird mit Reagentien versetzt. Wird hierauf ein Tropfen auf den Objectträger gebracht und dort verdunsten gelassen, so bilden sich kleine Krystalle der entstandenen Verbindungen, welche unter dem Mikroskope geprüft werden. Man erkennt hier die Gegenwart eines Stoffes an den Eigenthümlichkeiten der Krystallform einer bestimmten Verbindung dieses Stoffes, so z. B. die Gegenwart von Natrium an den eigenthümlichen Krystallgestalten des Kieselfluornatriums, welches bei der vorgeschriebenen Methode sich bildet, wenn Natrium zugegen ist. Das Verfahren entspricht öfters den früher angeführten Methoden des nassen Weges. Einige Beispiele genügen, um zu zeigen, wie die einzelnen Stoffe erkannt werden.

Calcium. Das Mineral wird aufgeschlossen, dann durch Schwefelsäure zersetzt und eingedampft, der Rückstand in Wasser gelöst. Ein Tropfen der Lösung zeigt beim Verdunsten auf dem Objectträger mikroskopische Gypskryställchen, wie in Fig. 356.

Magnesium. Zur Lösung wird ein Körnchen Phosphorsalz und etwas Ammoniak hinzugefügt, entsprechend dem Verfahren in dem vorigen Absatze. Als Niederschlag bilden sich Kryställchen von Magnesium-Ammoniumphosphat, deren Form sehr charakteristisch ist, Fig. 357. Die umgekehrte Methode führt zur Erkennung der Phosphorsäure.

Aluminium. Die schwefelsaure Lösung, mit einem Körnchen von Caesiumchlorid in Berührung gebracht, liefert schöne oktaëdrische Kryställchen von Caesiumalaun.

Natrium. Natriumhaltige Minerale geben nach der Zersetzung mit Kieselflussäure und nach dem Verdunsten Kryställchen von Kieselfluornatrium, Fig. 358.

Fig. 356.   Fig. 357.   Fig. 358.

Natriumhaltige Silicate liefern diese Kryställchen nach der Zersetzung mittelst Flusssäure.

Lit. Bořicky, Elemente einer neuen chemisch-mikroskop. Mineral- und Gesteinsanalyse. Prag 1877. Lehmann. Ann. d. Physik u. Chem. Neue F. Bd. 13, pag. 506. Streng, Jahrb. f. Min. 1883. Bd. II, pag. 365 u. ff. Bde. Haushofer, Mikrochemische Reactionen, Braunschweig, 1885. Klement u. Renard, Reactions microchimiques, Bruxelles 1886.

153. Gewichtsbestimmung. Das Verständnis der chemischen Erscheinungen beruht vor allem auf der Kenntnis der quantitativen Verhältnisse. Erst diese geben ein Bild von dem Mechanismus, der bei den chemischen Veränderungen thätig ist. Aber auch die chemische Aehnlichkeit der Minerale, die Beziehungen verschiedener Minerale werden erst klar, wenn die Mengen der Stoffe bekannt sind, aus welchen die verglichenen Körper bestehen.

Die Ermittlung der Gewichtsverhältnisse beruht auf sorgfältigen, oft complicirten Operationen und genauen Wägungen, die Resultate der Arbeit sind Zahlenverhältnisse, welche desto genauer sind, je besser die Methoden, je grösser die Sorgfalt und Geschicklichkeit des Experimentators. Die Vorbedingung jeder genauen Mineralanalyse ist aber die vollkommene Reinheit des Materiales, welche oft erreicht werden kann, indem das Mineral in kleine Splitter zerschlagen wird und diese unter dem Mikroskop oder einer stark vergrössernden Lupe ausgesucht werden. Wenn sich trotzdem fremde Beimengungen nicht vermeiden lassen, wird das Resultat ein ungenaues.

Die quantitative Mineralanalyse ist ein umfangreiches methodisches Gebiet, welches eine praktische Bethätigung erfordert, also nicht Gegenstand des vorliegenden Werkes ist. Um hier aber doch wenigstens eine Andeutung zu geben, in welcher Weise die Quantitätsbestimmungen ausgeführt werden, mögen zwei Beispiele Platz finden.

Die gewichtsmässige Bestimmung geht selbstverständlich von dem Grundsatze aus, dass das Gewicht der Verbindung gleich ist der Summe der Gewichte der Bestandtheile, welchen man das Princip der Erhaltung der Materie nennt. Die Methoden sind bald mehr directe, indem das Mineral geradezu in seine Bestandtheile zerlegt wird und diese gewogen werden, oder sie sind mehr indirecte, indem das Mineral zwar auch zerlegt, aber jeder Bestandtheil in eine neue Verbindung übergeführt und diese letztere gewogen wird.

Ein Beispiel directer Bestimmung gibt die Analyse des Güthits oder Nadeleisenerzes. Die qualitative Prüfung des reinem Minerales würde Eisenoxyd und Wasser als Bestandtheile ergeben. Wenn von dem Minerale 0·734 Gramm oder 734 Milligramme abgewogen, diese Quantität in ein Glasrohr gethan und geglüht wird, während die entstehenden Wasserdämpfe in einem vorgelegten Chlorcalciumrohr aufgefangen und condensirt werden, und wenn dieses Rohr um 75 Milligr. an Gewicht zugenommen hat, während der nach dem Glühen erhaltene Rückstand von rothem Eisenoxyd 660 Milligr. wiegt, so hat man:

Angewandt: 734 Milligr., erhalten: Eisenoxyd 660
Wasser 75
zusammen 735.

Man hätte also bei dem Versuche eine kleine Ungenauigkeit begangen, weil die Summe der Bestandtheile mehr ausmacht, als das Gewicht der ursprünglichen Verbindung beträgt. Solche Versuchsfehler sind aber unvermeidlich. Eine längere Uebung lehrt die Grösse des Fehlers kennen, welcher zulässig ist, wofern die Analyse genau genannt werden darf.

Man pflegt die Resultate der Analyse percentisch auszudrücken. Um dazu zu gelangen, wird man im obigen Falle den Ansatz machen: 734 Gewichtstheile Mineral gaben 660 Gewth. Eisenoxyd, 100 Gewth. Mineral würden geben x Gewth. Eisenoxyd. Ferner 734 Gewth. Mineral gaben 75 Gewth. Wasser, 100 Gewth. Mineral würden geben y Gewth. Wasser.

$734 : 660 = 100 : x$ $x = 89·92$ Percent Eisenoxyd
$734 : 75 = 100 : y$ $y = 10·22$ » Wasser
zusammen 100·14.

Also zeigt auch hier der Ueberschuss den Versuchsfehler an.

Ein Beispiel für indirecte Bestimmung liefert die Analyse des Steinsalzes. Als Bestandtheile gibt die qualitative Probe Chlor und Natrium an. Gesetzt nun, man hätte von dem reinen Mineral 345 Milligr. abgewogen und in Wasser aufgelöst, hierauf salpetersaures Silber so lange zugefügt, als noch ein Niederschlag entsteht, so ist jetzt alles Chlor in dem Niederschlag enthalten, welcher aus Chlorsilber besteht. Nach dem Abfiltriren, Auswaschen und Trocknen hatte derselbe das Gewicht von 840 Milligr. In der Flüssigkeit, welche nach der Trennung dieses Niederschlages zurückblieb, ist noch etwas salpetersaures Silber enthalten, weil um etwas mehr zugesetzt wurde, als nothwendig war. Dieses wird wieder mittels Salzsäure in Chlorsilber verwandelt, der entstandene Niederschlag abfiltrirt und beseitigt. Die zurückgebliebene Lösung enthält noch das Natrium des angewandten Steinsalzes nebst den Elementen der Salpetersäure und Salzsäure. Wird nun Schwefelsäure zugesetzt und eingedampft, bis ein trockener Rückstand entsteht, so verflüchtigt sich die Salpetersäure, Salzsäure und die überschüssig zugesetzte Schwefelsäure, und es hinterbleibt nach dem starken Erhitzen des Rückstandes nur schwefelsaures Natron, welches das Gewicht von 419 Milligr. ergäbe.

Man hat jetzt das Steinsalz in zwei getrennt gewogene Verbindungen, in Chlorsilber und schwefelsaures Natron verwandelt. Mit Hilfe eines analytischen Handbuches findet man nun, dass in 100 Theilen Chlorsilber 24·74 Theile Chlor enthalten seien, wonach in der gewogenen Menge von 840 Milligr. Chlorsilber 207·8 Milligr. Chlor enthalten sind. Ebenso findet man, dass in 100 Theilen schwefelsauren Natrons 32·39 Theile Natrium enthalten seien, wonach sich ergibt, dass die gewogenen 419 Milligr. dieses Salzes 135·7 Milligr. Natrium enthalten Folglich:

Angewandt: 345 Milligr. Steinsalz, erhalten: Chlor 207·8 Milligr. oder 60·23 Percent
         Natrium 135·7 »   » 39·34 »
             343·5   99·57

154. Gesetz der Mischungsgewichte. Die Minerale, welche sich in qualitativer Beziehung vollkommen gleich verhalten, welche also nach ihren Eigenschaften identisch sind, geben auch bei der gewichtsmässigen Analyse dasselbe Verhältnis der Bestandtheile. Reines Steinsalz vom ersten, zweiten, dritten Fundorte u. s. w. gibt immer dasselbe Verhältnis von Chlor und Natrium, welches im vorigen Beispiele angeführt wurde, und dieses Verhältnis wird blos durch die unvermeidlichen Fehler der Beobachtung ein wenig modificirt. Reiner Tremolit von diesem oder jenem Fundorte liefert stets dieselben Verhältniszahlen für Magnesium, Calcium, Silicium und Sauerstoff, aus welchen Stoffen dieses Mineral besteht. Hat man also für ein Mineral das Gewichtsverhältnis der Bestandtheile:

$$A : B : C : D : \text{etc.}$$

gefunden, so werden alle damit identischen Minerale das gleiche Verhältnis ergeben. Damit ist das empirische Gesetz der bestimmten Gewichtsverhältnisse ausgedrückt. A, B, C, D etc. heissen die Mischungsgewichte oder auch die Verbindungsgewichte.

Hat ein Mineral die oben angeführten Gewichtsverhältnisse geliefert, und findet sich ein zweites Mineral, welches zwar dieselben Stoffe enthält, welches aber in seinen Eigenschaften von dem vorigen verschieden ist, so wird selbes nur ganz ausnahmsweise ein gleiches, also fast immer ein anderes Gewichtsverhältnis liefern, ebenso ein drittes Mineral, welches wohl wiederum dieselben Stoffe enthält, aber in den Eigenschaften von den beiden vorigen verschieden ist. Es besteht jedoch unter den Gewichtsverhältnissen dieser Minerale ein Zusammenhang, welcher aus den folgenden Beispielen, welche zum Theil auch von Producten der Laboratorien hergenommen sind, klar wird.

Das reine Wasser liefert bei der Zerlegung 11·11 Perc. Wasserstoff und 88·89 Sauerstoff, also achtmal soviel Sauerstoff als Wasserstoff. Wird ein Gewichtstheil Wasserstoff durch H und werden 8 Gewichtstheile Sauerstoff durch O ausgedrückt, so lautet das Gewichtsverhältnis der Bestandtheile des Wassers $H:O$. Das Wasserstoffsuperoxyd besteht auch aus Wasserstoff und Sauerstoff, es gibt aber bei der Zerlegung nur 5·88 Perc. Wasserstoff gegen 94·12 Perc. Sauerstoff, das Verhältnis beider ist 1:16, durch die vorigen Zeichen ausgedrückt $H:2O$, weil das Wasserstoffsuperoxyd bei gleicher Menge von Wasserstoff zweimal soviel Sauerstoff enthält als das Wasser.

Eine Reihe von Beispielen liefern die von den Chemikern dargestellten Verbindungen des Stickstoffes mit dem Sauerstoff. Von diesen enthält das Stickoxydul 63·64 Perc. Stickstoff gegen 36·36 Perc. Sauerstoff. Um die frühere Bezeichnung beizubehalten, nach welcher 8 Gewth. Sauerstoff $= O$, wird berechnet, wie viel Gewth. Stickstoff hier auf 8 Gewth. Sauerstoff kommen, $36·36 : 63·64 = 8 : x$, woraus $x = 14$ sich ergibt. Wird nun die Menge von 14 Gewth. Stickstoff durch N bezeichnet, so kann man statt des percentischen Verhältnisses schreiben 14 Gewth. Stickstoff: 8 Gewth. Sauerstoff oder $N:O$.

Für die ferneren Verbindungen ist unten ausser der percentischen Zusammensetzung auch das Resultat der Umrechnung angesetzt:

	Stickstoff	Sauerstoff	umgerechnet	in Zeichen
Stickoxydul	63·64 :	36·36 =	14 : 8 =	$N:O$
Stickoxyd	64·67 :	53·33 =	14 : 16 =	$N:2O$
Salpetrigsäure-Anhydrid	36·84 :	63·16 =	14 : 24 =	$N:3O$
Salpetersäure-Anhydrid	25·93 :	74·07 =	14 : 40 =	$N:5O$

Es ist also das Verhältnis der Mischungsgewichte beim Stickoxydul $N:O$, bei allen übrigen aufgezählten Verbindungen $N:mO$, wo m eine ganze Zahl ist.

Die entsprechende Regel gilt aber auch für die Verbindungen mehrerer Stoffe, z. B. für die folgenden Minerale, für welche nicht mehr die percentischen Gewichtsmengen, sondern schon die umgerechneten Verhältnisse angesetzt sind:

	Calcium	Magnesium	Silicium	Sauerstoff	in Zeichen
Periklas	— :	12 :	— :	8 =	$Mg:O$
Enstatit	— :	12 :	14 :	24 =	$Mg:Si:3O$
Forsterit	— :	24 :	14 :	32 =	$2Mg:Si:4O$
Diopsid	20 :	12 :	28 :	48 =	$Ca:Mg:2Si:6O$
Tremolit	20 :	36 :	56 :	96 =	$Ca:3Mg:4Si:12O$

Hier ist für 12 Gewth. Magnesium die Abkürzung Mg, für 20 Gewth. Calcium die Abkürzung Ca, für 14 Gewth. Silicium aber Si gebraucht.

Das allgemeine Gesetz, welches die Gewichtsverhältnisse beherrscht, lautet also: Wenn für irgend eine Verbindung das Gewichtsverhältnis:
$$A : B : C : D : \text{etc.}$$
gefunden wurde, so ist das Gewichtsverhältnis für alle Verbindungen, welche dieselben Bestandtheile enthalten:
$$m A : n B : p C : q D : \text{etc.}$$
wo die Coëfficienten m, n, p, q ganze Zahlen sind. In dem letzten Beispiele sind es die Zahl 1, welche nicht geschrieben wurde, ferner 2, 3, 4, 6, 12. Das Verhältnis der Coëfficienten ist also immer ein rationales. Dieses Gesetz, welches früher das Gesetz der multiplen Proportionen genannt wurde, sagt aus, dass die Gewichtsverhältnisse aller Verbindungen, welche dieselben Bestandtheile enthalten, von einer dieser Verbindungen abgeleitet werden, indem man deren Mischungsgewichte mit ganzen Zahlen multiplicirt. Diejenigen Mischungsgewichte, welche von den Verbindungen geliefert werden, die als Grundlage des Vergleiches gewählt wurden, heissen Aequivalentgewichte. In den vorigen Beispielen wurden Wasser, Stickoxyd, Periklas etc. als Grundlagen gewählt, und wurden die Aequivalentgewichte $H = 1$, $O = 8$, $N = 14$, $Mg = 12$ etc. erhalten. Die Zeichen H, O, N, Mg heissen demnach Aequivalentzeichen. Sie geben erstens eine Qualität an, nämlich Wasserstoff, Sauerstoff, Stickstoff etc., zweitens eine Quantität, nämlich 1, 8, 14 Gewichtstheile etc.

Es ist leicht zu bemerken, dass das Gesetz der bestimmten Gewichtsverhältnisse eine Aehnlichkeit mit dem Gesetze der Constanz der Flächenwinkel an den Krystallen habe, ferner dass das Gesetz der rationalen Verbindungsverhältnisse in der Form ganz und gar mit dem Parametergesetze übereinstimmt. Diese Uebereinstimmung ist keine zufällige, sondern sie beruht darauf, dass einerseits die Krystalle, andererseits die Materie überhaupt aus Theilchen von bestimmtem Gewichte zusammengefügt gedacht werden können.

155. Erklärung. In dem morphologischen und dem physikalischen Theile wurde wiederholt jene Vorstellung benützt, nach welcher die Körper aus schwebenden Theilchen, den Molekeln, zusammengesetzt sind. Homogene Minerale, wie das Wasser, das Steinsalz, bestehen demnach aus Molekeln, die alle unter einander gleich sind. Erfährt nun ein solcher Körper eine stoffliche Veränderung, so müssen die Molekel sich verändern. Wenn daher Wasser zerlegt wird und daraus Wasserstoffgas und Sauerstoffgas entsteht, so können wir uns den Vorgang nicht anders vorstellen, als dass sich die Wassermolekel zertheilen, ferner dass die entstandenen Molekel-Theile wieder neue Molekel, nämlich Sauerstoff- und Wasserstoffmolekel gebildet haben.

Die Theilbarkeit der Molekel und die Fähigkeit der Theile, wieder neue Molekel zu bilden, lässt sich auf keine andere Weise besser darstellen, als durch die Annahme, dass die Molekel aus Körperchen von bestimmtem Gewichte bestehen, welche untheilbar sind. Diese gedachten Körperchen werden Atome genannt. Eine Molekel ist demgemäss ein System von frei schwebenden, durch anziehende Kräfte verbundenen Atomen, ist also ein Planetensystem im kleinsten

Massstabe. Ein homogener Körper ist eine Wiederholung von ungemein vielen solchen Systemen. Man kann sich nun eine Molekel denken, deren Gewicht M' ist, und welche aus vier Atomen derselben Art besteht. Jedes dieser Atome habe das Gewicht A. Dann wird $M' = 4A$ sein. Ein Körper, der aus solchen Molekeln besteht, ist ein chemisch einfacher Körper. Wenn man sich aber eine andere Molekel denkt, deren Gewicht M ist, und welche aus verschiedenartigen Atomen zusammengefügt ist, so kann dieselbe aus zwei Atomen der vorerwähnten Art, ferner aus drei Atomen anderer Art bestehen, deren jedes das Gewicht B besitzt, ausserdem aus einem Atom dritter Art, dessen Gewicht C ist, endlich aus vier Atomen vierter Art, deren jedes das Gewicht D hat. Dann ist

$$M = 2A + 3B + C + 4D.$$

Wäre es nun möglich, eine einzige Molekel zu zerlegen und die erhaltenen einfachen Stoffe zu wägen, so würde sich das Gewichtsverhältnis

$$2A : 3B : C : 4D$$

ergeben. Weil nun ein homogener Körper nur eine Wiederholung vieler gleicher Molekel ist, so wird auch die Zerlegung des ganzen Körpers, der blos aus solchen Molekeln M besteht, dieses eben angeführte Gewichtsverhältnis liefern.

Die Erklärung des Gesetzes der Mischungsgewichte ist nun einfach. Wie schon Dalton gezeigt hat, erscheinen die Mischungsgewichte, speciell die früher genannten Aequivalentgewichte nunmehr als die relativen Gewichte der einzelnen Atome, die Coëfficienten m, n, p, q u. s. w. als die Anzahl der in der Molekel enthaltenen Atome gleicher Art. Dass diese Coëfficienten ganze Zahlen sein müssen, ist nun selbstverständlich.

Mit dieser Erklärung, welche sagt, dass die Rationalität der Mischungsgewichtsverhältnisse eine nothwendige Folge von der Zusammensetzung der Molekel aus Atomen sei, begnügte man sich längere Zeit, weil dieselbe zum Verständnisse vieler chemischer Erscheinungen hinreicht. Die Versuche aber, weiter vorzudringen und die relativen Gewichte der Atome zu ermitteln, also zu bestimmen, wie vielmal das Atom der einen Art schwerer sei als das andere, zeigten bald, dass die obengenannte Vorstellung ohne weitere Beihilfe dazu nicht ausreicht. Dies ergibt sich schon aus folgendem Beispiele: Das Gewichtsverhältnis der Bestandtheile des Wassers 1 Wasserstoff : 8 Sauerstoff wurde früher durch $H : O$ ausgedrückt. Man könnte demnach sagen, die Wassermolekel bestehe aus einem Atom Wasserstoff und einem Atom Sauerstoff, das Atom Sauerstoff sei daher 8mal schwerer als das Wasserstoffatom, das Gewicht der Wassermolekel W sei dementsprechend 9mal grösser als das Gewicht des Wasserstoffatoms, da $W = H + O$. Dasselbe Gewichtsverhältnis lässt sich aber auch durch 2 Wasserstoff : 16 Sauerstoff ausdrücken, welches $2 \times 1 : 16$ ist, und man könnte sagen, es seien zwei Atome Wasserstoff und nur 1 Atom Sauerstoff O' in der Molekel enthalten, letzteres sei aber 16mal schwerer als ein Atom Wasserstoff. Jetzt hätte man das Verhältnis $2H : O'$, und das Gewicht einer Wassermolekel W' wäre 18mal grösser als das Gewicht eines Wasserstoffatoms, da $W' = 2H + O' = 18$. Ausserdem liessen sich noch viele andere Deutungen geben. Es blieb also fraglich, ob die Aequivalentzahlen den Atomgewichten gleich zu setzen seien.

156. Moleculargewicht, Atomgewicht. Ein Mittel, um die relativen Gewichte der Atome zu bestimmen, ist die Betrachtung der Volumverhältnisse der gasförmigen Körper. Nimmt man von verschiedenen Gasen und Dämpfen gleiche Volume und wägt dieselben, so ergeben sich aus dem Verhältnis dieser Gewichte Zahlen, welche als die Dichte jener Körper bezeichnet werden. Nimmt man also von Wasserstoffgas, Bromgas, Bromwasserstoffgas je einen Liter, so erfährt man durch Wägen, dass ein Liter Brom 80mal, ein Liter Bromwasserstoff $40^1/_2$mal so schwer sei als ein Liter Wasserstoffgas. Die Dichten verhalten sich also wie $1 : 80 : 40^1/_2$. Nach der zuerst von Avogadro ausgesprochenen Ansicht, welche seither durch viele physikalische und chemische Erfahrungen bestätigt wurde, enthalten aber gleiche Volume gasförmiger Körper eine gleiche Anzahl von Molekeln. Demzufolge sind in einem Liter Bromgas ebensoviele Molekel enthalten, wie in einem Liter Wasserstoffgas. Da nun der Liter Bromgas 80mal so schwer ist als der Liter Wasserstoffgas, so muss auch jede einzelne Brommolekel 80mal so schwer sein als eine Wasserstoffmolekel, ferner muss eine Bromwasserstoffmolekel $40^1/_2$mal so schwer sein. Die Dichten der Gase verhalten sich also wie die entsprechenden Moleculargewichte.

Die Vergleichung der chemischen Zusammensetzung führt einen Schritt weiter. Wasserstoff und Brom sind einfache Körper, der Bromwasserstoff ist aber aus diesen beiden Substanzen zusammengesetzt, und zwar enthalten $40^1/_2$ Gewth. Bromwasserstoff $^1/_2$ Gewth. Wasserstoff, während die übrigen 40 Gewth. Brom sind. Würde man also für das Moleculargewicht des Bromwasserstoffes $40^1/_2$ nehmen, so würde die Menge Wasserstoff, die in der Molekel enthalten ist, weniger betragen als ein Atom Wasserstoff, nämlich $^1/_2$, während das Atomgewicht des Wasserstoffs von vornherein $H = 1$ angenommen wurde.

Um diesen Widerspruch aufzuheben, muss man die Zahl für das Moleculargewicht des Bromwasserstoffs verdoppeln, was 81 gibt. In einer Gewichtsmenge von 81 ist nun 1 Gewth. Wasserstoff gegen 80 Gewth. Brom enthalten, die Molekel bestünde sonach aus einem Atom Wasserstoff und aus einem Atom Brom, sie wäre $H + Br = 1 + 80 = 81$. Die hier vorgenommene Verdoppelung muss aber an allen Zahlen, welche die früher bezeichnete Gasdichte ausdrücken, angebracht werden, dann erhält man die Moleculargewichte. Ist dies geschehen, so ergibt sich auch in allen übrigen, hier nicht genannten Beobachtungen kein Widerspruch mehr.

Die Moleculargewichte für Wasserstoff-, Brom- und Bromwasserstoffgas sind daher statt $1, 80, 40^1/_2$ von jetzt ab $2, 160, 81$. Das Moleculargewicht des Wasserstoffgases ist also $= 2$, die Wasserstoffmolekel ist doppelt so schwer als das Wasserstoffatom, sie besteht also aus 2 Atomen Wasserstoff $H + H = 2$. Auch die Brommolekel besteht aus zwei Atomen: $Br + Br = 80 + 80 = 160$.

Nunmehr lässt sich auch die im vorigen Abschnitte entstandene Frage über die Grösse der Wassermolekel beantworten. Der Wasserdampf ist 9mal dichter

als das Wasserstoffgas, daher ist das Moleculargewicht des Wassers = 18, al[s]
in der That 18mal grösser als das Atomgewicht des Wasserstoffs.

Das Moleculargewicht M eines homogenen Gases wird also ermittelt, inde[m]
man bestimmt, um wieviel dieses Gas dichter sei als Wasserstoffgas, und d[ie]
erhaltene Zahl D mit 2 multiplicirt. Hierauf lässt sich durch die Analyse d[es]
Gases die Zusammensetzung der Molekel aus Atomen erschliessen, wie dies auc[h]
aus folgenden Fällen ersichtlich ist:

Gase	D	M	Die Mol. besteht aus Gewth.:	in Atom[-]gewichten
Wasserstoff	1	2	2 Wasserstoff	2 H
Wasser	9	18	2 Wasserstoff, 16 Sauerstoff	2 H + (
Sauerstoff	16	32	32 Sauerstoff	2 O
Salzsäure	$18\frac{1}{4}$	$36\frac{1}{2}$	1 Wasserstoff, $35\frac{1}{2}$ Chlor	H + (
Chlor	$35\frac{1}{2}$	71	71 Chlor	2 Cl
Ammoniak	$8\frac{1}{2}$	17	3 Wasserstoff, 14 Stickstoff	3 H + [N]
Stickoxydul	22	44	28 Stickstoff, 16 Sauerstoff	2 N + (
Stickoxyd	15	30	14 » 16 »	N + (

Diese Beispiele zeigen, dass man, sobald das Moleculargewicht bekan[nt]
ist, mittels der Gewichtsverhältnisse, welche die Analyse liefert, zu einem Urthe[il]
über die Gewichte der Atome gelangt, indem man die geringste Gewichtsmeng[e]
mit welcher ein einfacher Stoff in den Molekeln vorkommt, als das Atom[-]
gewicht betrachtet. Auf diese Weise hat man für alle Verbindungen, die Gas[e]
oder Dämpfe sind, oder sich durch Erwärmung in Dämpfe verwandeln lasse[n]
die Atomgewichte der enthaltenen Stoffe mit grosser Wahrscheinlichkeit bestimm[t]
Für jene einfachen Stoffe hingegen, welche keine derlei Verbindungen liefer[n]
war man genöthigt, durch die sorgfältige Vergleichung anderer physikalische[r]
Eigenschaften, wie der specifischen Wärme, des Isomorphismus, zu eine[m]
Schlusse zu kommen. Näheres hierüber in Lothar Meyer's »Moderne Theorie
der Chemie«.

Die Atomgewichte der einfachen Stoffe, welche gegenwärtig zur Berechnun[g]
der Zusammensetzung benutzt werden, sind als abgerundete Zahlen in der fo[l-]
genden Tafel angeführt. Die Zeichen für die Atome sind Abkürzungen d[er]
lateinischen Namen der Elemente. In den folgenden Fällen sind diese von deutsche[n]
Bezeichnungen merklich verschieden.

Antimon	= Stibium.		Sauerstoff	= Oxygenium.
Blei	= Plumbum.		Schwefel	= Sulfur.
Eisen	= Ferrum.		Silber	= Argentum.
Gold	= Aurum.		Stickstoff	= Nitrogenium.
Kohlenstoff	= Carbonium.		Wasserstoff	= Hydrogenium.
Kupfer	= Cuprum.		Wismut	= Bismutum.
Quecksilber	= Hydrargyrum.		Zinn	= Stannum.

Namen	Symbol	Atomg.	Namen	Symbol	Atomg.
Aluminium	Al	27	Nickel	Ni	59
Antimon	Sb	120	Niobium	Nb	94
Arsen	As	75	Osmium	Os	199
Baryum	Ba	137	Palladium	Pd	106
Beryllium	Be	9	Phosphor	P	31
Blei	Pb	207	Platin	Pt	197
Bor	B	11	Quecksilber	Hg	200
Brom	Br	80	Rhodium	Rh	104
Cadmium	Cd	112	Rubidium	Rb	85.4
Cäsium	Cs	133	Ruthenium	Ru	104
Calcium	Ca	40	Sauerstoff	O	16
Cer	Ce	92	Scandium	Sc	44
Chlor	Cl	35·5	Schwefel	S	32
Chrom	Cr	52	Selen	Se	79
Didym	Di	142	Silber	Ag	108
Eisen	Fe	56	Silicium	Si	28
Erbium	Er	166	Stickstoff	N	14
Fluor	F	19	Strontium	Sr	87·6
Gallium	G	70	Tantal	Ta	182
Germanium	Ge	72·3	Tellur	Te	128
Gold	Au	197	Thallium	Tl	204
Indium	In	113	Thorium	Th	231
Iridium	Ir	198	Thulium	Tm	171
Jod	J	127	Titan	Ti	50
Kalium	K	39	Uran	U	240
Kobalt	Co	59	Vanadium	V	51·3
Kohlenstoff	C	12	Wasserstoff	H	1
Kupfer	Cu	63·5	Wismut	Bi	208·6
Lanthan	La	138	Wolfram	W	184
Lithium	Li	7	Ytterbium	Yb	173
Magnesium	Mg	24	Yttrium	Y	91
Mangan	Mn	55	Zink	Zn	65
Molybdän	Mo	96	Zinn	Sn	118
Natrium	Na	23	Zirkonium	Zr	90

157. Formeln. Die gegenwärtig gebrauchten chemischen Formeln sind ihrer Bedeutung nach von zweierlei Art. Für jene Verbindungen, deren Moleculargewicht durch Bestimmung der Dampfdichte ermittelt ist, können Molecularformeln geschrieben werden. Diese zählen die Atome auf, welche in der Molekel enthalten sind, z. B. $H + H + O$ oder H_2O. Für jene Verbindungen aber, deren Moleculargewicht wir bis jetzt nicht kennen, und dieses ist bei fast allen Mineralen der Fall, lassen sich nur die Gewichtsverhältnisse unter Benützung der Atomgewichte angeben. Die für Minerale gebrauchten Formeln sind daher fast durchwegs Verhältnisformeln, z. B. für das lichte Rothgiltigerz 3 Ag : As : 3 S. In den beiderlei Formeln pflegt man jedoch die Pluszeichen und die Verhältniszeichen wegzulassen, ferner die Coëfficienten rechts unten statt vorne zu schreiben, z. B. H_2O oder $Ag_3As S_3$. Aeusserlich ist daher der Unterschied zwischen den beiden Arten von Formeln aufgehoben. Man darf sich aber dadurch nicht irre machen lassen. Vor Allem ist zu erinnern, dass man die Formel eines Minerales mit jeder beliebigen Zahl multipliciren dürfe, ferner dass man die Formel, die ja nur ein Verhältnis darstellt, durch Division mit derselben Zahl abkürzen dürfe.

Solange die Formel nichts weiter ausdrücken soll oder kann als das Gewichtsverhältnis der Bestandtheile, schreibt man die kleinste Formel, d. i. den Ausdruck mit den kleinsten Coëfficienten, also $Ag_3As S_3$ anstatt $Ag_6As_2S_6$ etc. Wenn man aber mit den Molecularformeln verwandter künstlicher Verbindungen nicht in Widerspruch gerathen will oder wenn man gar eine wahrscheinliche Molecularformel zu schreiben gedenkt, so wird man zuweilen höhere Zahlen schreiben, auch wenn sich eine Abkürzung vornehmen liesse, z. B. für den Kalifeldspath $K_2Al_2Si_6O_{16}$. In den Fällen, da sich in der Formel eine ganze Gruppe von Atomen wiederholt, schreibt man den Coëfficienten vor das Zeichen derselben und nach derselben einen Punkt, oder gibt dieselbe in Parenthese, z. B. $2NH_4 . SO_4$ oder $2(NH_4)SO_4$ statt $N_2H_8SO_4$. Die Schreibweise der Mineralformeln ist entweder eine empirische, wie in den zuletzt aufgeführten Beispielen, oder sie ist eine gruppirende, wofern in denselben Atomgruppen, welche einfachen Verbindungen entsprechen, hervorgehoben werden, z. B. für Kalifeldspath in der Formel: $K_2O . Al_2O_3 . 6SiO_2$.

158. Reaction. Jede chemische Veränderung ist eine Bildung neuer Molekel aus den früher vorhandenen. Führt die Erscheinung zur Bildung complicirter zusammengesetzter Molekel, so spricht man von einer Verbindung oder einem Aufbau, führt sie zur Entstehung einfacherer Molekel, so spricht man von einer Zerlegung oder einem Zerfall, bleibt sich die Zahl der Molekel vor und nach der Erscheinung gleich, so nennt man den Vorgang einen Austausch. Die chemische Veränderung oder Reaction wird durch eine Gleichung ausgedrückt, in welcher links der ursprüngliche, rechts der neue Zustand angeführt werden.

Die Verbindungen geschehen zuweilen durch Addition, so z. B. bildet sich kohlensaurer Kalk beim Zusammentreffen von Kalk $CaO + CO_2 = CaCO_3$.

Manchmal ereignet sich ein directer Zerfall einer Verbindung, so beim Glühen des kohlensauren Kalkes $CaCO_3 = CaO + CO_2$.

Die gewöhnliche chemische Wirkung oder Reaction besteht in einem Austausche, welcher als eine Vereinigung von Molekeln und ein unmittelbar darauf folgendes Zerfallen erscheint. Dieses Zerfallen erfolgt aber in einem anderen Sinne als dem der Vereinigung. Ein Beispiel wäre die Einwirkung von Schwefelsäure H_2SO_4 auf Kaliumoxyd, wodurch Kaliumsulfat und Wasser gebildet werden

$$K_2O + H_2SO_4 = K_2SO_4 + H_2O.$$

Der Vorgang ist der Art, als ob H_2 gegen K_2 oder als ob SO_4 gegen O ausgetauscht worden wäre. Ein anderer Fall ereignet sich beim Zusammentreffen von Chlorkalium KCl und Silbernitrat $AgNO_3$ in wässeriger Lösung, wobei Chlorsilber und Kaliumnitrat gebildet werden.

$$KCl + AgNO_3 = AgCl + KNO_3.$$

Hier wäre der Austausch von K und Ag oder jener von Cl gegen NO_3 zu bemerken. Ein dem vorigen entsprechender Fall ist die Wirkung von Chlorbaryum $BaCl_2$ auf eine Auflösung von Calciumsulfat $CaSO_4$, wodurch Baryumsulfat und Chlorcalcium entstehen:

$$BaCl_2 + CaSO_4 = BaSO_4 + CaCl_2.$$

Dies könnte als ein Austausch von Ba gegen Ca oder von Cl_2 gegen SO_4 aufgefasst werden. Wenn ein solcher Austausch in wässeriger Lösung stattfindet, so zeigt sich jedesmal, dass eine der neu entstandenen Verbindungen schwerer löslich ist, als die früher vorhandenen. Die schwerer löslichen Verbindungen sind in den vorigen drei Beispielen K_2SO_4, $AgCl$, $BaSO_4$.

Die Reactionen sind öfters zum Theile Austausch, zum Theile Zerlegung, so bei der Einwirkung von Schwefelsäure H_2SO_4 auf Calciumcarbonat $CaCO_3$.

$$CaCO_3 + H_2SO_4 = CaSO_4 + CO_2 + H_2O.$$

Hier zeigt der rechte Theil der Gleichung den Austausch von Ca gegen H_2 und zugleich ein Zerfallen, weil CO_2 und H_2O keine Verbindung mit einander bilden.

Nennt man die Atome und Atomgruppen, welche gegen einander ausgetauscht werden, äquivalent und bezeichnet dieses durch $\sim$, so hat man in den vier angeführten Beispielen $K_2 \sim H_2$, $K \sim Ag$, $Ba \sim Ca$, $Ca \sim H_2$ und andererseits $O \sim SO_4$, $Cl \sim NO_3$, $Cl_2 \sim SO_4$, $CO_3 \sim SO_4$. Demnach sind mit einander äquivalent: $H \sim K \sim Ag$, ferner $H_2 \sim K_2 \sim Ca \sim Ba$, ferner $Cl \sim NO_3$ und $Cl_2 \sim O \sim SO_4 \sim CO_3$. Das Aequivalent von Ca und Ba ist demnach doppelt so gross als das Aequivalent von H, K, Ag u. s. f.

Hieraus erkennt man, dass das Atomgewicht bald gleich, bald doppelt so gross ist, als die Aequivalentzahl.

159. Wasserstoff-Verbindungen. Aus den Dampfdichten folgt, dass die einfachen Stoffe meistens schon Verbindungen sind, indem zwei oder mehrere Atome in der Molekel enthalten sind, z. B. Wasserstoffgas H_2, Chlorgas Cl_2, Sauerstoffgas O_2, Phosphordampf P_4. Selten ist die Molekel einfach, d. i. sie besteht nur aus einem Atom, z. B. beim Quecksilber Hg, Cadmium Cd.

Von den einfachen Verbindungen verschiedenartiger Atome sind folgende als für die Classification wichtige Beispiele anzuführen:

HH Wasserstoffgas. ClH Salzsäure oder Chlorwasserstoff.
OH_2 Wasser. SH_2 Schwefelwasserstoff.
NH_3 Ammoniak. PH_3 Phosphorwasserstoff.
CH_4 Sumpfgas. SiH_4 Siliciumwasserstoff.

Die Wasserstoffverbindungen dienen als Ausgangspunkt einer Classification der Atome. Die angeführten Beispiele zeigen, dass von den Atomen die einen eine grössere, die anderen eine geringere Anzahl von Wasserstoffatomen zu binden vermögen; sie besitzen, wie man zu sagen pflegt, eine verschiedene

Bindekraft oder **Valenz**, ihr chemischer Werth ist verschieden. Demnach kann man das Wasserstoffatom und das Chloratom einwerthig, das Sauerstoffatom zweiwerthig, das Stickstoffatom dreiwerthig, das Kohlenstoffatom vierwerthig nennen. Für den Anfänger werden die Valenzen öfters durch römische Ziffern angedeutet z. B.: $\overset{I}{H}, \overset{I}{Cl}, \overset{II}{O}, \overset{II}{S}, \overset{III}{N}, \overset{IV}{C}, \overset{IV}{Si}$.

Ferner wird die Bindung der Atome unter einander zuweilen durch Striche, deren jeder eine Valenz-Einheit bedeutet, ausgedrückt, also:

Cl—H Salzsäure, H—H Wasserstoffgas, $O\genfrac{}{}{0pt}{}{H}{H}$ oder H—O—H Wasser,

$C\genfrac{}{}{0pt}{}{\genfrac{}{}{0pt}{}{H}{H}}{\genfrac{}{}{0pt}{}{H}{H}}$ oder $\genfrac{}{}{0pt}{}{H}{H}C\genfrac{}{}{0pt}{}{H}{H}$ Sumpfgas.

160. Chlorverbindungen.

HCl Salzsäure.
OCl$_2$ Sauerstoffbichlorid.   SCl$_2$ Schwefelbichlorid.
PCl$_3$ Phosphorchlorür.   AsCl$_3$ Arsenchlorür.
CCl$_4$ Kohlenstoffchlorid.   SiCl$_4$ Siliciumchlorid.
PCl$_5$ Phosphorchlorid.   SbCl$_5$ Antimonchlorid.

Da sich hier und in vielen anderen Fällen eine Analogie der Wasserstoff- und der Chlorverbindungen ergibt, so benutzt man auch die Chlorverbindungen zur Bestimmung der Valenz, es zeigt sich aber schon an den Beispielen PCl$_3$ und PCl$_5$, dass man es hier nicht mit constanten Zahlen zu thun habe. Viele Chemiker denken sich aber die Valenz constant, also das Phosphoratom fünfwerthig, und halten die Verbindungen, wie PCl$_3$, für unvollständig gesättigt, ebenso das Arsen für fünfwerthig und AsCl$_3$ für eine unvollständig gesättigte Verbindung, als $Cl_2 = P \equiv Cl_3$ Phosphorchlorid, $\equiv P \equiv Cl_3$ Phosphorchlorür. Ebenso gilt das Stickstoffatom als fünfwerthig, wonach $\equiv N \equiv H_3$ Ammoniak eine ungesättigte Verbindung und man sagt hier, P und N sind fünfwerthig, sie verhalten sich aber in manchen Verbindungen dreiwerthig. Demnach wird unter Valenz häufig das Maximum der Valenz verstanden.

Von den Chloriden der Metalle sind noch als Beispiele anzuführen:

LiCl, NaCl, KCl, AgCl.
MgCl$_2$, CaCl$_2$, BaCl$_2$, ZnCl$_2$, PbCl$_2$, CuCl$_2$.
AlCl$_3$, FeCl$_3$, BiCl$_3$.
TiCl$_4$, SnCl$_4$.

Im Folgenden wird angegeben, wie sich die in den Mineralen häufig vorkommenden einfachen Stoffe bezüglich der Valenz verhalten. Das gegenwärtig angenommene Maximum der Valenz ist durch römische Ziffern ausgedrückt.

Einwerthig: H, Li, Na, K, Ag I
 „   Cu, auch zweiwerthig I
 „   F, Cl, Br, J VII

Zweiwerthig: Be, Mg, Ca, Sr, Ba, Zn, Cd, Hg II
    »   Pb, auch vierwerthig IV
    »   O, S, Se, Te, Cr VI
    »   Mn, auch drei-, auch vierwerthig . . . VII
    »   Fe, Co, Ni »   »   »   . . . VIII
Dreiwerthig: B, Al III
    »   N, P, V, As, Sb, Bi V
Vierwerthig: C, Si, Ti, Sn . . . . IV.

Die Verbindungen der Metalle von wechselnder Valenz werden bisweilen durch eine charakteristische Silbe unterschieden. Verbindungen des einwerthigen Kupfers heissen Cuproverbindungen z. B. $CuCl$, Cuprochlorid (früher Kupferchlorür), jene des zweiwerthigen Kupfers Cupriverbindungen z. B. $CuCl_2$ Cuprichlorid (früher Kupferchlorid). Verbindungen des zweiwerthigen Eisens, Mangans heissen Ferro- und Manganoverbindungen z.B. $FeCl_2$ Ferrochlorid, $MnCl_2$ Manganochlorid (früher Eisenchlorür, Manganchlorür) hingegen die Verbindungen bei höherer Valenz Ferriverbindungen z. B. $FeCl_3$ Ferrichlorid (früher Eisenchlorid).

161. Sauerstoffverbindungen.

A. Oxyde.

Wassertypus: H_2O Wasser, die Alkalien: K_2O Kali, Na_2O Natron, Li_2O Lithion. Cu_2O, Cupro-Oxyd (Kupferoxydul).

Monoxyde: Die Erden: BeO Beryllerde, MgO Magnesia, CaO Kalkerde oder Kalk, SrO, BaO, ferner Schwermetalloxyde, wie PbO, ZnO, CuO Cupri-Oxyd, FeO Ferro-Oxyd (Eisenoxydul), MnO Mangano-Oxyd (Manganoxydul).

Sesquioxyde: Al_2O_3 Thonerde, Fe_2O_3 Ferri-Oxyd (Eisenoxyd), Mn_2O_3 Mangani-Oxyd (Manganoxyd), Cr_2O_3 Chromoxyd, Ti_2O_3 Titanoxyd, As_2O_3 Arsenoxyd, Sb_2O_3, Bi_2O_3.

Dioxyde: CO_2 Kohlensäureanhydrid, SiO_2 Kieselerde, TiO_2 Titansäureanhydrid, SnO_2 Zinnoxyd.

Pentoxyde: P_2O_5, As_2O_5.

Trioxyde: SO_3, CrO_3, MoO_3, WO_3.

Man kann viele dieser Oxyde von den Chloriden abgeleitet denken, indem man immer statt zweier Atome Chlor ein Atom Sauerstoff in die Formel setzt. $CaCl_2$ gibt CaO, aus $CuCl_2$ leitet sich CuO ab und CCl_4 gibt CO_2. Bei den Atomen, deren Valenz unpaar ist, geht man von einer paaren Zahl von Molekeln aus. So gelangt man von $2HCl$ zu H_2O, von $2AlCl_3$ zu Al_2O_3, von $2PCl_5$ zu P_2O_5.

B. Hydroxyde.

   a) primäre:

      Typus Kalihydrat: KHO, NaHO.
         » Brucit: MgH_2O_2, CaH_2O_2, ZnH_2O_2.
         » Gibbsit: AlH_3O_3, FeH_3O_3.
         » Kieselhydrat: SiH_4O_4, SnH_4O_4.

b) secundäre:
Typus Borsäure: BHO_2, $AlHO_2$, $FeHO_2$, $MnHO_2$.
   »   Kohlensäure: CH_2O_3, SiH_2O_3, TiH_2O_3.
   »   Salpetersäure: NHO_3.
   »   Phosphorsäure: PH_3O_4, AsH_3O_4.
   »   Schwefelsäure: SH_2O_4, WH_2O_4.

Die primären Hydroxyde können von den Chlorverbindungen abgeleitet werden nach der Regel, dass anstatt jedes Atoms Chlor je eine Gruppe Hydroxyl OH eintritt, welche einwerthig ist —O—H. Demnach entspricht dem Chlorkalium K—Cl das Kalihydrat K—O—H, dem Chlormagnesium $Mg=Cl_2$, der Brucit Mg $\begin{matrix} O-H \\ O-H \end{matrix}$ u. s. w.

Die secundären Hydroxyde lassen sich ebenfalls von den Chloriden ableiten, indem das Chlor theilweise durch Hydroxyl, theilweise durch Sauerstoff ersetzt gedacht wird.

$Cl-\overset{III}{B}-Cl_2$ gibt Borsäure . . . $HO-\overset{III}{B}\ O$

$Cl_2\ \overset{IV}{C}-Cl_2$ »   Kohlensäure . $\begin{matrix}HO\\HO\end{matrix}\overset{IV}{C}\ O$

$Cl_3-\overset{V}{P}-Cl_2$ »   Phosphorsäure $\begin{matrix}HO\\HO\\HO\end{matrix}\overset{V}{P}\cdots O$

$Cl-\overset{V}{N}^-Cl_4$ »   Salpetersäure . $HO-\overset{V}{N}\ O_2$

$Cl_2\ \overset{VI}{S}=Cl_4$ »   Schwefelsäure . $\begin{matrix}HO\\HO\end{matrix}\overset{VI}{S}\ O_2$

Hier werden ausser den früher angeführten auch die zwei Chloride NCl_5 und SCl_6, welche bisher noch nicht dargestellt worden sind, als Schemate benutzt. (Dem Sauerstoff gegenüber verhält sich der Schwefel sechswerthig, sonst aber zweiwerthig.)

Die secundären Hydroxyde können auch aus den primären durch Verlust von Wasser entstanden gedacht werden.

Aus Gibbsit AlH_3O_3 würde durch Verlust von einer Mol. Wasser Diaspor $AlHO_2$ gebildet nach dem Schema:

Al $\begin{matrix}OH\\OH\\OH\end{matrix}$ gibt Al $\begin{matrix}OH\\O\end{matrix}$ und H_2O.

Aus dem Kieselhydrat SiH_4O_4 würde durch Verlust von H_2O die Kieselsäure gebildet:

$\begin{matrix}H-O\\H-O\end{matrix}$ Si $\begin{matrix}O-H\\O-H\end{matrix}$ gibt $\begin{matrix}HO\\HO\end{matrix}$ Si O und H_2O.

162. Alle secundären Hydroxyde von der Kohlensäure bis zum Ende der Reihe werden Säuren und speciell Sauerstoffsäuren genannt. Jene, welche im Wasser löslich sind, zeigen saure Reaction (**150**). Bezüglich der Kohlensäure CH_2O_3 ist zu bemerken, dass diese Verbindung zwar nicht sicher beobachtet wurde, dass jedoch dieses Schema zur Ableitung der später zu besprechenden Carbonate dient.

Dasjenige, was in der Säuremolekel ausser dem Hydroxyl vorhanden ist, wird die Säuregruppe oder das Radical der Säure genannt. So z. B. sind CO, PO, NO_2, SO_2 die Radicale der Kohlen-, Phosphor-, Salpeter- und Schwefelsäure.

Die primären Hydroxyde der ersten drei Typen werden Basen, speciell Oxybasen genannt. Die im Wasser löslichen zeigen alkalische Reaction.

Die Säuren und Basen üben auf einander eine energische Wirkung aus. Erstens geschieht eine rasche Verbindung beider, welche, wie jede chemische Vereinigung, von einer Wärmeentwicklung begleitet ist, zweitens erfolgt eine Abscheidung von Wasser, wodurch ein Salz gebildet wird, so z. B. beim Zusammentreffen von Kalkhydrat CaH_2O_2 mit Schwefelsäure H_2SO_4, welche schwefelsauren Kalk bilden.

$$Ca\begin{matrix}O-H\\O-H\end{matrix} \text{ und } \begin{matrix}H-O\\H-O\end{matrix}SO_2 \text{ gibt } Ca\begin{matrix}O\\O\end{matrix}SO_2 \text{ und } 2H_2O.$$

Solche Reactionen werden abkürzungsweise als Austausch bezeichnet, weil in dem Schema

$$\begin{matrix}H-O\\H-O\end{matrix}Ca \quad \begin{matrix}H-O\\H-O\end{matrix}SO_2 \text{ gibt } \begin{matrix}H-O-H\\H-O-H\end{matrix} \text{ und } Ca\begin{matrix}O\\O\end{matrix}SO_2$$

der Vorgang so erscheint, als ob Ca an die Stelle von H_2 übergetreten wäre, als ob in der Säure H_2 gegen Ca ausgetauscht worden wäre (**158**). Man sagt daher häufig, in den Säuren werde der Wasserstoff durch Metalle ersetzt.

Derselbe Vorgang lässt sich aber auch anders betrachten, nämlich:

$$\begin{matrix}H-O\\H-O\end{matrix}SO_2 \quad \begin{matrix}H-O\\H-O\end{matrix}Ca \text{ gibt } \begin{matrix}H-O-H\\H-O-H\end{matrix} \text{ und } O_2S\begin{matrix}O\\O\end{matrix}Ca.$$

Hier tritt die Säuregruppe SO_2 an die Stelle von H_2 hinüber, und hier werden in der Base zwei Wasserstoffatome durch SO_2 ersetzt. Man sagt daher auch, dass bei der Salzbildung der Wasserstoff der Base durch eine Säuregruppe ersetzt werde. Beide abgekürzte Ausdrucksweisen sind aber gleichberechtigt.

163. Nach der Zahl der Hydroxylgruppen werden die Säuren eingetheilt in einbasische, wie die Salpetersäure $HONO_2$, in zweibasische, wie die Kieselsäure H_2O_2SiO, Schwefelsäure $H_2O_2SO_2$, in dreibasische, wie die Phosphorsäure H_3O_3PO. Ebenso werden die Basen eingetheilt in einsäurige, wie Kalihydrat KOH, in zweisäurige, wie Zinkhydrat ZnO_2H_2 etc.

Aus allen Hydroxyden entstehen durch Abscheidung sämmtlichen Wasserstoffs in der Form von Wasser Anhydride, z. B.

$$2AlH_3O_3 = Al_2O_3 + 3H_2O \qquad 2AlHO_2 = Al_2O_3 + H_2O$$
$$SiH_2O_3 = SiO_2 + H_2O \qquad SH_2O_4 = SO_3 + H_2O.$$

Deshalb werden die früher genannten Oxyde auch öfters Anhydride genannt, also SO_3 Schwefelsäure-Anhydrid, CO_2 Kohlensäure-Anhydrid. SiO_2 Kieselsäure-Anhydrid (Kieselerde).

Die secundären Hydroxyde sind demnach partielle Anhydride.

164. Schwefelverbindungen. Dieselben sind sehr häufig den Sauerstoffverbindungen entsprechend zusammengesetzt, namentlich ist dies der Fall bei den einfachen Schwefelverbindungen, welche Sulfide genannt werden. Dieselben sind analog

dem Wassertypus z. B. H_2S Schwefelwasserstoff, Ag_2S Silbersulfid, Cu_2S Cuprosulfid.

den Monoxyden » PbS, ZnS, CuS Cuprisulfid.

» Sesquioxyden » Fe_2S_3, Ni_2S_3, As_2S_3, Sb_2S_3, Bi_2S_3.

» Dioxyden » FeS_2, MnS_2.

Wasserstoffhaltige Sulfide, welche den Hydroxyden entsprächen, sind nicht bekannt, doch werden oft die Schemate derselben angewandt, um die in den Mineralen vorkommenden Verbindungen zu classificiren. Denkt man sich in den Chloriden, wie $AgCl$, $PbCl_2$, $CuCl_2$, jedes Chloratom durch Hydrosulfyl HS, welches einwerthig ist, ersetzt, so erhält man:

$$AgHS, \quad PbH_2S_2, \quad CuH_2S_2,$$

welche Sulfobasen (Thiobasen) wären.

Entsprechend erhielte man aus $AsCl_3$, $SbCl_5$ die Hydrosulfide:

$$AsH_3S_3 \text{ und } SbH_5S_5.$$

Ausserdem können secundäre Hydrosulfide (Sulfosäuren, Thiosäuren) abgeleitet werden, indem das Chlor der letztgenannten Chloride theils durch Schwefel, theils durch Hydrosulfyl ersetzt gedacht wird. Aus $AsCl_3$ erhält man

$$As\begin{array}{c}SH\\S\end{array} \text{ oder } AsHS_2, \text{ aus } SbCl_5 \text{ erhält man } S\!=\!Sb\!-\!\begin{array}{c}SH\\SH\\SH\end{array} \text{ oder } SbH_3S_4.$$

165. Salze. Aus den secundären Hydroxyden leiten sich durch Austausch Verbindungen ab, welche Salze genannt werden. In diesen erscheint der Wasserstoff der Säure durch eine äquivalente Menge von Metall ersetzt. Die Salze folgen demnach dem Typus jener Säuren, aus welchen sie abgeleitet sind.

Schreibt man also statt des Wasserstoffes der Oxy- und der Sulfosäuren die äquivalenten Metallatome, also statt H die Atome K, Na, Ag, statt H_2 die Atome K_2, Na_2 oder Ca, Mg, Zn, Pb. u. s. w., so erhält man die Formeln der neutralen Salze. So lassen sich von der Salpetersäure HNO_3 die Salze $NaNO_3$, $AgNO_3$, von der Schwefelsäure H_2SO_4 die Salze K_2SO_4, $CaSO_4$ ableiten. Ist die Säure geradbasisch, die Base ungeradsäurig oder umgekehrt, so müssen von der einen oder der anderen auch mehrere Molekel für die Ableitung des neutralen Salzes in Anspruch genommen werden. Um z. B. aus der Phosphorsäure H_3O_3PO ein neutrales Kalksalz zu erhalten, sind zwei Molekel Säure erforderlich:

$$\begin{array}{l}H_3O_3\!=\!P\!=\!O\\H_3O_3\!=\!P\!=\!O\end{array} \text{ geben } \begin{array}{l}Ca\!=\!O_3\!=\!P\!=\!O\\Ca\\Ca\!=\!O_3\!=\!P\!=\!O\end{array} \text{ oder } Ca_3 2PO_4.$$

Beispiele der wichtigsten Salze sind:

a) Oxysalze:

Aluminate, von dem Typus Diaspor $H_2Al_2O_4$ abgeleitet, z. B. $MgAl_2O_4$ Spinell. Diesem analog sind die übrigen Mitglieder der Spinellgruppe, z. B. $FeCr_2O_4$ Chromeisenerz.

Carbonate, nach dem Schema $H_2 CO_3$ gebildet, z. B. $CaCO_3$ Calciumcarbonat, $Na_2 CO_3$ Natriumcarbonat.

Silicate. Die Silicate folgen dem Typus Kohlensäure, indem sie der Säure $H_2 Si O_3$ entsprechen, z. B. $Mg Si O_3$ Enstatit, $Ca Si O_3$ Wollastonit. Dem gleichen Typus folgen die Titanate und Zirkonate.

Nitrate, von der Salpetersäure HNO_3 abgeleitet, z. B. $NaNO_3$ Natriumsalpeter, $Ca 2NO_3$ Calciumnitrat.

Phosphate, von der Phosphorsäure $H_3 PO_4$ abgeleitet, z. B. $K_3 PO_4$ Kaliumphosphat, $Ca_3 2PO_4$ Calciumphosphat. Analog sind die Arsenate, z. B. $Pb_3 2As O_4$ Bleiarsenat, ferner die Antimonate, Vanadate.

Sulfate, von der Schwefelsäure $H_2 SO_4$ abgeleitet, z. B. $K_2 SO_4$ Glaserit, $CaSO_4$ Anhydrit. Demselben Schema folgen die Chromate, z. B. $Pb Cr O_4$ Rothbleierz, ferner die Wolframate, Molybdate, Tellurate, Selenate.

b) Sulfosalze:

Dieselben lassen sich von den Sulfosäuren ableiten, wie die folgenden Beispiele zeigen.

Erster Typus: Von dem Schema $H_3 As S_4$ leiten sich ab: $Ag_3 As S_3$ lichtes Rothgiltigerz, $Ag_3 Sb S_3$ dunkles Rothgiltigerz, $Pb_3 Sb_2 S_6$ Boulangerit.

Zweiter Typus: Von der Sulfosäure $HSb S_2$ leiten sich ab: $Ag Sb S_2$ Miargyrit $Pb Sb_2 S_4$ Zinckenit.

Dritter Typus: Von der Sulfosäure $H_3 As S_4$ leitet sich ab $Cu_3 As S_4$ Enargit.

c) Haloidsalze. So werden die Chloride, Bromide, Jodide, Fluoride zuweilen genannt, weil sie gleich den Oxysalzen durch Austausch aus der Salzsäure HCl, Flusssäure HF etc. entstehen können, z. B. $NaHO + HCl = NaCl + H_2O$ oder $CaCO_3 + 2HF = CaF_2 + H_2O + CO_2$.

Es gibt auch intermediäre Verbindungen, welche zum Theil Chloride oder Fluoride, zum Theil aber Oxyde oder Hydroxyde sind, z. B. HO Cu Cl basisches Kupferchlorid, vom Chlorid $Cu Cl_2$ durch theilweisen Ersatz des Chlors durch Hydroxyl abzuleiten, oder Bleioxychlorid $Pb_2 Cl_2 O$ durch theilweisen Ersatz des Chlors durch Sauerstoff aus zwei Molekeln Bleichlorid $PbCl_2$ ableitbar:

Cl—Pb—Cl und Cl—Pb—Cl geben Cl—Pb—O—Pb—Cl.

166. In den bisher betrachteten Salzen, welche neutrale Salze sind, erscheint der Wasserstoff der ursprünglichen Säure gänzlich durch Metall ersetzt. Es gibt aber auch solche Salze, in welchen der Wasserstoff der Säure nur zum Theile durch Metall ersetzt ist, welche also noch durch Metall vertretbaren Wasserstoff enthalten. Sie werden **saure** Salze genannt, z. B. $HKSO_4$ saures Kalisulfat $CaHPO_4$ saures Kalkphosphat.

$$\begin{matrix} H-O \\ K-O \end{matrix} S \lessgtr O_2 \quad \text{und} \quad \begin{matrix} H-O \\ Ca \diagdown O-P=O \\ O \end{matrix}$$

Durch Abspalten von Wasser leiten sich von derlei Verbindungen **saure Anhydridsalze** ab, z. B. $K_2SO_4 SO_3$ pyroschwefelsaures Kali von zwei Molekeln $HKSO_4$.

Als basische Salze werden solche bezeichnet, in welchen der Wasserstoff der ursprünglichen Basis nicht vollständig durch Säuregruppen ersetzt ist, so dass diese Salze noch Wasserstoff enthalten, welcher durch Säuregruppen vertreten werden kann. Hierher gehört das Kieselzinkerz $H_2Zn_2SiO_5$, welches vom Zinkhydrat ZnH_2O_2 und von der Kieselsäure H_2SiO_3 abzuleiten ist.

Man geht von zwei Molekeln Zinkhydrat aus, in welchen zwei Atome Wasserstoff durch die zweiwerthige Säuregruppe SiO vertreten werden.

$$\begin{matrix}H-O-Zn-O-H\\H-O-Zn-O-H\end{matrix}\text{ geben }\begin{matrix}H-O-Zn-O\\H-O-Zn-O\end{matrix}SiO.$$

Ebenso leitet sich der Malachit $H_2Cu_2CO_3$ vom Kupferhydrat und der Kohlensäure ab.

$$\begin{matrix}H-O-Cu-O-H\\H-O-Cu-O-H\end{matrix}\text{ geben }\begin{matrix}H-O-Cu-O\\H-O-Cu-O\end{matrix}CO.$$

Eine Mittelstufe bilden die **basisch-sauren Salze** wie der Kieserit H_2MgSO_5 oder $(HOMg)HSO_4$.

$$H-O-Mg-O-H\text{ und }\begin{matrix}H-O\\H-O\end{matrix}{>}SO_2\text{ geben }\begin{matrix}H-Mg-O\\H-O\end{matrix}SO_2+H_2O.$$

Durch Verlust von Wasser leiten sich aus den basischen Salzen die **basischen Anhydridsalze** ab, so z. B. aus dem Kieselzinkerz $H_2Zn_2SiO_5$ der Willemit Zn_2SiO_4.

$$\begin{matrix}H-O-Zn-O\\H-O-Zn-O\end{matrix}SiO\text{ gibt }O\begin{matrix}Zn-O\\Zn-O\end{matrix}SiO\text{ und }H_2O.$$

Demgemäss werden in der Folge auch die Salze Mg_2SiO_4 und Fe_2SiO_4, welche den Olivin bilden, als basische Anhydridsalze betrachtet. Manche Autoren bezeichnen dieselben als Orthosilicate und leiten sie von dem Kieselhydrat H_4SiO_4 (Orthokieselsäure) ab. Die eigentlichen Silicate, welche sich von der Kieselsäure H_2SiO_3 (Metakieselsäure) ableiten, werden sodann Metasilicate genannt.

Es gibt auch Salze, welche zwischen den Sauerstoffsalzen und Haloidsalzen intermediär sind. Sie lassen sich von den basischen Salzen ableiten, indem das Hydroxyl des basischen Salzes durch Chlor oder Fluor ersetzt gedacht wird. So lässt sich von der basisch phosphorsauren Magnesia HMg_2PO_5 der Wagnerit FMg_2PO_4 ableiten:

$$\begin{matrix}Mg\begin{matrix}O-H\\O-H\end{matrix}\\Mg\begin{matrix}O-H\\O-H\end{matrix}\end{matrix}\quad\begin{matrix}Mg\begin{matrix}O-H\\O\end{matrix}\\Mg\begin{matrix}O\\O\end{matrix}P-O\end{matrix}\quad\begin{matrix}Mg\begin{matrix}F\\O\end{matrix}\\Mg\begin{matrix}O\\O\end{matrix}P\ O\end{matrix}$$

zwei Mol. Hydrat — Basisches Phosphat — Haloid-Sauerstoffsalz

Unter den Sulfosalzen gibt es ausser den neutralen auch solche, welche den basischen Anhydridsalzen entsprechen. Während also der Boulangerit $Pb_3Sb_2S_6$ ein neutrales Salz ist, gehört der Jordanit $Pb_4As_2S_7$ hierher.

$$\begin{matrix}H_3-S_3-Sb\\H_3-S_3-Sb\end{matrix}\quad\begin{matrix}Pb\\Pb\\Pb\end{matrix}\begin{matrix}S_3-Sb\\S_3-Sb\end{matrix}\quad S\begin{matrix}Pb_2-S_3-As\\Pb_2-S_3-As\end{matrix}$$

zwei Mol. Sulfosäure — Boulangerit — Jordanit

167. Chemische Constitution. In einfachen Fällen ergibt sich durch Ableitung aus den Wasserstoff- oder Chlorverbindungen die Art des Aufbaues und man kann daraus entnehmen, wie die Atome in einer Molekel durch Valenzen aneinander gefügt gedacht werden. Dieses Gefüge, oder die Constitution einer Verbindung lässt sich, wie dies an mehreren Salzen gezeigt wurde, oft aus den Reactionen erkennen, welche bei der Bildung oder Zerlegung stattfinden. Die Constitution der einfacheren Verbindungen ist also meistens leicht zu denken. Auch der Aufbau höher zusammengesetzter ist bisweilen ohne Schwierigkeiten als eine Verkettung durch mehrwerthige Atome oder Atomgruppen darstellbar. Beispiele sind der Diopsid $CaMgSi_2O_6$, der Dolomit $CaMgC_2O_6$.

$$\begin{array}{ccc}
\text{H—O—Ca—O—H} & \text{OSi}\begin{array}{c}\text{O—Ca—O}\\\text{O—Mg—O}\end{array}\text{SiO} & \text{OC}\begin{array}{c}\text{O—Ca—O}\\\text{O—Mg—O}\end{array}\text{CO} \\
\text{H—O—Mg—O—H} & & \\
\text{zwei Mol. Hydroxyd} & \text{Diopsid} & \text{Dolomit}
\end{array}$$

Die Verkettung erfolgt dadurch, dass anstatt zweier H-Atome, welche zwei verschiedenen Molekeln zugehören, eine Säuregruppe eintritt. Die Kette ist hier eine geschlossene. Ebenso verhält es sich beim Tremolit $CaMg_3Si_4O_{12}$.

$$\begin{array}{cc}
\text{H—O—Ca—O—H} & \text{H—O—Mg—O—H} \\
\text{H—O—Mg—O—H} & \text{H—H—Mg—O—H}
\end{array}$$
vier Mol. Hydroxyd

$$\text{SiO}\begin{array}{c}\text{O—Ca—O—SiO—O—Mg—O}\\\text{O—Mg—O—SiO—O—Mg—O}\end{array}\text{SiO}$$
Tremolit.

Ersetzt man in den Formeln für Diopsid und Tremolit Ca durch Mg, so erhält man $Mg_2Si_2O_6$ Enstatit, und $Mg_4Si_4O_{12}$ Anthophyllit. Dies wäre ein Beispiel von **Polymerie**, indem zwei Substanzen sich blos durch die Höhe des Moleculargewichtes unterscheiden.

Die Verkettung, in welcher die Atome zu denken sind, lässt sich nicht von vornherein angeben, wenn mehrere Arten der Verkettung möglich sind. Dies ereignet sich namentlich bei den in der Natur ungemein verbreiteten Alumosilicaten. Schon in der einfachen Verbindung $HAlSiO_4$ sind drei Arten der Constitution möglich:

$$\text{Al}\begin{array}{c}\text{O}\\\text{O}\\\text{O}\end{array}\text{Si—O—H} \qquad \text{H—O—Al}\begin{array}{c}\text{O}\\\text{O}\end{array}\text{Si·O} \qquad \text{O—Al—O—Si}\begin{array}{c}\text{O—H}\\\text{O}\end{array}$$

Demnach können drei Minerale von verschiedenem chemischen Verhalten gefunden werden, welche die gleiche Zusammensetzung $HAlSiO_4$ haben. Würden diese beobachtet, so läge ein Fall von **Isomerie** vor, d. i. von Verschiedenheit der Constitution bei gleicher Zusammensetzung und gleichem Moleculargewicht. Ein Mineral von der Zusammensetzung $HAlSiO_4$ müsste jedoch bezüglich der Bildung oder Zerlegung erforscht sein, bevor über den Aufbau der Verbindung etwas ausgesagt würde. Vor allem aber müsste man sicher sein, dass die einfache Verbindung und nicht eine polymere, wie $H_2Al_2Si_2O_8$ oder $H_3Al_3Si_3O_{12}$ vorliege. Was von dem einfachsten Alumosilicat gesagt wurde, gilt auch für die höher zusammengesetzten. Da nun unsere Kenntnis von der Bildung und Zerlegung solcher Verbindungen überhaupt eine mangelhafte ist und die Moleculargewichte unbekannt sind, so lassen sich in allen hierher gehörigen Fällen üb die Constitution blos Vermuthungen aufstellen.

Noch muss erwähnt werden, dass in manchen Schriften auch jetzt no eine Eintheilung der Silicate benutzt wird, welche dem gegenwärtigen Stande d Chemie nicht mehr entspricht. Dieselbe classificirt nach dem Verhältnisse d Valenz des Siliciums zur Valenz der Metalle (wobei Al dreiwerthig) z. B.

$SiO_2 . Mg_2O_2$ . . . . Verh.   4 : 4 oder 1 : 1 Singulosilicat
$SiO_2 . MgO$ . . . . »   4 : 2   »   2 : 1 Bisilicat
$Si_6O_{12} . Al_2O_3 . K_2O$ . . . . »   24 : 8   »   3 : 1 Trisilicat
$Si_2O_4 . Al_2O_3 . Na_2O$ . . . . »   8 : 8   »   1 : 1 Singulosilicat
$SiO_2 . Zn_2O_2 . H_2O$ . . . . »   4 : 6   »   2 : 3 Zweidrittelsaures Silic

Eine solche Eintheilung wäre blos für die einfachsten Fälle durchführb: während sie für die Alumosilicate und die basischen Silicate unbrauchbar i: Rammelsberg nennt die Singulosilicate Halbsilicate, die Bisilicate normale Silical die Trisilicate anderthalbfach saure Silicate etc.

168. Krystallwasser. Viele Verbindungen vermögen beim Krystallisir aus wässeriger Lösung eine oder mehrere Molekel Wasser anzunehmen. ! entstehen in einer gesättigten Lösung von Chlornatrium bei Temperaturen un! 0^0 C. monokline Krystalle von der Zusammensetzung $NaCl + 2H_2O$ (Hydrohali während bei gewöhnlicher Temperatur das wasserfreie Salz NaCl herauskryste lisirt. Das Magnesiumsulfat findet sich rhombisch als Bittersalz $MgSO_4 + 7H_2$ (doch kann man durch Verdampfen aus heisser Lösung ein monoklines wasse ärmeres Salz $MgSO_4 + 6H_2O$ erhalten. Das Calciumsulfat findet sich wasse frei als Anhydrit $CaSO_4$ (rhombisch), und wasserhaltig als Gyps $CaSO_4 + 2H_2$ (monoklin).

Das Bittersalz verliert, der trockenen Luft ausgesetzt, einen grossen Th« des Wassergehaltes und zerstäubt (91), durch Befeuchten erhält man jedo« wieder Bittersalz. Der Gyps verliert durch Erwärmen auf 100 bis 200^0 C. se Wasser bis auf den vierten Theil, durch Befeuchten entsteht wiederum Gy} Nur wenn der Gyps stärker erhitzt wurde, ist er todtgebrannt, d. h. nun enthä er kein Wasser mehr und nun liefert das Befeuchten keinen Gyps mehr, d: Product verhält sich wie Anhydrit.

Jener Wassergehalt krystallinischer Verbindungen, welcher zwar in bestimmt« chemischer Proportion vorhanden ist, aber nicht wesentlich zur Verbindur gehört, wird **Krystallwasser** genannt. Man denkt sich das Krystallwass« blos durch eine schwache Anziehung angefügt, nicht aber durch Valenze angekettet. In den hiehergehörigen Krystallen ist also die Krystallmolek einerseits aus der Hauptmolekel, andererseits aus den angelagerten Wasse molekeln zusammengesetzt zu denken. Diese Auffassung ist die erste, welc! andeutet, dass die Krystallmolekel aus mehreren chemischen Molekeln zusamme: gesetzt sein kann.

Zum Unterschiede vom Krystallwasser, welches schon fertig i.. Krystal enthalten ist, wird jenes Wasser, welches erst beim Erhitzen der Hydroxyd sowie der sauren und basischen Salze durch Zerstören der chemischen Verbindung gebildet wird, als chemisch gebundenes Wasser oder Constitutionswasser, auch Hydratwasser, bezeichnet. Die Wassermenge also, welche durch Erhitzen von Brucit, Gibbsit, Diaspor oder durch Erhitzen von Malachit erhalten wird, ist kein Krystall-, sondern Constitutionswasser. In manchen Mineralen wird beides zugleich angenommen, z. B. im Brushit $CaHPO_4 + 3H_2O$.

Obwohl der Unterschied in theoretischer Beziehung vollkommen klar ist, so erscheint es doch in vielen Fällen schwierig, durch den Versuch nachzuweisen, ob das beim Erhitzen erhaltene Wasser als Krystallwasser enthalten war oder aus dem Wasserstoff und Sauerstoff der Verbindung entstanden ist, eine Schwierigkeit, auf welche namentlich v. Kobell aufmerksam gemacht hat. Das eine bleibt jedoch unzweifelhaft, dass der Wasserstoff, welcher erst bei der Glühhitze in der Form von Wasser fortgeht, chemisch gebunden war; dagegen ist es nicht sicher, dass das Krystallwasser bei 100° oder 120° C. vollständig fortgehe. Das Krystallwasser kann verschieden stark gebunden sein. Dies zeigen schon die Beispiele Hydrohalit, Bittersalz, Gyps.

Schöne Versuche über die hier angedeutete Unterscheidung hat Damour an vielen Zeolithen angestellt. An einem derselben, dem triklinen Stilbit, hat Mallard gefunden, dass beim Erwärmen, während das Krystallwasser entweicht, der Axenwinkel und die Lage der optischen Axen sich ändern, beim Abkühlen aber unter Wasseraufnahme an der Luft das ursprüngliche optische Verhalten wiederkehrt, dass letzteres jedoch nicht eintritt, wenn durch Eintauchen in Oel die Wasseraufnahme gehindert wird. Damour, Annales de Chimie, Phys., 3e série, Bd. 53. Mallard, Bull. soc. min. Bd. 5, pag. 255.

169. Molekelverbindungen. So wie man sich die Krystallmolekel jener Minerale, welche Krystallwasser enthalten, aus einer bestimmten Verbindung und aus angelagerten Wassermolekeln zusammengesetzt denkt, ebenso kann man sich die Krystallmolekel mancher Minerale aus mehreren Molekeln gebildet denken, welche verschiedenartig sind und nur durch schwache Anziehungen mit einander verbunden werden. Derlei Molekelverbindungen bestehen demnach aus Theilen, die keine freien Valenzen darbieten. Beispiele sind das Natrium-Silber-Chlorid $NaCl + AgCl$, das Kalium-Zink-Chlorid $KCl + ZnCl_2$. Hier wird gar keine Verkettung durch Valenzen, sondern blos eine Anlagerung angenommen.

Im Alaun $Al_2S_3O_{12} + K_2SO_4 + 24H_2O$ liesse sich eine Verkettung der beiden Sulfate denken und die Formel einfacher schreiben: $KAlS_2O_8 + 12H_2O$, worin für das Gesammtsulfat die Constitution:

$$K-O-SO_2-O-Al\genfrac{}{}{0pt}{}{O}{O}SO_2$$

angenommen würde.

In der Auflösung sind jedoch die beiden Sulfate von einander unabhängig, da sie durch eine poröse Wand ungleich rasch durchgehen (diffundiren). Ueberdies hat Thomsen gezeigt, dass beim Zusammentreffen zweier Lösungen, wovon die eine $Al_2S_3O_{12}$, die andere K_2SO_4 enthält, keine merkliche Wärmeentwicklung stattfindet, während dies bei jeder chemischen Verbindung der Fall ist. In der Lösung besteht sonach jedes der beiden Sulfate für sich, und sie vereinigen sich erst beim Krystallisiren, in welchem Augenblicke auch noch Wassermolekel hinzugenommen werden.

Der Alaun ist demnach ein Doppelsalz, aber auch viele andere Minerale werden als Doppelsalze oder allgemein als Molekelverbindungen betrachtet, weil es wahrscheinlich ist, dass die einzelnen Verbindungen, welche darin enthalten sind, erst im Augenblicke der Krystallisation oder bei der Bildung eines unlöslichen Niederschlages zusammentreten. So lange aber Gründe für die eine Ansicht noch fehlen, lassen sich derlei Minerale mit gleichem Rechte als chemische Verbindungen oder als Molekelverbindungen betrachten, z. B.:

	einheitlich	als Molekelverbindung
Matlockit	Pb_2Cl_2O	$= PbCl_2 + PbO$
Dolomit	$CaMg\,2CO_3$	$= CaCO_3 + MgCO_3$
Diopsid	$CaMg\,2SiO_3$	$= CaSiO_3 + MgSiO_3$
Tremolit	$CaMg_3\,4SiO_3$	$= CaSiO_3 + 3MgSiO_3$
Glauberit	$Na_2Ca\,2SO_4$	$= Na_2SO_4 + CaSO_4$
Apatit	$ClCa_5P_3O_{12}$	$= Ca_3P_2O_8 + ClCa_2PO_4$
Orthoklas	$K_2Al_2Si_6O_{16}$	$= K_2Al_2Si_2O_8 + 4SiO_2$
Jordanit	$Pb_7As_2S_7$	$= Pb_3As_2S_6 + PbS$

170. Berechnung der Formel. Wenn sich aus der Analyse eines Minerals ergibt, dass dasselbe aus e Percenten des einen, aus f Percenten des zweiten, aus g Percenten des dritten Bestandtheiles u. s. w. zusammengesetzt ist, so ist das Verhältnis dieser Zahlen gleich dem Zusammensetzungsverhältnisse, also nach **(154)**

$$e : f : g : \ldots = mA : nC : pB : \ldots$$

Da nun unter A, B, C die Mischungsgewichte verstanden werden und für dieselben jetzt allgemein die Atomgewichte im Gebrauch sind, so beziehen sich diese Zeichen auf die auf pag. 237 mitgetheilten Atomgewichte. Die Formel besteht aber ausser den Atomzeichen noch aus den Coëfficienten m, n, p etc., welche ganze Zahlen sind. Da nun

$$\frac{e}{A} : \frac{f}{B} : \frac{g}{C} : \ldots = m : n : p \ldots,$$

so ist leicht zu erkennen, dass man das Verhältnis dieser Coëfficienten erhält, wofern man die percentischen Mengen der Bestandtheile durch die Atomgewichte dividirt und die berechneten Quotienten mit einander vergleicht. Man misst also jeden Bestandtheil der Verbindung mit seinem eigenen Massstabe, und dieser ist das Atomgewicht.

Das Verfahren wird durch folgende Beispiele klar:

Eine Analyse von Steinsalz hätte, wie früher angeführt wurde, 39·34 Perc. Natrium und 60·23 Perc. Chlor ergeben. Die Atomgewichte dieser beiden Stoffe sind $Na = 23$ und $Cl = 35·5$, wonach

für Natrium 39·34 : 23 = 1·710
, Chlor   60·23 : 35·5 = 1·697

Die beiden letzteren Zahlen 1·710 und 1·697 verhalten sich aber wie 1 : 1. Die Coëfficienten sind also gleich anzunehmen, die Formel des Steinsalzes NaCl.

Der Kupferkies von Sayn lieferte H. Rose die folgenden percentischen Gewichtsmengen, neben welche sogleich die Atomgewichte und Quotienten gesetzt sind:

Eisen . . . . . 30·47 : 56 = 0·544
Kupfer . . . . 34·40 : 63·4 = 0·534
Schwefel . . . 35·87 : 32 = 1·121

Die letzteren Zahlen stehen in dem Verhältnisse 1 : 1 : 2·06, welches fast genau 1 : 1 : 2 ist und zu der Formel $FeCuS_2$ führt.

Man erhält in solcher Weise immer die einfachste Formel, während jene Formel, welche die Zusammensetzung richtig ausdrückt, ein vielfaches der vorigen sein kann. So z. B. wird von manchen Mineralogen für den Kupferkies die Formel $Fe_2Cu_2S_4$ als die richtigere angenommen, mit der Gliederung $Cu_2S\,Fe_2S_3$.

Wenn die Analyse nicht das Gewichtsverhältnis der einfachen Stoffe, sondern die percentischen Mengen von Verbindungen angibt, so kann die Rechnung in der Weise geführt werden, dass man die percentischen Zahlen durch die aus den Atomgewichten erhaltenen Verbindungsgewichte dividirt. Als Beispiel diene die gleichfalls von H. Rose angeführte Analyse des Analcims von Fassa, welche, wie alle derlei Analysen, die erhaltenen Mengen von Kieselerde SiO_2, Thonerde Al_2O_3, Natron Na_2O, Wasser H_2O angibt. Hier wird die percentische Menge der Kieselerde durch die Zahl für SiO_2 dividirt, welche 60 ist, da Si = 28 und O = 16 u. s. w.

Kieselerde . . 55·12 : 60 = 0·9187
Thonerde . . 22·99 : 103 = 0·2232
Natron . . . . 13·53 : 62 = 0·2182
Wasser . . . . 8·27 : 18 = 0·4594

Die letzten Zahlen, welche nahezu genau das Verhältnis 4 : 1 : 1 : 2 ergeben, führen zu der Formel $4SiO_2 . Al_2O_3 . Na_2O . 2H_2O$, welche auch halb so gross, nämlich $H_2NaAlSi_2O_7$ geschrieben werden kann.

171. Polymorphie. Bei der Vergleichung der Minerale nach ihrer chemischen Zusammensetzung wird nicht selten die Erscheinung erkannt, dass zwei oder gar drei Minerale, welche durch die Krystallform und demzufolge durch den inneren Bau, sowie die damit zusammenhängenden physikalischen Eigenschaften verschieden sind, doch dieselbe chemische Beschaffenheit darbieten. Sie geben bei der Analyse dieselben Resultate, zeigen dieselben Reactionen, sind also chemisch gleich, aber physikalisch verschieden. Zuweilen lässt sich die Sache synthetisch verfolgen und darthun, dass in der That dieselbe Substanz unter bestimmten Umständen in dieser, unter anderen Umständen in jener Form krystallisirt. Von einer solchen Substanz sagt man, sie sei dimorph oder allgemein polymorph.

Das längst bekannte Beispiel geben der rhomboëdrische Kalkspath und der rhombische Aragonit. Klaproth fand, dass dieser ebenso aus kohlensaurem Kalk bestehe, wie jener, doch schien es nach Stromeyer's Analysen, dass eine kleine Beimischung von kohlensaurem Strontian dem Aragonit seine abweichende Form verleihe, bis Forscher, wie Berzelius, Haidinger, G. Rose zeigten, dass der Aragonit, dessen spec. Gewicht $s = 2·94$, durch Erhitzen in Kalkspath ($s = 2·72$) verwandelt werde, und der letztere Beobachter fand, dass der kohlensaure Kalk, welcher in kohlensäurehältigem Wasser aufgelöst worden, beim Entweichen der die Auflösung bedingenden Kohlensäure in der Wärme vorzugsweise Aragonit, bei gewöhnlicher Temperatur aber Kalkspath absetze. Früher hatte schon Mitscherlich beobachtet, dass der Schwefel in zwei verschiedenen Formen erhalten werden könne: in rhombischer Form und gelber Farbe ($s = 2·1$) gleich dem natürlich vorkommenden beim Verdunsten der Auflösung von Schwefel in Schwefel-

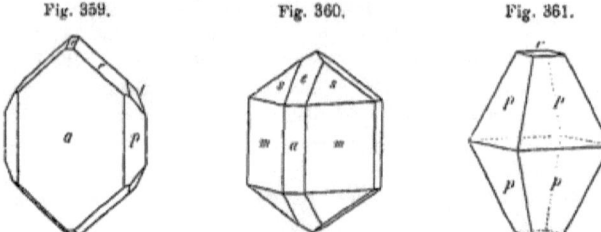

Fig. 359. Fig. 360. Fig. 361.

kohlenstoff, in monokliner Form und brauner Farbe ($s = 1·97$) beim Erkalten des geschmolzenen Schwefels. Die Dimorphie des Eisenbisulfides FeS_2 wurde von Berzelius erkannt, welcher zeigte, dass sowohl der tesserale Eisenkies ($s = 5·1$), als auch der rhombische Markasit ($s = 4·86$) dieselbe chemische Formel geben, doch ist es bisher noch nicht gelungen, die Substanz FeS_2 in beiden Formen darzustellen, obgleich Wöhler dieselbe schon vor längerer Zeit in tesseralen Krystallen erhielt.

Bei dem Titan-Dioxyd TiO_2 wird eine Trimorphie angenommen. Diese Substanz hat als Brookit ($s = 4·15$) eine rhombische Krystallform, Fig. 359. Ferner krystallisirt dieselbe als Rutil ($s = 4.25$) tetragonal mit dem Axenverhältnis $a : c = 1 : 0·6442$, Fig. 360, und als Anatas ($s = 3·9$) auch tetragonal, jedoch mit dem Axenverhältnis $a : c = 1 : 1·778$, Fig. 361. G. Rose und Hautefeuille gelang es, die Substanz TiO_2 in allen drei Formen darzustellen.

Das Siliciumdioxyd SiO_2 ist dimorph, da selbes als Quarz ($s = 2·65$) in der früher angeführten trapezoëdrisch-tetartoëdrischen Form, und als Tridymit ($s = 2·3$) in mimetisch-hexagonaler Krystallform auftritt. Beide sind auch künstlich dargestellt worden.

Das Antimonoxyd Sb_2O_3, hat als Valentinit ($s = 5·6$) eine rhombische Form, während dasselbe als Senarmontit ($s = 5·3$) in Oktaëdern erscheint. Beide Formen entstehen, wie Fischer gezeigt hat, gleichzeitig bei der Verbrennung antimonhaltiger

Minerale vor dem Löthrohre, die rhombische Form an den heissen, die oktaëdrische Form an den kühleren Stellen.

Das Arsenoxyd As_2O_3, das Zinksulfid ZnS, das Cuprosulfid Cu_2S sind ebenfalls dimorph, ausserdem noch mehrere andere Substanzen.

Ueber die versteckte Dimorphie beim Leucit, Boracit, Glaserit s. pag. 209.

Während man die Ausdrücke dimorph, polymorph in Bezug auf die Substanz anwendet, kann man das Verhältnis der Minerale, welche dieselbe Substanz in verschiedenen Formen darstellen, als Heteromorphie bezeichnen und demnach sagen: Die Substanz kohlensaurer Kalk ist dimorph, die Minerale Kalkspath und Aragonit sind heteromorph.

Ein etwas anderes Verhältnis als bei den heteromorphen Mineralen besteht beim Graphit und Diamant. Beide liefern beim Verbrennen im Sauerstoffgase blos Kohlensäure, beide bestehen also aus Kohlenstoff, doch sind sie von einander nicht blos durch die Krystallform und die damit zusammenhängenden Eigenschaften, sondern ganz und gar verschieden. Der Graphit hat metallisches Ansehen und ist Leiter der Elektricität, der Diamant ist nicht metallisch und Nichtleiter. Graphit hat den ersten, Diamant den zehnten Härtegrad. Nach Brodie verhalten sie sich auch bei chemischen Reactionen verschieden. Diese vollständige Verschiedenheit zweier oder mehrerer Modificationen desselben Elementes hat man Allotropie genannt. Der Kohlenstoff existirt noch in einer dritten, und zwar amorphen Modification.

Das Statthaben der Polymorphie lässt sich mittels der Moleculartheorie genügend klarstellen. Man denkt sich jeden Körper im gasförmigen, flüssigen und amorphen Zustande aus chemischen Molekeln bestehend, die Krystallmolekel hingegen aus mehreren solchen einfachen oder chemischen Molekeln zusammengesetzt. Beim Krystallisiren fügen sich mehrere einfache Molekel zu einer höheren Einheit, zur Krystallmolekel zusammen. Je nachdem aber eine grössere oder geringere Anzahl zusammentreten, wird ein solches System eine andere Anziehung auf die Nachbarsysteme ausüben, und es wird eine verschiedene Anordnung platzgreifen, also eine wesentlich andere Krystallform entstehen. So z. B. lassen sich die Erscheinungen beim kohlensauren Kalk erklären, wenn man davon ausgeht, dass die chemische Molekel $CaCO_3$ ist, und annimmt, dass beim Zusammentreten von drei solchen Molekeln zu einer Krystallmolekel ein rhomboëdrisches, beim Zusammentreten von vier solchen Molekeln ein rhombisches Netz entstehe. Die Krystallmolekel des rhomboëdrischen Kalkspathes wäre dann $3 CaCO_3$, die des rhombischen Aragonits $4 CaCO_3$. Der Dimorphismus kann also durch eine Polymerie im starren Zustande verständlich gemacht werden.

Bei der Allotropie des Kohlenstoffs wird man eine sehr verschiedene Constitution der Molekel anzunehmen haben. Denkt man sich die chemische Molekel des Graphits als C_3, jene des Diamants als C_8, so wäre die Bindung durch Valenzen in diesen beiden eine sehr verschiedene.

172. Isomorphie. Das bedeutendste Resultat, zu welchem die Vergleichung der Krystallform verschiedenartig zusammengesetzter Verbindungen führte, ist die Wahrnehmung, dass chemisch-analog zusammengesetzte Verbindungen häufig eine gleiche oder ähnliche Krystallisation zeigen. Diese Beobachtung wurde zuerst von Mitscherlich an phosphorsauren und arsensauren Salzen, hierauf an mehreren anderen Körpern gemacht, und es wurde jener Zusammenhang als Isomorphismus bezeichnet.

Im Bereiche der Minerale spielt der Isomorphismus eine ungemein wichtige Rolle. Die Aehnlichkeit und Zusammengehörigkeit vieler Mineralarten ist durch denselben aufgeklärt worden. Da der Isomorphismus den Zusammenhang der chemischen und der physikalischen Beschaffenheit andeutet, so ist von vornherein klar, dass hier unter ähnlicher Krystallisation nicht blos eine Gleichheit oder Aehnlichkeit der Kantenwinkel (Isogonismus), sondern die Gleichheit oder Aehnlichkeit des Krystallbaues zu verstehen sei. Demnach werden bei der Vergleichung der Formen sowohl die Winkel der wirklich vorhandenen Flächen, als auch die Verhältnisse der Cohäsion, und zwar zuerst der Spaltbarkeit in Betracht genommen.

An den tesseralen Krystallen zeigt sich die Bedeutungslosigkeit des Isogonismus am auffallendsten. Die verschiedenartigsten Verbindungen krystallisiren im tesseralen Systeme, in welchem die Winkel constant sind. Alle diese Verbindungen sind demnach isogon, aber noch nicht isomorph. Die Isomorphie lässt sich hier nur dadurch constatiren, dass die am häufigsten auftretenden Flächen, die Spaltbarkeit, die Art der Zwillingsbildung, als gleich erkannt werden.

Ein Beispiel der Isomorphie im rhombischen Systeme bieten die folgenden Carbonate, für welche das aufrechte Prisma (110) = m, die Längsfläche (010) = b, ferner (011) = k, (012) = u sind.

		$110 : 1\bar{1}0$	$011 : 0\bar{1}1$	Spaltbarkeit
Aragonit	$CaCO_3$	63° 50′	71° 34′	b, unvollk. : m, k.
Strontianit	$SrCO_3$	62° 41′	71° 48′	m, » u, b
Cerussit	$PbCO_3$	62° 46′	71° 44′	m, u, unvollk. : b, k
Witherit	$BaCO_3$	62° 12′	72° 16′	b, unvollk. : m, u.

Diese Minerale sind also in der Form und in der Spaltbarkeit ähnlich, ebenso im optischen Verhalten, da dieselben alle optisch negativ sind und die erste Mittellinie a der aufrechten Axe parallel haben. Im Uebrigen zeigt sich ein Unterschied darin, dass die beiden ersten die Ebene der optischen Axen parallel a = 100 und ρ < υ, die beiden anderen aber jene Ebene parallel b und zugleich ρ > υ haben.

Im rhomboëdrischen Systeme bilden ebenfalls Carbonate eine Reihe von Mineralen, die als isomorphe gelten:

			Rhomboëderwinkel			
Kalkspath	$CaCO_3$		74° 55′	Spaltbarkeit parallel R		
Dolomit	$\left.\begin{array}{l}Ca\\Mg\end{array}\right\} 2CO_3$		»	73° 45′	»	» »
Mangauspath	$MnCO_3$		»	73° 9′	»	» »
Eisenspath	$FeCO_3$		»	73° 0′	»	» »
Magnesit	$MgCO_3$		»	72° 40′	»	» »
Zinkspath	$ZnCO_3$		»	72° 20′	»	» »

Alle sind optisch negativ; während aber der Kalkspath unzweifelhaft rhomboëdrisch ist, erscheint der Dolomit rhomboëdrisch-tetartoëdrisch wie Dioptas (43); auch die in der Reihe darauf folgenden Glieder zeigen beim Aetzen oft Figuren, welche auf diese tetartoëdrische Abtheilung hinweisen.

Unter den rhomboëdrischen Mineralen sind ferner isomorph das lichte Rothgiltigerz oder der Proustit $Ag_3 As S_3$ mit dem dunklen Rothgiltigerz oder dem Pyrargyrit $Ag_3 Sb S_3$, ferner die drei Sprödmetalle Arsen, Antimon, Wismut und noch manche andere.

Das hexagonale System enthält eine ausgezeichnete isomorphe Reihe, welche den Apatit mit seinen beiden Gliedern: Chlorapatit $Ca_5 P_3 O_{12} Cl$ und Fluorapatit $Ca_5 P_3 O_{12} F$, ferner den Pyromorphit $Pb_5 P_3 O_{12} Cl$, den Mimetesit $Pb_5 As_3 O_{12} Cl$ und den Vanadinit $Pb_5 V_3 O_{12} Cl$ umfasst. Alle sind pyramidalhemiëdrisch (41).

Im tesseralen Systeme ist die Spinellreihe ein sehr bekanntes Beispiel. Die zugehörigen Minerale zeigen als hauptsächliche Form das Oktaëder und das häufige Auftreten der Zwillingsbildung nach der Oktaëderfläche (pag. 88). Spinell $Mg Al_2 O_4$, Hercynit $Fe Al_2 O_4$, Automolit $Zn Al_2 O_4$, Chromit $Fe Cr_2 O_4$, Magnetit $Fe Fe_2 O_4$ u. a.

173. Die chemische Analogie der isomorphen Substanzen ist in vielen Fällen eine leicht verständliche, wie in den vorigen Beispielen, da in den zum Vergleiche kommenden Formeln eine gleiche Anzahl gleichwerthiger (äquivalenter) und im chemischen Verhalten ähnlicher Atome angeführt erscheinen. In anderen Fällen, welche früher unverständlich waren und erst seit Anwendung der jetzt üblichen Atomgewichte aufgeklärt wurden, besteht die Analogie blos in der atomistischen Gleichartigkeit, indem die Formeln der isomorphen Substanzen zwar eine gleiche Anzahl der gleichartigen Atome angeben, ohne dass aber die letzteren äquivalent wären. Ein bekanntes Beispiel geben der Kalkspath $CaCO_3$ und der Natriumsalpeter $NaNO_3$, welche vollkommen isomorph sind, indem beide in der Form nahezu, in der Spaltbarkeit, in ihren übrigen Cohäsionsverhältnissen und im optischen Verhalten vollkommen übereinstimmen. Die Formeln zeigen atomistische Gleichartigkeit, die Metalle Ca und Na sind aber ungleichwerthig, indem ersteres als zwei-, letzteres als einwerthig betrachtet wird, ebenso erscheinen die Atome der Säurebildner C und N ungleichwerthig, indem ersteres als vier-, letzteres als fünfwerthig anzunehmen ist. Ein anderer hiehergehöriger Fall tritt bei den triklinen Feldspathen ein, von welchen der Albit $Na Al Si_3 O_8$ und der Anorthit $Ca Al_2 Si_2 O_8$ isomorph sind. Der Vergleich der Formeln

$$Na\ Al\ Si\ Si_2\ O_8$$
$$Ca\ Al\ Al\ Si_2\ O_8$$

ergibt wiederum atomistische Gleichartigkeit, obgleich Na und Ca nicht äquivalent, ebenso Si und Al nicht äquivalent sind.

Soviel bis jetzt bekannt ist, gibt es nur einen einzigen Fall, in welchem die Analogie der Zusammensetzung nicht zugleich als atomistische Gleichartigkeit erscheint. Derselbe tritt bei der Isomorphie der Kalium- mit den Ammoniumverbindungen ein. Schwefelsaure Kali-Magnesia $K_2Mg.2SO_4 + 6H_2O$ und das entsprechende Ammoniumsalz $2NH_4.Mg.2SO_4 + 6H_2O$ sind isomorph. Hier und in allen zugehörigen isomorphen Paaren erscheint das Atom K und die Gruppe Ammonium NH_4, welche sowohl äquivalent, als auch im chemischen Verhalten ähnlich sind, gleichartig, obwohl dieselben atomistisch verschieden sind.

Hier besteht also die chemische Analogie der isomorphen Verbindungen zum Theile in der Aequivalenz, in den zuvor angedeuteten Fällen besteht sie zum Theil in der atomistischen Gleichartigkeit, in den meisten Fällen aber vereinigt sich Aequivalenz und atomistische Gleichartigkeit.

Was die Aenlichkeit der Form betrifft, so wurde schon früher, beim Kalkspath und Dolomit, eine Isomorphie hemiëdrischer und tetartoëdrischer Formen anerkannt. Ein anderer Fall ist die Isomorphie von Ilmenit $FeTiO_3$ und Eisenglanz $FeFeO_3$, wovon der erstere die trapezoëdrische Tetartoëdrie (42) zeigt, während der zweite rhomboëdrisch krystallisirt. Die Polkanten der Rhomboëder sind $94^\circ 29'$ und $94^\circ 0'$.

Der Winkelunterschied einiger Minerale, welche von manchen Forschern als isomorph betrachtet werden, ist ein recht bedeutender, wie im folgenden Beispiele:

Güthit . . $H_2Fe_2O_4$ $110 : 1\bar{1}0 = 85^\circ 8'$ $011 : 0\bar{1}1 = 62^\circ 30'$ Spaltb. (010)
Manganit $H_2Mn_2O_4$ $80^\circ 20'$ $57^\circ 10'$ » (010),(110).

Solche in den Dimensionen stärker unterschiedene Minerale von analoger Zusammensetzung werden bisweilen als **homöomorph** bezeichnet.

174. Bei der Vergleichung isomorpher Verbindungen erscheinen jene Elemente, durch welche sich dieselben unterscheiden, als diejenigen, welche die Isomorphie bedingen. Sie werden sodann als isomorphe Elemente bezeichnet. So erscheinen bei der Vergleichung der beiden isomorphen Minerale Magnesit $MgCO_3$ und Siderit $FeCO_3$, die beiden Atome Mg und Fe als die isomorphen Elemente. Die Atome sind also nicht für sich gedacht isomorph zu nennen, sondern immer nur in bestimmten Verbindungen, was oft übersehen wird.

In vielen Verbindungen erscheinen isomorph:
Die einwerthigen: Cl, Br, J, auch F.
 » » Li, Na, K, namentlich in höher zusammengesetzten Verbindungen. In einfachen NH_4 und K.
 » zweiwerthigen: S, Se, zuweilen auch Te.
 » » Be, Mg, Zn, Fe, Mn, Co, Ni.
 » » Ca, Sr, Ba, Pb.
 » dreiwerthigen: Al, Fe, Mn, Cr.
 » fünfwerthigen: P, As. Sb, auch Bi.
Einwerthige mit zweiwerthigen: Ag mit Cu, Na mit Ca.
Dreiwerthige mit vierwerthigen: Al mit Si in mehreren Silicaten.

175. In manchen Schriften werden die Begriffe des Isomorphismus und Isogonismus nicht getrennt, wodurch bisweilen ganz unrichtige Vergleichungen entstehen. Bei den tesseralen Verbindungen geschieht dies weniger häufig, weil hier die Bedeutungslosigkeit des Isogonismus gar zu auffällig ist; bei den anderen Krystallsystemen kommt es aber öfter vor. Ein Beispiel ist der Isogonismus des Kalkspathes $CaCO_3$ und des Rothgiltigerzes Ag_3AsS_3, welche zwar ähnliche Winkel und ähnliche Spaltbarkeit besitzen, aber durchaus keine Analogie der Zusammensetzung zeigen. Andere solche Beispiele sind Chrysoberyll und Diaspor oder Augit und Borax.

Andererseits erscheint der Versuch ganz gerechtfertigt, durch Vergleichung der analog zusammengesetzten Verbindungen, auch wenn dieselben in der Form stärker verschieden sind, den Einfluss eines Elementes oder einer Gruppe von Elementen auf die Krystallform zu ermitteln, wie dies Groth unternahm, welcher die bei der Substitution des Wasserstoffes durch andere Atome oder Atomgruppen erfolgte Einwirkung auf die Form als **Morphotropie** bezeichnete.

In den Carbonaten, Silicaten, Sulfaten etc. ändert sich die Form oft wenig oder gar nicht, wenn anstatt des Magnesiums Eisen, Mangan, Zink eintreten. Dagegen wird die Krystallform in merklicher Weise verändert, wenn anstatt des Magnesiums das Element Calcium in die Verbindung tritt. So z. B. sind $MgSiO_3$ und $FeSiO_3$ rhombisch isomorph im Enstatit und Hypersthen, dagegen ist in der Form damit kaum ähnlich $CaSiO_3$, der monokline Wollastonit, ferner sind $MgCO_3$ Magnesit und $FeCO_3$ Siderit beide rhomboëdrisch, vollkommen isomorph, während der Calcit $CaCO_3$ bezüglich der Form und Spaltbarkeit mit den vorigen grosse Aehnlichkeit zeigt, in den Cohäsionsverhältnissen aber davon etwas abweicht, indem er eine andere Schlagfigur, andere Aetzfigur zeigt etc.

Es gibt einige Fälle, in welchen sich der Isomorphismus mit der Dimorphie verbindet. Die eine Substanz krystallisirt in den Formen A und B, die andere in den Formen A' und B', wobei auf der einen Seite A und A' und ebenso auf der anderen B und B' isomorph sind. Dieser Zusammenhang wird Isodimorphie genannt. $CaCO_3$ krystallisirt rhombisch als Aragonit, rhomboëdrisch als Calcit. KNO_3 bildet rhombische Krystalle, welche mit Aragonit isomorph sind und unter Umständen auch rhomboëdrische, ähnlich denen des Calcits. Früher wurden auch Sb_2O_3 und As_2O_3 als isodimorph betrachtet, doch sind sie nur in der einen, der tesseralen Form isomorph.

Lit. Mitscherlich, Abhandl. d. Berliner Akad. Dec. 1819, pag. 427. Berzelius, Annales de chimie et phys. 1820, Bd. 19, pag. 350. G. Rose, Zeitsch. d. deut. geol. Ges. Bd. 16, pag. 21, und Bd. 20, pag. 621. Kopp, Annalen d. Chem. u. Pharm. Bd. 36, pag. 1, und Pogg. Ann. Bd. 52, pag. 262. Schröder, ebendas. Bd. 106 u. 107. Autor, Sitzber. d. Wiener Ak. Bd. 45, pag. 635, Bd. 50, pag. 566. Groth, Pogg. Ann. Bd. 141, pag. 31.

176. Isomorphe Mischung. Isomorphe Verbindungen, welche aus derselben Flüssigkeit krystallisiren, vermögen Mischkrystalle zu bilden, welche die einzelnen Verbindungen je nach den Umständen der Bildung in wechselnder Menge enthalten. So geben Lösungen der beiden isomorphen Salze: Zinkvitriol $ZnSO_4 + 7H_2O$ und Bittersalz $MgSO_4 + 7H_2O$ Mischkrystalle, welche in der Form den beiden vorigen sehr ähnlich sind und variable Mengen von dem einen und dem anderen enthalten. Ebenso geben Lösungen, in welchen Bittersalz, Zinkvitriol und Manganvitriol enthalten sind, isomorphe Mischkrystalle, welche nach den Umständen sehr verschiedene Mengen der drei Salze vereinigen, also bei der Analyse im Allgemeinen das Resultat:

$$x\,(MgSO_4 + 7H_2O) + y\,(ZnSO_4 + 7H_2O) + z\,(MnSO_4 + 7H_2O)$$

liefern, worin x, y, z beliebige reelle positive Zahlen sind.

Unter den krystallisirten Mineralen kommen Mischkrystalle sehr häufig vor. Oefters ist die Natur derselben schon durch den Farbenunterschied der an dem Krystall wahrnehmbaren Schichten angedeutet (65). Häufig aber schon diese Krystalle ganz gleichartig aus und das Vorhandensein einer Mischung lässt sich erst erkennen, wenn die Zusammensetzung mit derjenigen anderer isomorpher Minerale verglichen wird. Die Krystalle des Olivins erscheinen meistens völlig homogen, ihre Zusammensetzung ist aber wechselnd $x\,(Mg_2SiO_4) + y\,(Fe_2SiO_4)$. Sie sind isomorph mit dem Forsterit Mg_2SiO_4 und dem Fayalit Fe_2SiO_4. Demnach ist nicht zu zweifeln, dass die Olivinkrystalle zu den Mischkrystallen gezählt werden müssen.

Was hier von den Krystallen gesagt wurde, gilt aber selbstverständlich auch für krystallinische Minerale, deren Individuen ja nur unausgebildete Krystalle sind. Der körnige Olivin ist demnach ebenfalls eine isomorphe Mischung.

Wenn zwei Substanzen wegen sehr verschiedener Löslichkeit nicht gleichzeitig aus derselben Auflösung krystallisiren, also keine Mischkrystalle geben können, so wird doch die leichter lösliche eine isomorphe Schichte über der schwer löslichen bilden. Wenn daher, wie Sénarmont zuerst beobachtet hat, ein Krystall oder ein Spaltungsstück von Kalkspath $CaCO_3$ in einer Lösung von Natriumsalpeter $NaNO_3$ sich mit einer isomorphen Schichte dieses Salzes bedeckt (56), so schliesst man, dass diese beiden Substanzen isomorph seien. Dies wird aber durch die Aehnlichkeit der Form, die Gleichheit der Spaltbarkeit und die Analogie der Zusammensetzung bestätigt.

Ebenso wird aus dem Fortwachsen eines Aragonitkrystalles in einer Lösung von Kaliumsalpeter KNO_3, welches von G. Rose wahrgenommen wurde, der Schluss gezogen, dass die beiden Körper isomorph seien, und auch dieser Schluss wird durch die übrigen Eigenschaften beider Körper bekräftigt.

Verbindungen, welche in Bezug auf Hemiëdrie verschieden sind, liefern dennoch bisweilen Mischkrystalle.

Man kennt viele Mischungen des rhomboëdrischen Kalkspathes und des rhomboëdrisch-tetartoëdrischen Dolomits, ebenso Mischungen des rhomboëdrischen Eisenglanzes und des trapezoëdrisch-tetartoëdrischen Ilmenits. Da nun die Fähigkeit, isomorphe Mischungen zu liefern, die am meisten charakteristische Eigenschaft der isomorphen Verbindungen bildet, so werden Calcit und Dolomit u. s. w. trotz des krystallographischen Unterschiedes als isomorph erklärt.

Bei der Darstellung von Mischkrystallen wurde wiederholt die Erfahrung gemacht, dass eine Substanz durch die Mischung mit einer anderen eine solche Form annahm, in welcher sie im isolirten Zustande nicht bekannt war, so dass durch die Versuche ein Dimorphismus der Substanz offenbar wurde. So beobachtete schon Beudant, dass aus gemischten Lösungen der beiden Salze Zinkvitriol $ZnSO_4 + 7H_2O$ und Eisenvitriol $FeSO_4 + 7H_2O$ monokline Mischkrystalle von der Form des letzteren entstanden, und dass schon 15 Percente von Eisenvitriol genügen, um der Mischung die monokline Form zu geben. Der im isolirten Zustande rhombisch krystallisirende Zinkvitriol nimmt also in der Mischung eine monokline Form an. Später hat Rammelsberg solche Versuche auch an anderen Salzen ausgeführt.

Lit. Sénarmont, Comptes rend. Bd. 38, pag. 105, und Pogg. Ann. Bd. 86, pag. 162. G. Rose, Berichte der deutschen chem. Ges. 1871, pag. 104. Autor, mineralogisch-petrogr. Mitth. Bd. 4, pag. 99.

177. In welcher Weise die Winkel des Mischkrystalls mit dem Gewichtsverhältnisse der enthaltenen Verbindungen im Zusammenhange stehen, lässt sich nach den bisherigen Beobachtungen noch nicht genauer angeben. Früher war die Ansicht allgemein, dass die Winkeldimensionen des Mischkrystalles zwischen denen der Componenten liegen, welche Ansicht durch die Winkel der rhomboëdrischen Carbonate und der Plagioklase bestätigt schien. Später zeigten aber Groth's Beobachtungen an den Mischungen von übermangansaurem Kali $KMnO_4$ und von überchlorsaurem Kali $KClO_4$, dass die Winkel der Mischkrystalle zum Theile ausserhalb der Grenzen liegen, welche durch die an den einfachen Salzen beobachteten Werthe gebildet werden.

Die Messungen, welche Neminar und Arzruni am Barytocölestin anstellten, der eine Mischung von Baryumsulfat und Strontiumsulfat ist, gaben ein ähnliches Resultat.

Lit. Groth, Pogg. Ann. Bd. 133, pag. 193. Neminar, Tschermak's Min. Mitth. 1876, pag. 59. Arzruni, Zeitschr. d. deutschen geol. Ges. Bd. 24, pag. 484.

178. Die optischen Eigenschaften der Mischkrystalle zeigen häufig den Zusammenhang mit den optischen Eigenschaften der enthaltenen Verbindungen deutlich an.

In den optisch-einaxigen Mineralen sind die mit einander gemischten Verbindungen meistens optisch gleichartig, doch kommen auch Mischungen von optisch positiven und von optisch negativen Substanzen vor (pag. 186).

In den rhombischen Mineralen bieten die einzelnen Verbindungen häufig gleiche Orientirung, also blos Verschiedenheit im Axenwinkel dar. Die Mischung zeigt ein Variiren des Axenwinkels, je nach dem Verhältnis der Mischung. An den Mineralen der Bronzitreihe, welche Mischungen von $MgSiO_3$ und $FeSiO_3$ sind, konnte der Autor nachweisen, dass mit der Zunahme der zweiten Verbindung, also mit Zunahme des Eisens auch der positive Axenwinkel zunimmt. Oefters tritt aber auch der Fall ein, dass in den sich mischenden Verbindungen die Axenebene eine verschiedene Lage hat (pag. 183).

In den monoklinen Mischkrystallen haben die darin vorhandenen Substanzen blos eine Elasticitätsaxe in gleicher Lage, zwei Elasticitätsaxen aber verschieden gelagert, wenngleich innerhalb der Symmetrieebene. Ein Beispiel einfacher Art geben die Mischungen der beiden Silicate $CaMgSi_2O_6$ und $CaFeSi_2O_6$ (Diopsidreihe). Beide Verbindungen haben die Ebene ihrer optischen Axen parallel der Symmetrieebene, wie der Gyps, pag. 197. In der ersten Verbindung ist aber der Winkel ca $= 51^0\ 6'$, in der zweiten ca $= 44^0\ 4'$. In den Mischkrystallen ist nun, wie der Autor zeigte, dieser Winkel kleiner als $51^0\ 6'$ und nähert sich umsomehr dem Werthe von 44^0, je mehr von der zweiten Substanz darin vorhanden ist. Zugleich wird auch der positive Axenwinkel grösser, wie dies schon bei der Bronzitreihe bemerkt wurde.

In triklinen Mischungen sind die enthaltenen Substanzen im Allgemeinen optisch gänzlich verschieden, aber auch hier ändern sich Orientirung, Dispersion und Axenwinkel entsprechend dem Verhältnis der Mischung. Dies wurde von Schuster an den Plagioklasen erkannt, welche isomorphe Mischungen von Albit $Na\ Al\ Si_3\ O_8$ und Anorthit $Ca\ Al_2\ Si_2\ O_8$ sind.

In der letzten Zeit wurden von Dufet, Mallard, Fock u. A. Versuche gemacht, die Abhängigkeit der Brechungsquotienten des Mischkrystalls von dem Gewichtsverhältnis und den Brechungsquotienten der einzelnen Substanzen zu ergründen.

Lit. Ant., Mineralog. Mitth. 1871, pag. 17. Schuster ebendas. Neue Folge. Bd. 3, pag. 117. Dufet, Bulletin d. l. soc. minéralogique d. F. Bd. 1, pag. 58. Mallard, ebendas. Bd. 3, pag. 3. Ann. de mines 7. Serie, Bd. 19, pag. 256. Fock, Zeitschr. für Kryst. Bd. 4, pag. 583.

179. Es kommt nicht selten vor, dass von den Verbindungen, welche in isomorpher Mischung auftreten, die eine oder die andere im isolirten Zustande noch nicht bekannt ist. So z. B. erweisen sich die Minerale der Bronzitreihe als Mischungen $x\ (MgSiO_3) + y\ (FeSiO_3)$, doch ist nur die erstere Verbindung für sich als Enstatit bekannt, während bisher noch kein Mineral von der Zusammensetzung $FeSiO_3$ gefunden wurde. Andere Mineralgattungen lassen durch das Schwanken ihrer Zusammensetzung deutlich erkennen, dass sie isomorphe Mischungen sind, jedoch Mischungen solcher Verbindungen, welche sämmtlich für sich noch nicht beobachtet wurden. Hieher gehört der Skapolith, Chabasit u. a. m.

Die Berechnung isomorpher Mischungen, welche zuerst von Beudant versucht wurde, erfolgt in derselben Weise, wie jene der chemischen Verbindungen. Die Coëfficienten x, y, z etc. geben aber oft kein einfaches, sondern ein complicirtes Verhältnis. Das Beispiel eines einfachen Falles gibt ein Tiroler Bronzit, welcher nach Regnault's Analyse die Mischung $5\ MgSiO_3 : FeSiO_3$ hat. Der Ausdruck will sagen, dass in dem Mineral die beiden Verbindungen so gemischt sind, dass im Durchschnitte immer gegen 5 Molekel der ersteren, eine Molekel der zweiten Verbindung vorkommen.

So lange unter den chemischen Zeichen blos Mischungsgewichte verstanden wurden, konnten die Factoren x, y etc. auch Brüche sein, daher das vorgenannte Verhältnis auch in der Form $\frac{5}{6} Mg\ Si\ O_3 : \frac{1}{6} Fe\ Si\ O_3$ oder zusammengezogen

(Mg^2)(Fe$^1_2$)SiO$_3$ geschrieben wurde, während gegenwärtig, da jene Zeichen Atome bedeuten, Bruchtheile der letzteren zu schreiben keinen Sinn hätte. Der älteren Schreibweise gemäss wurde auch gesagt, das Mischungsgewicht eines Bestandtheiles der Verbindung werde zum Theile durch die äquivalente Menge eines anderen Stoffes ersetzt und die Stoffe, welche in solcher Weise für einander eintretend gedacht wurden, bezeichnete man dem Vorschlage J. N. Fuchs' gemäss als vicariirende Bestandtheile. Sie sind dieselben, welche früher als isomorphe Elemente aufgeführt wurden. Beim Vergleiche der Zusammensetzung des Enstatits MgSiO$_3$ mit derjenigen des isomorphen Bronzits aus dem vorigen Beispiele (Mg$^5_6$)(Fe$^1_6$)SiO$_3$ konnte man also früher sagen, dass in diesem Bronzit ein Sechstel der Magnesia durch die äquivalente Menge Eisen ersetzt sei, und dass hier Eisen und Magnesia vicariiren. Die vicariirenden Elemente wurden in der allgemeinen Formel der Mischung neben einander gesetzt und durch Beistriche getrennt. Die allgemeine Formel des Bronzit wurde demnach (Mg, Fe) SiO$_3$ geschrieben. Man kann diese Schreibweise auch ferner benützen, wofern man die gegenwärtig angenommene Vorstellung damit verbindet. Der Olivin als isomorphe Mischung von Mg$_2$SiO$_4$ und Fe$_2$SiO$_4$ kann demnach durch (Mg, Fe)$_2$ SiO$_4$ bezeichnet werden; der Epidot, welcher eine isomorphe Mischung von H Ca$_2$ Al$_3$ Si$_3$ O$_{13}$ und H Ca$_2$ Fe$_3$ Si$_3$ O$_{13}$ ist, durch H Ca$_2$ (Al, Fe)$_3$ Si O$_{13}$ u. s. f.

Anstatt das durchschnittliche Verhältnis der Molekelzahl einer isomorphen Mischung anzugeben, pflegt man häufig die percentische Menge der gemischten Substanzen zu berechnen.

Aus der Analyse des Eisenspathes von Ehrenfriedersdorf, welche Magnus 36·81 Procente Eisenoxydul, 25·31 Manganoxydul und 38·35 Kohlensäure lieferte, würde sich das Verhältnis 17 FeO : 12 MnO : 29 CO$_2$ ergeben, also das durchschnittliche Mischungsverhältnis 17 FeCO$_3$: 12 MnCO$_3$. Wenn man jedoch davon ausgeht, dass in 100 perc. Eisencarbonat 62·07 Eisenoxydul enthalten sind, so berechnet sich aus 100 : 62·07 = x : 36·81, dass 59·31 perc. Eisencarbonat vorhanden seien, ebenso daraus, dass in 100 perc. Mangancarbonat 61·74 Manganoxydul enthalten seien, aus 100 : 61·74 = y : 25·31 die Menge des Mangancarbonates zu 41·00 perc. Genannter Eisenspath ist also eine Mischung von 59 perc. Eisencarbonat mit 41 perc. Mangancarbonat.

Lit. Beudant, Annales de mines 1817, Bd. 2, pag. 8. J. N. Fuchs, Schweigger's Journ. f. Chem. u. Phys., Bd. 15. pag. 377.

180. Das Stattfinden der Isomorphie und die Bildung isomorpher Mischungen lässt sich durch die Moleculartheorie anschaulich machen. Die chemisch-analogen Molekel der isomorphen Krystalle sind kleine Planetensysteme, in welchen die Atome eine fast gleiche gegenseitige Stellung besitzen und demzufolge nach aussen gleich oder fast gleich orientirte Anziehungen ausüben. Derlei Molekel geben ähnliche Anordnungen, also Krystalle, deren Winkel und Spaltbarkeit gleich oder wenig verschieden ist. Da es in erster Linie auf die gegenseitige Stellung der Atome ankommt, nicht aber auf deren Qualität, so wird es auch gleichartige Anordnungen geben, in welchen Atome von verschiedener Valenz entsprechende Plätze einnehmen, wie Natriumsalpeter $NaNO_3$ und Kalkspath $CaCO_3$. Es ist auch leicht begreiflich, dass eine Lösung, in der zwar verschiedenartige, aber solche Molekel enthalten sind, welche eine fast gleiche Orientirung ihrer Anziehungen besitzen, Krystalle liefern kann. In diesen Krystallen werden die verschiedenartigen Molekel in paralleler Stellung angeordnet sein, indem sie bald schichtenweise abwechseln, bald aber in solcher Art gemischt sind, dass die Krystalle gleichartig aussehen. Die Mischung des Krystalls kann von einem Punkte zum andern variiren, die Analyse gibt immer blos das Durchschnittsverhältnis des untersuchten Stückes. Die isomorphen Mischungen sind überhaupt dadurch erklärt, dass man sie als innige parallele Verwachsungen bezeichnet.

Die Lehre vom Isomorphismus, welche einerseits die Analogie der chemischen Zusammensetzung, andererseits die Aehnlichkeit der Krystallform in sich fasst, kann wegen der Unbestimmtheit dieser beiden Begriffe leicht zum Irrthum führen. In der That wurde bald die Analogie der Zusammensetzung willkürlich umgedeutet, bald die Aehnlichkeit der Form über grosse Unterschiede hinweg bis über die Grenzen der Krystallsysteme ausgedehnt. Die richtige Auffassung der isomorphen Mischung wurde dadurch getrübt, dass man die Elemente als nach äquivalenten Mengen vicariirend betrachtete, z. B. äquivalente Mengen von Calcium, Natrium, Kalium, Eisen, Kupfer etc., ohne zu prüfen, ob die analog zusammengesetzten Verbindungen existiren oder möglich sind. Die heutige Chemie kennt aber kein Vicariiren nach Aequivalenten, wofern diese Bruchtheile von Atomen sind, also kein Vicariiren äquivalenter Mengen von Calcium mit solchen von Natrium, Kalium, weil das Aequivalent des Calciums die Hälfte seines Atomgewichtes ist u. s. w.

181. Darstellung der Verbindungen. Das Resultat, welches die Analyse eines Minerales ergeben hat, erhält erst seine volle Bestätigung, wenn es gelingt, dieselbe chemische Verbindung in der nämlichen Form, wie selbe in der Natur vorkommt, künstlich darzustellen. Diese Operation ist entweder eine Synthese, eine Herstellung der Verbindung aus den Elementen, oder ein Krystallisiren, ein Erfüllen der Bedingungen, unter welche eine schon vorhandene Verbindung Krystalle liefert (10).

Derlei Darstellungen wurden früher auch zu dem Zwecke unternommen, die Bildungsweise der Minerale kennen zu lernen. Dabei wurde oft übersehen, dass ein Experiment ohne vorausgegangene Beobachtung hier nichts lehre, denn auch wenn es gelingt, eine Mineralverbindung auf irgend eine Weise darzustellen oder zum Krystallisiren zu bringen, so ist es nicht erlaubt, zu schliessen, dass die Natur bei der Bildung des entsprechenden Minerales den gleichen Weg eingeschlagen habe. Die Bildungsweise eines Minerales lässt sich blos in der Natur, an der Lagerstätte, beobachten oder aus der Beschaffenheit und dem Vorkommen des Minerales erschliessen. Erst wenn ein solcher Schluss vorliegt, ist dem Experimentator eine Aufgabe gestellt. Jetzt wird er durch Versuche zu entscheiden trachten, ob unter den Umständen, welche man bei der beobachteten oder vermutheten Bildungsweise wirksam denkt, jene Verbindung und jene Krystallisation zu Stande kommt, welche das in Frage stehende Mineral darbietet.

Da man blos jene Körper, welche Bestandtheile der Erdrinde, und ohne die Absicht des Menschen entstanden sind, als Minerale bezeichnet, so ist es eigentlich nicht ganz consequent, zu sagen, dass wir Minerale künstlich darzustellen vermögen, vielmehr lässt sich eine solche Darstellung besser als eine Nachahmung bezeichnen. Es ist aber allgemein üblich, von künstlichem Bleiglanz, Augit etc. zu sprechen.

Die eleganteste Methode zur Darstellung von Mineralverbindungen ist die gegenseitige Einwirkung von Dämpfen bei höherer Temperatur. Dämpfe von Zinkchlorid geben beim Zusammentreffen mit Schwefelwasserstoff Krystalle von Zinkblende ZnS nach der Gleichung $ZnCl_2 + H_2S = ZnS + 2HCl$. Die entstandene Salzsäure geht gasförmig fort. (Durocher). Dämpfe von Titanchlorid oder Titanfluorid liefern bei der gegenseitigen Zersetzung mit Wasserdämpfen Titandioxyd TiO_2 in der Form des Rutils, unter bestimmten Umständen auch von der Form des Brookits: $TiCl_4 + 2H_2O = TiO_2 + 4HCl$ (Hautefeuille).

Auch durch Einwirkung von Dämpfen auf feste Körper bilden sich zuweilen krystallisirte Verbindungen, z. B. Zinksilicat in der Form des Willemits bei der Einwirkung von Kieselfluorid auf Zinkoxyd: $SiF_4 + 4ZnO = Zn_2SiO_4 + 2ZnF_2$, das entstandene Zinkfluorid wird bei der hohen Temperatur verflüchtigt (S. C. Deville).

Eine andere Methode, krystallisirte Verbindungen darzustellen, benützt gleichfalls hohe Temperaturen und lässt die Körper aus einer Schmelze krystallisiren. Unabsichtlich erhält man auf solchem Wege die Krystalle in den Hohlräumen der Schlacken beim Eisenprocess, z. B. Krystalle von der Form und Zusammensetzung des Olivins, des Diopsids, des Humboldtiliths. Absichtlich lassen sich durch Zusammenschmelzen der Bestandtheile vielerlei Krystalle darstellen, z. B. solche, welche dem Antimonglanz, dem Diopsid entsprechen (Mitscherlich).

Durch Herstellung einer Schmelze von geeigneter percentischer Zusammensetzung und nachherige langdauernde Erhitzung unterhalb des Schmelzpunktes können mikroskopische und auch grössere Krystalle erhalten werden, welche mehreren Feldspathen, ferner dem Leucit, Nephelin, Augit etc. entsprechen (Fouqué und Lévy). Durch Zusammenschmelzen von Verbindungen, welche eine doppelte Zersetzung eingehen, wurden eine Anzahl Minerale nachgeahmt, z. B. Baryt durch Zusammenschmelzen von Chlorbaryum und Kaliumsulfat $BaCl_2 + K_2SO_4 = BaSO_4 + 2KCl$, das entstandene Chlorkalium wurde durch Wasser entfernt (Manross). Ebenso wurde Gelbbleierz durch Schmelzen von Chlorblei mit der entsprechenden Menge von molybdänsaurem Natron und Auflösung des gebildeten Chlornatrium nachgeahmt: $PbCl_2 + Na_2MoO_4 + PbMoO_4 + 2NaCl$.

Eine allgemeiner anwendbare Methode wurde von Ebelmen angebahnt. Bei dieser fungirt ein Theil der Schmelze blos als Lösungsmittel. Durch Schmelzen der Stoffe, welche dem Olivin, dem Perowskit entsprechen, mit Borsäure entstand in der Hitze des Porzellanofens eine Flüssigkeit, die nach allmäligem Verdampfen der Borsäure Krystalle hinterliess, welche die Eigenschaften des Olivins, resp. des Perowskits besassen. Viele andere Krystalle wurden durch ähnliche Versuche dargestellt. Für die Lehre vom Isomorphismus war besonders die Nachahmung der Glieder der Spinellreihe (pag. 255) von Wichtigkeit. Forchhammer benutzte eine Schmelze von Chlornatrium, in welchem die Bestandtheile des Apatits eingetragen waren, um die dem letzteren entsprechenden Krystalle darzustellen. Wolframsaures Natron eignet sich ebenfalls als Lösungsmittel bei hohen Temperaturen, Orthoklas, Albit, Quarz, Tridymit lassen sich in einer solchen zweckmässig zusammengesetzten Schmelze, welche längere Zeit erhitzt wird, krystallisirt darstellen (Hautefeuille), Glimmer in einer Schmelze, worin das Lösungsmittel Fluornatrium (Dölter).

Durch Ausscheidung aus wässerigen Lösungen bei mässigen Temperaturen wurden viele Verbindungen, welche als Minerale vorkommen und in Wasser löslich sind, hergestellt. es gelang aber auch, durch Modificationen des Verfahrens schwer lösliche Minerale nachzuahmen, indem eine doppelte Zersetzung eingeleitet, aber durch allmälige Diffusion verlangsamt wurde (Macé, Drevermann). Eisenvitriol und salpetersaures Baryum gaben schöne Barytkrystalle $FeSO_4 + BaN_2O_6 = BaSO_4 + FeN_2O_6$, chromsaures Kali und salpetersaures Blei lieferten Krystalle von Rothbleierz $K_2CrO_4 + PbN_2O_6 = PbCrO_4 + 2KNO_3$.

Bei derlei Versuchen wurde aber zuweilen ein starker Druck, oft auch zugleich eine höhere Temperatur angewandt. Die auf einander wirkenden Stoffe waren mit Wasser in Glasröhren eingeschlossen, welche auf 100° bis 250° erhitzt wurden, wobei sich im Innern ein starker Dampfdruck entwickelte. Eine Lösung von Eisenvitriol gibt, mit kohlensaurem Natron eingeschlossen, in solcher Weise künstlichen Eisenspath $FeSO_4 + Na_2CO_3 = FeCO_3 + Na_2SO_4$. Kupferkies $FeCuS_2$ lässt sich durch Einwirkung von Chlorkupfer und Chloreisen in einer Lösung von Schwefelkalium darstellen (Sénarmont). Bei noch höheren Temperaturen und dem gleichzeitig entstehenden hohen Drucke wirkt das Wasser zersetzend auf das Glas und es bilden sich aus demselben Quarz, Wollastonit (Daubrée), aus Na_2SiO_3 und den entsprechenden Mengen von Al_2O_3 und SiO_2 wird Albit: $NaAlSi_3O_8$ gebildet, bei Anwendung von K_2SiO_3 aber Orthoklas $KAlSi_3O_8$ (Friedel und Sarasin).

Literatur: C.W. C. Fuchs: Die künstlich dargestellten Mineralien. Preisschrift. Harlem 1872; Fouqué und Lévy: Synthèse des minéraux et des roches, Paris 1882; Bourgeois: Reproduction artificielle des minéraux Paris 1884.

IV. Lagerungslehre (Topik der Minerale).

182. Das Auftreten der Minerale. Zur Kenntnis jedes Minerales gehört auch das Wissen von der Art seines Auftretens in der Natur, daher fragen wir, sobald uns die Eigenschaften und die Zusammensetzung des Minerales bekannt sind, auch nach der Oertlichkeit, in welcher, nach den Mengenverhältnissen, in welchen dasselbe vorkommt und nach der Verbindung, in welcher es mit anderen Mineralen steht.

Was daher zunächst in Betracht kommt, sind die räumlichen, die topischen Verhältnisse der Minerale, die Art und Menge, in welcher dieselben mit einander auftreten, die Formen, welche durch einzelne Minerale und Mineralgesellschaften im Grossen gebildet werden, und das Verhalten, welches diese Mineralmassen in der Erdrinde zeigen.

Die Mengenverhältnisse sind sehr verschieden. Während ein Mineral, wie der Kalkspath in der Form von Kalkstein, viele Meilen weit allein herrscht, kommen andere Minerale, wie das Zinnerz, in mässigen Quantitäten vor und wieder andere finden sich nur in Spuren, wie der Arsenit, Greenockit.

Die Verbindung, in welcher die Minerale stehen, ist bisweilen eine zufällige, z. B. dann, wenn Geschiebe von Quarz und solche von Kalkstein in einem Conglomerate neben einander liegen; häufig ist aber das Zusammenvorkommen ein gesetzmässiges, z. B. in dem Falle, als auf dem im Wasser fast unlöslichen Quarz der leichter lösliche Baryt aufsitzt oder wenn eine Masse von Olivin von dem aus Olivin entstandenen Serpentin umhüllt wird.

183. Verbreitung. Als Grade der Verbreitung kann man die allgemeine und starke Verbreitung, ferner die beschränkte und die spärliche Verbreitung angeben, für jeden Grad aber mancherlei Arten der Verbreitung unterscheiden.

Unter den allgemein verbreiteten Mineralen versteht man solche, welche in der Erdrinde, wenngleich nicht immer an der Oberfläche, so häufig sind, dass gar kein bedeutender Theil der Erdrinde davon frei ist. Hieher gehört vor allen der Quarz, die häufigste Mineralgattung, welche sowohl auf primärer, als auf secundärer Stätte vorkommt, öfters allein herrscht, meistens in Gesellschaft anderer Minerale auftritt, oft dem freien Auge sichtbar, oft sich ganz verbergend. In zweiter Reihe sind die Minerale der Feldspathgruppe zu nennen, welche ähnlich wie der Quarz verbreitet sind und in den thonigen Ablagerungen sich gleichfalls verbergen. Beiden zunächst steht der Kalkspath, welcher zwar keine so extensive Verbreitung hat, jedoch für sich allein mächtige und ausgedehnte Gebirge bildet, also durch intensives Auftreten die vorigen übertrifft.

Eine sehr extensive Verbreitung haben manche Minerale, welche in feiner Vertheilung auftreten, wie der Apatit, der selten in grosser Menge zu finden ist, dagegen aber in mikroskopischen Kryställchen und Partikelchen allenthalben im Gestein angetroffen wird. Ebenso geniessen die als Pigmente vorkommenden Eisenerze, welche die Gesteine roth färben (Rotheisenerz), braun oder gelb färben (Brauneisenerz) oder schwarz färben (Magneteisenerz), eine sehr grosse Verbreitung; auch Kohle und Pyrit sind in solcher Vertheilung häufig. Zu den stark verbreiteten Mineralen gehören die Glimmer und Chlorite, die Augite und Hornblenden.

Die beschränkte Verbreitung rührt nicht blos von der grösseren Seltenheit der enthaltenen Stoffe her, sondern beruht öfters auf der Abhängigkeit eines

Minerales von der Existenz eines anderen. So z. B. ist der meiste Zinkspath durch die frühere Gegenwart von Kalkspath bedingt. Ebenso erscheinen die Zeolithe abhängig von bestimmten Mineralen, daher die meisten derselben blos in vulkanischem Gestein vorkommen. Oefters zeigt sich eine Abhängigkeit von bestimmten Lagerungsformen, wie bei den später zu besprechenden Gangmineralen. Das Vorkommen des leicht löslichen Natriumsalpeters in der regenlosen Zone von Peru erscheint sogar vom Klima abhängig. Endlich sind manche Minerale von der Erdoberfläche ausgeschlossen, weil sie daselbst vollständig verändert würden, wie z. B. die Sulfide.

Jene Minerale, welche nur spärlich verbreitet sind, kommen entweder nur an einem Punkte oder an wenigen Punkten der Erde vor, dort aber mitunter in erheblicher Menge, wie der Kryolith in Grönland, oder sie sind Seltenheiten in jeder Beziehung, weil sie auch an den wenigen Punkten blos in sehr geringer Menge vorkommen, z. B. der Euklas.

184. Paragenesis. Das Auftreten der Minerale nebeneinander lässt erkennen, ob dieselben gleichzeitig oder ungleichzeitig, ferner in welcher Folge sie entstanden sind, oft auch, dass eines aus dem anderen hervorgegangen sei. Das Zusammenvorkommen drückt also zugleich das Nebeneinander- oder Nacheinanderentstehen, zuweilen auch die Abstammung aus, daher die von Breithaupt eingeführte Bezeichnung Paragenesis glücklich gewählt erscheint.

Die gleichzeitige Bildung verschiedener Minerale lässt sich sowohl an schwebend, als an sitzend gebildeten Individuen entweder daran erkennen, dass jedes Mineral in den Individuen des anderen Einschlüsse bildet, oder daran, dass bald die Individuen der einen Art auf jenen der anderen lagern und Eindrücke von diesen zeigen, bald aber die Individuen der anderen Art Auflagerung und Eindrücke darbieten. So gibt es Drusen mit gleichzeitiger Paragenesis von Adular und Kalkspath, oder Gesteine, in welchen schwebend gebildete Krystalle von Plagioklas und Augit in eben solcher Paragenesis vorkommen.

In den körnigen und schiefrigen Gemengen ist die Gleichzeitigkeit auch öfters deutlich ausgesprochen, wie z. B. in vielem Granit, in dem die Körner von Feldspath, Quarz und Glimmer so ausgebildet sind, dass kein Unterschied wahrzunehmen ist, indem Alles wie aus einem Gusse hervorgegangen erscheint.

Die nebeneinander gebildeten Minerale weisen öfters durch ihre chemische Beschaffenheit auf die gleichartige Entstehung hin, wie z. B. die Krystalle von Apatit, Fluorit, Lepidolith, Topas, Turmalin, welche auf Zinnerzgängen mit einander vorkommen und durchwegs fluorhaltige Minerale sind, oder die Verwachsungen von Blende und Bleiglanz, welche häufig vorkommen, oder endlich die Paragenesis von Eisenkies FeS_2 mit Antimonglanz Sb_2S_3, dunklem Rothgiltigerz Ag_3SbS_3 und Silberglanz Ag_2S auf Stufen von Kremnitz. Sämmtliche Glieder dieser Gesellschaft sind schwefelhaltig, und zwar sind sie Sulfide, darunter auch ein Sulfosalz.

185. Succession. Wenn Krystalle auf einer Unterlage eine Druse bilden oder wenn eine Druse von anderen Krystallen bedeckt wird, welche von der früheren Eindrücke erhalten, oder wenn irgend welche Minerale von Krusten überzogen werden, so ist die Succession eine deutliche. Ebenso wenn in grossem Massstabe wiederholte Krusten auftreten oder ganze Schichten von Mineralen oder Mineralgemengen über einander lagern. Selbstverständlich ist die auflagernde Kruste oder Schichte immer die jüngere Bildung.

Schwieriger ist die Bildungsfolge zu beurtheilen, wenn ein Mineral oder Gemenge von einer anderen Masse rings umschlossen wird, weil die einschliessende Masse bald von jüngerer, bald von älterer Bildung ist. Die schwebend gebildeten Krystalle von Eisenkies im Thon, die Krystallgruppen von Gyps im Thon und Mergel, ebenso die Concretionen (75) sind jüngere Bildungen, die umgebende Masse ist älter. Die Ausfüllungen früher vorhanden gewesener Hohlräume sind ebenfalls jünger, wie z. B. die in Melaphyren vorkommenden Achate. Die porphyrischen Gesteine, welche eine krystallinische Grundmasse besitzen, in der vollständig ausgebildete Krystalle von Quarz oder von Feldspath, Leucit, Augit enthalten sind, werden hingegen anders aufgefasst. Die eingeschlossenen Krystalle von Quarz, Feldspath etc. bildeten sich in der Masse, als dieselbe noch beweglich und nicht krystallinisch war. Hier sind aber die grösseren und eingeschlossenen Krystalle älter, die kleinen, welche die Grundmasse zusammensetzen, jünger. Wenn ein starres Mineral oder Gemenge zufällig in eine bewegliche Masse, z. B. in eine Lava, geräth, so zeigt sich nach dem Festwerden ein fremder Einschluss. Auch hier ist der Einschluss älter, die Umgebung aber von jüngerer Bildung.

Die Succession ist häufig durch die Löslichkeit und die chemischen Verhältnisse bedingt. In vielen Spalten und Hohlräumen sind die Wände mit Quarzdrusen bedeckt, worauf wiederum Krusten von Kalkspath liegen. Der Quarz, als das im Wasser viel schwerer lösliche Mineral, muss sich zuerst absetzen. In Salzablagerungen erscheint Gyps gewöhnlich als ältere, Steinsalz als jüngere Bildung, weil der Gyps die schwerer lösliche Substanz ist. Manche der hieher gehörigen Erscheinungen werden durch die Pseudomorphosen dargeboten. Ist eine Pseudomorphose unvollendet, so besteht sie zum Theile aus dem ursprünglichen Mineral, zum Theile aus der Neubildung. Hier ist also ein älteres und ein jüngeres Mineral durch die eingetretene chemische Veränderung verknüpft. Wenn eine solche Aufeinanderfolge durch viele Beobachtungen als gesetzmässig erkannt ist, so bestimmt man schliesslich die Altersfolge auch ohne Pseudomorphosenbildung. Ist eine Pseudomorphose vollendet, so gibt dieselbe auch eine gesetzmässige Bildungsfolge an, obgleich das ursprüngliche Mineral am selben Orte nicht mehr vorhanden ist.

Lit. über Paragenesis und Succession in den eingangs angef. Schriften von Breithaupt, Cotta, Volger, Groddek.

186. Vorkommen. Je nach der Umgebung unterscheidet man verschiedene Arten des Vorkommens der Minerale, und zwar zuerst das Vorkommen im Gestein, auf einer Lagerstätte und in wässeriger Lösung. In Gesteinen und

Lagerstätten wird ferner noch das Vorkommen in Mineralgängen, Hohlräumen und Trümern, sowie auch in Contactzonen unterschieden.

Die starren Minerale und Gemenge finden sich entweder auf der ursprünglichen primären Stätte, also an dem Orte, wo sie die gegenwärtige Form angenommen haben, oder sie kommen auf secundärer Stätte vor, also an einem anderen Orte, als dem ihrer ursprünglichen Entstehung. Auf der ursprünglichen Stätte erscheinen die Minerale und Gemenge zumeist als **krystallinische Bildungen**.

Die Uebertragung auf eine neue Stätte kann erst erfolgen, wenn die ursprüngliche Masse zerkleinert, in eckige Trümmer, in Rollstücke, Sandkörner oder auch in einzelne Krystalle, schliesslich in Pulver aufgelöst worden ist. Zuweilen findet sich eine Mineralmasse oder ein Gemenge schon auf der ursprünglichen Stätte im Zustande der Zertheilung, z. B. zerklüfteter Kalkstein, Quarzit, Serpentin oder auch erdig aussehend, wie der verwitterte Granit oder Basalt.

Auf der secundären Stätte, also nach dem Transporte erscheinen die Massen entweder lose, als Anhäufungen eckiger Bruchstücke, Gerölle, als Sand oder erdig als Thon oder sie erscheinen wieder zu festen Massen verkittet, als Breccien (Verbindungen eckiger Bruchstücke), als Conglomerate (Vereinigungen von Geröllen und Geschieben), als Sandstein, Schiefer etc. Diese regenerirten festen Massen sind bisweilen von den ursprünglichen schwer zu unterscheiden, z. B. manche Quarzite. Sowohl die losen, als auch die regenerirten Ablagerungen werden als **klastische Gebilde** bezeichnet.

187. Gesteine und Lagerstätten. Wenn ein einziges Mineral oder ein Mineralgemenge in so grossen Massen auftritt, dass es Berge darstellt, auf grosse Strecken hin den Boden zusammensetzt oder doch einen bedeutenden Theil des Gebirges, des Bodens bildet, so wird es ein Gestein oder eine Felsart genannt. Beispiele sind der Kalkstein, welcher aus einem einzigen Mineral besteht, der Granit, der Basalt, welche mehrere Minerale enthalten. Die Gesteine wiederholen sich mit demselben Charakter, sie kehren an mehreren oder an vielen Punkten der Erdrinde wieder, sie haben also nicht ein locales, sondern ein allgemeineres Auftreten.

Die Felsarten werden nach der Structur unterschieden als Schichtgesteine, welche aus einer Aufeinanderfolge von ausgedehnten Platten oder Blättern bestehen, und als Massengesteine, welche keine Plattung oder Blätterung darbieten und als feste ursprüngliche Bildungen erscheinen. Die Massengesteine sind durchwegs Silicatgesteine, die Schichtgesteine umfassen Felsarten von verschiedener Zusammensetzung.

Wenn ein Mineral, ein Mineralgemenge oder eine schichtenartige Folge von Mineralen blos in beschränkter Ausdehnung vorkommt, also nicht gebirgsbildend auftritt, so wird die Masse eine Lagerstätte genannt. Beispiele sind die Lagerstätten von Magneteisenerz, die Salzlager. Manche Lagerstätten sind ganz locale Bildungen, wie z. B. die Kryolithlagerstätte Grönlands, die augitreiche Erzlagerstätte von Campiglia maritima. Die Lagerstätten sind im Allgemeinen entweder geschichtet (Flötze) oder massig, oder sie haben eine andere eigenthümliche Structur.

Zwischen Gestein und Lagerstätte gibt es keinen scharfen Unterschied. Lagerstätten von grösserer Ausdehnung werden öfter zu den Felsarten gezählt, wie z. B. die Spatheisensteinlager, der Turmalinfels etc. Jene Lagerstätten, welche Verbindungen schwerer Metalle in solcher Menge enthalten, dass eine technische Verwerthung platzgreifen kann, werden Erzlagerstätten genannt.

188. Gemengtheile. Von den Gesteinen werden diejenigen, welche der Hauptsache nach aus demselben Mineral oder demselben Mineralgemenge bestehen und auch dasselbe Gefüge, sowie denselben Erhaltungszustand zeigen, mit demselben Namen belegt. So nennt man alle Gesteine, welche wesentlich aus Kalkspath bestehen und körnig sind, körnigen Kalkstein, alle Gesteine, welche wesentlich aus Quarz, Orthoklas und Glimmer bestehen und körnige Textur zeigen, Granit, Gesteine hingegen, welche dasselbe Mineralgemenge wie der Granit, jedoch plattige oder schiefrige Textur darbieten, Gneiss. Ein körniges Gemenge von Plagioklas und Augit im frischen Zustande wird Dolerit genannt, das gleiche Gemenge aber, in welchem der Plagioklas etwas verändert ist und auch eine Veränderung des Augits durch Bildung von Chlorit eingetreten ist, Diabas. Hier kommt also auch der Erhaltungszustand in Betracht, oder weil die eingetretene Veränderung einem höheren Alter des Gesteines entspricht, beruht der Unterschied auf einem Unterschiede im geologischen Alter.

Diejenigen Minerale, welche ein Gestein hauptsächlich zusammensetzen, welche also vorhanden sein müssen, damit der gewählte Name Geltung habe, werden als Hauptgemengtheile oder wesentliche Gemengtheile bezeichnet. Ausser diesen treten aber in den Gesteinen häufig auch noch Minerale in geringerer Menge auf, welche für die Bezeichnung des Gesteines nicht massgebend sind. Sie werden als Nebengemengtheile, als zufällige oder accessorische Gemengtheile angeführt. Im Granit finden sich z. B. öfter Granat, Andalusit, Turmalin als accessorische Gemengtheile. Bisweilen finden sich die accessorischen Minerale nicht blos in einzelnen Körnern oder Krystallen, sondern in grösseren Anhäufungen im Gestein. Dieselben werden accessorische Bestandmassen genannt, auch zuweilen als Ausscheidungen bezeichnet.

Ein Gemengtheil, welcher in einem Gestein wesentlich oder accessorisch auftritt, kann stellenweise, also an einzelnen Punkten der ganzen Gesteinsmasse, stärker hervortreten, endlich die anderen Gemengtheile zurückdrängen, so dass ein einziges Mineral herrscht und eine Lagerstätte bildet. So finden sich zuweilen in Granit und Gneiss Lagerstätten von Feldspath, im Diabas und Augitporphyr schwillt zuweilen der accessorische Gemengtheil Magnetit zu solcher Menge an, dass er eine Erzlagerstätte bildet. Solche Erscheinungen werden als Scheidung der Gemengtheile bezeichnet. Sowohl das Gefüge, als auch die Zusammensetzung der Gesteine unterliegen überhaupt manchen Schwankungen. Dementsprechend ist auch die Unterscheidung der Gesteine bisweilen keine scharfe, da sich Uebergänge zeigen, wie z. B. Uebergänge zwischen Gneiss, der aus Feldspath, Quarz und Glimmer besteht, und Glimmerschiefer, in welchem der Feldspath mangelt.

189. Lagerungsformen. Ein Gesteinscomplex, der nach seiner ganzen geographischen Verbreitung aus derselben Felsart besteht oder nahe verwandte Felsarten durch allmälige Uebergänge verbunden zeigt, hat nach aussen eine bestimmte Begrenzung, erscheint als ein geschlossener Körper, als ein bestimmtes Glied der Erdrinde. Ein solcher Complex ist als eine durch denselben Bildungsvorgang oder durch mehrere ohne Unterbrechung folgende Vorgänge entstandene Einheit aufzufassen und kann als ein Individuum im grossen Massstabe bezeichnet werden.

Diese Gesteinsindividuen haben meistens eine unregelmässige Begrenzung. Wer eine Karte betrachtet, auf welcher die Ausdehnung der Gesteine an der

Fig. 362.

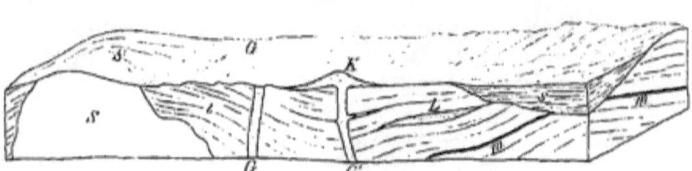

S Stock (Granit). *G* Gesteinsgang (Porphyr). *G'* Gesteinsgang (Basalt) in eine Kuppe *K* endigend. *l* Gneiss. *m* Lager (Magnetit). *L* Linse (körniger Kalk). *s* Sandstein.

Erdoberfläche angegeben ist, erhält den Eindruck, dass bei den meisten Gesteinen die horizontale Verbreitung keiner bestimmten Regel gehorcht, dass vollständig regellose, lappige Formen vorherrschen und viel seltener geschlossene elliptische oder kreisähnliche Contouren zu erkennen sind. Die Erstreckung nach der Tiefe hingegen, welche durch natürliche Furchen, durch künstliche Einschnitte und durch den Bergbau ermittelt wird, zeigt überall, wo eine Grenze angetroffen wird, ein bestimmtes einfaches Verhalten. Die Schichtgesteine haben Formen, welche ihrer Bildung durch Ablagerung entsprechen, also im Allgemeinen Gestalten, welche eine Platte von gleichförmiger oder ungleichförmiger Dicke darstellen. Eine solche Platte, die aus vielen Schichten bestehen kann, wird ein Lager genannt. Bei geringer Erstreckung nimmt sie die Form einer Linse an. Die Lager können ebenso wie die einzelnen Schichten entweder flach oder mannigfaltig gebogen und gekrümmt sein.

Die Massengesteine zeigen auch zuweilen Lager, oft aber bilden sie grössere Massen von unregelmässiger seitlicher Begrenzung und einer Fortsetzung in unbekannte Tiefen, daher sie wie grosse, aus der Tiefe hervorragende Blöcke erscheinen. Diese Lagerungsform wird als Stock bezeichnet. Manchmal treten die Massengesteine in der Form von Platten auf, welche häufig vertical stehend das Nebengestein durchschneiden, zuweilen auch zwischen die Schichten eindringen, stets den Zusammenhang des benachbarten Gesteines unterbrechen und ebenfalls in unbekannte Tiefen fortsetzen. Diese werden als Gänge, speciell als Gesteinsgänge bezeichnet. Die Gänge zeigen deutlich, dass das Gestein, aus welchem sie bestehen, in beweglichem Zustande aus der Tiefe hervorgedrungen ist und sich in die Zwischenräume früher vorhandener Gesteine ergossen hat. Gesteine, welche gangförmig auftreten, erweisen sich demnach als eruptive Bildungen. Derlei Gesteine bilden an der Erdoberfläche nicht selten kegelförmige Massen, welche Kuppen genannt werden, oder flache Gebilde mit den Eigenschaften der Lavaströme. Die Fig. 362 stellt einige dieser Formen in einem idealen Ausschnitte der Erdrinde dar.

Die Lagerstätten, welche mit dem Nebengestein von gleichartiger Bildung sind, haben dieselben Lagerungsformen wie dieses. In den Schichtgesteinen finden sie sich häufig lagerförmig oder linsenförmig, wie z. B. der Spatheisenstein zwischen den Schichten von Sandstein. In Massengesteinen treten auch unregelmässige Lagerstätten auf, wie vorhin bei der Scheidung der Gemengtheile bemerkt wurde.

Lit. in C. Naumann, Lehrbuch der Geognosie, H. Credner: Elemente der Geologie.

190. Spalten und Absonderungen. Die starre Erdrinde ist allenthalben von Rissen und Sprüngen durchzogen, so dass der Zusammenhang der Gesteine bald in augenfälliger, bald in fast unmerklicher Weise aufgehoben erscheint. Die Trennungen sind im Ganzen und Grossen von zweierlei Art. Entweder treten dieselben in grösserem Massstabe auf und erweisen sich unabhängig von der Natur des Gesteines, diese sind Spalten, oder sie erscheinen als Risse in kleinerem Massstabe, die von der Natur des Gesteines abhängig sind und Absonderungen genannt werden. Die Spalten verlaufen oft an der Grenze zweier verschiedener Gesteine oder sie erstrecken sich parallel zur Schichtung, oft aber setzen sie quer durch das Gestein und treten ohne Unterbrechung aus einem Gestein ins benachbarte über. Häufig setzen sie in unbekannte Tiefen fort. Die Gesteinsmasse ist an den Wänden derselben häufig verschoben, in welchem Falle sie als Verwerfungsspalten oder Dislocationen bezeichnet werden. Die Trennungsfläche ist eben oder fast eben, die Spaltwände sind oft glatt und erscheinen als Rutschflächen. Die Spaltwände ruhen entweder unmittelbar an einander, oder sie sind von einander getrennt. Der Zwischenraum ist bisweilen durch ein Eruptivgestein erfüllt, welches hier einen Gesteinsgang bildet, oder die Füllung erfolgt durch zerquetschte und zerriebene Gesteinsmasse oder endlich durch ein Mineral oder Mineralgemenge, das nun einen Mineralgang darstellt und bei erheblicher Ausdehnung eine Lagerstätte bildet. Ist diese Ausfüllung eine unvollständige, so wird der übrige Raum von Wasser eingenommen, auch finden sich Spalten, die ganz von Wasser erfüllt sind, welches beim Oeffnen der Spalten continuirlich ausströmt. Viele Spalten sind demnach Quellenspalten. Im Kalkgebirge erweitern sich die Spalten öfters zu Höhlungen.

Die Absonderungen sind dem Gestein eigenthümlich, sie erstrecken sich nur auf geringere Entfernungen und setzen nicht in das Nebengestein fort. In den massigen und den sehr dickplattigen Schichtgesteinen verlaufen die Absonderungen ganz unregelmässig, so dass derlei Gesteine nach allen möglichen Richtungen von Sprüngen durchzogen sind, folglich an der Erdoberfläche in unförmliche Blöcke zerfallen. Viele Basalte, Trachyte, manche Sandsteine geben grosse Blöcke, viele Kalksteine liefern unzählige kleine Steine als Gebirgsschutt. Die Absonderungsklüfte erscheinen oft mit Mineralen erfüllt, für welches Vorkommen die Ausdrücke Trümer und Adern üblich sind. Manche Trümer stehen mit Mineralgängen in Verbindung. Fig. 364. Sie werden Gangtrümer genannt. In der Neigung zur Trümerbildung steht der dichte Kalkstein obenan. Oft ist jeder Block eines solchen Gesteins von einem Trümernetz durchzogen, welches aus krystallinischem Kalkspath besteht.

Die Absonderungen, welche nicht durch Mineralansiedelungen geschlossen sind, bieten dem Wasser Gelegenheit zur Communication mit den Quellenspalten einerseits, während sie andererseits die Feuchtigkeit bis ins dichte Gestein verbreiten.

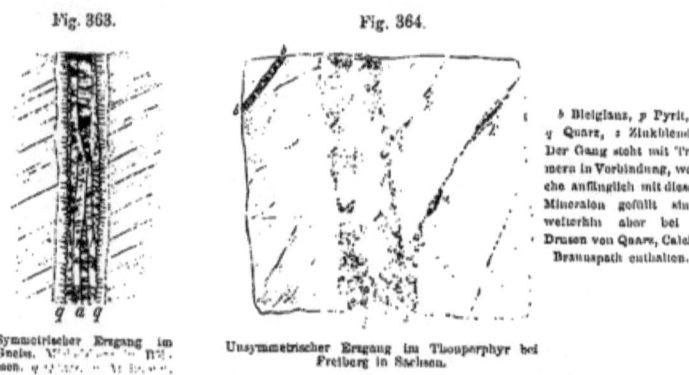

Fig. 363. Symmetrischer Ergang im Gneis.

Fig. 364. Unsymmetrischer Ergang im Thonporphyr bei Freiberg in Sachsen. *b* Bleiglanz, *p* Pyrit, *q* Quarz, *z* Zinkblende. Der Gang steht mit Trümern in Verbindung, welche anfänglich mit diesen Mineralen gefüllt sind, weiterhin aber bei *k* Drusen von Quarz, Calcit, Braunspath enthalten.

Zwischen den Absonderungen und Spalten gibt es alle möglichen Uebergänge, daher diese Ausdrücke nur die Extreme andeuten, welche bei den Trennungen der Gesteinsmassen vorkommen.

Lit. in Naumann, Geognosie. Zirkel, Lehrb. d. Petrographie pag. 98. Ueber Nachahmung der Absonderungserscheinungen durch Druck etc. in Daubrée: Synthetische Studien zur Experimentalgeologie 1880.

191. Krusten und Füllungen. Die prachtvollen Drusen mit den blinkenden Krystallen, welche unsere Sammlungen zieren, stammen zumeist aus den Spalten, Hohlräumen und Absonderungsklüften der Gesteine. An vielen Orten sind die Trennungen der Gesteine wieder geschlossen und ganz mit Mineralen erfüllt, oft aber treten die Wände zurück und bilden erweiterte Räume. Beim Oeffnen derselben leuchten dem glücklichen Finder jene herrlichen regelmässigen Bildungen entgegen, welche die Natur in langen Zeiträumen geformt hat. Der Bergmann verfolgt die Spuren dieser Ausfüllungen meistens nur dann, wenn sie nutzbare Minerale führen, und nennt solche Bildungen Erzgänge oder edle Gänge, sonst sind sie ihm taube Gänge, taube Mittel.

Die Minerale sind in den Mineralgängen und den Hohlräumen häufig so angeordnet, dass sie die Wände überziehen, also Krusten bilden. Die Kruste ist öfters geschichtet, was eine wiederholte Ueberzugsbildung beweist. Oft sind beide Wände einer Spalte mit gleichen Schichten der gleichen Mineralart bedeckt. Die Krustenbildung ist symmetrisch, wie in Figur 363, welche den Durchschnitt eines geschlossenen Mineralganges darstellt, auch wiederholte Krustenbildung ist öfters symmetrisch, wie in Fig. 365. Unsymmetrische Bildungen, wie in Fig. 364, sind aber auch recht häufig.

Fig. 365.

Fig. 366.

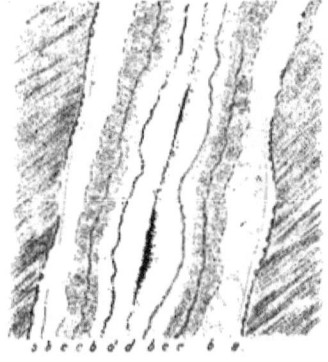

Symmetr. Mineralgang. *a* Quarz, *b* grüner Flussspath, *c* fleischrother Baryt, *d* weisser Kalkspath in gelbe Drusen ausgehend. Unter *a* und *c* etwas Blende, in *c* und unter *d* dünne Markasitschichten. Drei Prinzen Spat bei Freiberg nach Weissenbach.

Gangbreccie. Glimmerschiefer-Bruchstücke von Pyrit und stängligem Quarz umgeben. Hierauf folgt Manganspath, welcher in Drusen ausgeht. Peter stehend Gang bei Freiberg n. Weissenbach.

Die Schichte, welche an die Wand grenzt, ist die älteste, jede folgende Schichte aber enthält eine jüngere Generation, die jüngste wird oft von einer Druse gebildet.

Zuweilen kommen in den Mineralgängen Bruchstücke des Nebengesteines vor, welche durch die Füllmasse verkittet werden (Gangbreccien). Wenn derlei Bruchstücke oder aber Stücke des Mineralganges, welche sich beim Wiederaufreissen der Spalte gebildet, mit Krusten überzogen sind und in der Füllmasse eingeschlossen, gleichsam in derselben schwimmend erscheinen, so hat man jene Bildungen, welche von den Bergleuten Ringelerze oder Cocardenerze genannt werden, Fig. 366.

Wenn keine Schichtenbildung zu beobachten ist, erscheinen die Mineralgänge als einfache Füllungen, wie manche Gänge von Quarz oder Bleiglanz, welche krystallinische Platten im Gestein bilden.

In manchen Spalten, welche nicht geschlossen sind, ferner in sehr vielen Hohlräumen finden sich an den Wänden krustenförmige Ueberzüge, welche traubige oder nierförmige Oberfläche zeigen, ferner jene Zapfenformen, welche man als Tropfsteine oder Stalaktiten bezeichnet. Beispiele dafür liefern der Kalkspath, welcher in den Kalkhöhlen so häufig stalaktitische Formen darbietet,

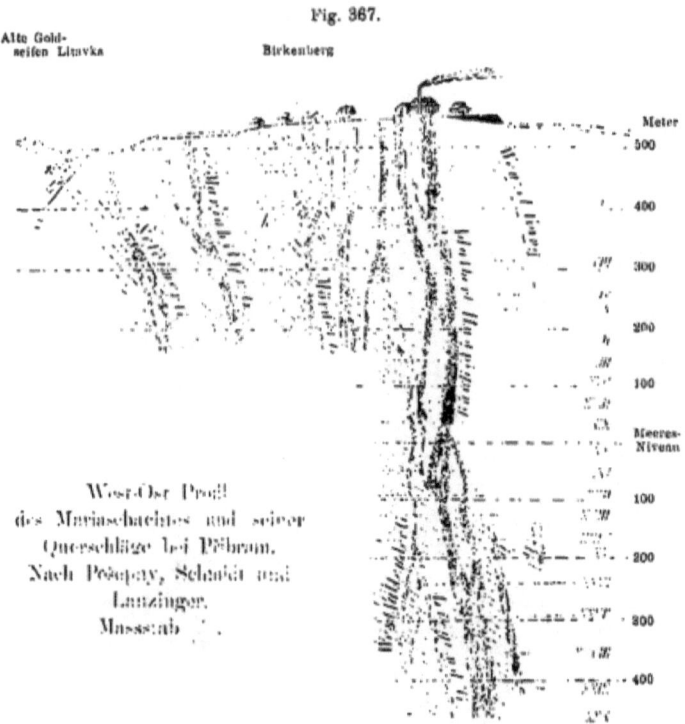

Fig. 367.

der braune Glaskopf, der Psilomelan. Aber auch Pyrit, Markasit, Bleiglanz finden sich öfters als Stalaktiten.

Man findet die Mineralgänge, besonders die Erzgänge, häufig in der Nähe von Gesteinsgängen. Zuweilen begleitet ein Mineralgang das Eruptivgestein. Hierher gehörige Beispiele liefern die Erzgänge von Přibram in Böhmen, Fig. 367.

In beistehender Figur ist das Verhalten der Gesteine in der Nähe des Mariaschachtes, soweit dasselbe gegenwärtig bekannt ist, in einem Durchschnitte genau angegeben. Der Bergbau hat hier eine Menge von Diabasgängen aufgeschlossen, welche den Thonschiefer und Sandstein durchsetzen und sich darin mannigfach verzweigen. Diese Diabasgänge sind von Erzgängen begleitet, welche bald an der Seite, bald in der Mitte des Gesteinsganges liegen. Die Erzgänge würden aber in der Zeichnung nur als unmerkliche Linien erscheinen, ähnlich wie der Wenzelgang, welcher ohne Begleitung eines Eruptivgesteines auftritt. Bei k wurde auch eine taube (erzleere) Kluft angefahren. Bei z wurde eine Dislocation beobachtet (Lettenkluft).

Der Marianschacht ist gegenwärtig über 1000 Meter tief. Die von demselben ausgehenden horizontalen Strecken sind als punktirte Horizonte angegeben und mit römischen Ziffern bezeichnet. Der Bergmann spricht hier vom XX. Lauf, XXI. Lauf u. s. w.

Manche Mineralgänge setzen aus einem Gestein ins andere fort, ohne ihre Zusammensetzung zu ändern, während andere vom Nebengestein abhängig sind, indem sie bei der Fortsetzung in ein zweites Gestein dieses oder jenes Mineral einbüssen. Hierher gehören z. B. die goldführenden Quarzgänge der Trachytgesteine, welche beim Austritt in das Nebengestein den Goldgehalt verlieren.

Die Paragenesis auf den Mineralgängen kann sehr verschieden sein, doch wiederholen sich manche Mineralgesellschaften auf mehreren Lagerstätten. Die häufigsten Minerale sind Quarz und Kalkspath, dazu kommt öfters Baryt, Dolomit, Eisenspath. Auf den Erzgängen treten mit diesen öfters Oxyde und Sauerstoffsalze, noch häufiger aber Sulfide und Sulfosalze der schweren Metalle auf. Eine constante Paragenesis derselben Minerale auf Erzgängen hat Breithaupt als Erzformation bezeichnet.

Einige Beispiele der Paragenesis sind folgende von Breithaupt beobachtete, in welchen durch die Aufeinanderfolge der Mineralnamen die Succession ausgedrückt ist:

Quarz, Zinnerz, Topas, Apatit, Fluorit. Ehrenfriedersdorf in Sachsen.
Quarz, Eisenglanz, Fluorit, Eisenspath. Altenberg in Sachsen.
Magnetit, Quarz, Mesitinspath, Dolomit, Traversella in Piemont.
Quarz, Albit, Eisenspath. Heinzenberg in Zillerthal, Tirol.
Quarz, Chabasit, Stilbit. Andreasberg am Harz.
Eisenkies, Bleiglanz, schwarze Blende, Braunspath. Rodna in Siebenbürgen.
Bleiglanz, Blende, Kupferkies, Eisenkies, Amethyst, Gold. Porkura in Siebenbürgen.
Quarz, Eisenspath, Bleiglanz, Bournonit, Kupferkies. Neudorf am Harz.
Quarz, Eisenspath, Bleiglanz, Fahlerz, Blende, Kupferkies, Kalkspath. Grube Mariahilf bei Příbram.
Baryt, Bleiglanz, Ankerit, Eisenkies, Kalkspath, Eisenkies, Nadeleisenerz, Kalkspath. Příbram.
Quarz, Himbeerspath, Quarz, Himbeerspath, Quarz, Himbeerspath, also drei Generationen Kapnik in Ungarn.
Quarz, Antimonit, Baryt. Felsöbánya in Ungarn.
Baryt, gelber Fluorit, blauer Fluorit, Baryt. Freiberg in Sachsen.
Fluorit, Baryt, Kupferkies, Ankerit. Freiberg.
Quarz, Blende, dunkles Rothgiltigerz, Markasit. Schemnitz in Ungarn.
Quarz, Bleiglanz, Fluorit, Polybasit, drahtförmiges Silber, Kalkspath. Grube Himmelfahrt bei Freiberg.
Quarz, Rothnickelkies, Chloanthit, Kupferkies, gelber Fluorit, Quarz. Freiberg.

192. Die Auskleidungen der Absonderungsklüfte sind auch bisweilen krustenartig, doch sind es meist einfache, keine wiederholten Krusten, oder die Wände sind mit einzelnen Krystallen besetzt. Gewöhnlich sind die schmalen Räume vollständig erfüllt, und die angesiedelten Minerale bilden Trümer im Gestein.

Die Minerale sind häufig solche, die auch im Nebengestein vorkommen, oder es sind verwandte Bildungen. Im Granit und Gneiss finden sich oft schöne Bergkrystalle und Adulare; wenn die Wände mehr zurücktreten, zeigen sich öfters reiche »Krystallkeller«. Nicht selten beobachtet man die Erscheinung

18*

des Fortwachsens der Wände, indem Individuen, welche bei der Absonderung zerrissen wurden, durch die Anlagerung des gleichartigen Stoffes mit gleicher Orientirung zu neuen Krystallen auswachsen. So haben die Quarz- und Adularkrystalle der Drusen im Granit und Gneiss oft gleichsam ihre Wurzeln im Gestein. Die Kalkspathkrystalle in den Kalksteinen hängen auch öfters mit der Grundlage zusammen. Der Bergbau verfolgt auch die in den Trümern angesiedelten nutzbaren Minerale und findet dieselben mit deren Begleitern bisweilen klumpenförmig, sackartig, fleckenförmig im Gestein vertheilt als »Butzen« und »Nester«.

So wie die Absonderungen erscheinen auch oft die geschlossenen Hohlräume in manchen Gesteinen von Krusten ausgekleidet oder auch ganz mit Neubildungen angefüllt. Dazu gehören insbesondere die Mandelsteinbildungen in Melaphyren und Basalten. Hier sind scharf begrenzte Räume, die man gewöhnlich als Blasenräume bezeichnet, mit Achat, Quarz oder mit Zeolithen, mit Kalkspath u. s. w. theilweise oder ganz erfüllt.

Die Krusten und Füllungen der Spalten und Absonderungen finden sich sowohl in Massengesteinen als auch in Schichtgesteinen, jedoch bemerkt man dieselben am häufigsten in den ältesten Gesteinen. Die Menge jener Bildungen zeigt in den jüngeren Felsarten eine allmälige Abnahme bis zu den jüngsten Gesteinen, in welchen zuletzt nur Spuren dieser Erscheinung zu beobachten sind. Man schliesst hieraus auf eine fortdauernde allmälige Bildung dieser krystallinischen Absätze.

193. Imprägnationen. Nicht selten finden sich Minerale in solcher Form, dass sie die Poren und feinsten Zwischenräume in früher vorhandenem Gestein ausfüllen, oder Schwärme von Einsprenglingen darstellen und durch ihr Vorkommen auf eine Durchtränkung des Gesteines hinweisen.

Vor allem sind es die aus losen Massen hervorgegangenen Felsarten, wie die Thone, Mergel, Sande, die Conglomerate und Breccien, welche solche Bildungen enthalten. Das Bindemittel dieser Gesteine, wofern es krystallinisch ist, gehört zu den Imprägnationen. Es besteht aus neugebildeten Mineralen, welche aber den im Gestein herrschenden ähnlich sind. Die Imprägnationen sind entweder gleichförmig oder schichtenartig, oft aber unregelmässig verbreitet. Kalkspath, Quarz bilden die gewöhnlichen, Gyps, Pyrit, Baryt seltenere Imprägnationen. Dieselben Minerale, welche öfters als Imprägnation vorkommen, bilden auch Concretionen im Gestein (75). In den krystallinischen Schiefern und Thonschiefern treten bisweilen zonenförmige Imprägnationen auf, die aus Pyrit, Kupferkies, Blende und anderen Sulfiden bestehen und der Schichtung folgen. Man hat dieselben Fahlbänder genannt.

In Massengesteinen ist die Imprägnation gewöhnlich mit einer Zersetzung verknüpft. Trachyte, Andesite, welche durch Zersetzung erdig geworden, erscheinen stellenweise mit Opal durchtränkt. In vielen Gesteinen, welche zum Diabas, Melaphyr, Basalt gehören, ist der bei der Zersetzung entstandene Kalkspath als Imprägnation gleichförmig verbreitet.

Nicht selten gehen die Imprägnationen von Klüften aus, namentlich wenn solche mit neu angesiedelten Mineralen erfüllt sind. Ein Beispiel ist die Durchtränkung des Granites mit Quarz in der Nähe der Zinnerzgänge von Altenberg, Fig. 368.

194. Contactbildungen. An Stellen, wo Massengesteine, wie Syenit, Granit an Schichtgesteine grenzen, treten bisweilen Mineralbildungen auf, die, nach allen bisherigen Beobachtungen zu schliessen, durch den Contact der beiden Gesteine veranlasst sind. Dieselben sind theils Silicate, theils auch andere Verbindungen.

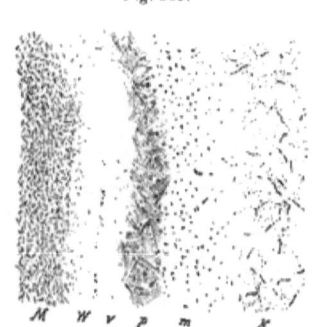

Fig. 368.

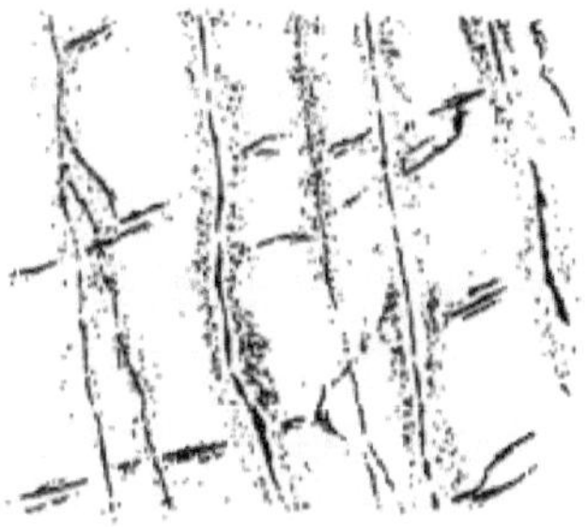

Gangtrümer, welche Quarz, Apatit, Flussspath, Zinnerz etc. führen, im Granit. Dieser ist in der Nähe der Trümer zersetzt und mit Quarz imprägnirt. Geyer in Sachsen nach Weissenbach.

Fig. 369.

Contactbildung an der Grenze des Monzonits M und Kalksteines K von den Canzacoli bei Predazzo. W veränderter Monzonit, v Gemenge von Fassait, Granat, Vesuvian, p Phlogopit, m Monticellit mit Spinell. In den Zonen von W bis m ist auch überall Calcit enthalten (Schaustück des geolog. Univ.-Museums).

Im Kalkstein treten in solchen Fällen an der Grenze gegen das berührende Silicatgestein verschiedene Minerale, wie Granat, Vesuvian, Augit bisweilen in zonenförmiger Anordnung, gewöhnlich aber in unregelmässigen Gemengen auf und weiter entfernt vom Silicatgestein finden sich auch noch Neubildungen als Imprägnationen im Kalkstein. Dieser selbst ist im Contacte körnig und häufig eigenthümlich bläulich gefärbt. Ein Beispiel zonenförmiger Anordnung der Contactminerale bietet eine Stufe von den Canzacoli bei Predazzo, Fig. 369.

Sehr bekannt sind die schön krystallisirten Minerale der Contactbildungen des Monzoni in Südtirol, von Cziklowa im Banat, ferner jene von Arendal in Norwegen, vor allen aber die prächtigen Stufen aus den Kalkbomben der Somma am Vesuv, welche, wie anzunehmen ist, von einer tiefliegenden Contactzone abgelöst und durch die vulkanische Thätigkeit emporgebracht wurden.

In den Thonschiefern zeigen sich an den Contactstellen öfters Andalusit, Feldspath, Granat, Turmalin als Neubildungen, jedoch nicht in solchen Anhäufungen wie im Kalkstein.

An der Grenze des Kalksteines gegen Massengesteine treten öfters auch Mineralbildungen auf, unter welchen Eisen- und Manganerze eine wichtige Rolle spielen. Diese Lagerstätten werden später als Verdrängungserscheinungen von den eben erwähnten Contactbildungen unterschieden werden.

195. Massengesteine. Diese Felsarten sind sämmtlich Silicatgesteine und erscheinen körnig, dicht, ferner glasig oder porphyrisch. Ihre Mineralzusammensetzung folgt beiläufig jener paragenetischen Regel, nach welcher drei Glieder auftreten.

1. Glied: Quarz oder amorphe Kieselsäure, letztere in den glasigen Gesteinen.
2. Glied: Feldspathe oder den Feldspathen verwandte Silicate.
3. Glied: Minerale aus den Gruppen Pyroxen, Amphibol, Glimmer, Olivin, Magnetit.

Die Gesteine, welche alle drei Glieder enthalten, sind kieselreiche Felsarten, wie der Granit, der Quarzporphyr, der Quarztrachyt mit dem Obsidian, Perlit etc. In den zweigliedrigen Gesteinen, welche das erste Glied nicht enthalten, entsteht oft ein verschiedener Gesteinscharakter durch die Unterschiede der herrschenden Feldspathe, wonach Orthoklas- und Plagioklasgesteine unterschieden werden. Orthoklasgesteine sind der Syenit, Orthoklasporphyr, Sanidintrachyt. Unter den Plagioklasgesteinen werden die hornblendeführenden, wie Diorit, Porphyrit, Amphibolandesit von den augitführenden, wie Diabas, Melaphyr, Basalt getrennt.

In den jüngeren Gesteinen, wie Trachyt, Andesit, Basalt, sind die enthaltenen Minerale gewöhnlich frischer und das Gestein enthält wenig oder gar keine Pseudomorphosen und Neubildungen. Diese jüngeren Gesteine sind Producte vulkanischer Thätigkeit. Sie kommen an Vulkanen auch in der Form von Laven vor.

Die Lagerstätten, welche in den Massengesteinen auftreten, sind entweder stockförmig oder sie bilden Krusten, Füllungen, Imprägnationen und Nester, niemals aber erscheinen sie als Lager.

196. Schichtgesteine. Die stark verbreiteten Gesteine dieser Abtheilung sind entweder Kieselgesteine oder Kalkgesteine. Zu den Kieselgesteinen gehören die krystallinischen Schiefer, die halbkrystallinischen Schiefer oder Phyllite, die Thonschiefer, Sandsteine und die entsprechenden losen Gebilde. Zu den Kalkgesteinen werden gezählt der körnige Kalkstein, der dichte Kalkstein und der Dolomit in beiden Ausbildungen.

Die krystallinischen Schiefer schliessen sich in ihrem Auftreten und ihrer Zusammensetzung an die älteren Massengesteine. Dreigliedrig ist nur der Gneiss, dagegen gibt es mehrere zweigliedrige, wie z. B. der Glimmerschiefer, und eingliedrige, z. B. der Amphibolschiefer, Olivinfels. Die Phyllite bilden ihrem Gefüge und ihrer Zusammensetzung nach den Uebergang zu den Thonschiefern.

Die Sandsteine und Thonschiefer sind meist von deutlich klastischer Beschaffenheit. Sie unterscheiden sich durch die feste Verbindung von dem Sand, Thon etc. als losen Sedimenten.

Zu den kieseligen Sedimenten gehören auch die Tuffe, welche aus dem bei der Eruption gebildeten Detritus vulkanischer Gesteine bestehen und in welchen häufig rundum ausgebildete Krystalle vorkommen.

Der körnige Kalkstein tritt meistens als Einlagerung zwischen krystallinischen Schiefern auf. Die jüngeren Kalksteine bieten alle Uebergänge bis zum dichten Kalkstein und dieser zum Kalksandstein und zu losen Gebilden. Aehnlich verhält sich der Dolomit.

Die Lagerstätten, welche in den Schichtgesteinen auftreten, bilden Lager, Linsen, Füllungen und Krusten, Imprägnationen und Nester. Lose Ablagerungen von Sand, Schutt und Geröllen, in welchen nutzbare Minerale vorkommen, werden Seifen genannt. Demnach spricht man von Gold- und Platinseifen, von Diamant- und Zinnerzseifen. Dem Kalkstein ist das Auftreten von Höhlungen und damit das Vorkommen von cavernösen und sackförmigen Lagerstätten, ferner das Auftreten von Contactlagerstätten eigenthümlich.

197. Das Wasser. Ausser der bekannten Verbreitung des Wassers und des Eises auf der Erdoberfläche spielt auch die Vertheilung des Wassers in der Erdrinde bei den Erscheinungen, die sich im Bereiche der Minerale vollziehen, eine wichtige Rolle.

Das im Boden verbreitete Wasser sammelt sich in den Höhlungen, Spalten und Klüften, sowie in den Lücken der losen Gebilde in sichtbarer Form an. Der Schwere folgend, brechen diese Wässer als Quellen zu Tage. Ausserdem aber ist das Wasser auch in kaum erkennbarer Form durch die Erdkruste verbreitet. Die saugende Kraft der capillaren Klüfte und der Druck auflastender Wassersäulen treiben die Flüssigkeit nicht nur in die feinsten Absonderungen, sondern auch in das compacte feste Gestein. Jeder Stein, auch wenn er einer trocken aussehenden Stelle des Bergwerkes entnommen wird, enthält Feuchtigkeit und verliert an Gewicht, sobald er der trockenen Luft ausgesetzt wird. Das Wasser ist demnach in der Erdrinde theils in der Gestalt eines deutlich sichtbaren Geflechtes, theils in der unsichtbaren Form von Gebirgsfeuchtigkeit verbreitet.

Alles Wasser, welches mit der Luft in Berührung war, enthält etwas von den Bestandtheilen der Luft aufgelöst. Bekanntlich enthält die Luft 79 Volumpercente Stickstoff- gegen 21 Volumpercente Sauerstoffgas. Ausser der wechselnden Menge von Wasserdampf ist aber immer etwas Kohlensäure (0·03 Perc.) beigemischt. Das Wasser vermag nun bis zu 1·88 Volumpercente Luft zu absorbiren. Weil aber der Stickstoff am schwächsten, die Kohlensäure am stärksten absorbirt wird, so hat die im Wasser enthaltene Luft eine andere Zusammensetzung als die atmosphärische, nämlich 64·5 Volumpercente Stickstoff, 33·7 Sauerstoff und 1·8 Kohlensäure. Somit enthält das Regenwasser immer etwas von diesen Stoffen, von denen der Sauerstoff und die Kohlensäure auf die Erdrinde einzuwirken vermögen. Der Sauerstoff wird die im Boden verbreiteten organischen Substanzen oxydiren und Kohlensäure bilden, wodurch der Kohlensäuregehalt der Wässer vermehrt und deren Lösungsfähigkeit gesteigert wird. Ausserdem werden stark verbreitete Minerale, wie Eisenkies, Magnetit, alle Eisenoxydul-Silicate durch den Sauerstoff oxydirt. In erheblichen Tiefen werden daher die Wässer keinen freien Sauerstoff mehr enthalten.

198. Während das in die Tiefe hinabsickernde Wasser blos Luft absorbirt, aber keine festen Stoffe aufgelöst enthält, bringen die als Quellen zur Oberfläche zurückkehrenden Wässer eine bunte Reihe von Stoffen in Auflösung mit sich, welche während des unterirdischen Laufes aufgenommen wurden.

Diese Stoffe sind erstens Chloride, unter welchen das Natriumchlorid, $NaCl$, die Hauptrolle spielt, während andere, wie KCl, $MgCl_2$, $CaCl_2$, in geringerer Menge vorhanden sind; ferner Sulfate und zwar vorzugsweise Calciumsulfat $CaSO_4$, aber auch Na_2SO_4, K_2SO_4, $MgSO_4$; drittens Carbonate, unter welchen das Natrium- und Calciumcarbonat vorwiegen, aber auch $MgCO_3$, $FeCO_3$, $MnCO_3$ in geringen Mengen vertreten sind; viertens in geringer Menge freie Kieselsäure, ferner Verbindungen der Phosphorsäure, Thonerde, des Eisenoxydes und organische Substanzen, ausserdem Silicate der Alkalien, jedoch letztere nur in Wässern, welche keine freie Kohlensäure und keine Bicarbonate führen. Bei genauer Untersuchung wurden aber in vielen Quellen geringe oder sehr geringe Mengen von anderen Stoffen gefunden, wie z. B. von Br, J, F, B, Se, Li, Cs, Rb, Sr, Ba, Cu, Sn, Zn, As, Sb.

Die Menge der fixen Bestandtheile variirt ausserordentlich. Jene Quellwässer, welche eine ungewöhnliche Quantität davon enthalten, werden Mineralwässer genannt und bei vorwiegender Menge von $NaCl$ als Soolquellen, bei erheblicher Menge von $MgSO_4$ als Bitterwässer u. s. w. unterschieden.

Manche Quellen bringen eine grosse Quantität von Kohlensäuregas mit, welches ursprünglich in dem Wasser absorbirt, bei Abnahme des Druckes an der Atmosphäre zum Entweichen kommt und dadurch öfters ein Aufschäumen veranlasst. Solche Quellen werden Säuerlinge genannt. Andere enthalten Schwefelwasserstoff absorbirt, es sind die Schwefelquellen. Von grossem Interesse ist das häufige Vorkommen der Säuerlinge und Schwefelquellen in der Nähe von jungeruptiven Gesteinen, wie Trachyt, Basalt, gleichwie das Auftreten von Gasexhalationen, und zwar wiederum von CO_2 und SH_2 in der Nähe von thätigen oder erloschenen Vulkanen.

Die Quellwässer sind auch in ihrer Temperatur verschieden. Wenn die Temperatur von jener des umgebenden Bodens nicht stark verschieden ist, so wird man auf einen ziemlich directen Lauf der Quelle schliessen, wenn hingegen die Temperatur bedeutend höher ist, so wird man dieselbe von der warmen Tiefe ableiten und sich vorstellen, dass die Bahn der Quelle U-förmig gekrümmt sei und das Wasser einerseits hinabsinkt und in der Tiefe erwärmt wird, andererseits nach dem Principe der communicirenden Rohre wieder aufwärts steigt und zu Tage tritt. Die warmen Quellen sind demnach aufsteigende Quellen. Der Gehalt an fixen Bestandtheilen hängt aber nicht von der Temperatur ab, wie folgende Beispiele zeigen:

	Temperatur:	fixe Bestandth.:	vorwiegend:
Homburg	10.6^0 C.	1·329 Perc.	NaCl, $CaCO_3$
Karlsbad, Sprudel	73·8 »	0·5517 »	Na_2SO_4, Na_2CO_3, NaCl
Ems	46·6 »	0·283 »	Na_2CO_3, NaCl
Teplitz, Böhmen	40 »	0·253 »	$CaSO_4$, $MgSO_4$, $CaCO_3$
Grosser Geysir	89 »	0·121 »	SiO_2, Na_2CO_3, NaCl
Gastein	48 »	0·0349 »	Na_2SO_4, NaCl, $CaCO_3$
Pfäfers	37·5 »	0·0299 »	$CaCO_3$, $MgCO_3$.

199. Die Flüsse vereinigen die Quellwässer ihres Gebietes, aber auch die Regenwässer, daher die Flusswässer während des Jahres grosse Schwankungen des Gehaltes an fixen Bestandtheilen zeigen. Aus der Zusammensetzung der Flusswässer ergibt sich, welche Stoffe hauptsächlich den Gesteinen entnommen und in das Meer geführt werden. Das Calciumcarbonat $CaCO_3$ steht obenan. J. Roth entnahm aus den Analysen des Wassers mehrerer grosser Flüsse und Ströme, dass dieselben durchschnittlich in 5000 Theilen Wasser ungefähr 1 Gewichtstheil fixe Bestandtheile führen, d. i. ungefähr 0·02 Percent, also weniger als die Quelle von Pfäfers. Das Aufgelöste besteht vorzugsweise aus Carbonaten, welche 60 Percent des Ganzen ausmachen, dann aus Sulfaten mit 10, aus Chloriden mit 5 Percent, endlich aus 25 Percent anderer Stoffe, namentlich Kieselerde, Thonerde, Eisenoxyd, organische Substanz.

Die Wässer der Seen mit Abfluss verhalten sich wie die Flusswässer. Die Seen ohne Abfluss hingegen sind sehr verschiedenartig, sowohl in der Concentration (dem Gehalte an fixen Bestandtheilen) als in der Art der chemischen Zusammensetzung.

200. Das Meerwasser enthält eine viel grössere Menge fixer Bestandtheile als das Flusswasser, nach Forchhammer im Mittel 3·43 Percent, worin das Natriumchlorid vorherrscht. Die Zusammensetzung des Gelösten ist im Durchschnitte:

Chlornatrium	78·32 Percent	Magnesiumsulfat	6·40 Percent
Chlorkalium	1·69 »	Calciumsulfat	3·94 »
Chlormagnesium	9·44 »	Carbonate u. a. Stoffe	0·21 »

Der Unterschied gegenüber der Zusammensetzung der Flusswässer ergibt sich aus dem Vergleiche dieser und der zuvor genannten Zahlen.

	Im Flusswasser:	Im Meerwasser:
Carbonate	60·1	0·21
Sulfate	9·9	10·43
Chloride	5·2	89.45
Andere Stoffe	24·8	—

Lit. in Bischof's Lehrb. der chem. u. phys. Geologie. Bd. I, pag. 203. Roth: Allgemeine und chemische Geologie. Bd. I, pag. 437. Dittmar. Reports of the scientif. results of the voyage of challenger Bd. I. (1884). Daubrée: Les eaux souterraines à l'époque actuelle. Drei Bde. Paris 1887.

V. Entwickelungslehre (Minerogenie).

201. Methoden. Wir kennen einen Naturkörper erst dann vollständig, wenn wir wissen, wie er geworden. Demnach ist auch die Bildungsgeschichte der Minerale der Schlussstein unserer Kenntnis von denselben. Die Bildungsweise macht das Mineral zu dem, was es vor Allem ist, zu einem Theile der Erdrinde. Lässt sich die Entstehung eines Minerales verfolgen, so erscheinen seine Substanz, seine Eigenschaften, seine Paragenese als nothwendige Folgen derselben Ursache.

Aber auch die Veränderungen, deren das Mineral fähig ist und welche dasselbe in der Natur erfährt, gehören zur Geschichte desselben. Die Producte der Veränderung zeigen an, in welche Theile das Mineral zerfallen kann, und geben gleichsam das innerste Gefüge an, welches demselben zukommt. Der Aufbau und der Zerfall, die Bildung und die Verwandlung zusammengenommen betrachtet, geben erst ein vollständiges Bild von dem Wesen der einzelnen Minerale und von dem Zusammenhange des ganzen Mineralreiches.

Der Forscher vermag auf diesem Gebiete in vielen Fällen experimentell vorzugehen. Wofern Bildung oder Veränderung in kürzeren Zeiträumen erfolgen und der Beobachter die Umstände und Bedingungen zu überblicken vermag, so kann er oft auch durch Versuche zeigen, dass die erkannten Bedingungen in der That hinreichen, um die wahrgenommene Substanz und die beobachtete Form hervorzubringen. So z. B. kann man durch Beobachtungen erfahren, dass die Bildung eines bestimmten Brauneisenerzes durch das Zusammentreffen von Kalkspath mit eisenhaltigen Tagewässern bedingt wird, überdies aber durch den Versuch zeigen, dass in einer eisenoxydhaltigen Auflösung durch hineingelegten Kalkspath ein brauner Körper von den Eigenschaften jenes Erzes gefällt wird. Manchmal wird beobachtet, dass Krystalle von Leucit, die im Gestein eingeschlossen waren, unter gewöhnlichen Umständen in eine erdige Masse von Analcim verwandelt wurden. Durch Versuche aber ist gezeigt worden, dass der Leucit bei der Behandlung mit Lösungen, die solche Natronsalze enthalten, welche in den gewöhnlichen Quellwässern vorkommen, in eine Substanz von der Zusammensetzung des Analcims überführt wird.

In anderen Fällen vermag sich der Forscher nicht auf Experimente zu berufen, sei es dass noch keine angestellt wurden, sei es dass Versuche keinen Erfolg hatten. So z. B. gibt es keine Versuche, welche die Bildung eines Minerals aus der Abtheilung der Epidote oder der Chlorite betreffen. Dann waltet die Beobachtung allein, und es sind vorzugsweise die Pseudomorphosen, die Abformungen und das Nebeneinandervorkommen welche uns über die Entstehung und

Veränderung der Minerale belehren. Die Beobachtung dieser Erscheinungen liefert gleichsam die Documente, durch deren Vergleichung und Zusammenstellung die Geschichte der Minerale construirt wird.

Oft gelingt es durch die Anwendung dieser historischen Methode, die in der Natur ablaufenden Vorgänge mit Sicherheit zu erkennen; da indess die Controle durch den Versuch abgeht, so führt der Weg nicht immer zu einem befriedigenden Ergebnis und es erübrigt nichts, als sich mit einer grösseren oder geringeren Wahrscheinlichkeit zu begnügen.

202. Werden und Vergehen. Obwohl die oberflächliche Betrachtung der Steinwelt den Eindruck des Ewigen und Unveränderlichen hervorruft, so genügen doch wenige Beobachtungen an Pseudomorphosen, um die Wandelbarkeit der Minerale zu erkennen. Alle die häufiger vorkommenden Minerale finden sich in mannigfacher Weise verändert, da nur wenige sich so widerstandsfähig erweisen, wie der Quarz, andere sich leicht verwandeln, wie der Olivin, oder sich auflösen, wie der Kalkspath. Bei der mikroskopischen Untersuchung der verbreiteten Gesteine, sowohl der krystallinischen wie der klastischen, beobachtet man ungemein häufig unvollendete oder vollendete Pseudomorphosen und überall deutliche Zeichen der Veränderung, überall angegriffene und neugebildete Minerale. Es ist daraus zu entnehmen, dass die Erdrinde in einer beständigen inneren Verwandlung begriffen ist. Diese fortdauernde Veränderung ist ein Absterben alter, zugleich eine Bildung neuer Minerale, ein Verlassen alter, eine Annahme neuer Formen, auf der einen Seite ein beständiges Vergehen, auf der anderen ein beständiges Werden.

Trotzdem bleibt noch der Eindruck einer allgemeinen Zerstörung oder wenigstens Zerkleinerung, denn die neugebildeten Minerale sind meist von dichtem Gefüge, eine Ansammlung winzig kleiner Individuen. Auch in dem Transport und der beständigen Zertrümmerung der losen Gesteinsfragmente spricht sich dieselbe Tendenz aus. Dagegen scheinen die grossen Krystalle auf den Gesteinsspalten in Gneiss und Granit, also die Bergkrystalle, Adulare oder die Bleiglanz- und Blendekrystalle auf den Gängen althergebrachte Wesen, sie scheinen Urminerale zu sein, die wohl verändert werden können, die aber keine Fortsetzung mehr finden, die für alle Zeit abgeschlossene Bildungen sind und die unter den jetzt entstehenden Mineralen nicht mehr ihresgleichen haben. Viele Beobachtungen führen aber zu der Anschauung, dass die Bedingungen der Bildung solcher Krystalle auch heute noch vorhanden sind, dass derlei grosse Bergkrystalle etc. auch jetzt noch fortwachsen, dass in Spalten und auf Gängen immer noch neue Bergkrystalle, Adulare, Bleiglanzkrystalle sich ansiedeln u. s. w.

Es ist demnach sehr wahrscheinlich, dass das beständige Werden auch solche Gebilde umfasst, welche wir als abgeschlossen und gleichsam ausgestorben zu betrachten gewohnt sind.

203. Zunahme der Mannigfaltigkeit. Wenn es auch einstweilen dahingestellt bleibt, ob die zuvorbezeichneten Bildungen heute noch fortdauern, so ist doch nicht zu zweifeln, dass die aus früheren Bildungsepochen der Erde herrührenden Minerale im Laufe der Zeit zum Theile verändert wurden und sich auch jetzt noch verändern, dass also neue Minerale entstanden und jetzt noch entstehen, welche von den früher vorhandenen bald durch die chemische Zusammensetzung, bald durch die Form, durch die Textur verschieden sind. Es ist also sicher, dass durch die fortdauernden Umbildungen der Minerale die Mannigfaltigkeit in der Zusammensetzung der Erdrinde beständig zunimmt.

Dazu kommt noch, dass durch die Reste der Organismen den Schichten der Erde neue Verbindungen einverleibt werden, ferner dass durch den Transport der Gesteinsfragmente nach neuen Stätten und durch die Vereinigung derselben zu sedimentären Gesteinen eine bunte Verflechtung der Minerale hervorgerufen wird und dass in Folge derselben oft Minerale zur Berührung kommen, welche auf der ursprünglichen Stätte niemals Nachbarn sind. Die gleichzeitige Veränderung der so verbundenen Minerale bringt Substanzen zur Vereinigung, welche früher geschieden waren, und liefert neue Producte, daher auch die sedimentären Gesteine dazu beitragen, die Mannigfaltigkeit der Mineralbildungen zu erhöhen.

Die fortdauernde Zunahme der Mannigfaltigkeit kann als Entwickelung des Mineralreiches bezeichnet werden.

204. Bildungsweise. Viele Minerale haben eine directe oder primäre Bildung, indem sie durch den Uebergang einer Substanz aus dem beweglichen in den starren Zustand entstehen, z. B. der Gyps durch Krystallisation aus einer wässerigen Lösung. Diese Art der Bildung ist im Principe sehr einfach, wird aber durch verschiedene Umstände modificirt, vor Allem durch die Gegenwart anderer Substanzen, welche auf die Ausbildung der Form, auf die Art und Menge der Einschlüsse Einfluss haben. Es sind viele Versuche bekannt, welche dies darthun, so z. B. die Erfahrungen am Bittersalz, welches aus reiner Lösung in holoëdrischer Ausbildung anschiesst, während eine Lösung, die ein wenig Borax enthält, auffallend hemiëdrische Formen liefert. Ein anderer Umstand ist die Concentration der Lösung und die damit zusammenhängende Geschwindigkeit der Bildung. Allmälig gebildete Krystalle erscheinen solid und ebenflächig, rasch gebildete hohl, skeletartig oder schliessen viel von der Mutterlauge ein u. s. w. (57). Wiederum ein wichtiger Umstand ist die Beweglichkeit der Lösung, welche oft durch Beimischung fester Theilchen beeinträchtigt wird. Eine zähflüssige Lösung, wie z. B. die Lavaschmelze, oder eine in plastischem Thon vertheilte Lösung liefert rundum ausgebildete Krystalle (10).

Manche Minerale bilden sich aus der Substanz früher vorhanden gewesener Minerale, sie haben eine indirecte oder secundäre Bildung, wie z. B. jener Orthoklas, welcher aus dem Leucit entsteht. Die secundäre Bildungsweise hat viele Modificationen, die Formen aber, welche durch dieselbe veranlasst werden, sind von zweierlei Art. Die neugebildeten Minerale erscheinen entweder als Pseudomorphosen, wobei das ursprüngliche Mineral ganz verschwunden sein kann, oder die Neubildung erscheint gleichsam parasitisch in oder auf dem ursprünglichen Mineral, welches zugleich die Spuren der Anätzung, Zerklüftung, Zersetzung an sich trägt. Ein Beispiel der parasitischen Form ist das Vorkommen von Malachit $Cu_2 H_2 CO_5$ in zerklüftetem Kupferkies $CuFeS_2$ oder die Auflagerung von Cerussit $PbCO_3$ auf angeätztem Bleiglanz PbS. Die secundäre Bildung kann mehrere Stadien durchlaufen. So z. B. kann sich aus einem Eisenspath $FeCO_3$ zuerst ein Brauneisenerz von der Zusammensetzung $2Fe_2O_3$ $3H_2O$ bilden, sodann aus diesem ein Rotheisenerz Fe_2O_3.

Eine und dieselbe Substanz kann auf verschiedene Weise entstehen, sie kann daher mehrere genetisch verschiedene Minerale liefern, doch wird jedes derselben durch Eigenthümlichkeiten der Form, der Textur, der Einschlüsse u. s. w. die Verschiedenheit der Bildungsweise mehr oder weniger deutlich erkennen lassen, wenngleich es öfters einer genauen Erfahrung bedürfen wird, für das einzelne Mineral die zugehörige Bildungsart mit Wahrscheinlichkeit oder Sicherheit anzugeben. Ein hierher gehöriges Beispiel gibt die Substanz Eisenoxyd Fe_2O_3. Diese Zusammensetzung kommt mehreren Mineralen zu. Eines davon a) ist der in rhomboëdrischen Krystallen auf Drusen mit Quarz, Adular etc. vorkommende Eisenglanz, der höchst wahrscheinlich direct aus einer Lösung abgesetzt ist; ein zweites b) der in verzerrten tafelförmigen Krystallen in Spalten der Lava vorkommende Eisenglanz, dessen Bildung durch vulkanische Emanationen veranlasst wurde; ein drittes c) der faserige Rotheisenstein (rother Glaskopf), welcher durch Wasserverlust aus dem braunen Glaskopf hervorgeht; ein viertes d) das dichte Rotheisenerz, welches in Formen von Pyrit FeS_2 auftritt und unzweifelhaft aus jenem Mineral gebildet wurde; ein fünftes e) das dichte Rotheisenerz, welches pseudomorph nach Eisenspath $FeCO_3$ vorkommt und von letzterem abstammt; ein sechstes f) das dichte Rotheisenerz, welches in den Formen von Kalkspathkrystallen, von Ammonitenschalen etc. vorkommt und ein durch das Calciumcarbonat veranlasster Niederschlag ist. Ausserdem gibt es noch mehrere hierher gehörige Mineralarten.

Die Bildungsgeschichte des einzelnen Minerales gehört zwar in den Kreis der Entwicklungsgeschichte des Mineralreiches, doch lässt sich bei der Bildung des einzelnen Minerales gewöhnlich kein Fortschritt vom Einfachen zum Zusammengesetzten und Mannigfaltigen erkennen. Das einzelne Mineral hat in diesem Sinne keine Entwicklung, doch wird diese Bezeichnung öfters angewandt, besonders um die indirecte Bildungsweise auszudrücken.

205. Erstarrungsproducte. Die Lava aller Vulkane besteht fast ganz aus Kieselverbindungen. Nach dem Erstarren erkennt man in den meisten Laven Feldspathe oder denselben verwandte Minerale, ferner magnesiahaltige Silicate, wie Augit, Olivin, untergeordnet auch andere Minerale.

Die aus den Spalten des Vesuv zähflüssig hervortretende Lava, welche wie ein glühender Honig aussieht, enthält unzählige darin schwimmende Leucitkrystalle, welche in der strömenden Lava weiterfliessen[1]). Untersucht man die

---

[1]) Davon konnte sich G. vom Rath, welcher vor dem die von C. W. C. Fuchs und anderen Forschern behauptete Präexistenz der grösseren Krystalle in der erumpirenden Lava bezweifelt hatte, 1871 überzeugen. Auch der Autor hatte im selben Jahre Gelegenheit, diese Beobachtung zu machen.

vulkanische Asche, welche nichts anderes als die durch gewaltige Fumarolenwirkung zerstäubte Lava ist, so findet man darin kleine, schlackenartige Fetzen, erstarrte Tropfen, aber auch viele lose Krystalle, an welchen oft Schlackentropfen hängen. Am Vesuv werden oft unzählige Leucitkrystalle, am Aetna viele verstreute Augit-, Olivin- und Labradoritkrystalle in der Asche gefunden. Diese Krystalle sind also als feste Körper emporgeblasen worden. Daraus folgt, dass die Lava schon beim Emportreten fertig gebildete Krystalle enthalte. In der erstarrten Lava erscheinen sie oft zerbrochen, die Bruchstücke sind nicht selten durch die fliessende Lava auseinandergeschoben.

Wird aber die erstarrte Lava weiter untersucht, so zeigt sich dieselbe an der Oberfläche des Stromes öfters glasig erstarrt. In der Glasmasse, welche die zuvor erwähnten Krystalle umschliesst, finden sich winzige feine Krystalle von Feldspathen oder von Leucit, von Augit etc. Nimmt man eine Probe aus den tieferen Lagen des Stromes, wo die Erstarrung langsamer vor sich ging, so findet sich in der Grundmasse weniger Glas, dagegen ist alles voll von den kleinen Krystallen, die aber hier meist länger und dicker sind, als jene in dem Glase an der Oberfläche des Lavastromes.

Hieraus wird man schliessen, dass nach der Eruption durch Erstarren der Lava Krystalle gebildet wurden, und zwar desto zahlreichere und grössere, je langsamer die Abkühlung vor sich ging. Interessant sind in dieser Beziehung die Versuche von Fouqué und Lévy, welche zeigen, dass eine anfänglich amorphe Schmelze, welche die entsprechende chemische Zusammensetzung hat, durch langdauerndes Erhalten in einer dem Schmelzpunkte naheliegenden Temperatur in eine steinige Masse verwandelt wird, welche eine lava-ähnliche Textur zeigt und kleine Krystalle von Leucit, Augit, von Feldspath etc. enthält (181).

Das Gestein, welches erstarrte Lava ist, besteht also häufig aus zweierlei Krystallen, den ursprünglichen grösseren und den später gebildeten kleineren Krystallen. Die grösseren sind vor der Eruption gebildet, nach Lagorio's Ansicht durch die beginnende Abkühlung bei hohem Drucke.

Die grösseren Krystalle der Laven zeigen bei der mikroskopischen Betrachtung häufig glasige Einschlüsse (70), welche dem glasigen Bestandtheil der Grundmasse entsprechen, auch Flüssigkeitseinschlüsse werden öfter beobachtet als Zeichen der Mitwirkung des Wassers. Die glasigen Einschlüsse finden sich aber auch in den Krystallen anderer Gesteine, welche mit den Laven mineralogisch gleichartig sind, welche auch in ihrem Auftreten eine ähnliche Bildung verrathen und welche nicht selten gangförmige Fortsetzungen zur Tiefe wahrnehmen lassen. Hieher gehören die Basalte und Melaphyre, die Andesite und Porphyrite, die Trachyte und Porphyre sammt ihren Unterabtheilungen (195) Alle diese Gesteine werden als eruptive Bildungen angesehen und die darin enthaltenen Krystalle und glasartigen Erstarrungsproducte in genetischer Beziehung den entsprechenden Theilen der Laven gleichgestellt. In den älteren Eruptivgesteinen ist jedoch die Grundmasse oft ganz porzellanartig, steinig, also krystallinisch Dies wird durch eine Entglasung des früher vorhanden gewesenen amorphen Bestandtheiles erklärt (76).

Lit. Fuchs, Jahrb. f. Min. 1869, pag. 169, ferner in Tschermak's Mineralog. Mittheil. 1871, pag. 65; G. vom Rath, Zeitschr. d. deut. geolog. Ges. Bd.'23, pag. 727; Zirkel, die mikrosk. Besch. d. Mineralien und Gesteine. Lagorio, Tschermak's Min. u. petrogr. Mitth. Bd. 8, pag. 421.

206. In den alten körnigen Massengesteinen aus den Abtheilungen Granit, Syenit ist im Allgemeinen weder die zweifache Ausbildung der Individuen bemerklich, noch enthalten diese etwas von glasigen Einschlüssen. Dagegen sind namentlich in den Quarzen der Granite die Flüssigkeitseinschlüsse ungemein häufig und die Flüssigkeit verhält sich wie das Wasser. Zirkel schliesst daraus mit Wahrscheinlichkeit, dass das Magma, aus welchem diese Gesteine hervorgingen, sich nicht in einem lavaartigen Schmelzflusse befand, dass dagegen während seiner Festwerdung das Wasser eine wesentliche Rolle gespielt habe. Dass der Granit in der That eine andere Bildung habe, wie die vorgenannten eruptiven Gesteine, wird dadurch bestätigt, dass derselbe niemals in Verbindung mit schlackigen, glasigen oder schaumigen Gebilden gefunden wurde. Der Gneiss, welcher wegen seiner grossen Verbreitung die dominirende Stellung unter den krystallinischen Schiefern einnimmt, enthält nicht nur dieselben Bestandtheile wie der Granit, sondern die mikroskopische Beschaffenheit und die Art der Einschlüsse stimmen mit jenen des Granits überein. Man schliesst daraus, dass die Bildungsweise beider Gesteine wenig verschieden sei. Auch die übrigen krystallinischen Schiefer, welche oft mit dem Gneiss wechsellagern, können in ihrer Bildung nicht wesentlich unterschieden sein.

Die Beschaffenheit der Minerale in den alten Massengesteinen und den krystallinischen Schiefern verräth eine Mitwirkung des Wassers bei ihrer Bildung, während die allgemein angenommene Ansicht, nach welcher die Erde aus einem schmelzflüssigen Zustande hervorging, in jenen Gesteinen die erste Erstarrungskruste der Erde sieht. Beide gegensätzlich scheinende Resultate werden aber gewöhnlich durch Berufung auf die Versuche von Sénarmont, Daubrée u. A., nach welchen die Wirkung des Wassers bei hoher Temperatur und starkem Drucke eine Krystallisation von Silicaten herbeiführt **(181)**, vereinigt.

Auch für jene Contactminerale, welche in Kalkstein, Phyllit etc. dort entstanden sind, wo die letzteren mit Eruptivgesteinen in Berührung kamen **(194)**, wird die gleichzeitige Wirkung des Wassers und hoher Temperaturen als Agens betrachtet. Hiernach hat man sich nicht vorzustellen, dass ein Zusammenschmelzen des Eruptivgesteines mit dem Kalkstein etc. stattgefunden habe, da die Grenze zwischen diesen Gesteinen eine scharfe ist; wohl aber hat man eine Erweichung von längerer Dauer anzunehmen, so dass in dem nun beweglichen Medium durch Einwanderung von Stoffen aus dem Eruptivgestein jene oft sehr schönen und grossen Krystalle von Granat, Vesuvian, Fassait, oder von Andalusit, Turmalin etc. gebildet werden konnten.

Lit. in Zirkel, Lehrb. d. Petrographie, und mikrosk. Besch. d. Min. u. Gesteine.

207. Bildungen durch Dämpfe. Wenn man von der beständigen Condensation der Wasserdämpfe in der Atmosphäre, von der Bildung des Regens und des Schnees absieht, so kommen hier vorzugsweise die vulkanischen Emanationen in Betracht. Die Fumarolen der Vulkane enthalten ausser Wasserdampf auch Salzsäure HCl, schwefelige Säure SO_2, Schwefelwasserstoff H_2S, Kohlensäure CO_2, zuweilen auch Wasserstoff und Kohlenwasserstoffe. Beim Zusammentreffen von schwefeliger Säure und Schwefelwasserstoff entsteht Schwefel, $SO_2 + 2H_2S = 3S + 2H_2O$. Fumarolen mit Schwefelabsatz werden Solfataren genannt. Als Sublimationsproducte finden sich an Vulkanen ausser Schwefel auch Steinsalz $NaCl$, Salmiak NH_4Cl, Eisenchlorid $FeCl_3$. Durch die Wirkung der Salzsäure auf das Nebengestein werden auch andere Chloride, z. B. Chlorcalcium, $CaCl_2$, und am Vesuv in kleinen Mengen auch $PbCl_2$, $CuCl_2$, $CoCl_2$, $NiCl_2$ etc. gebildet. Durch Einwirkung der schwefeligen Säure und des Sauerstoffes auf die Gesteine entstehen Sulfate, z. B. Calciumsulfat $CaSO_4$, Natriumsulfat Na_2SO_4, Aluminiumsulfat etc. Bei den herrschenden hohen Temperaturen werden die Chloride häufig durch den Wasserdampf zerlegt und es bilden sich Oxyde, z. B. Eisenglanz Fe_2O_3, welcher in glänzenden Flittern oder in tafelförmigen Krystallen auf der Lava oder in Spalten derselben gefunden wird. $2FeCl_3 + 3H_2O = Fe_2O_3 + 6HCl$. Hier wird also die Salzsäure wiederum gebildet, regenerirt. Durch Einwirkung der vulkanischen Kohlensäure auf die gebildeten Oxyde bilden sich ferner Carbonate, wie Na_2CO_3, $CaCO_3$. Da sich nach Scacchi am Vesuv unter den Neubildungen auch fluorhaltige Minerale finden, so ist anzunehmen, dass unter den Emanationen bisweilen auch geringe Mengen von Flusssäure vorkommen.

Auf der Oberfläche der Lava und der kleinen bei der Eruption gebildeten Lavafetzen und Lavastückchen (Rapilli) finden sich zuweilen neugebildete Silicate wie Leucit, Augit, Hornblende, Tridymit, Quarz. Man nennt dieselben öfters Sublimationsproducte, obgleich sie vielleicht richtiger als Umbildungen und Regenerationen der in der Lava enthaltenen Minerale anzusehen sind. Bunsen hat die Zersetzungen und Umbildungen, welche durch vulkanische Gase veranlasst werden, als Pneumatolyse bezeichnet. Somit können die genannten Mineralbildungen als pneumatolytische bezeichnet werden.

Erdbrände, durch Selbstentzündung von schwefelkieshaltigen Kohlenlagern hervorgerufen, liefern öfters ähnliche Bildungen wie die Vulkane, z. B. Schwefel, Realgar AsS, Arsenit As_2O_3, Salmiak NH_4Cl.

Alle diese durch Dämpfe bewirkten Absätze sind zwar interessante Mineralbildungen, doch haben dieselben für die Bildung der Erdrinde keine allgemeine Bedeutung, weil sie nur an vereinzelten Punkten der Erdoberfläche vorkommen.

Lit. Bunsen: Pogg. Ann. Bd. 83, pag. 241. Ch. S. C. Déville: Bull. soc. géol. 1856, pag. 606. Roth: chem. Geologie I, pag. 412.

208. Lösung. Viele Minerale bilden sich aus wässerigen Auflösungen, und zwar nach der Regel, dass immer diejenige Verbindung abgesetzt wird, welche unter den gegebenen Umständen am schwersten löslich ist. Die so entstandenen

Minerale widerstehen hierauf am kräftigsten den Angriffen des Wassers und wässeriger Lösungen. Daher stellt Bischof an die Spitze seines epochemachenden Werkes den Satz, dass in der Erdrinde stets diejenigen Stoffe mit einander vereinigt vorkommen, welche die am schwersten lösliche Verbindung geben.

Die Minerale zeigen verschiedene Abstufungen der Löslichkeit, doch zeigt auch eine und dieselbe Substanz verschiedene Grade, je nachdem sie amorph oder krystallinisch ist, und zwar löst sich die amorphe Modification im Allgemeinen leichter auf. Bei Versuchen ist es daher nicht immer gleichgiltig, ob man die künstlich erhaltene Verbindung, die oft ganz oder zum Theil amorph ist, oder ob man das krystallisirte und gepulverte Mineral anwendet. Letzteres wird im Folgenden durch Anführung des Mineralnamens angezeigt.

Für viele natürliche Vorgänge ist die Löslichkeit in reinem Wasser massgebend, von welcher hier einige Beispiele. 100 Theile reinen Wassers lösen auf:

Chlorkalium . . . . KCl . . . . 32·88 Gewichtstheile bei 15° C. (Page)
Chlornatrium . . . NaCl . . . . 35·68   »   »   »   »   (Müller)
Chlormagnesium . $MgCl_2$ . . . . . 50·70   »   »   »   »   (Mulder)
Kaliumcarbonat . $K_2CO_3.H_2O$ . . 24·40   »   »   10 »   »
Natriumcarbonat. $Na_2CO_3.H_2O$. 8·30   »   »   »   »   »
Kaliumsulfat . . . K_2SO_4 . . . . . 10·30   »   »   15 »   »
Natriumsulfat . . . Na_2SO_4 . . . . 16·28   »   »   18 »   (Diacon)
Gyps . . . . $CaSO_4.2H_2O$. 0·205   »   »   18 »   (Marignac)
Strontiumsulfat . . $SrSO_4$ . . . . . 0·0145   »   »   — »   (Fresenius)
Baryumsulfat . . . $BaSO_4$ . . . . . 0·0002   »   »   — »   »

Die Wässer vermögen demnach die zuerst genannten Salze, die sich oft im Boden finden, aufzulösen und fortzuführen. Auch der Gyps ist noch verhältnismässig leichter löslich, daher in Gypslagern durch eindringende Wässer oft Höhlungen (Gypsschlotte) hervorgebracht werden.

Durch Erhöhung der Temperatur wird die Löslichkeit der meisten Substanzen erhöht, gleichzeitig wirkender starker Druck vergrössert ebenfalls die Löslichkeit. Hierher gehört der Versuch Wöhler's, gepulverten Apophyllit, welcher ein wasserhaltiges Silicat ist, bei 180°—190° und einem Drucke von 10—12 Atmosphären in Wasser aufzulösen. Beim Erkalten wurden wiederum Apophyllitkrystalle abgesetzt.

Die wasserfreien Silicate sind sehr schwer löslich, der Quarz am schwersten löslich, so dass bis jetzt keine Zahl erhalten wurde, welche seine Löslichkeit ausdrückt. Für absolut unlöslich ist aber keine chemische Verbindung zu halten, da bei jedem sorgfältig ausgeführten Versuche mit verschiedenen Mineralen mindestens Spuren aufgelöst wurden.

209. Wasser, welches Kohlensäure absorbirt enthält, wirkt auf die Minerale im Allgemeinen anders als reines Wasser. Der grösste Unterschied zeigt sich bei den Carbonaten. Kalkspath, Magnesit, Eisenspath etc. sind im reinen Wasser ausserordentlich schwer löslich, während sie von kohlensäurehaltigem Wasser

in erheblichen Quantitäten und zwar, wie man annimmt, als Bicarbonate an genommen werden, also Calcit als $H_2O.CaO.2CO_2$ u. s. w.

100 Theile kohlensäurehaltigen Wassers lösen von:

    Kalkspath .... $CaCO_3$ ..... 10 bis 12 Gewichtstheile (Cossa)
    Dolomit ..... $CaMg2CO_3$ .... 3·1 » »
    Magnesit ..... $MgCO_3$ .... 1·2 » »
    Eisenspath .... $FeCO_3$ .... 7·2 » »

Hieraus erklärt sich die Bildung von Kalkhöhlen in Folge der Auflösung durch die im Kalkstein circulirenden Gewässer, welche immer freie Kohlensäure enthalten. Im Karstgebiete, wo viele Bäche versinken und ihren Lauf in Kalkgebiete fortsetzen, ist der Boden von Kalkhöhlen durchzogen. Wichtig ist die grössere Angreifbarkeit des Kalksteines gegenüber dem Dolomit, welcher o zurückbleibt, wofern ein Gemenge von Kalkstein und Dolomit den Quellwässer ausgesetzt ist. Demnach entsteht bisweilen reiner Dolomit durch Auszehrung des dolomitischen Kalksteines. Kalksteine, welche Thon, Eisenoxyd oder andere unlösliche Beimengungen enthalten, hinterlassen dieselben bei der Auflösun als Ablagerungen auf der Oberfläche oder in den Höhlungen. Der gewöhnlich dichte Kalkstein ist im kohlensäurehaltigen Wasser leichter löslich als der krystallinische, daher die im Kalkstein gewöhnlich enthaltenen Adern von Kalkspat durch Einwirkung solcher Wässer stark hervortreten und zuletzt zellige Gewebe darstellen (Zellenkalk).

Bei höherem Drucke löst das kohlensäurehaltige Wasser mehr von den Carbonaten auf, als bei gewöhnlichem Drucke, und in dieser Beziehung zeig sich dasselbe Verhalten, wie bei dem reinen Wasser. Anders ist es mit der Einflusse der Temperatur. In der Wärme löst das kohlensaure Wasser wenige Carbonate auf, als bei niedriger Temperatur. Dies zeigen die Versuche von Engel und Ville mit künstlich dargestelltem Magnesiumcarbonat. 100 Gramm kohlensäurehaltigen Wassers lösten bei:

Druck	Temp.	Gramme	Druck	Temp.	Gramme
1 Atmosphären	19·5°	2·579	751 mm	13·4°	2·845
3·2 »	19·7	3·730	762 »	29·3	2·195
5·6 »	19·2	4·620	764 »	62·0	1·035
7·5 »	19·5	5·120	765 »	82·0	0·490
9 »	18·7	5·659	765 »	100	0·000

Während also eine gewöhnliche wässerige Lösung, welche gesättigt ist beim Abkühlen einen Absatz bildet, würde eine Lösung von Carbonaten i kohlensäurehaltigem Wasser unter denselben Umständen keinen Niederschlag liefern.

Die Verbindungen, deren Löslichkeit zuvor angegeben wurde, sind meistens solche, welche in den Quellwässern gefunden werden. Die Stoffe, aus welchen jene Verbindungen bestehen, müssen demnach in den Tiefen, aus welchen die Quellen kommen, in irgend einer Form verbreitet sein. Versuche, wie sie zuerst von Struve angestellt wurden, haben gezeigt, dass durch Behandlung des Pulvers verschiedener Gesteine mit kohlensäurehaltigem Wasser Lösungen erhalten werden welche dieselbe Zusammensetzung wie manche Quellen zeigen. Es ist demnach sehr wahrscheinlich, dass die löslichen Stoffe der Gesteine von der Gebirgsfeuchtigkeit aufgenommen und den Quellen zugeführt werden. Der Vorgang erscheint so, als ob einige Bestandtheile des Gesteines ausgeschieden und von der Seite her in die Quellenstränge geleitet würden, der Vorgang erscheint somit als eine Lateralsecretion der löslichen Stoffe.

Die Menge des Gelösten ist aber in manchen Quellen so gross, dass dadurch eine solche Beschaffenheit der Tiefe angedeutet ist, welche mit der Zusammensetzung der Erdoberfläche nicht übereinstimmt, ferner ist bisweilen in dem Gelösten eine Verbindung so überwiegend vertreten, dass man auf das Vorhandensein einer grossen Menge des entsprechenden Minerales schliessen muss. Bei Soolquellen, wie z. B. bei denen von Stassfurt, haben in der That Bohrungen die Herkunft der Quellen von Salzlagern bewiesen.

Die gasförmigen Stoffe der Quellen lassen sich hingegen in vielen Fällen durchaus nicht aus dem Gestein ableiten, sie müssen daher aus unbekannten Tiefen emporsteigen, also durch Ascension in die Quellenspalten gelangen. Es ist namentlich der Gehalt an Kohlensäure und an Schwefelwasserstoff, welcher den Quellen vulkanischer Gegenden zukommt und welcher auf die chemische Thätigkeit des Erdinneren hinweist.

Lit. Bischof, Lehrb. d. chem. u. phys. Geologie, Bd. I; Roth, Allgem. Geologie, Bd. I; Engel u. Ville, Comptes rend., Bd. 93, pag. 340. Bd. 100, pag. 444. Ueber Zellenkalk: Neminar in Tschermak's Mineralog. Mittheil. 1875. pag. 251.

210. Niederschlagsbildung im Gestein. Da das reine und das kohlensaure Wasser die Stoffe bei einer bestimmten Temperatur und einem bestimmten Drucke nur bis zu einer bestimmten Menge in Auflösung erhalten kann, so wird bei Aenderung der Umstände öfters ein Absatz, ein Niederschlag erfolgen. Die Lösungen, welche die natürlichen Wässer darstellen, enthalten fast immer mehrere Stoffe neben einander. Daher wird von jeder einzelnen Substanz in der gesättigten Lösung immer weniger enthalten sein, als wenn die Substanz allein in Lösung wäre. Man kennt indess kein Gesetz, nach welchem die Löslichkeit der Stoffe einer complicirten Lösung aus der für die einzelnen Substanzen ermittelten Löslichkeit berechnet werden könnte.

Die complicirten gesättigten Lösungen geben sowohl bei Aenderungen der Temperatur und des Druckes Niederschläge, als auch beim Zusammentreffen mit starren Körpern, welche sie aufzulösen vermögen. Während etwas von dem starren Körper in Lösung geht, fällt gleichzeitig aus der Auflösung etwas von jener Substanz nieder, welche am schwersten löslich ist.

Die freie Kohlensäure und die Bicarbonate treffen in der Natur oft mit Lösungen von kieselsauren Alkalien zusammen, daher ist ihr Verhalten zu den letzteren zu kennen wichtig. Lösungen von Kalium- oder Natriumsilicat werden durch freie Kohlensäure verändert, indem freie Kieselsäure als Kieselgallerte abgesetzt wird, während kohlensaures Kali oder Natron in Lösung bleibt. Durch Kalkbicarbonat entsteht in jenen Lösungen ein Niederschlag von Kieselsäure

www.ingramcontent.com/pod-product-compliance
Lightning Source LLC
Chambersburg PA
CBHW031249250426
43672CB00029BA/1389